高等职业教育“十二五”规划教材

高职高专机电类教材系列

机床夹具设计习题集

张权民　史朝辉　白福民　编著

科学出版社

北　京

内 容 简 介

本书是《机床夹具设计》（张权民主编，科学出版社出版）一书的配套习题集，内容包括机床夹具概论、工件在夹具中的定位、工件的夹紧、夹具的对定、专用夹具设计、车床夹具设计、铣床夹具设计、钻床夹具设计、镗床夹具设计、现代机床夹具共10章内容的练习。

本书所选习题紧扣教材内容，题意明确，练习针对性强。学生若能熟练完成习题内容，就达到了学习本门课的目的。

图书在版编目(CIP)数据

机床夹具设计习题集/张权民主编. —北京：科学出版社，2013
(高等职业教育“十二五”规划教材·高职高专机电类教材系列)
ISBN 978-7-03-036126-4

Ⅰ.①机… Ⅱ.①张… Ⅲ.①机床夹具-设计-高等职业教育-教材
Ⅳ.①TG750.2

中国版本图书馆CIP数据核字（2012）第287611号

责任编辑：张振华/责任校对：王万红
责任印制：吕春珉/封面设计：耕者设计工作室

科学出版社出版
北京东黄城根北街16号
邮政编码：100717
http://www.sciencep.com
三河市骏杰印刷有限公司印刷
科学出版社发行　各地新华书店经销
*
2013年3月第 一 版　开本：787×1092 1/16
2021年1月第九次印刷　印张：17 3/4
字数：410 000

（如有印装质量问题，我社负责调换〈骏杰〉）
销售部电话 010-62136230　编辑部电话 010-62135120-2005

目　　录

第 1 章　机床夹具概论

1.1　什么是专用夹具？

1.2　什么是装夹？工件定位与夹紧的区别与联系是什么？

1.3　机床夹具由哪几部分组成？

1.4　结合图 1.1，简述夹具的工作原理。

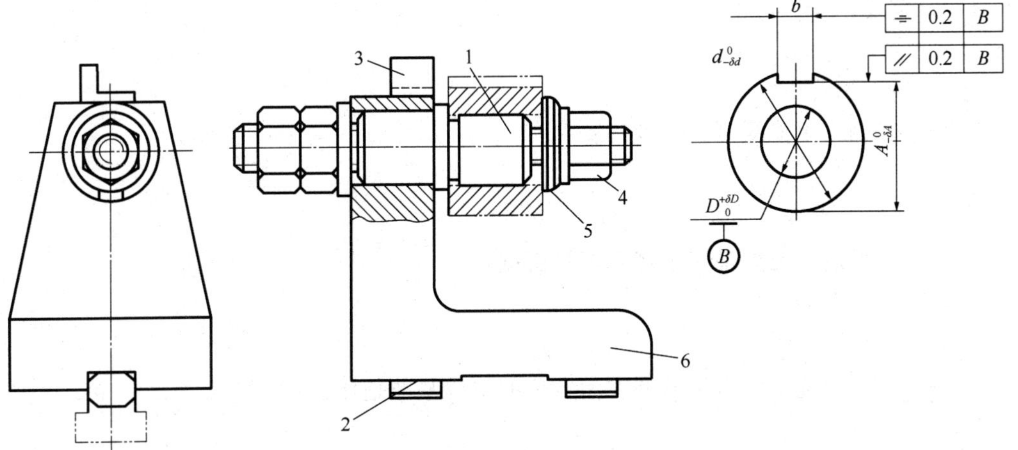

图 1.1　习题 1.4 图——铣床夹具

1—心轴；2—定位键；3—对刀块；4—螺母；5—开口垫圈；6—夹具体

1.5　工件的加工误差有哪几大类？每类又含哪几项误差？

1.6　学习机床夹具设计的目的和任务是什么？

第 2 章　工件在夹具中的定位

2.1　什么是工件在夹具中的定位？定位包含哪几项内容？

2.2　什么是工序基准？如何查找？

2.3　过定位在什么情况下可用？在什么情况下不可用？

2.4　各种定位元件所能限制自由度的数目是否会发生变化？限制自由度的名称是否会发生变化？

2.5　辅助支承能限制自由度吗？

2.6　常见定位元件都能限制几个自由度？

2.7　一般情况下，常见典型表面定位的定位基准是什么？

2.8　在组合定位中，分析各个定位元件限制自由度的方法是什么？

2.9　消除过定位的办法有哪些？

2.10　简述工件用一面两销定位时两销的设计过程。

2.11　什么是基准不重合误差？什么是基准位移误差？其合成规律是什么？

2.12　如何分析计算基准不重合误差？

2.13　常见的各种典型表面定位，其基准位移误差如何计算？

2.14　定位就是限制自由度吗？

2.15　概述定位基本原理。

2.16　定位基本原理试题。

(1) 根据表 2.1 中的各工件加工要求，分析理论上应该限制哪几个自由度。

表 2.1　习题 2.16 (1) 表

1. 钻 ϕ6H7 孔	2. 铣两台阶面
z、y、x、0.1 A、ϕ6H7、ϕ20f6、15、78、A	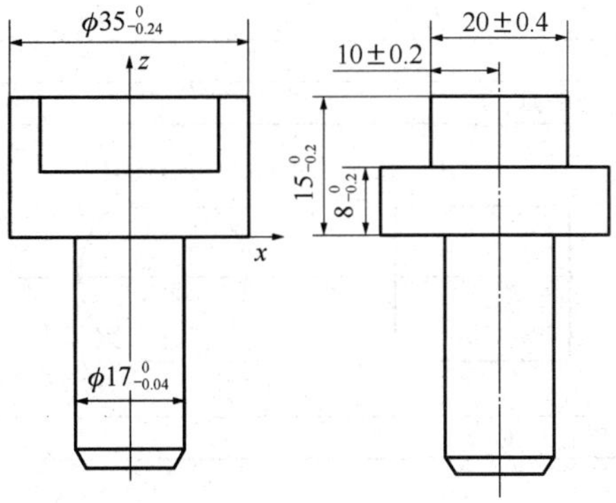 $\phi 35_{-0.24}^{0}$、z、x、$\phi 17_{-0.04}^{0}$、10±0.2、20±0.4、$15_{-0.2}^{0}$、$8_{-0.2}^{0}$
理限：	理限：
3. 铣 b 槽	4. 车端面保证 L
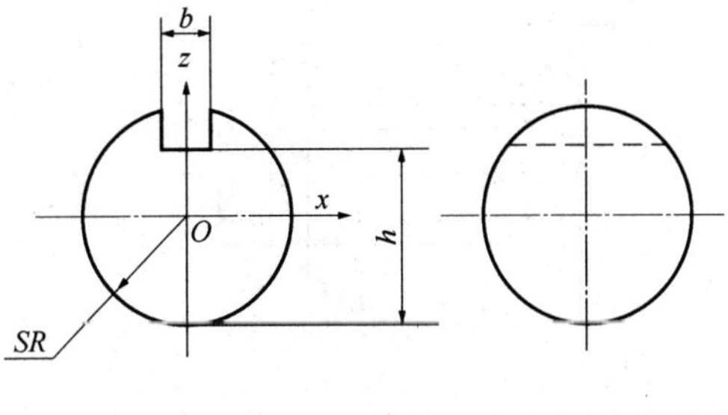 b、z、x、O、h、SR	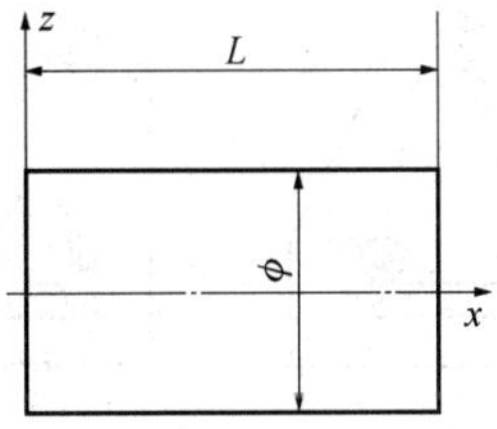 z、L、ϕ、x
理限：	理限：

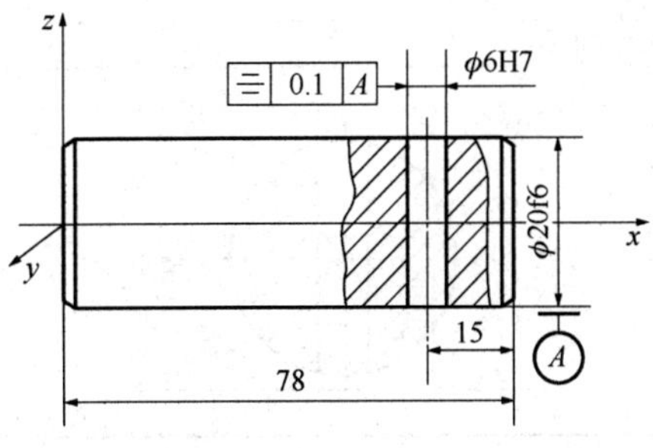

续表

5. 铣前、后两平面	6. (a) 钻 2 个 d 孔；(b) 钻 d 孔
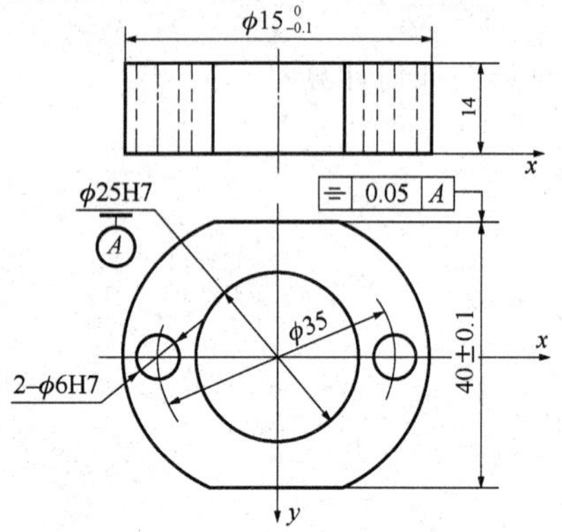 $\phi 15^{0}_{-0.1}$ 14 x ϕ25H7 A = 0.05 A ϕ35 2-ϕ6H7 40±0.1 x y	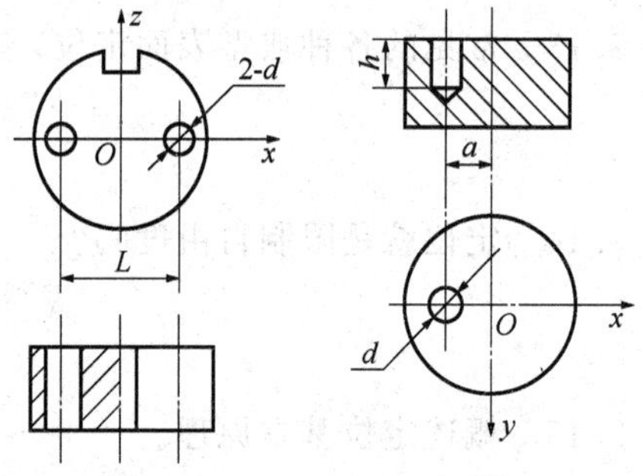 z 2-d O x L h a d O x y (a) (b)
理限：	(a) 理限：(b) 理限：
7. 钻 d 孔	8. 铣台阶面
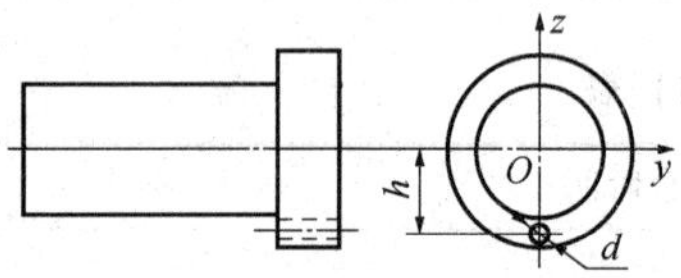 z h O y d	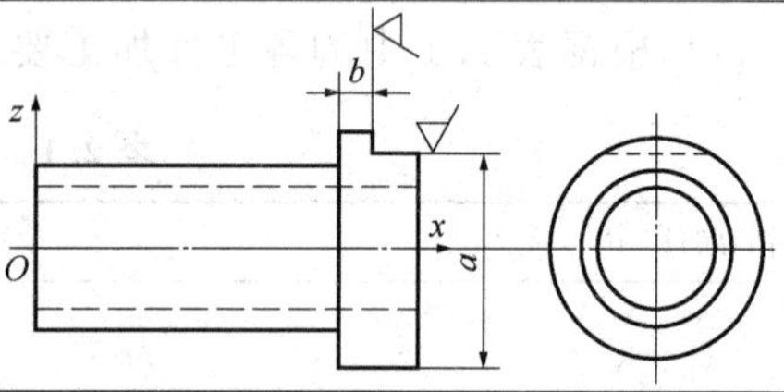 z b O x a
理限：	理限：
9. 铣平面	10. 钻 ϕ 孔
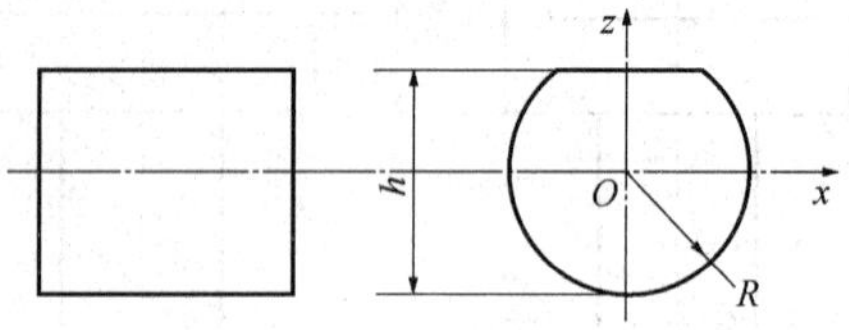 z h O x R	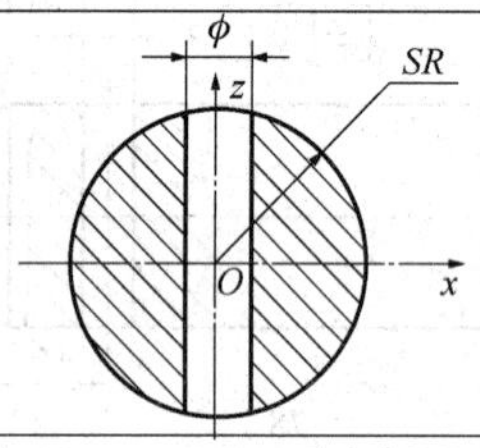 ϕ z SR O x
理限：	理限：

(2) 分析表 2.2 中各定位元件都限制了哪几个自由度。

表 2.2 习题 2.16 (2) 表

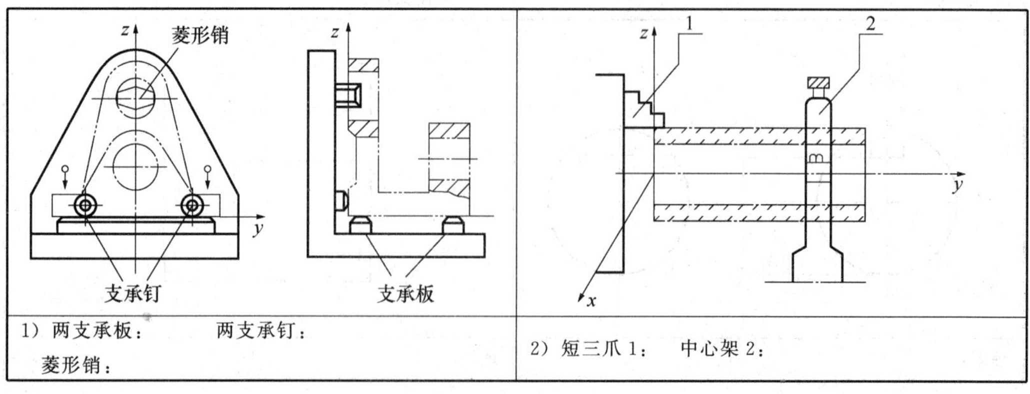

1) 两支承板：　　两支承钉： 菱形销：	2) 短三爪 1：　中心架 2：

续表

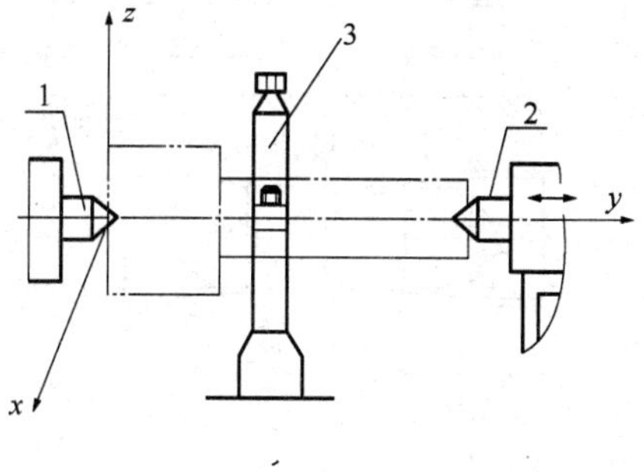 1　2　3　z　y　x	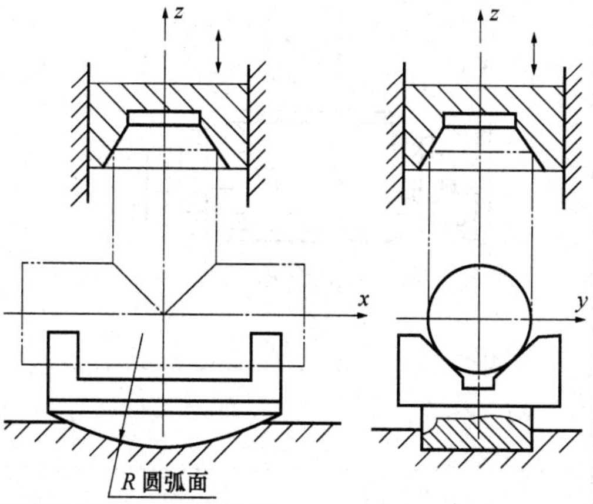 z　x　y　R 圆弧面
3）固定顶尖 1：　活动顶尖 2： 中心架 3：	4）浮动长 V 形块： 活动锥坑：
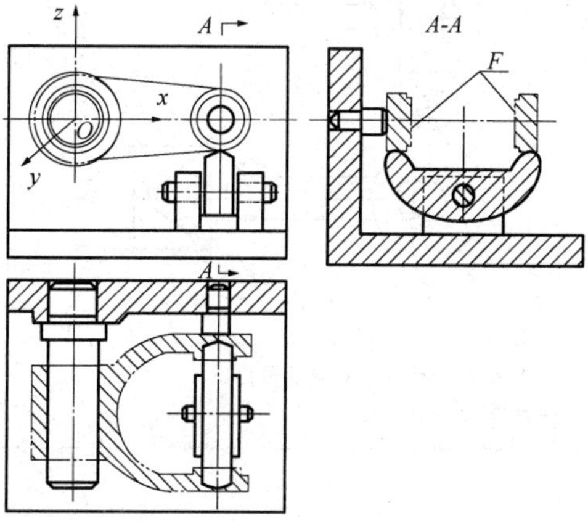 z　A　A-A　F　x　O　y	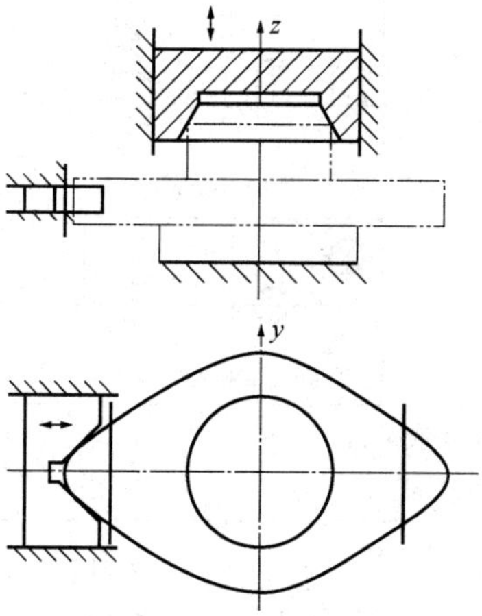 z　y
5）长心轴：　支承钉： 浮动双支承：	6）支承大平面：　活动锥坑： 活动短 V 形块：
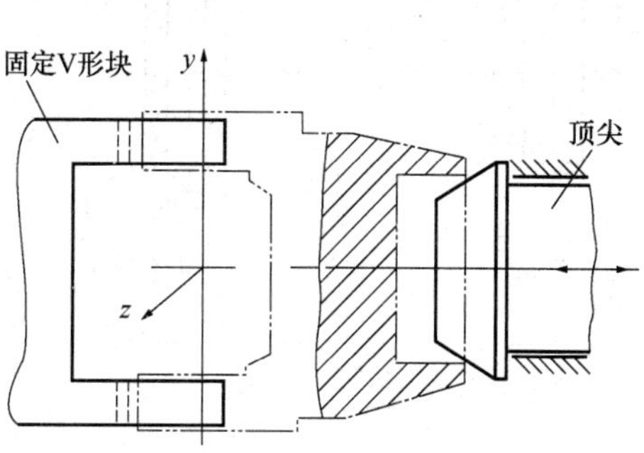 固定V形块　y　顶尖　z	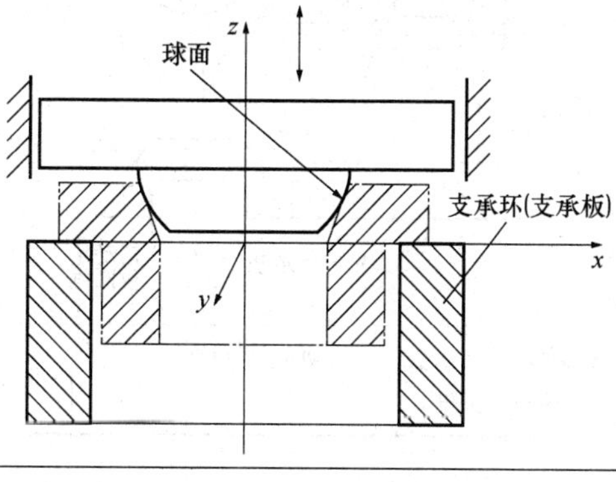 z　球面　支承环(支承板)　x　y
7）固定长 V 形块： 活动顶尖：	8）支承环： 活动球面销：

续表

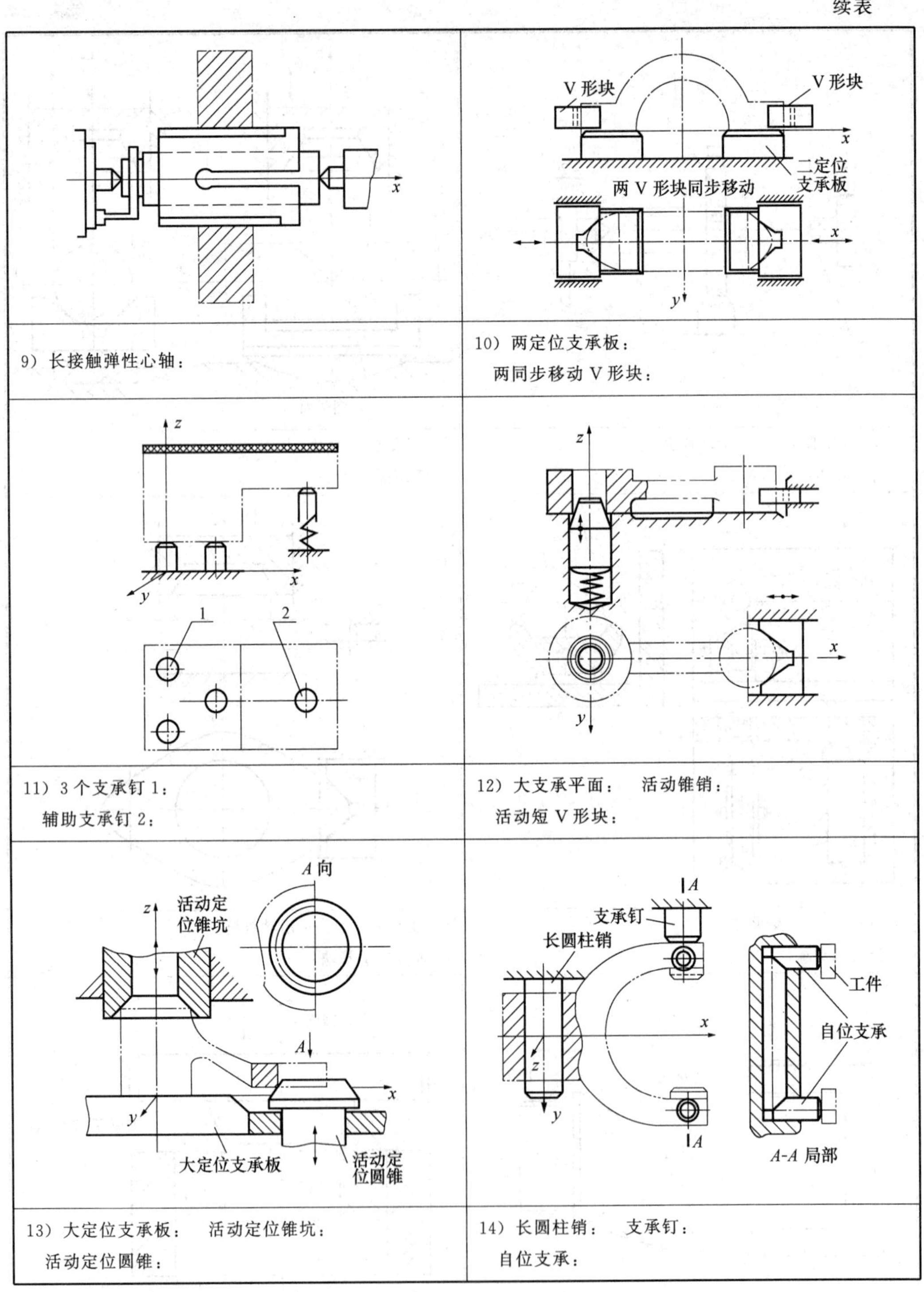

9）长接触弹性心轴：

10）两定位支承板：
两同步移动 V 形块：

11）3 个支承钉 1：
辅助支承钉 2：

12）大支承平面：　活动锥销：
活动短 V 形块：

13）大定位支承板：　活动定位锥坑：
活动定位圆锥：

14）长圆柱销：　支承钉：
自位支承：

2.17　基准辨认。

根据图 2.1①、②铣平面，③、⑤铣槽，④车端面、车孔，⑥钻孔，试指出工序基准、定位基准。

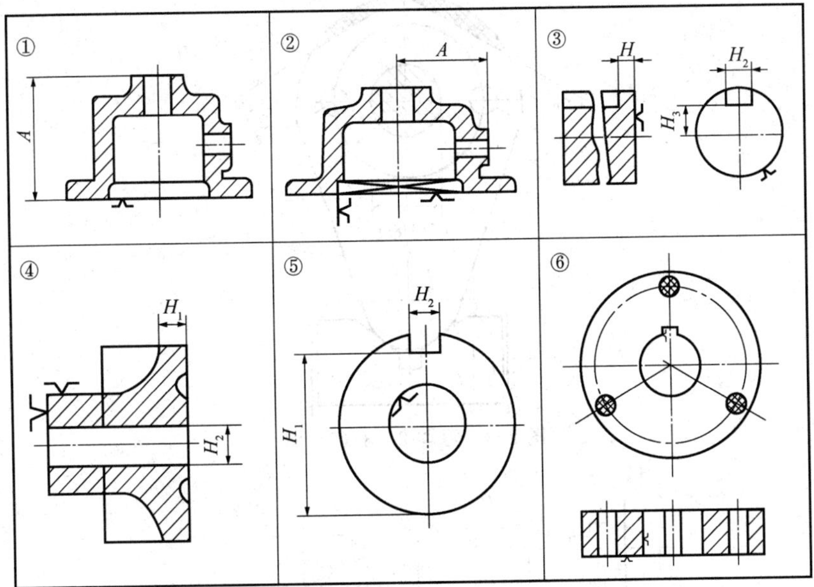

图 2.1 习题 2.17 图

2.18 定位误差分析计算。

(1) 如图 2.2 所示，钻 ϕ12 孔，试分析工序尺寸 $90_{-0.1}^{\ 0}$ 的定位误差。

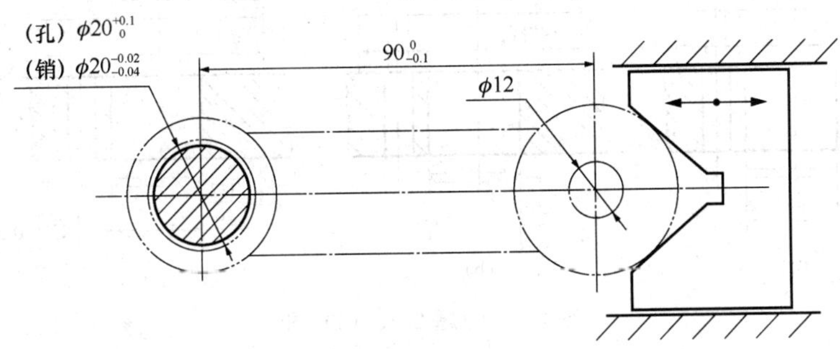

图 2.2 习题 2.18 (1) 图

(2) 如图 2.3 所示，在工件上铣两斜面，试进行定位误差分析（不考虑活动 V 形块导轨间隙影响，$\phi20\mathrm{H8/g7}=\phi20_{\ 0}^{+0.033}/_{-0.028}^{-0.007}$）。

(3) 如图 2.4 所示，铣平面保证 h，已知两圆的同轴度为 ϕ0.1，其他已知条件见图，试分析工序尺寸 h 的定位误差。

(4) 如图 2.5 所示钻孔，已知条件和加工要求见图，试分析 (a)、(b)、(c) 3 种定位方案中，工序尺寸 L 的定位误差（$\phi40\mathrm{H7/g6}=\phi40_{0}^{+0.025}/_{-0.025}^{-0.009}$）。

(5) 如图 2.6 所示车外圆，要求外圆对内孔有同轴度要求，已知心轴直径为 $\phi30_{-0.025}^{-0.009}$，计算工件内外圆的同轴度的定位误差 Δdw。

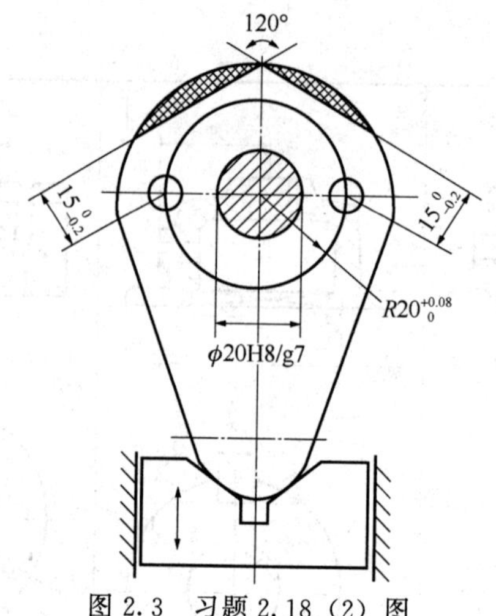

图 2.3　习题 2.18（2）图

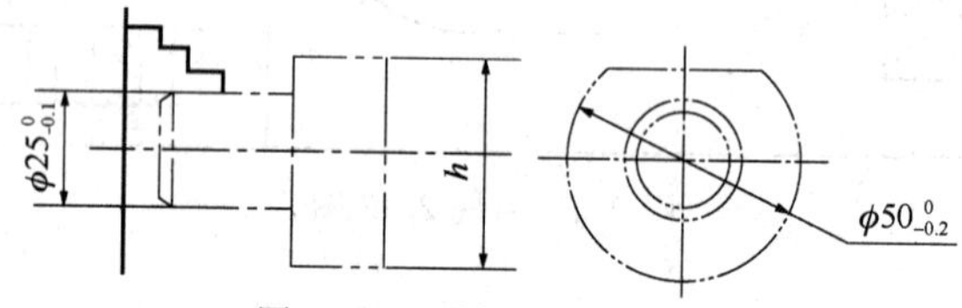

图 2.4　习题 2.18（3）图

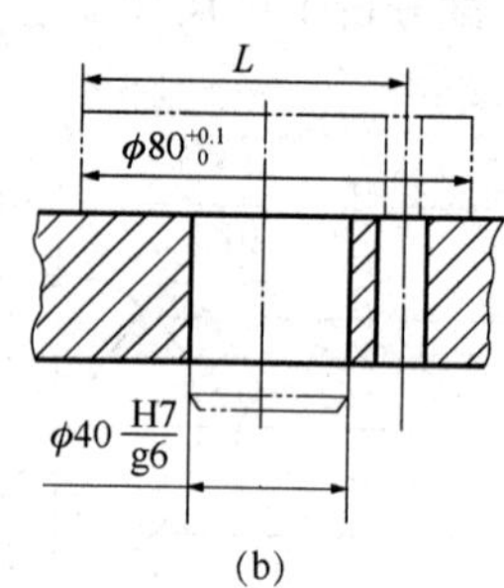

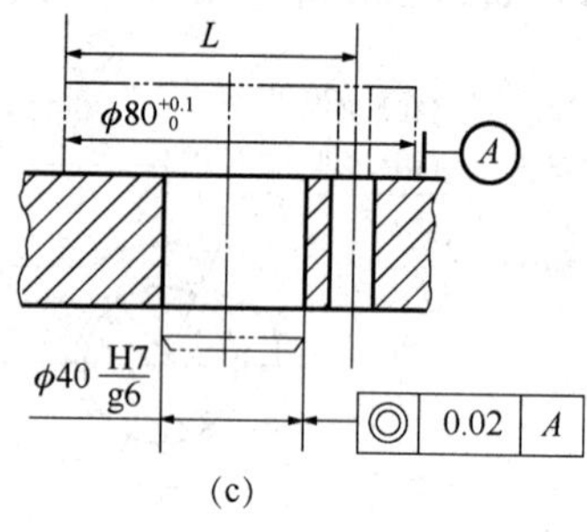

图 2.5　习题 2.18（4）图

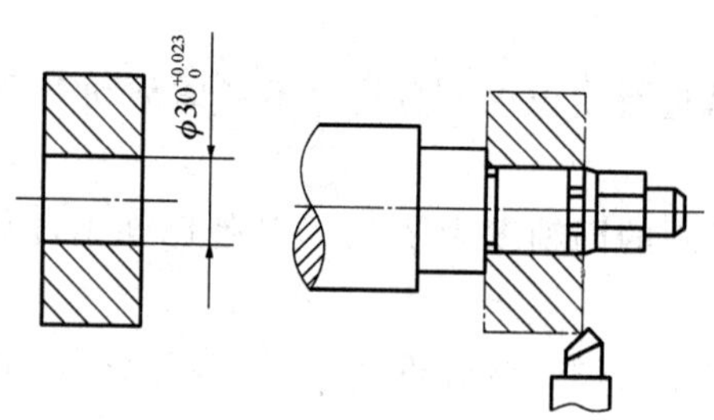

图 2.6　习题 2.18（5）图

（6）钻直径为 $\phi 10$ 的孔，采用图 2.7（a）、（b）两种定位方案，试分别计算定位误差。

（7）如图 2.8 所示，在工件上铣台阶面，保证工序尺寸 A，采用 V 形块定位，试进行定位误差分析。

（8）钻下工序图 2.9（a）上的孔 O，图（b）～（f）为不同定位方案，试分别计算各种定位方案的定位误差。

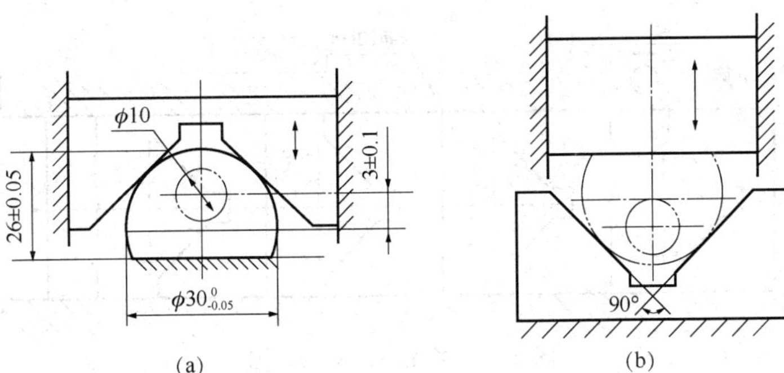

图 2.7　习题 2.18（6）图

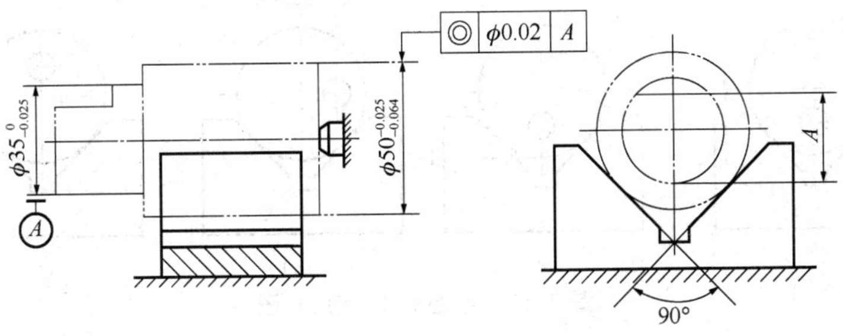

图 2.8　习题 2.18（7）图

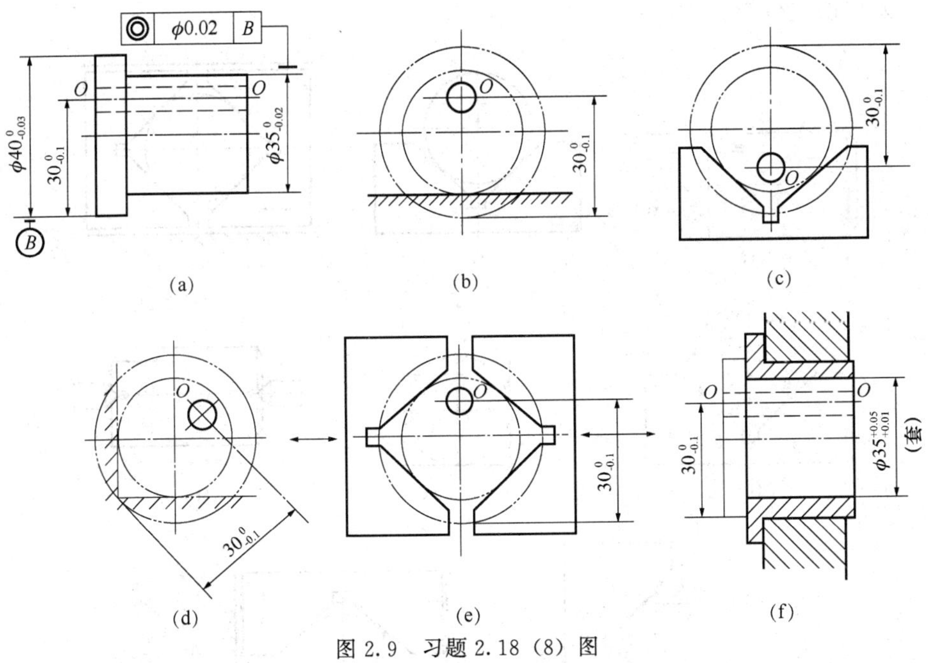

图 2.9　习题 2.18（8）图

（9）如图 2.10 所示，同时钻 4 个 ϕ12H8 孔，试从左至右分别分析 4 个孔的定位误差。

（10）如图 2.11 所示钻孔，保证 A，采用（a）～（d）4 种方案，试分别进行定位误差分析（外圆 $d_{-\Delta d}$）。

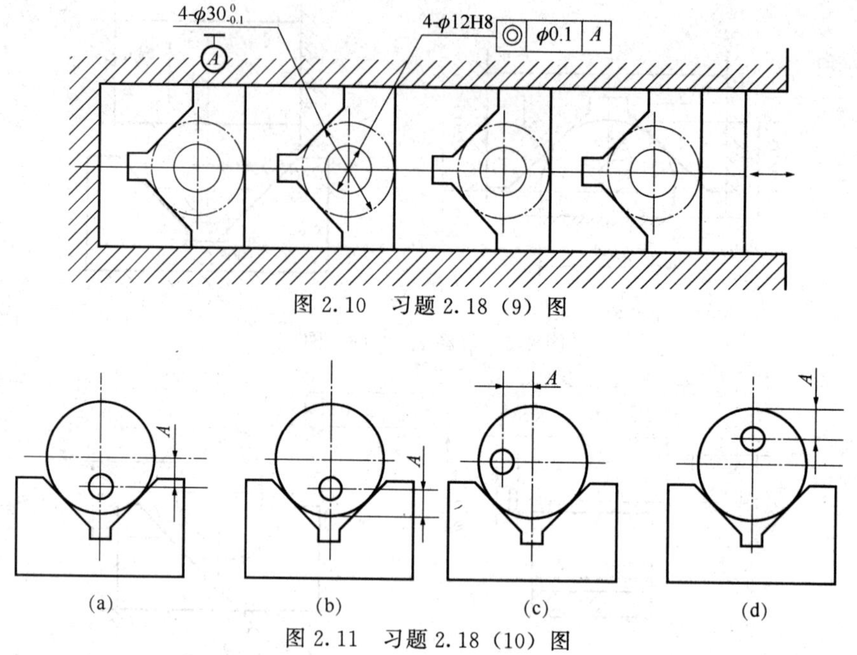

图 2.10　习题 2.18（9）图

图 2.11　习题 2.18（10）图

（11）如图 2.12 所示，在圆柱体上铣台阶面，采用（b）～（h）定位方案，试分别进行定位误差分析。

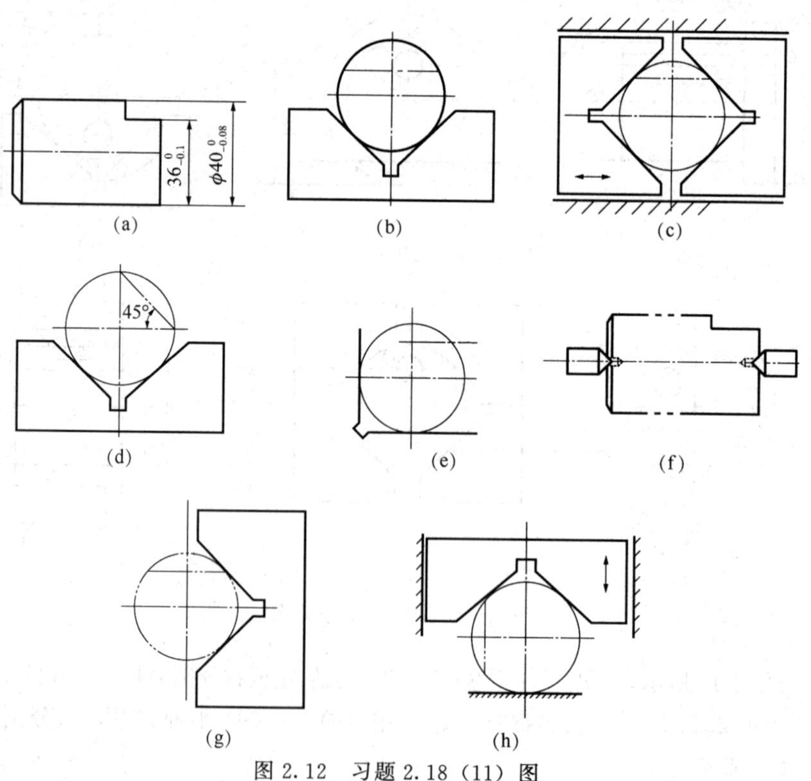

图 2.12　习题 2.18（11）图

(12) 如图 2.13 所示铣槽，保证对称度、m 或 n，采用 (a) ～ (c) 3 种定位方案，试分别进行定位误差分析。

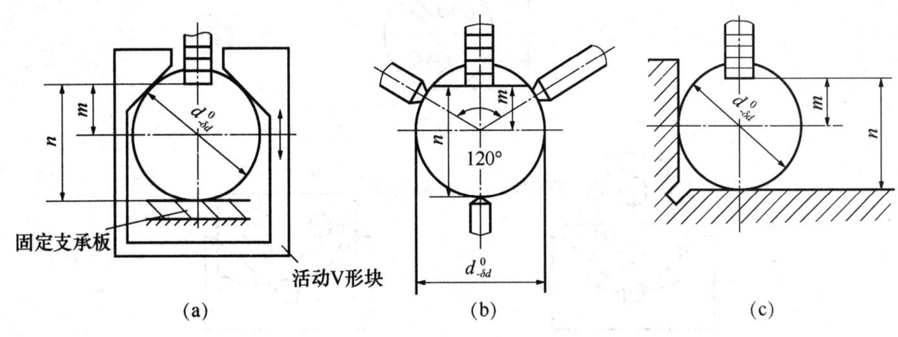

图 2.13　习题 2.18 (12) 图

(13) 如图 2.14 所示，钻 d 孔，保证同轴度要求，采用 (a) ～ (d) 4 种定位方式，试分别进行定位误差分析。

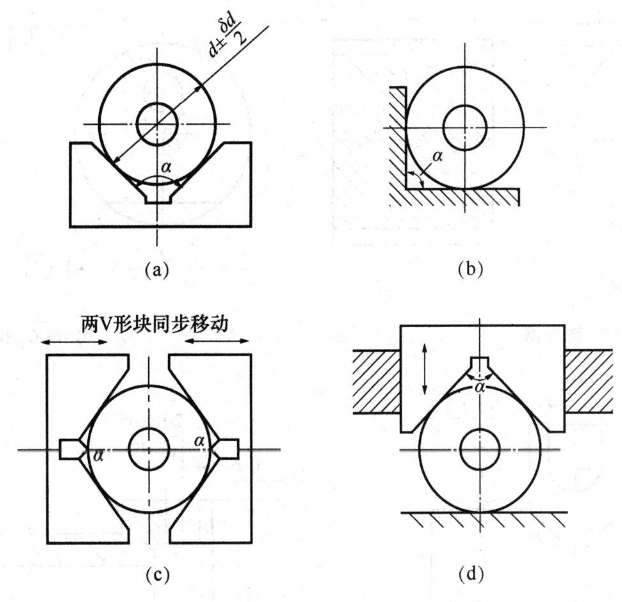

图 2.14　习题 2.18 (13) 图

(14) 如图 2.15 所示，(a) 同时钻两孔，采用 (b)、(c) 两种钻模，试分别进行定位误差分析。

2.19　试确定图 2.16 中工件的定位方案。

2.20　如图 2.17 所示，加工 $\phi20$ 的孔，试进行定位方案设计。

2.21　如图 2.18 所示，加工槽 $8_{-0.09}^{\ 0}$，试进行定位方案设计。

2.22　定位方案改错。

(1) 如图 2.19 (a) 所示，工件以平面、内孔面在支承板、定位心轴上定位，加工

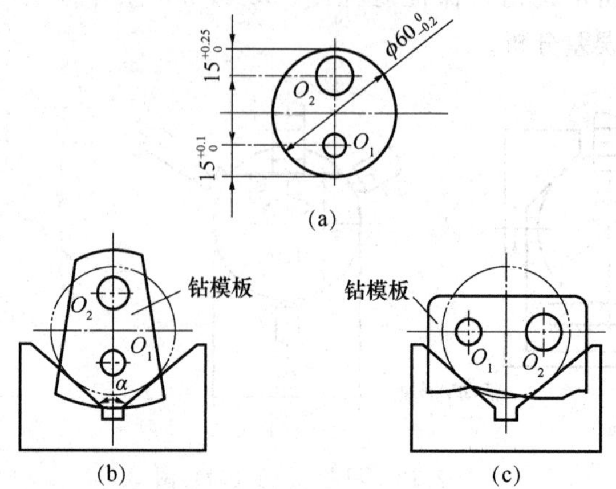

图 2.15　习题 2.18（14）图

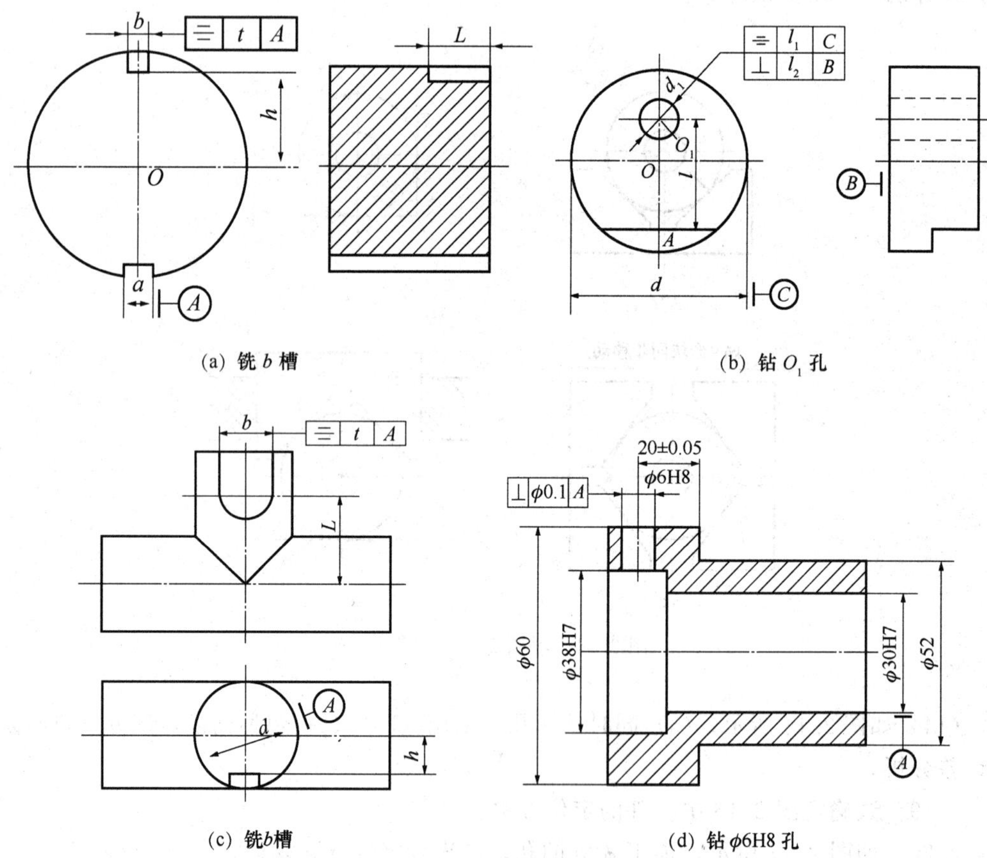

图 2.16　习题 2.19 图

4-ϕ6 的孔。

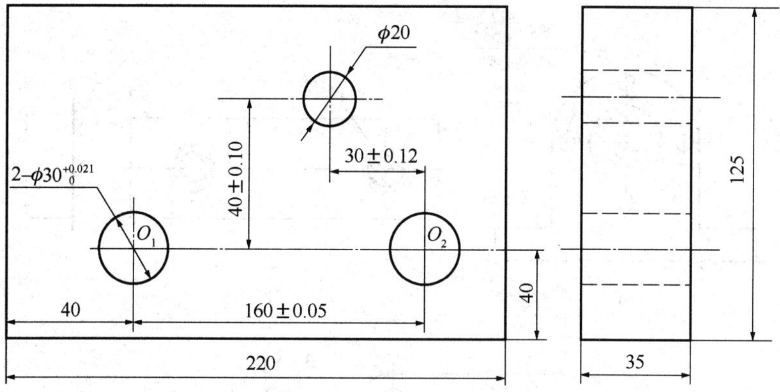

图 2.17　习题 2.20 图

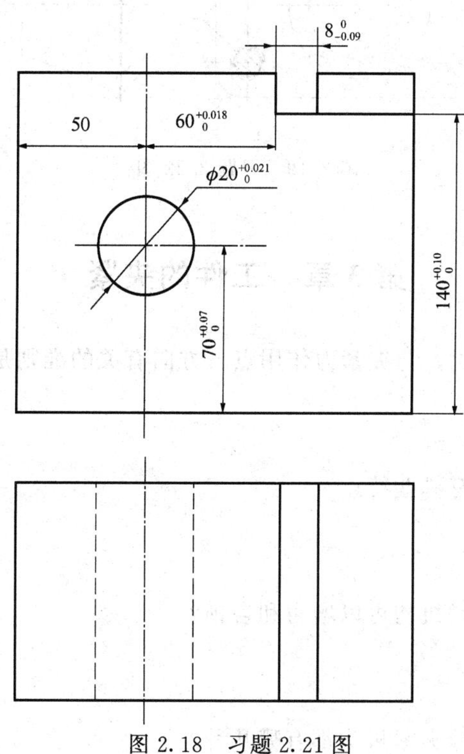

图 2.18　习题 2.21 图

(2) 如图 2.19 (b) 所示，工件以两孔一面在两销一面上定位加工上平面。

(3) 如图 2.19 (c) 所示，工件以两孔一面在两销一面上定位加工前平面。

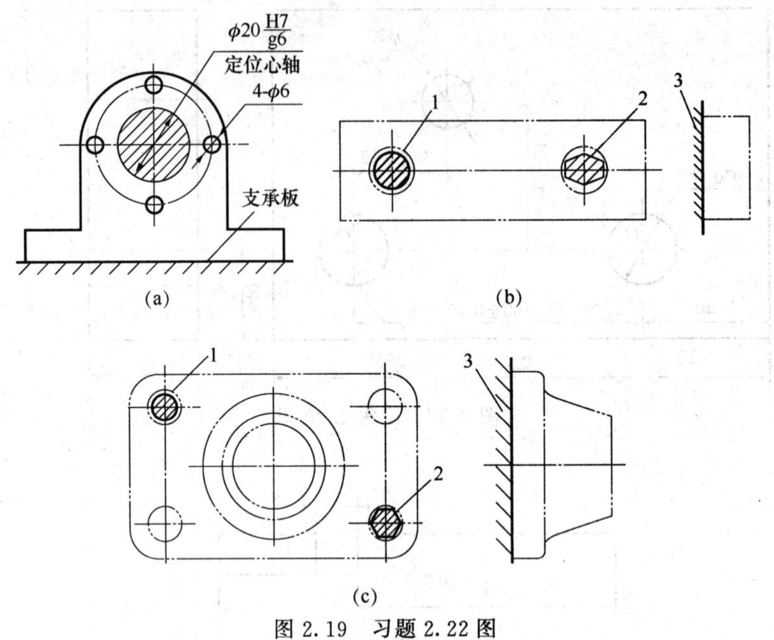

图 2.19 习题 2.22 图

第 3 章 工件的夹紧

3.1 设计夹紧装置时，与夹紧力作用点、方向有关的准则是什么？

3.2 斜楔夹紧机构有哪些特点？

3.3 为什么螺栓夹紧机构可以增力和自锁？

3.4 常用的快速螺栓夹紧机构都有哪几种？

3.5 设计多件平行联动夹紧、多件连续夹紧的要点是什么？

3.6 定心夹紧机构的特点是什么？

3.7 夹紧原理和结构改错（可直接在图3.1中改或文字叙述）。

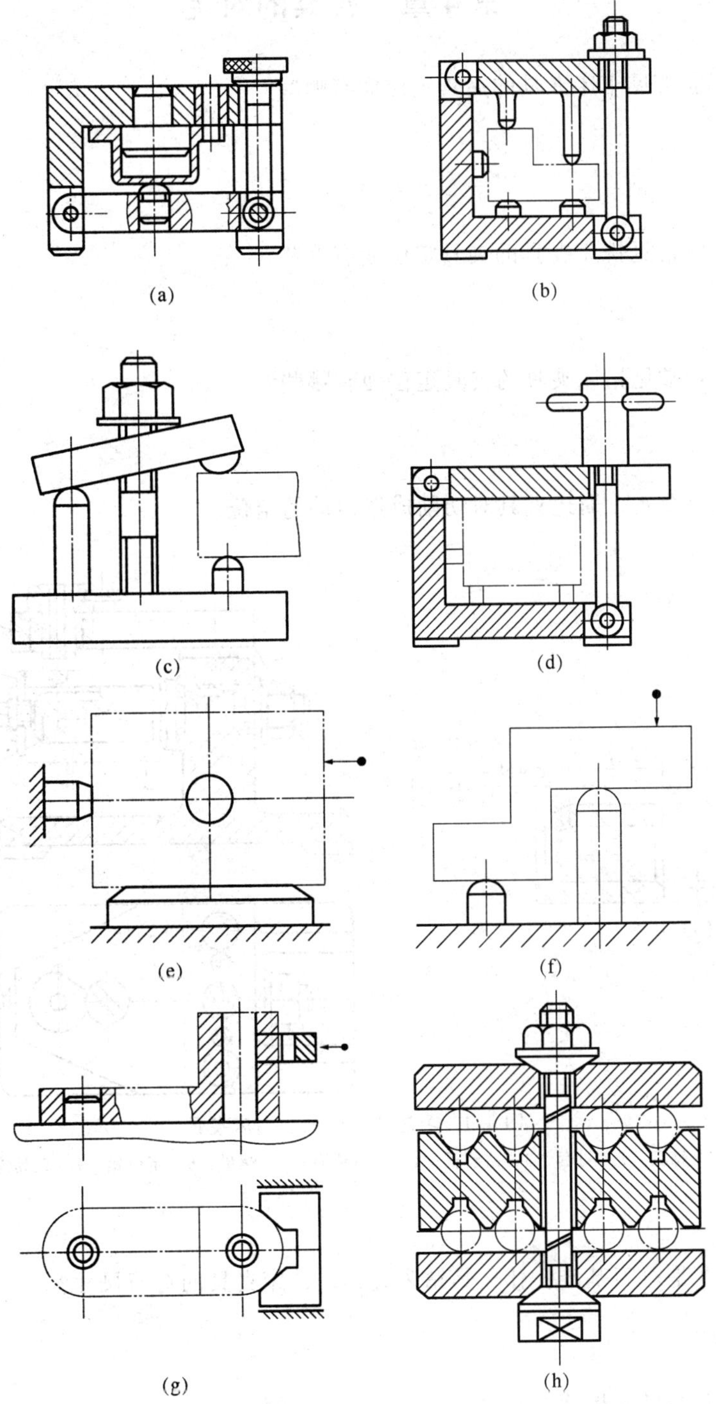

图3.1 习题3.7图

第 4 章　夹具的对定

4.1　一般常见车床夹具的夹具定位面有哪些？

4.2　一般常见铣床夹具的夹具定位面有哪些？

4.3　一般常见钻床夹具的夹具定位面有哪些？

4.4　结合图 4.1 简述夹具对切削成形运动的定位。

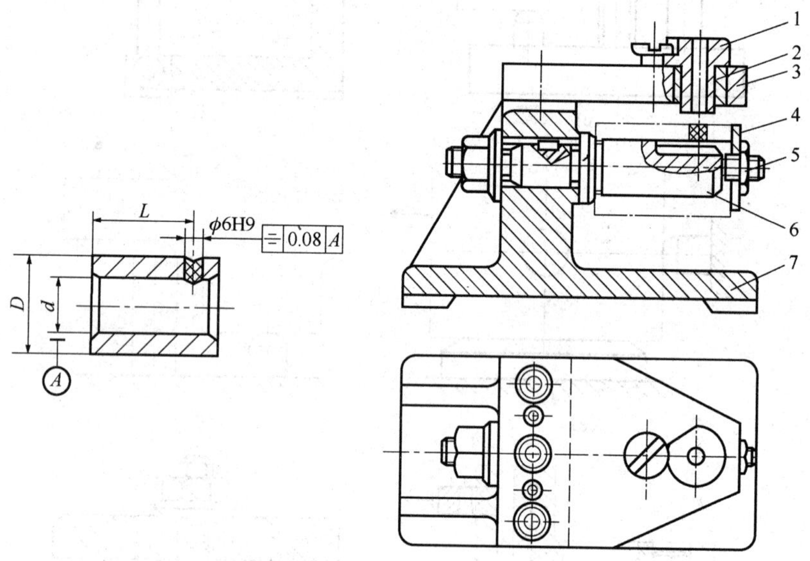

图 4.1　习题 4.4 图——钻床夹具

1—钻套；2—衬套；3—钻模板；4—开口垫圈；5—螺母；6—定位销；7—夹具体

4.5　什么是对刀基准？什么是钻床夹具、铣床夹具的对刀尺寸？

4.6　对刀的目的是什么？

4.7　如何计算钻床夹具、铣床夹具的对刀误差？

4.8　如何计算夹具位置误差？

4.9　常见的分度副有哪几种？各自有什么特点？

4.10　铣槽（塞尺厚度选 3mm），标注并计算对刀块位置尺寸（图 4.2）。

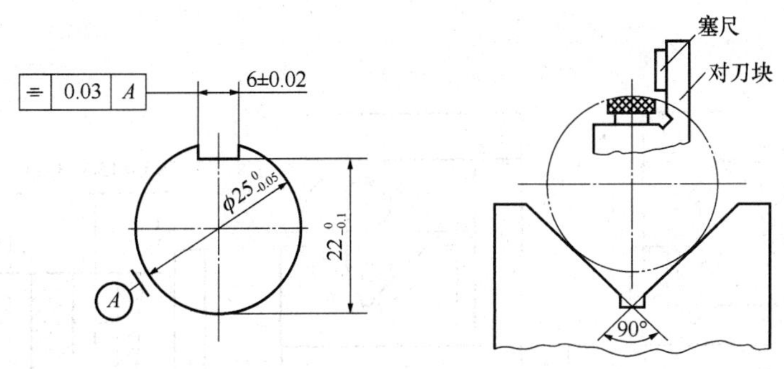

图 4.2　习题 4.10 图

4.11　标注并确定对刀装置位置尺寸；提出定位元件对夹具定位面的位置要求。
（1）铣槽（塞尺厚度选 3mm）（图 4.3）。

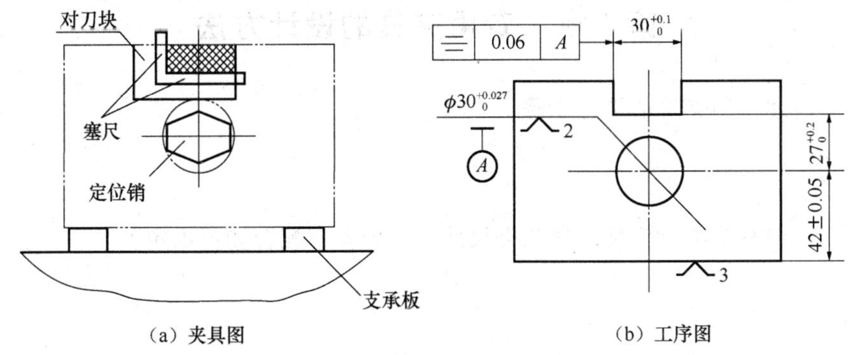

图 4.3　习题 4.11（1）图

（2）铣槽（塞尺厚度选 3mm）（图 4.4）。

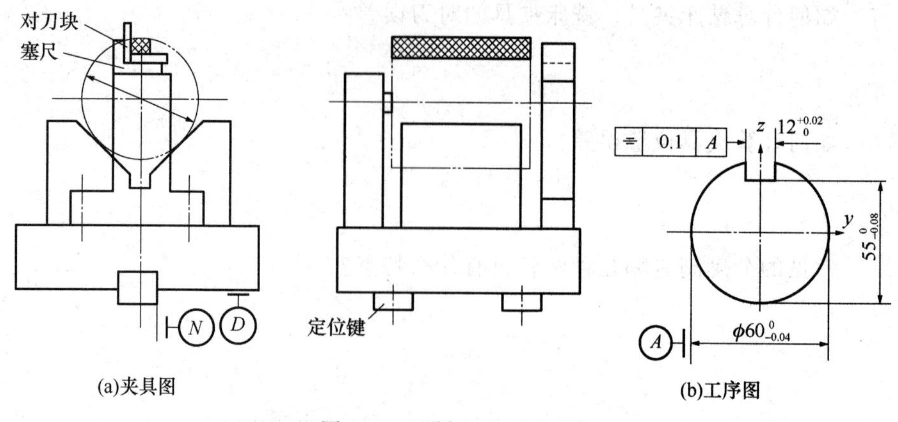

图 4.4　习题 4.11（2）图

（3）钻孔（图 4.5）。

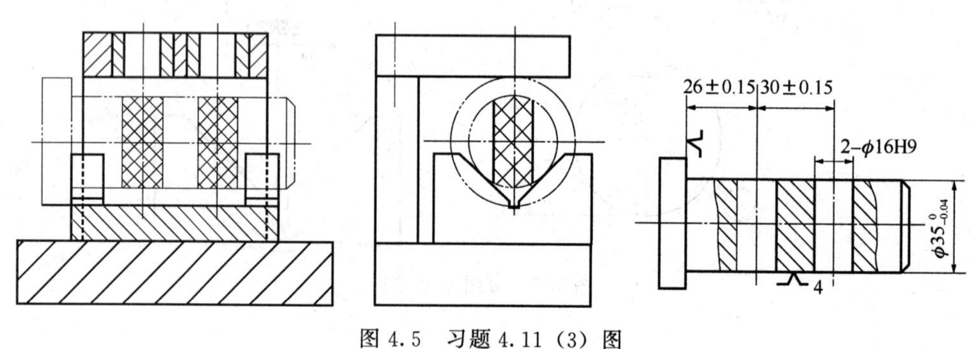

图 4.5　习题 4.11（3）图

第 5 章　专用夹具的设计方法

5.1　简述专用夹具的设计步骤。

5.2　在夹具总图上应标注哪几类尺寸？其公差与配合如何确定？

5.3　在夹具总图上应标注哪几类技术条件？其值如何确定？

5.4　夹具装配图与在其上加工的工件有哪些联系？

5.5 夹具零件图与夹具装配图有哪些联系？

5.6 夹具的制造特点是什么？常用制造方法有哪些？

5.7 什么叫工艺孔？

5.8 夹具体外形尺寸如何确定？

5.9 在夹具总图上标注尺寸、技术条件（当无法标出具体数字时，用字母代替）。

(1) 在铣床上铣槽（图 5.1）。

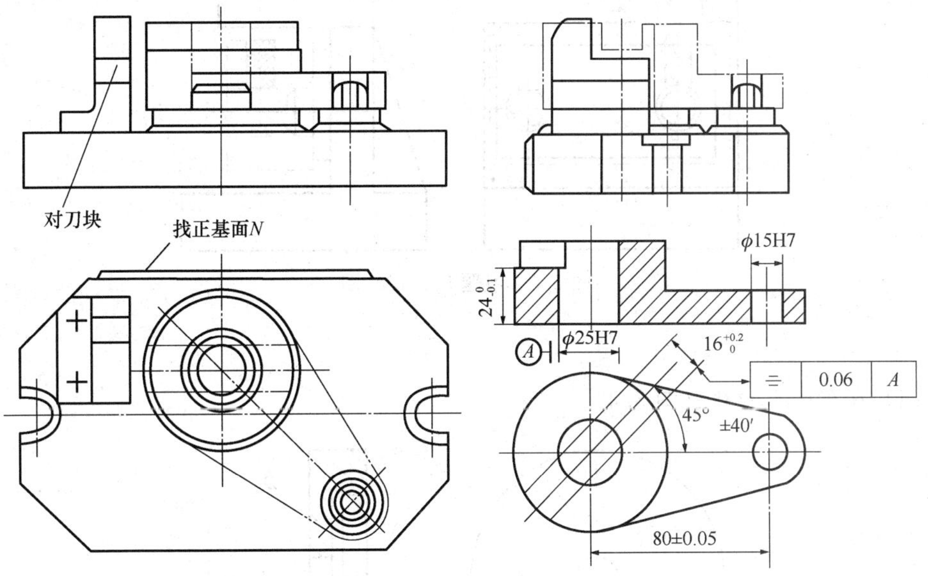

图 5.1 习题 5.9 (1) 图

(2) 在钻床上钻孔（图 5.2）。

(3) 在钻床上钻孔（图 5.3）。

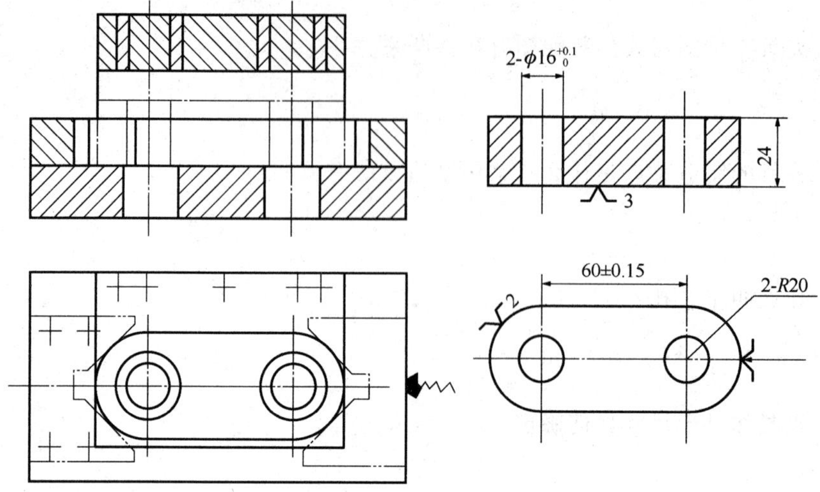

图 5.2 习题 5.9（2）图

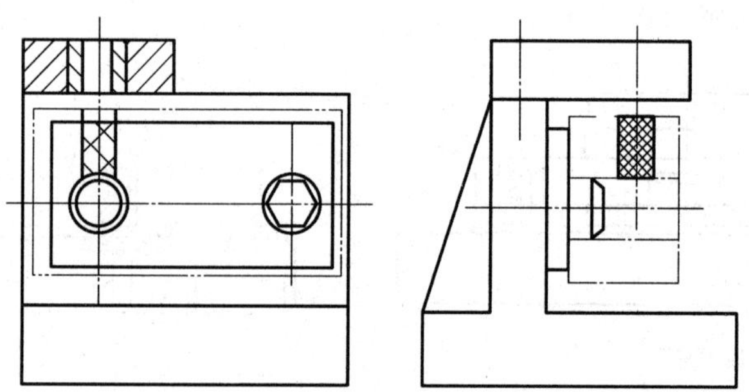

图 5.3 习题 5.9（3）图

（4）在车床上镗孔（图 5.4）。

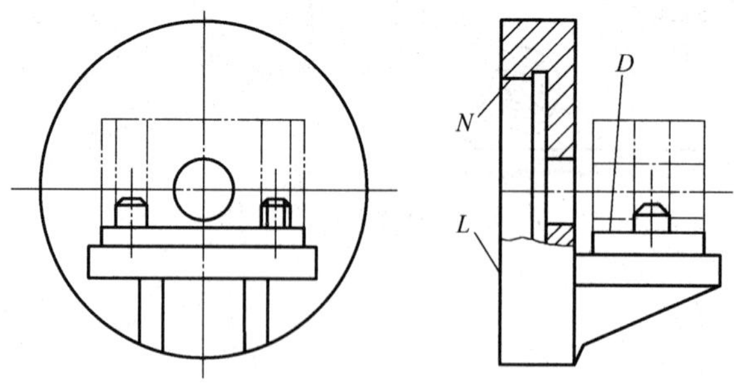

图 5.4 习题 5.9（4）图

（5）在车床上车三通内孔（图 5.5）。

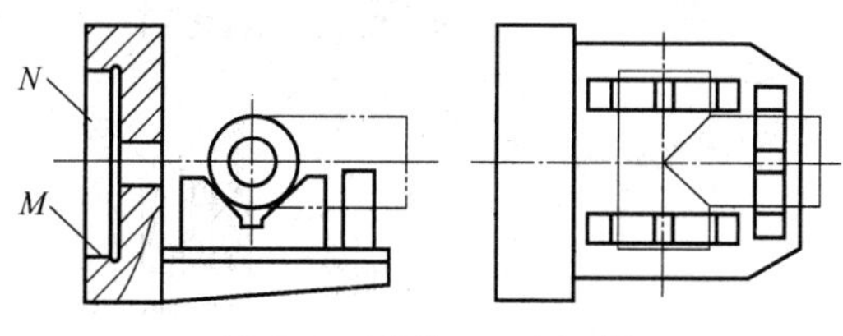

图 5.5　习题 5.9（5）图

5.10　如图 5.6 所示铣平面，试设计确定对刀块位置尺寸的工艺孔，并标注、计算对刀尺寸。

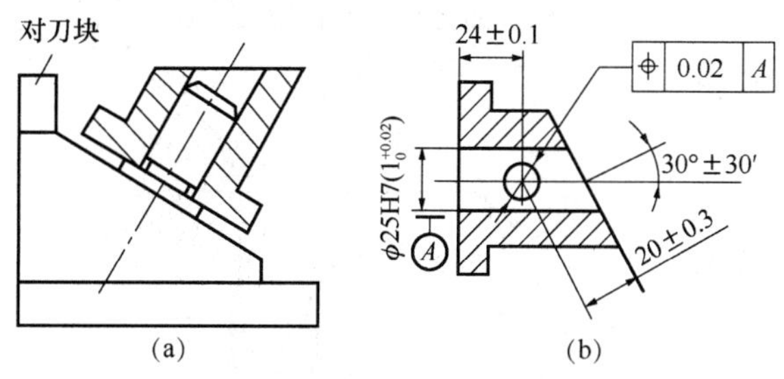

图 5.6　习题 5.10 图

第 6 章　车床夹具设计

6.1　车床夹具的设计要点是什么？

6.2　为图 6.1 所示工件设计专用车床夹具。

镗 ϕ20H8 孔，材料 45 钢，其他表面均已加工。定位、夹紧方案和使用刀具自行确定。

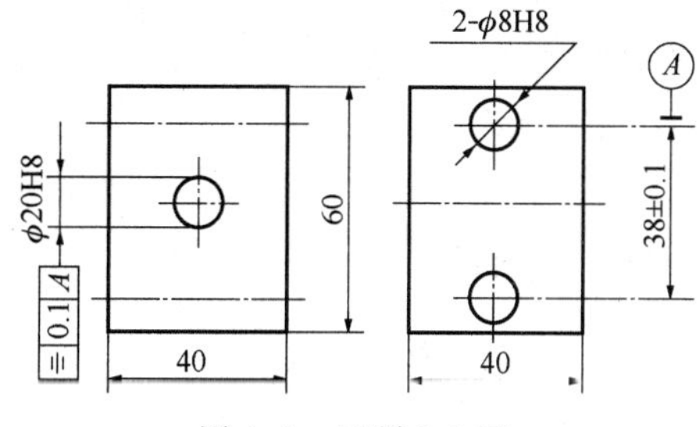

图 6.1　习题 6.2 图

第 7 章　铣床夹具设计

7.1　铣床夹具的结构类型有哪几种？

7.2　为图 7.1 所示工件设计专用铣床夹具。

铣前后两平面，材料 45 钢，其他表面均已加工。定位、夹紧方案和机床、刀具自行确定。

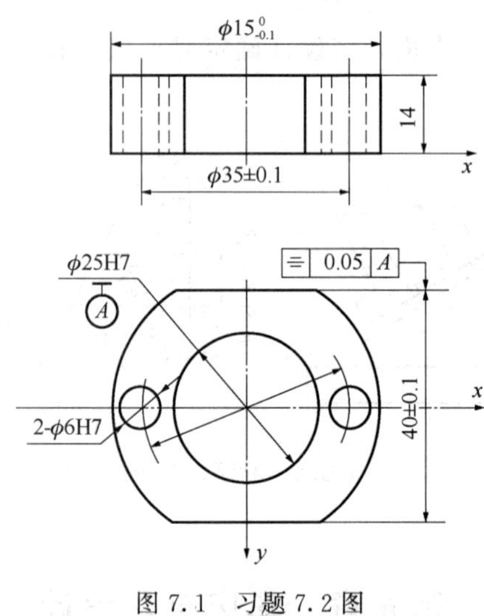

图 7.1　习题 7.2 图

第 8 章　钻床夹具设计

8.1　钻床夹具的结构类型有哪几种？各有什么特点？用在什么场合？

8.2　钻模板的结构类型有哪几种？各有什么特点？用在什么场合？

8.3　钻套有哪几种类型？各用在什么场合？

8.4　用钻模加工一批工件 ϕ20H7 的孔，其工步为：①用 ϕ18 麻花钻孔；②用 ϕ20 扩孔钻扩孔；③用 ϕ19.93 铰刀粗铰孔；④用 ϕ20 铰刀精铰孔达到要求，试确定各工步用钻套内孔直径及偏差。

8.5　为图 8.1 所示工件设计专用钻床夹具。

钻 ϕ6H8 孔，其他表面均已加工。定位、夹紧方案和机床、刀具自行确定。

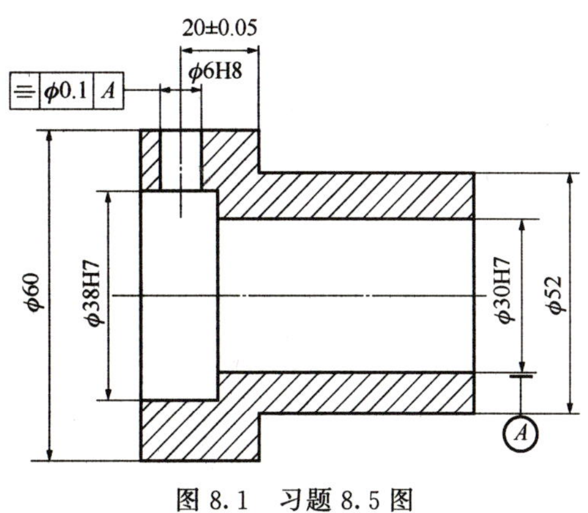

图 8.1　习题 8.5 图

第 9 章　镗床夹具设计

9.1　镗套有哪几种布置形式？各用在什么场合？

9.2　镗套有哪几种？各用在什么场合？

第 10 章　现代机床夹具

10.1　什么是自动线夹具？

10.2　什么是组合夹具？

10.3　什么是可调夹具？

主要参考文献

东北重型机械学院，洛阳工学院，第一汽车制造厂职工大学．1990. 机床夹具设计手册．上海：上海科技出版社．

龚定安，蔡建国．1990. 机床夹具设计原理．西安：陕西科技出版社．

龚定安，赵孝昶，高化．1992. 机床夹具设计．西安：西安交通大学出版社．

哈尔滨工业大学，上海工业大学．1983. 机床夹具设计．上海：上海科技出版社．

机械科学研究院. 机床夹具零件及部件技术要求（JB/T 8044—1999）．北京：机械工业部机械标准研究所．

李庆寿．1984. 机床夹具设计．北京：机械工业出版社．

刘守勇．2004. 机械制造工艺与机床夹具．北京：机械工业出版社．

孙学强．2001. 机床夹具设计习题集．北京：机械工业出版社．

唐用中，陈享等．1979. 组合夹具组装技术．北京：国防工业出版社．

薛源顺．2003. 机床夹具设计．北京：机械工业出版社．

中华人民共和国国家标准．1983. 机床夹具零件及部件．北京：技术标准出版社．

高等职业教育“十二五”规划教材

高职高专机电类教材系列

机床夹具设计

（含习题集）

张权民　主编

史朝辉　白福民　副主编

科学出版社

北京

内 容 简 介

本书内容包括机床夹具概论、工件在夹具中的定位、工件的夹紧、夹具的对定、专用夹具的设计方法、车床夹具设计、铣床夹具设计、钻床夹具设计、镗床夹具设计、现代机床夹具、附录等内容。

本书是由编者结合多年从事高等职业教育的实践经验，尤其是近年来课程改革的体会编写而成。全书贯穿专用夹具设计的主线，对夹具定位原理、定位误差分析、夹具对定、夹具尺寸、技术条件标注等内容提出了独到见解。

本书参照机械行业标准编写，可作为高职高专机械制造专业及相关专业教材，也可供有关工程技术人员参考。

图书在版编目(CIP)数据

机床夹具设计（含习题集）/张权民主编. —北京：科学出版社，2013
（高等职业教育“十二五”规划教材·高职高专机电类教材系列）
ISBN 978-7-03-036126-4

Ⅰ.①机… Ⅱ.①张… Ⅲ.①机床夹具-设计-高等职业教育-教材
Ⅳ.①TG750.2

中国版本图书馆 CIP 数据核字（2012）第 287611 号

责任编辑：张振华/责任校对：王万红
责任印制：吕春珉/封面设计：耕者设计工作室

科学出版社出版
北京东黄城根北街 16 号
邮政编码：100717
http://www.sciencep.com
三河市骏杰印刷有限公司印刷
科学出版社发行 各地新华书店经销
*
2013 年 3 月第 一 版 开本：787×1092 1/16
2021 年 1 月第九次印刷 印张：17 3/4
字数：410 000

定价：45.00 元（含习题集）

（如有印装质量问题，我社负责调换〈骏杰〉）
销售部电话 010-62136230 编辑部电话 010-62135120-2005

前　言

本书根据高等职业教育培养高端技能型人才的要求而编写。以专用夹具设计为重点，对工件在夹具中定位的“定义”赋予了新内容，同时对定位误差中基准不重合误差、基准位移误差产生的原因及合成规律、误差的分类、夹具的对定，以及夹具总图上尺寸、技术条件的标注等提出了独到见解；给出了车床夹具、铣床夹具、钻床夹具、镗床夹具设计案例，有助于学生掌握专用夹具的设计。

本书章节安排紧凑，前后联系紧密。习题集内容紧扣各章节内容，练习目的明确，难易恰如其分。附录内容有助夹具设计查阅、参考。

本书配有电子课件，可从网站 www.abook.cn 检索本书并下载。该课件以幻灯片为载体，并穿插部分动画和录像，方便教学。

本书由张权民教授（第 1～5 章、附录）、白福民工程师（第 6、7 章、幻灯片）、史朝辉高级工程师（第 8～10 章）编写，全书由张权民教授统稿。

由于水平有限，书中不足之处在所难免，恳请读者批评指正。

编　者

目　录

第1章

机床夹具概论

本章重点讲解机床夹具的概念、分类、作用、工作原理及工件加工误差的组成。

1.1 机床夹具的分类

在机械制造过程中，用来固定加工对象，使之占有正确加工位置的工艺装备称为夹具。机械制造过程包含机床切削加工、焊接、装配、检验等。在机床上用来固定加工对象，使之占有正确加工位置的工艺装备，称机床夹具，本书中将机床夹具简称为夹具。

机床夹具的分类如图 1.1 所示。

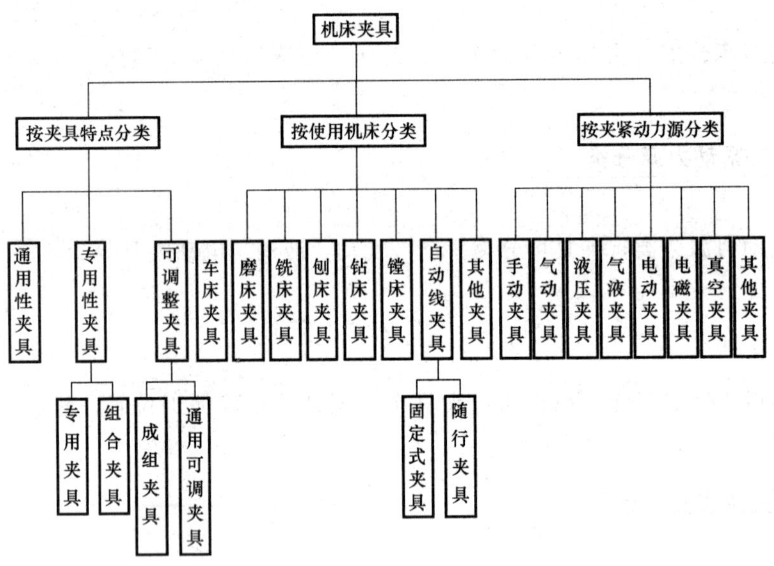

图 1.1 机床夹具的分类

1.1.1 按使用特点分类

1. 通用性夹具

通用性夹具指结构、尺寸已标准化，且具有一定通用性的夹具。例如，三爪自定

心卡盘、四爪单动卡盘、台虎钳、万能分度头、顶尖、中心架、电磁吸盘等。其特点是适应范围大，已成为机床附件，但生产率较低，适用于单件小批量生产。

2. 专用性夹具

专用性夹具指针对某一工件某一工序的加工要求专门设计和制造的夹具。其特点是针对性极强，没有通用性，常用于批量较大的生产中，可获得较高的生产率和加工精度，但设计制造周期长。专用性夹具又可分为专用夹具和组合夹具，其中组合夹具是一种模块化的专用夹具。标准的模块元件有较高的精度和耐磨性，可组装成各种专用夹具，夹具用完毕后可进行拆卸，留待组装新的夹具。组合夹具用在单件，中小批、多品种生产和数控加工中，是一种较经济的夹具。

3. 可调整夹具

可调整夹具是针对通用性夹具和专用性夹具的缺陷而发展起来的一类新型夹具。对于不同类型和尺寸的工件，只需调整或更换原来夹具上的个别定位元件和夹紧元件便可使用。

1.1.2 按使用机床分类

按使用机床分类，夹具可分为车床、铣床、刨床、钻床、镗床、磨床、自动线夹具等。

1.1.3 按夹紧动力源分类

按夹紧动力源分类，夹具可分为手动、气动、液动、电动夹具等。

1.2 工件的装夹

装夹是指工件加工前，在机床或夹具中占据某一正确加工位置，然后再予以压紧工件的过程。

1.2.1 找正法装夹工件

1）直接找正法：以工件已有表面找正装夹工件。图 1.2 所示为在四爪单动卡盘上用划针找正装夹工件。

2）划线找正法：以工件上事先划好的线痕迹找正装夹工件。图 1.3 所示为在台虎钳上用划针根据线痕找正装夹工件。

装夹过程为预夹紧→找正、敲击→完全夹紧。

可见，采用找正法装夹工件时，工件正确位置的获得是通过找正达到的，夹具只起到夹紧工件的作用。这种方法方便、简单，生产率低、劳动强度大，适用于单件、

小批生产。

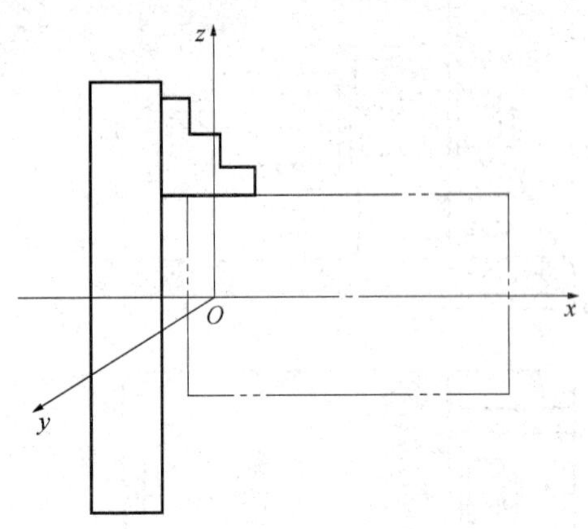

图 1.2　四爪装夹工件

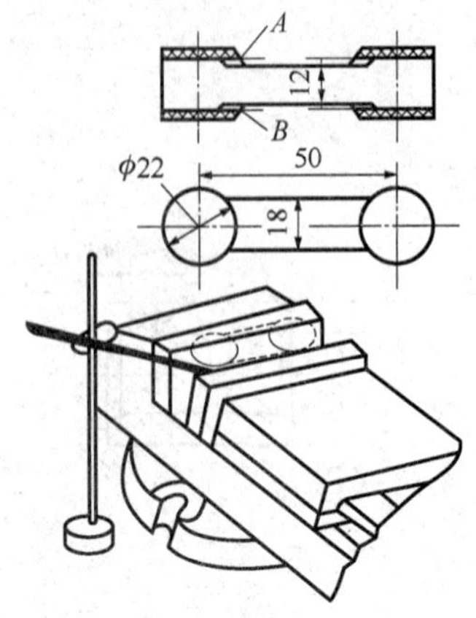

图 1.3　划线装夹工件

1.2.2 专用夹具装夹工件

下面以钻床夹具和铣床夹具装夹工件为例介绍专用夹具装夹工件。

1. 钻床夹具装夹工件

如图 1.4 所示，在钻床夹具上加工套类零件上 ϕ6H9 径向孔，工件以内孔及端面与夹具上定位心轴 6 及其端面接触定位，通过开口垫圈 4、螺母 5 压紧工件。把夹具放在钻床工作台面上，移动夹具让钻套 1 导引钻头钻孔。因钻套内孔中心线到定位心轴 6 端面的尺寸及对定位心轴 6 轴线的对称度是根据工件孔加工位置要求确定，所以能满足工件加工要求。

2. 铣床夹具装夹工件

如图 1.5 所示，在铣床夹具上加工套类零件上的通槽 b，工件以内孔及端面与夹具上定位心轴 1 及端面接触定位，通过螺母 4、开口垫圈 5 压紧工件。在铣床上，夹具通过底面和定位键 2 与铣床工作台面和 T 形槽面接触确定夹具在铣床工作台上的位置，通过螺栓压板压紧夹具，然后移动工作台，让对刀块 3 工作面与塞尺、刀具切削表面接触确定其相对位置加工工件，因对刀块工作面到定位心轴轴线的位置尺寸是根据工件加工要求确定，所以能满足工件加工要求。

3. 专用夹具装夹工件的特点

1）工件在夹具中定位迅速；
2）工件通过预先在机床上调整好位置的夹具，相对机床占有正确位置；
3）工件通过对刀、导引装置，相对刀具占有正确位置；

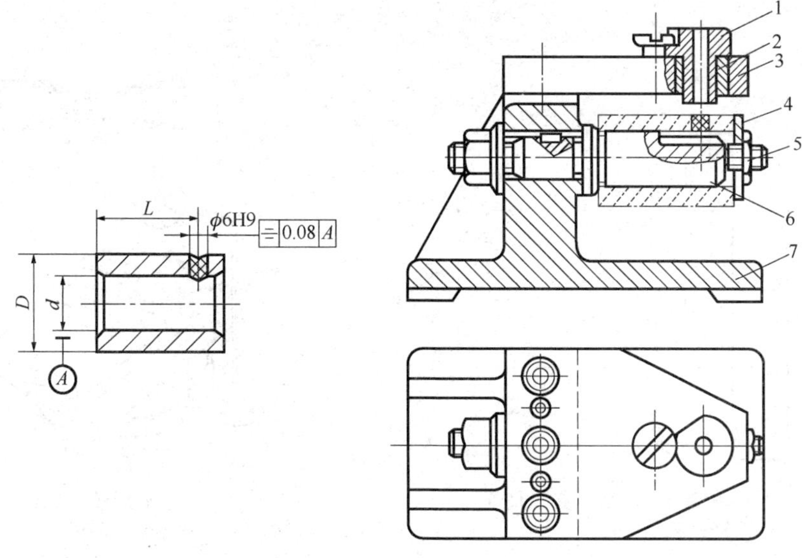

图 1.4　钻床夹具

1—钻套；2—衬套；3—钻模板；4—开口垫圈；5—螺母；6—定位心轴；7—夹具体

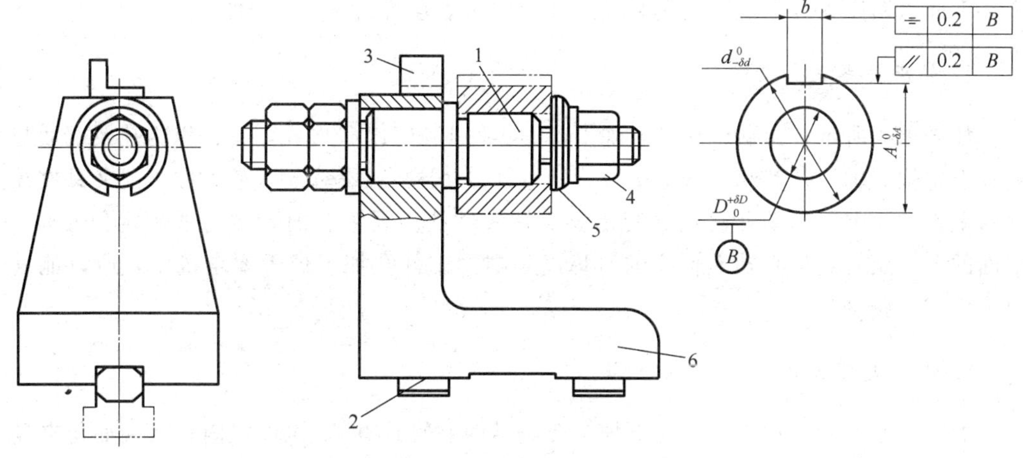

图 1.5　铣床夹具

1—定位心轴；2—定位键；3—对刀块；4—螺母；5—开口垫圈；6—夹具体

4）对加工成批工件效率尤为显著。

1.2.3 工件装夹的目的

（1）定位

定位即使工件获得正确的加工位置。

（2）夹紧

夹紧即固定工件的正确加工位置。

一般先定位、后夹紧，特殊情况下可同时实现定位、夹紧，如三爪自定心卡盘装夹工件。

1.3 机床夹具的组成

如图 1.4 和图 1.5 所示，机床夹具主要由以下几方面组成。

1.3.1 基本组成

(1) 定位元件

定位元件是与工件定位基准接触的元件，用来确定工件在夹具中的位置。

(2) 夹紧装置

夹紧装置是压紧工件的装置，通常由多个元件组成。

(3) 夹具体

夹具体是夹具的基础元件，所有夹具元件均安装在夹具体上。

1.3.2 其他组成

(1) 连接元件

连接元件是连接机床与夹具的元件，用来确定夹具在机床中的位置。

(2) 对刀、导引元件

对刀、导引元件是用来确定夹具与刀具相对位置的元件。

(3) 其他元件

其他元件是指起辅助作用的元件。

1.4 机床夹具的工作原理及作用

1.4.1 机床夹具的工作原理

机床夹具的工作原理如图 1.6 所示。工件通过定位元件在夹具中占有正确位置，夹具通过连接元件在机床中占有正确位置，夹具通过对刀、导引元件相对刀具占有正确位置，从而保证工件相对机床位置正确、工件相对刀具位置正确，最终保证满足工件加工要求。

1.4.2 机床夹具的作用

机床夹具是连接工件与机床、工件与刀具的中间装置，其作用如下。

1) 保证工件加工精度；

2) 提高劳动生产率，降低成本；

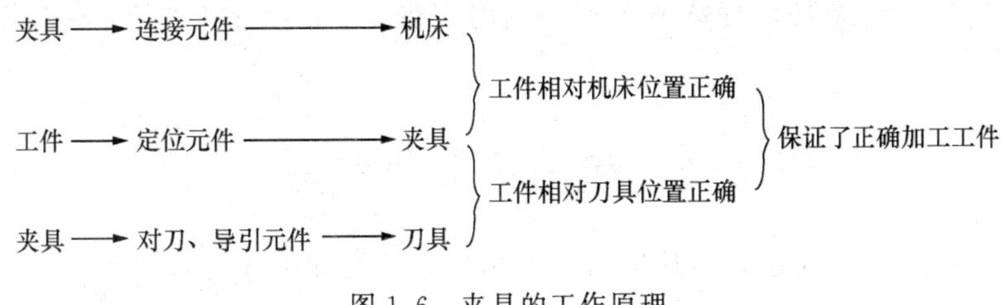

图 1.6　夹具的工作原理

3）降低工人劳动强度；

4）可由较低技术等级工人进行加工；

5）扩大机床的使用范围。

1.5　工件加工误差的组成

工件加工误差由装夹误差（ΔZJ）、对定误差（ΔDD）和过程误差（ΔGC）组成。

1.5.1　装夹误差

装夹误差（ΔZJ）是指把工件装夹到夹具上，由于工件位置不准确而在工件上产生的加工误差。

（1）定位误差

定位误差（Δdw）是指因工件在夹具上定位不准确而在工件上产生的加工误差。

（2）夹紧误差

夹紧误差（Δjj）是指由于工件夹紧变形而在工件上产生的误差。当夹紧力方向、作用点、大小合理时，该误差近似为零。

1.5.2　对定误差

对定误差（ΔDD）是指由于夹具在机床上安装位置不准确和夹具与刀具相对位置不准确而在工件上产生的加工误差。

（1）夹具位置误差

夹具位置误差（Δjw）是指由于夹具在机床上安装位置不准确而在工件上产生的加工误差。

（2）夹具对刀误差

夹具对刀误差（Δjd）是指由于夹具与刀具相对位置不准确而在工件上产生的加工误差。

1.5.3　过程误差

过程误差（ΔGC）是指在加工过程中的由于磨损、变形、振动等因素引起在工件

上产生的加工误差。该误差属于随机变量，无法量化。

1.5.4 误差不等式

在加工过程中，在工件上产生的各种加工误差之和应小于等于工件工序尺寸的公差（T），为方便计算，一般人为地把 ΔZJ、ΔDD、ΔGC 各取 $1/3T$，有 $\Delta ZJ \leqslant 1/3T$，在忽略 Δjj 后，则有

$$\Delta dw \leqslant 1/3T$$

上式称误差不等式，分析夹具定位误差时，若满足此式，则认为设计正确。

1.6 本课程的内容与任务

1.6.1 内容

本课程主要内容是围绕专用夹具设计讲解。

1. 主要内容

主要内容包括工件在夹具中的定位、夹紧（第 2、3 章），夹具在机床上的安装、对刀（第 4 章）。

2. 其他内容

其他内容包括专用夹具设计方法（第 5 章）、各种典型机床夹具设计（第 6～9 章）、现代机床夹具介绍（第 10 章）。

1.6.2 任务

本课程主要任务包括以下几方面。

1）掌握机床夹具设计的基础理论知识。

2）掌握机床夹具设计的方法、步骤。

3）学会查阅机床夹具设计的标准、手册、图册等资料。

4）了解现代机床夹具发展方向。

第2章
工件在夹具中的定位

本章属于重点章节，要求重点掌握定位基本原理、定位误差分析。在定位基本原理中，重点掌握根据工件工序加工要求，分析应该限制哪些自由度，以及正确选择定位元件并合理布置，保证限制应该限制的自由度。在定位误差分析中，重点掌握基准不重合误差和基准位移误差的分析、计算与合成。要求一般掌握工件典型表面常用的定位元件及选择。

2.1 概　　述

2.1.1 定位的概念

本课程研究的是专用夹具设计，定位就是专门研究一批工件在专用夹具中的定位。

下面由工艺课中所讲定位的概念来分析定位：

工件加工前，在机床或夹具中占据某一正确加工位置的过程

↓

工件加工前，在夹具中占据某一正确加工位置的过程

↓

一批工件先后装夹到夹具中，都能占据一致、正确加工位置的过程

↓（“一致”在坐标系中就是“确定”）

综上所述，定位是指工件加工前，在夹具中占据“确定”、“正确”加工位置的过程。

本章主要讲什么是“确定”、“正确”的加工位置。

2.1.2 基准的概念

基准是零件上用以确定其他点、线、面位置所依据的要素（点、线、面）。基准又分为设计基准、工序基准、定位基准和对刀基准。

（1）设计基准

设计基准是指在零件图上用以确定点、线、面位置的基准。设计基准由产品设计人员确定。

(2) 工序基准

工序基准是指在工序图上用以确定被加工表面位置的基准。

工序基准的查找方法如下：首先找到加工面，确定加工面位置的尺寸（即工序尺寸），其一端指向加工面，另一端指向工序基准。如图 2.1 所示为加工键槽的工序图，h、L、⌯为 3 个方向的工序尺寸，3 个方向上的中心线为工序基准。工序基准由工艺人员确定。

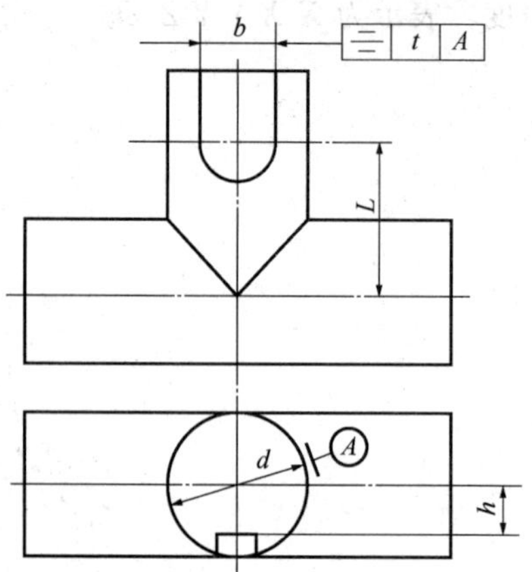

图 2.1　加工键槽的工序图

(3) 定位基准

定位基准是确定工件在夹具中位置的基准，即与夹具定位元件接触的工件上的点、线、面。当接触的工件上的点、线、面为回转面、对称面时，称回转面、对称面为定位基面，其回转面、对称面的中心线称为定位基准。定位基准由工艺人员确定，是工序图上标“$\vee$”所示的基准（定位基准的标注形式见附表 1）。

(4) 对刀基准

对刀基准是指确定刀具相对夹具（工件）位置的夹具上的基准，一般选与工件定位基准重合的夹具定位元件上的要素为对刀基准。

2.1.3 工件尺寸精度获得的方法

1. 试切法

试切法是指反复进行试切→测量→调刀，直至达到尺寸要求。此法在工件单件加工时用。

2. 定尺寸刀具法

定尺寸刀具法是指由刀具尺寸确定加工要素尺寸的方法。

3. 调整法

调整法是事先调整好刀具与工件（夹具）的相对位置，在加工一批工件过程中，刀具位置不变。本书中涉及尺寸精度获得的方法一般视为调整法。

4. 自动控制法

自动控制法是指通过自动控制机床、刀具的运动，达到尺寸精度的方法。

2.1.4 工件的自由度

工件的自由度是指工件空间位置不确定性的数目。如图 2.2 所示，工件有 6 个自

由度，表示为 $\vec{X}\,\overset{\curvearrowright}{X}\,\vec{Y}\,\overset{\curvearrowright}{Y}\,\vec{Z}\,\overset{\curvearrowright}{Z}$。

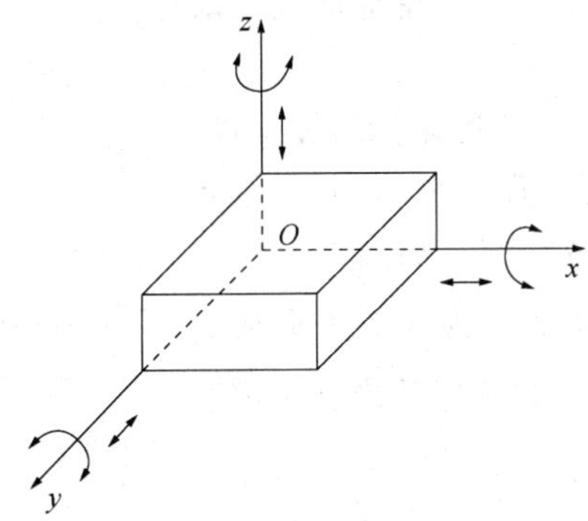

图 2.2　工件自由度

2.1.5 定位副

工件定位基面（准）和夹具定位元件工作面合称定位副，二者重合，称定位副设计、制造准确，反之称设计、制造不准确。

2.2　工件定位的基本原理

2.2.1 定位基本原理

1. 应用举例

【例 2.1】 在图 2.3（a）所示工件上铣通槽，保证槽宽和槽的上下、左右位置符合要求，试确定定位方案。

解　1）分析满足加工要求必须限制的自由度，也称理论上应该限制的自由度，简称理限。

保证槽的上下位置要求：必须限制 $\overset{\curvearrowright}{X}\,\overset{\curvearrowright}{Y}\,\vec{Z}$；

保证槽的左右位置要求：必须限制 $\vec{X}\,\overset{\curvearrowright}{Y}\,\overset{\curvearrowright}{Z}$；

槽宽由定尺寸刀具保证；

综合要求：必须限制 $\overset{\curvearrowright}{X}\,\vec{X}\,\overset{\curvearrowright}{Y}\,\overset{\curvearrowright}{Z}\,\vec{Z}$ 5 个自由度。

2）用定位元件来限制理论上应该限制的自由度。

如图 2.3（b）所示，在与机床工作台面平行的平面上“合理”布置 3 个支承钉与工件底面接触，限制了 $\overset{\curvearrowright}{X}\,\overset{\curvearrowright}{Y}\,\vec{Z}$ 3 个自由度，在与机床进给方向平行的平面上“合理”布置两个支承钉与工件侧面接触，限制了 $\vec{X}\,\overset{\curvearrowright}{Z}$ 两个自由度。

综合结果：限制了 $\overset{\curvearrowright}{X}\,\vec{X}\,\overset{\curvearrowright}{Y}\,\overset{\curvearrowright}{Z}\,\vec{Z}$ 5 个自由度。

【例 2.2】 在图 2.4 所示工件上铣通槽，保证槽在 3 个方向上的位置满足要求，试确定定位方案。

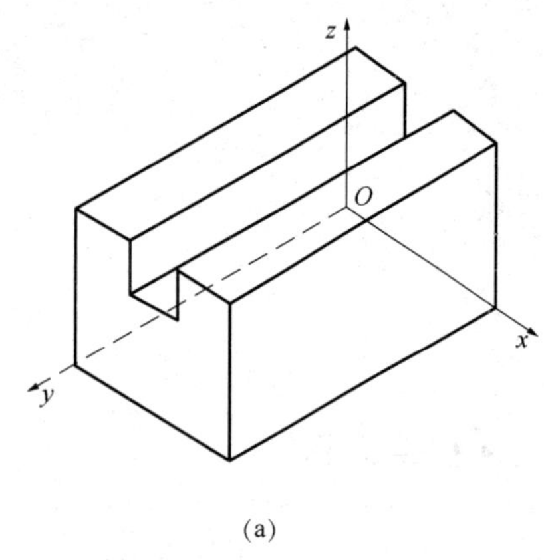

(a)

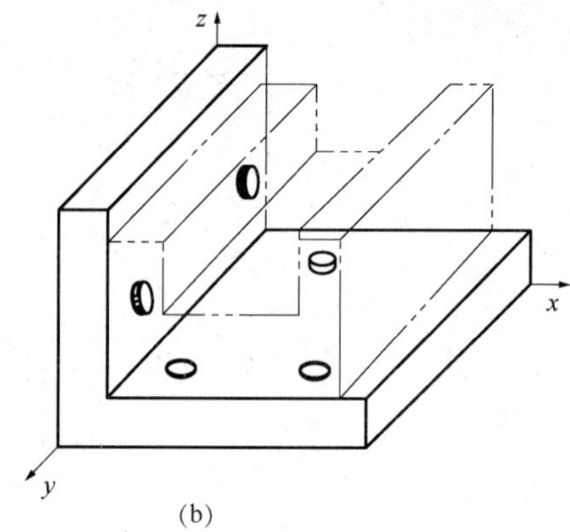

(b)

图 2.3　铣槽定位分析（一）

解　1）分析满足加工要求必须限制的自由度（理限）。

保证槽的上下位置要求：必须限制 $\overset{\frown}{X}\,\overset{\frown}{Y}\,\vec{Z}$；

保证槽的左右位置要求：必须限制 $\vec{X}\,\overset{\frown}{Y}\,\overset{\frown}{Z}$；

保证槽的前后位置要求：必须限制 $\vec{Y}$；

综合要求：必须限制 $\overset{\frown}{X}\,\vec{X}\,\overset{\frown}{Y}\,\vec{Y}\,\overset{\frown}{Z}\,\vec{Z}$ 6 个自由度。

2）用定位元件来限制理论上应该限制的自由度。

① 用长 V 形块与工件外圆面接触（可理解为 1.2.4.5 点接触）限制 $\overset{\frown}{X}\,\vec{X}\,\overset{\frown}{Z}\,\vec{Z}$；

② 用定位支承钉 3 与工件端面接触限制 $\vec{Y}$；

③ 用定位销 6 与工件槽面接触限制 $\overset{\frown}{Y}$。

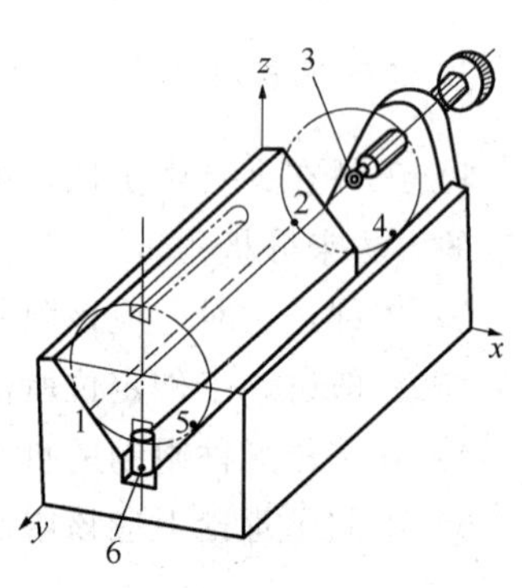

图 2.4　铣槽定位分析（二）

综合结果：限制了 $\overset{\frown}{X}\,\vec{X}\overset{\frown}{Y}\,\vec{Y}\overset{\frown}{Z}\,\vec{Z}$。

注意问题：

1）定位元件限制工件自由度的作用表示它与工件定位面接触，一旦脱离接触就失去限制自由度的作用。

2）在分析定位元件起定位作用时不考虑外力影响，即要分清定位和夹紧的区别。

【例 2.3】　在图 2.5 所示工件上磨平面，保证 h 尺寸和平行度，试确定定位方案。

解　1）保证 h 尺寸和平行度，理限为 $\overset{\frown}{X}\,\overset{\frown}{Y}\,\vec{Z}$。

2）现把工件放在磨床磁性工作台面上吸牢后磨平面，分析实际仍是限制了 3 个自由度：$\overset{\frown}{X}\,\overset{\frown}{Y}\,\vec{Z}$。

判断工件在某一方向的自由度是否被限制，唯一的标准是看同一批工件先后定位后，在该方向上的位置是否一致。在例 2.3 中，一批工件先后定位，$\vec{X}$、$\vec{Y}$、$\overset{\frown}{Z}$ 3 个位置不一致，故该三个自由度未被限制。

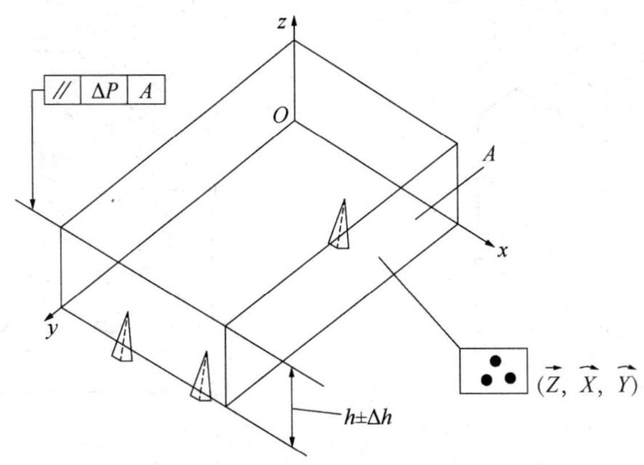

图 2.5　磨平面定位分析

2. 定位基本原理

1）工件在夹具中定位，可以归纳为在空间直角坐标系中，用定位元件限制工件自由度的方法来分析；

2）工件定位时，应该限制的自由度数目主要由工件工序加工要求确定；

3）一般讲，工件定位所需限制自由度的数目小于等于 6 个；

4）各定位元件限制的自由度原则上不允许重复或干涉（见相关内容分析）；

5）限制了理论上应该限制的自由度，使一批工件定位位置一致。

3. 确定

“确定”是指限制了理论上应该限制的自由度，使一批工件定位位置一致。

2.2.2 工件定位的几种情况

1. 完全定位

完全定位是指工件的 6 个自由度全部被限制的定位，如图 2.4 所示。

2. 不完全定位

不完全定位是指工件的部分自由度被限制的定位，如图 2.3 和图 2.5 所示。

可见，工件定位采用完全定位还是不完全定位方式，主要由工件工序加工要求确定。反过来讲，不管采用完全定位还是不完全定位方式，也都能满足工件工序加工要求。

3. 欠定位

欠定位是指工件定位时，应该限制的自由度没有被全部限制的定位。例如，在

图 2.4所示定位方案中，取掉定位销 6，$\widehat{Y}$ 没有被限制，将导致无法保证铣槽与缺口的相互位置要求。实际定位时决不允许发生欠定位现象。

4. 过定位（重复定位）

过定位（重复定位）是指工件定位时，几个定位元件重复限制工件同一自由度的定位。如图 2.6 所示，位于同一平面内的 4 个定位支承钉限制了 3 个自由度，是否允许过定位，应视具体情况而定。若工件定位平面的平面度较高，定位能保证一批工件定位位置一致，允许存在过定位（称形式过定位），否则，一个工件与这 3 个支承钉接触、另一个工件与另外 3 个支承钉接触，造成一批工件定位位置不一致，这种情况就不允许存在过定位（称实质过定位）。

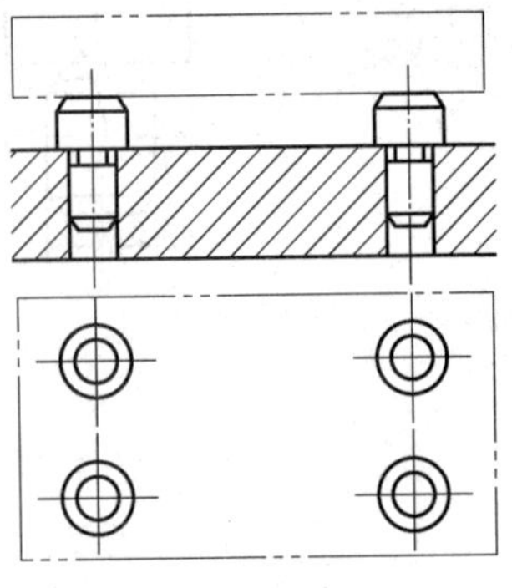

图 2.6 过定位分析

2.2.3 限制工件自由度数与工件加工要求的关系

从上面几种定位情况分析知，一般情况下：

1）保证一个方向上的加工尺寸需要限制 1～3 个自由度。

2）保证二个方向上的加工尺寸需要限制 4～5 个自由度。

3）保证三个方向上的加工尺寸需要限制 6 个自由度。

2.3 定位单个典型表面的定位元件

2.3.1 定位平面的定位元件

一般情况下，定位平面时定位基准是平面本身。其常用定位元件如下。

1. 标准固定支承钉

几种不同平面定位支承钉如图 2.7 所示。

（1）圆头

圆头定位支承钉［图 2.7（a)］用于水平面粗基准定位，可减小接触面积，定位稳定。

（2）锯齿头

锯齿头定位支承钉［图 2.7（b)］用于侧平面粗基准定位，既可减小接触面积，又可避免水平面应用时清理铁屑的不便。

（3）平头

平头定位支承钉［图 2.7（c)］用于较小精基准平面定位，可适当增大接触面积，减小压强。

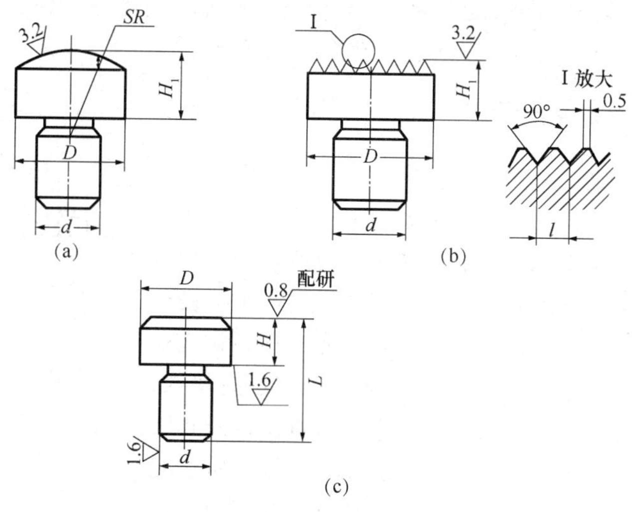

图 2.7　固定支承钉

2. 标准可调支承钉

标准可调支承钉高度可调节，如图 2.8 所示，从（a）到（c），工件的质量从轻到重。

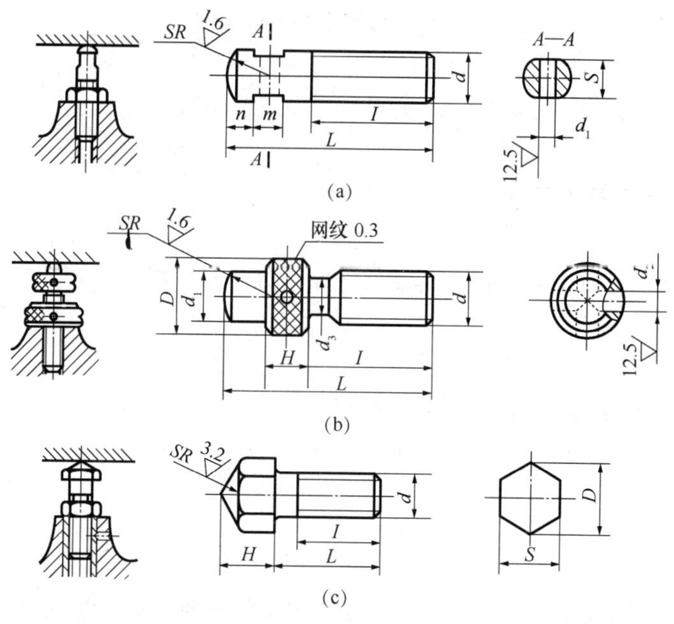

图 2.8　可调支承钉

标准可调支承钉用途如下。

1）用于毛坯精度不高，而又以粗基准定位时。如图 2.9 所示的箱体零件，因 H 有

ΔH 误差，当工件第一道工序以下平面定位加工上平面，然后第二道工序再以上平面定位加工孔，出现孔的加工余量不均，影响加工孔的表面质量。若第一道工序用可调支承钉定位，保证 H 有足够精度，再加工孔时，就能保证余量均匀，从而可保证加工孔表面的质量。

2）在成组可调夹具中用。图 2.10（a）所示为 L 尺寸不同的两个工件，用图 2.10（b）所示夹具加工图 2.10（a）所示工件，因两个工件 L 不同，定位右侧支承采用可调支承钉，即可对两工件进行定位加工。

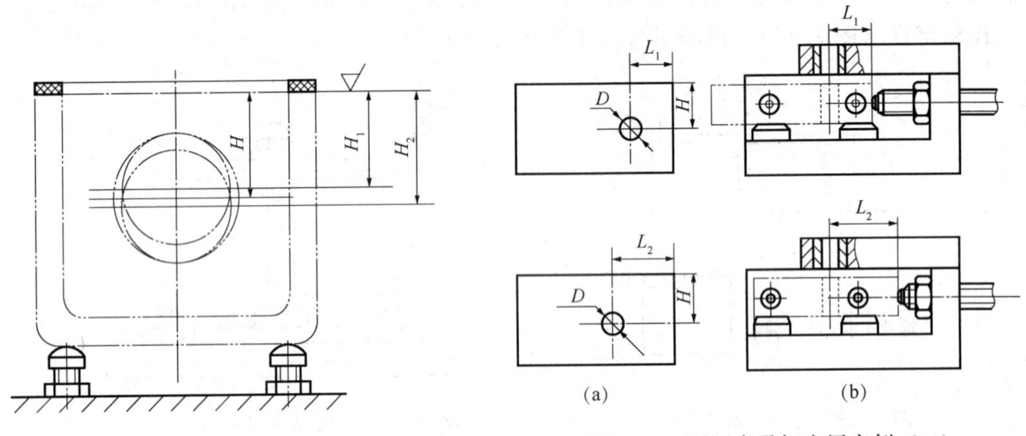

图 2.9　可调支承钉应用实例（一）

图 2.10　可调支承钉应用实例（二）

3. 标准定位支承板

标准定位支承板如图 2.11 所示，其用途如下。

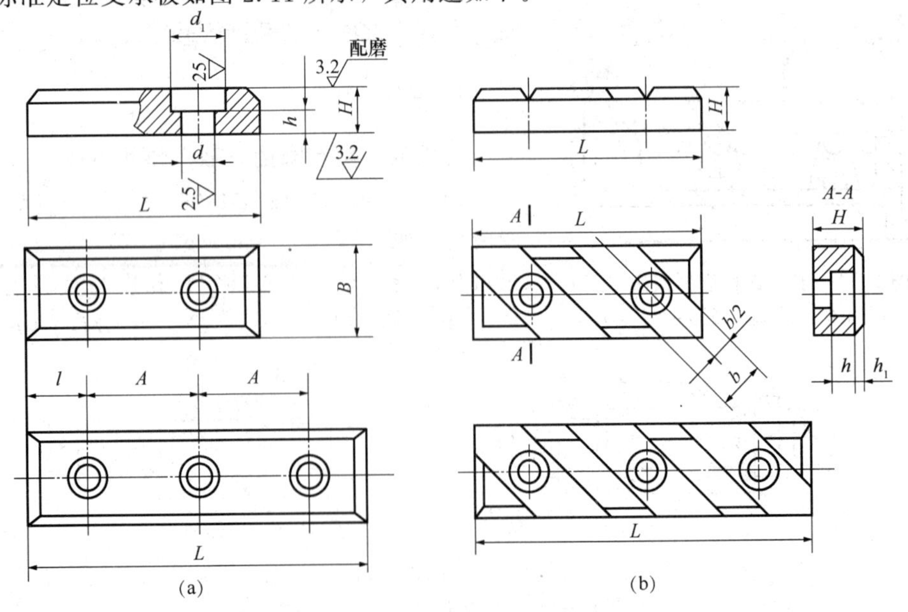

图 2.11　定位支承板

1）图 2.11（a）所示定位支承板用于侧平面精基准定位。可避免水平面应用时清理铁屑的不便。

2）图 2.11（b）所示定位支承板用于水平面精基准定位，因 b 槽下沉，可避免铁屑影响定位。

以上 3 种定位元件，小平面（1 个支承钉）限制 1 个自由度；窄长平面（2 个支承钉）限制 2 个自由度；大平面（3 个支承钉）限制 3 个自由度。

除定位支承外，还有辅助支承。辅助支承为不起定位作用的支承，在工件定好位后参与工作，不能破坏工件的定位。其主要用途是起预定位作用（图 2.12），提高夹具工作稳定性（图 2.13），提高工件加工稳定性（图 2.14）。

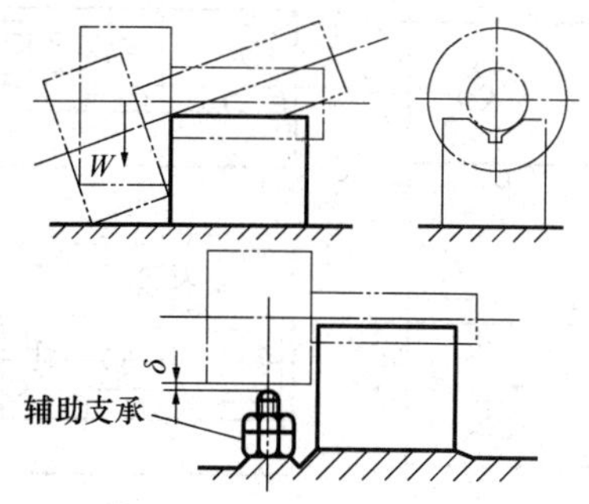

图 2.12　辅助支承应用实例（一）

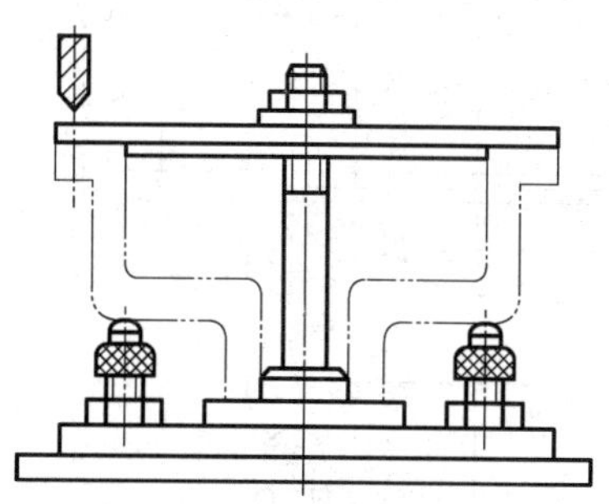

图 2.13　辅助支承应用实例（二）

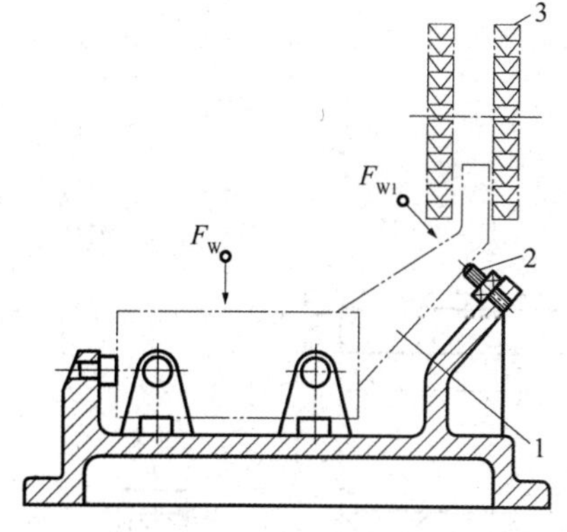

图 2.14　辅助支承应用实例（三）
1—工件；2—辅助支承；3—铣刀

2.3.2 定位圆孔的定位元件

工件以圆孔定位时，常采用心轴、定位销为定位元件。此时定位基准为孔中心线。

1. 心轴

心轴的种类有刚性心轴、弹性心轴。

图 2.15 所示为刚性心轴。图 2.15（a）是间隙配合心轴，直径 D（h6、g6、f7）；图 2.15（b）是过盈配合心轴，当心轴定位长度与直径之比 $L/D\leqslant 1$ 时，$D_1=D_2=D_{\max}$(r6)；当 $L/D>1$ 时，D_1

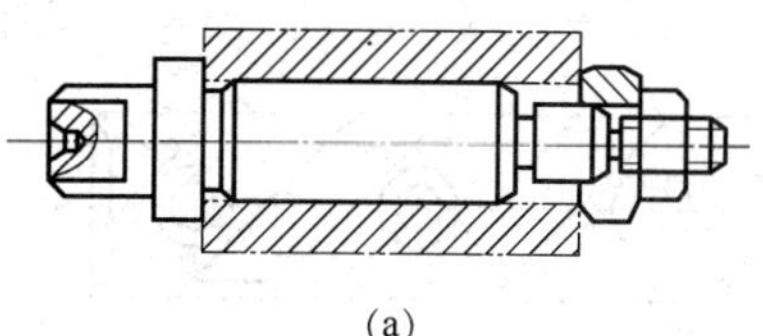

(a)

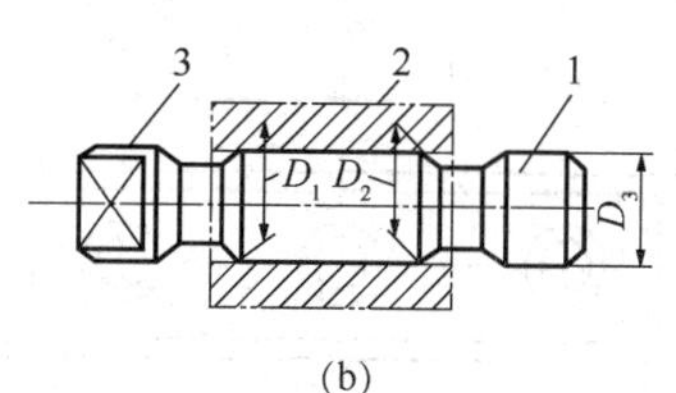

(b)

图 2.15　刚性心轴
1—导向部分；2—定位部分；3—传动部分

$=D_{max}$（r6）、$D_2=D_{max}$（h6），导向部分 $D_3=D_{min}$（e8）。间隙配合心轴通用结构如图 2.16所示，锥度心轴如图 2.17 所示；各类机床心轴见图 2.18 示：图 2.18（a）为磨床心轴，图 2.18（b）为弹性车床心轴，图 2.18（c）为滚齿心轴，图 2.18（d）为插齿心轴，图 2.18（e）为磨齿心轴，图 2.18（f）为滚齿心轴。

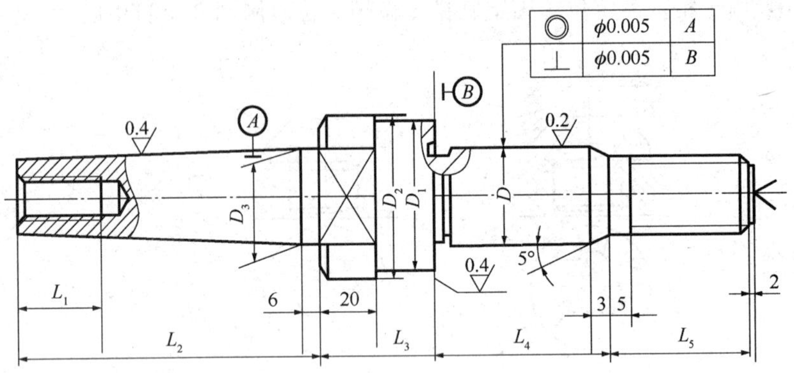

图 2.16　间隙合心轴通用结构

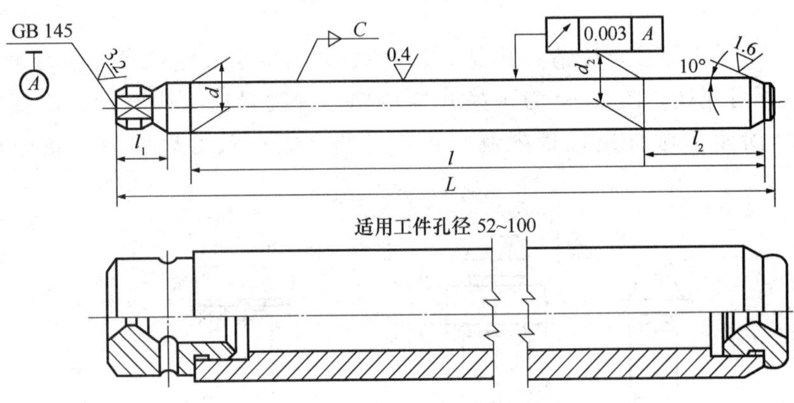

图 2.17　小锥度心轴

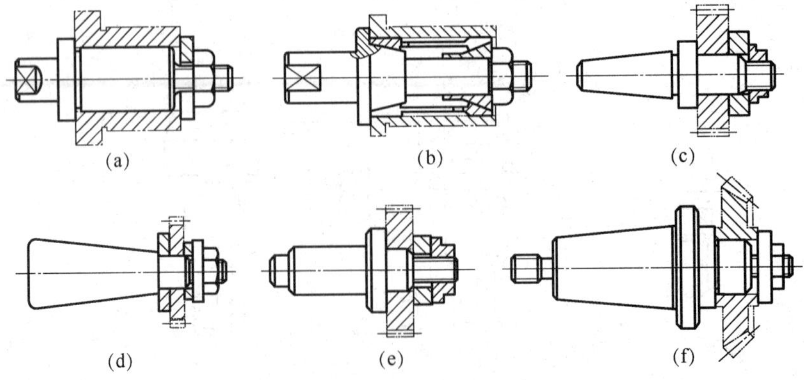

图 2.18　各类机床心轴

2. 定位销

定位销的种类有圆柱定位销、圆锥定位销。

图 2.19 所示为圆锥定位销，其中图 2.19（a）用于粗基准定位，可减小接触；图 2.19（b）用于精基准定位。固定圆锥定位销定位时限制 3 个自由度。

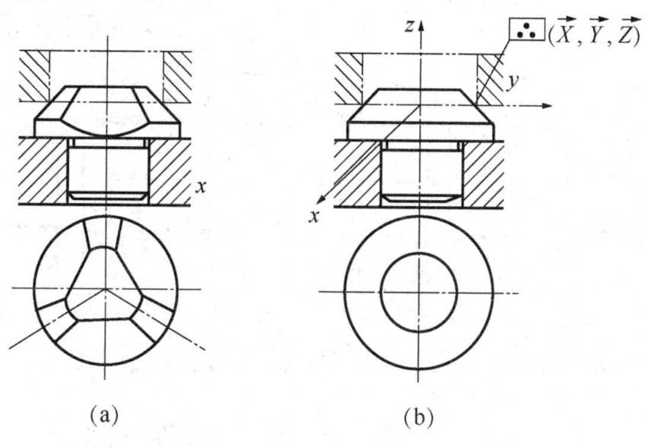

图 2.19　圆锥定位销定位分析

图 2.20 所示为圆柱定位销。其中图 2.20（a）为固定式定位销，中批量以下生产用，磨损后不可更换；图 2.20 为可换式定位销，大批量以上生产用，磨损后可以更换。图 2.21 所示为圆柱定位销限制自由度分析，短接触可理解为一条圆母线接触

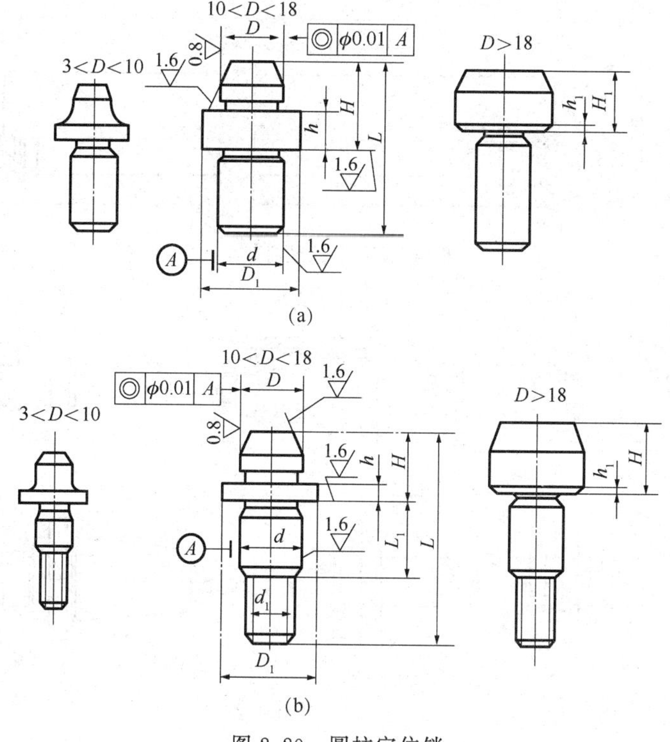

图 2.20　圆柱定位销

[图 2.21 (a)]，长接触可理解为相距较远的两条圆母线接触 [图 2.21 (b)]。

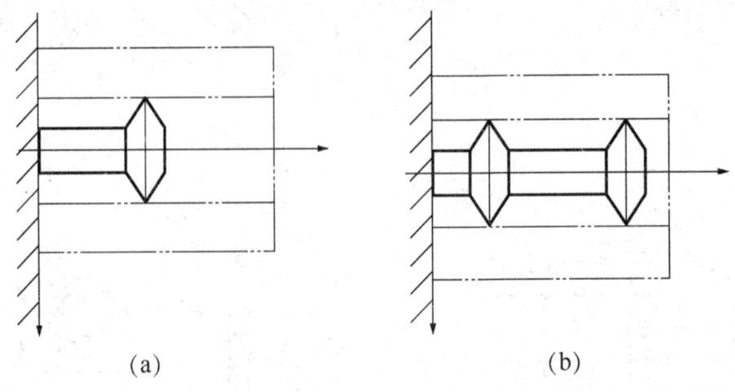

图 2.21　圆柱定位销限制自由度分析

以上采用圆柱销轴定位时，短接触限制 2 个自由度，长接触限制 4 个自由度。

长接触与短接触分析：绝对地讲，限制 4 个自由度是长接触，限制 2 个自由度是短接触；相对地讲，接触长度与直径之比小于等于 0.5 时，视为短接触；大于等于 1.2 时，视为长接触，但当工件定位孔长度远大于圆柱定位销工作部分长度时，则仍视为短接触。

2.3.3 定位圆锥孔的定位元件

图 2.22 所示为顶尖孔在顶尖上定位，其中图 2.22 (a) 为固定顶尖，限制 3 个自由度，图 2.22 (b) 为浮动顶尖，限制 2 个自由度。图 2.23 所示为长圆锥孔在长圆锥轴上定位，限制 5 个自由度。以上定位基准均为工件孔中心线。

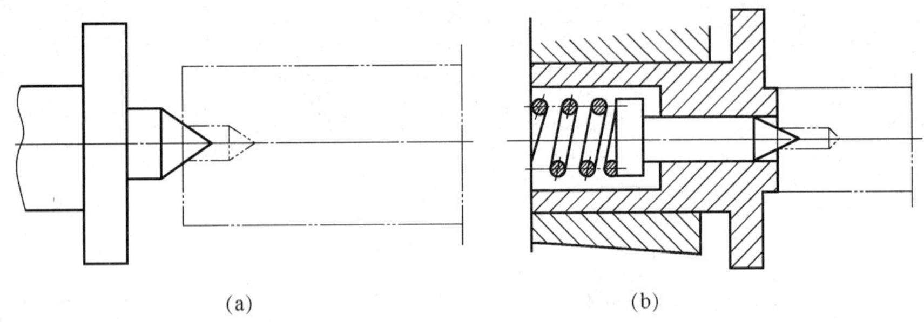

图 2.22　顶尖定位分析

2.3.4 定位外圆的定位元件

1. 在 V 形块中定位

在 V 形块中定位如图 2.24 所示。V 形块的几种形式的用途如下。

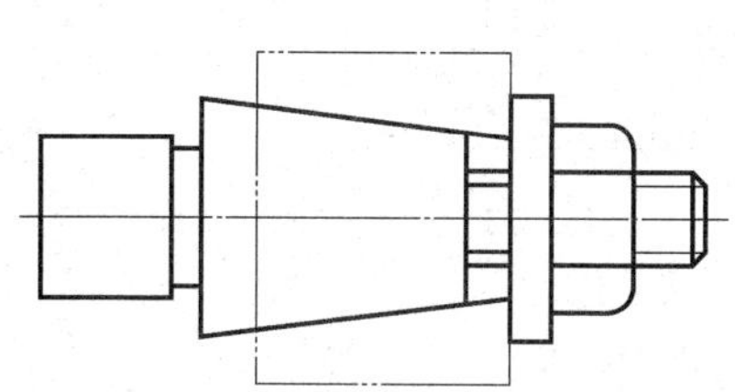
图 2.23 锥轴定位分析

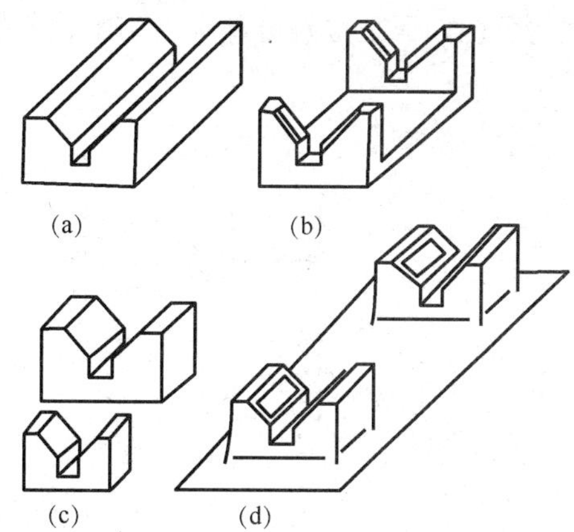

图 2.24 V 形块

1）图 2.24（a）V 形块，用于工件较长精基准定位；

2）图 2.24（b）V 形块，用于工件较长粗基准定位；

3）图 2.24（c）V 形块，用于工件阶梯轴定位；

4）图 2.11（d）V 形块，用于工件较长、较重定位。

经分析知，V 形块定位有对中性，即当工件外圆直径发生变化时，其中心线始终位于 V 形块两斜面的对称面上。对于固定 V 形块而言，与工件短接触限制 2 个自由度，与工件长接触限制 4 个自由度，其长、短接触与孔轴长、短接触判断相似。

2. 在半圆孔中定位

在半圆孔中定位如图 2.25 所示，无对中性，但耐磨性好。

3. 在锥坑中定位

在锥坑中定位如图 2.26 所示，固定锥坑限制 3 个自由度。

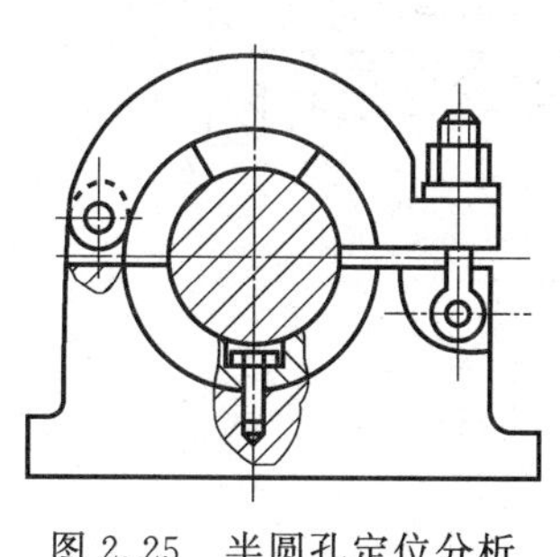
图 2.25 半圆孔定位分析

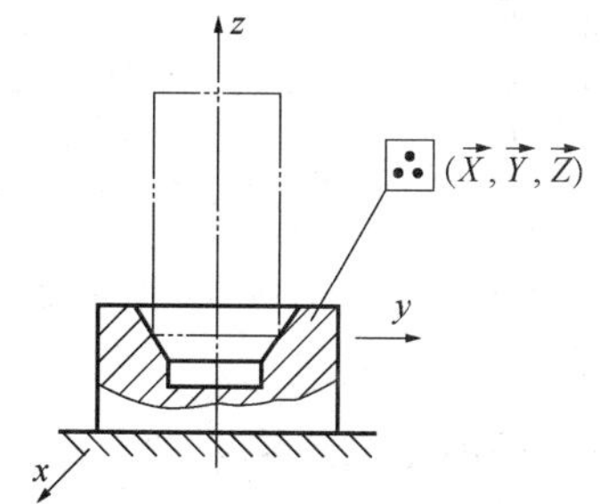

图 2.26 锥坑定位分析

以上定位方式的定位基准均为外圆中心线，定位基面为外圆面。

4. 支承定位

支承定位如图 2.27 所示。一般定位基准为接触的点、线，也可认为是中心线。点接触限制 1 个自由度，线接触限制 2 个自由度。

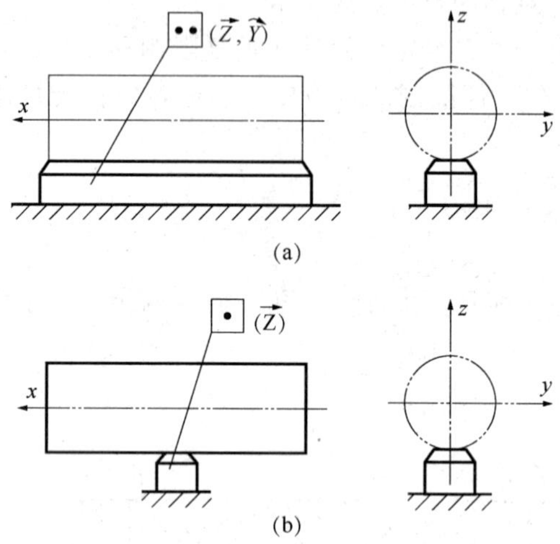

图 2.27　支承定位分析

2.3.5 定位元件的合理布置

定位元件的布置应有利于提高工件定位精度和定位的稳定性。其布置原则如下。

1）工件平面上布置的 3 个定位支承钉应相互远离，且不能共线；

2）工件窄长面上布置的 2 个定位支承钉应相互远离，且连线不能垂直 3 个定位支承钉所在平面；

3）防转支承钉应远离工件回转中心布置；

4）承受切削力的定位支承钉应布置在正对切削力方向的工件平面上；

5）工件重心应落在定位元件形成的稳定区域内。

2.4　组合定位中定位元件限制自由度分析

工件有两个及以上定位基准的定位，称组合定位。

2.4.1 定位元件限制自由度分析

1. 判断准则

1）定位元件单个定位时，限制转动自由度的作用在组合定位中不变。

2）在组合定位中，各定位元件单个定位时限制的移动自由度相互间若无重复，则

在组合定位中该元件限制该移动自由度的作用不变；若有重复，其限制自由度的作用要重新分析判断，方法如下。

在重复限制移动自由度的元件中，按各元件实际参与定位的先后顺序，区分首参和次参定位元件，若在实际情况中区分不出，则可假设：

① 首参定位元件限制移动自由度的作用不变；

② 让次参定位元件相对首参定位元件在重复限制移动自由度的方向上移动，引起工件的动向就是次参定位元件限制的自由度。切记各定位元件限制自由度的数目不会发生变化。

2. 应用举例

【例 2.4】 如图 2.28 所示，工件以两孔一面在两销一面上定位，分析各定位元件限制的自由度。

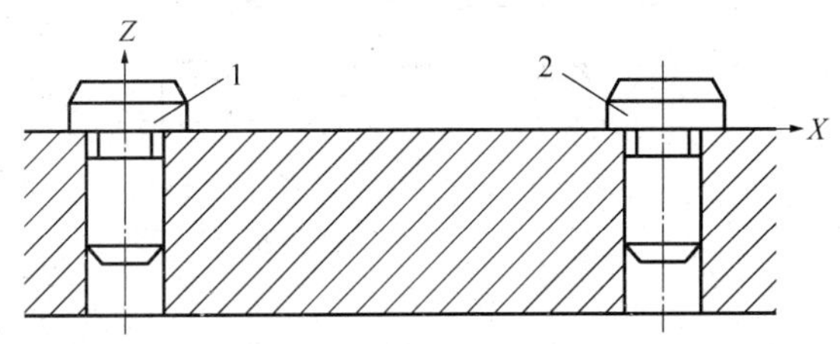

图 2.28　两销一面定位

解　单个定位时：

支承平面：限制了 $\overset{\frown}{X}\overset{\frown}{Y}\overset{\frown}{Z}$；

圆柱销 1：限制了 $\vec{X}\vec{Y}$；

圆柱销 2：限制了 $\vec{X}\vec{Y}$。

综合结果：$\vec{X}\vec{Y}$ 重复限制。

按判断准则分析，圆柱销 1、2 实际参与定位的先后顺序区分不出，假设圆柱销 1 为首参定位元件，限制了 $\vec{X}\vec{Y}$ 两个自由度，圆柱销 2 为次参定位元件，限制了 $\vec{X}\ \overset{\frown}{Z}$ 两个自由度。

综合结果：限制了 $\overset{\frown}{X}\ \vec{X}\ \overset{\frown}{Y}\ \vec{Y}\ \overset{\frown}{Z}\ \vec{Z}$ 6 个自由度，且 $\vec{X}$ 自由度被重复限制。

【例 2.5】 如图 2.29 所示，工件以外圆柱面在 3 个短 V 形块上定位，分析各定位元件限制的自由度。

解　单个定位时：

V_1：限制了 $\vec{X}\vec{Z}$；

V_2：限制了 $\vec{X}\vec{Z}$；

V_3：限制了 $\vec{Y}\vec{Z}$。

综合结果：$\vec{X}$ 自由度两次被重复限制，$\vec{Z}$ 自由度 3 次被重复限制。

按判断准则分析，实际 V_1、V_2 比 V_3 先参与定位，V_1、V_2 参与定位分不出先后顺

序，假设 V_1 为首参定位元件，限制了 $\vec{X}\vec{Z}$；V_2 为次参定位元件，限制了 $\overset{\frown}{X}\,\overset{\frown}{Z}$；$V_3$ 为最后参与的定位元件，限制了 $\vec{Y}\,\overset{\frown}{Y}$。

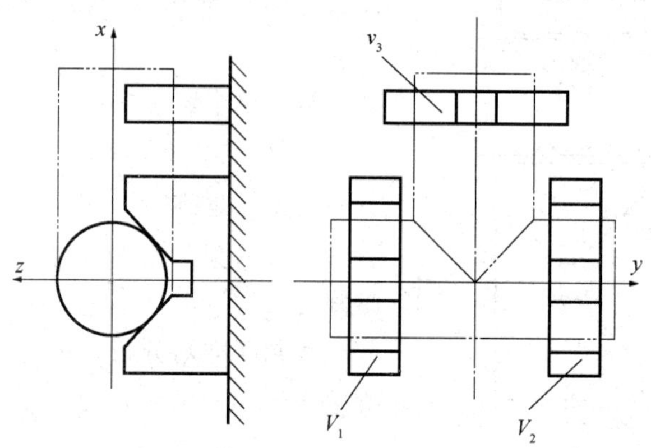

图 2.29　3 个 V 形块组合定位分析

【例 2.6】 如图 2.30 所示，工件以内孔面、端面在长圆柱销、大支承平面上定位，分析各定位元件限制的自由度。

解　单个定位时：

支承板：限制了 $\overset{\frown}{X}\,\overset{\frown}{Y}\,\vec{Z}$；

长圆柱销：限制了 $\overset{\frown}{X}\,\vec{X}\,\overset{\frown}{Y}\,\vec{Y}$。

综合结果：限制了 $\overset{\frown}{X}\,\vec{X}\,\overset{\frown}{Y}\,\vec{Y}\,\vec{Z}$，且 $\overset{\frown}{X}\,\overset{\frown}{Y}$ 被重复限制。

按判断准则分析，限制自由度结果未变。

【例 2.7】 如图 2.31 所示，工件以两顶尖孔在两顶尖上定位，分析各定位元件限制的自由度。

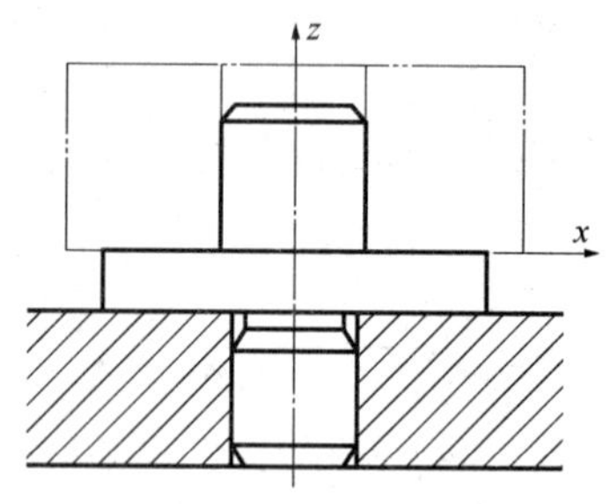

图 2.30　孔、平面组合定位分析

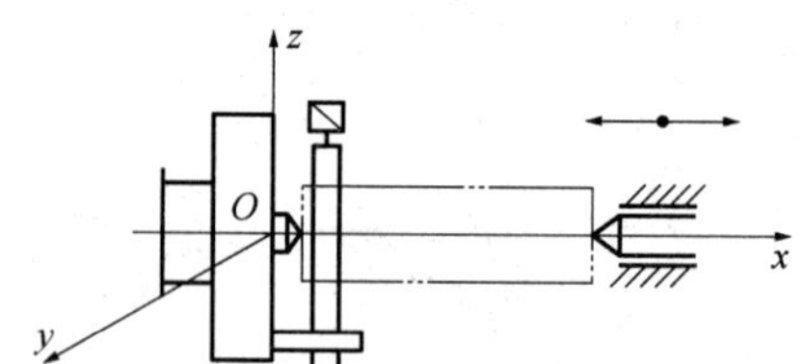

图 2.31　两顶尖组合定位分析

解　单个定位时：

固定顶尖：限制了 $\vec{X}\vec{Y}\vec{Z}$；

活动顶尖：限制了 $\vec{Y}\vec{Z}$。

综合结果：限制了 $\vec{X}\vec{Y}\vec{Z}$，且 $\vec{Y}\vec{Z}$ 被两次重复限制。

按判断准则分析，固定顶尖为首参定位元件，限制了 $\vec{X}\vec{Y}\vec{Z}$ 3 个自由度；活动顶尖

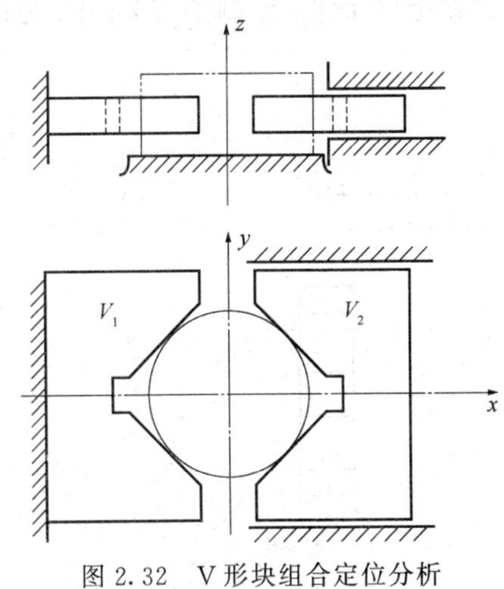

图 2.32　V 形块组合定位分析

为次参定位元件，限制了 $\overrightarrow{Z}\overrightarrow{Y}$ 两个自由度。

【例 2.8】 如图 2.32 所示，工件以外圆柱面在两个 V 形块上定位，分析各元件限制的自由度。

解　单个定位时：

左 V_1：限制了 $\vec{X}\vec{Y}$；

右 V_2：限制了 $\vec{Y}$。

综合结果：限制了 $\vec{X}\vec{Y}$，且 $\vec{Y}$ 被两次重复限制。

按判断准则分析，V_1 为首参定位元件，限制了 $\vec{X}\vec{Y}$；V_2 为次参定位元件，还是限制了 $\vec{Y}$，即 $\vec{Y}$ 被重复限制。

2.4.2 重复定位现象的消除方法

1）使定位元件沿某一坐标轴移动。如图 2.33 所示，使定位元件沿某一坐标轴可移动，来消除其限制沿该坐标轴移动方向的自由度。

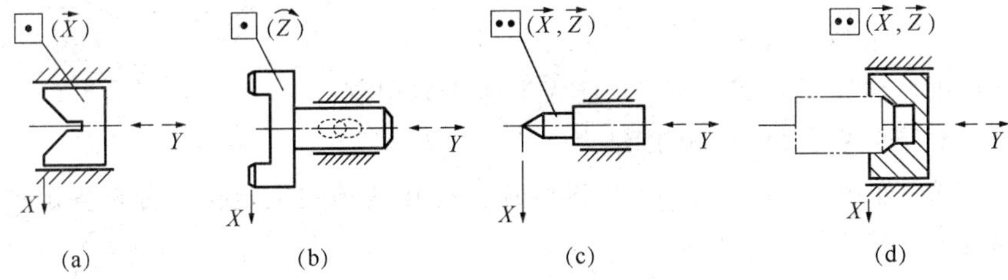

图 2.33　可移动定位元件

2）采用自位（浮动）支承。自位（浮动）支承是指支承定位所处位置随工件定位

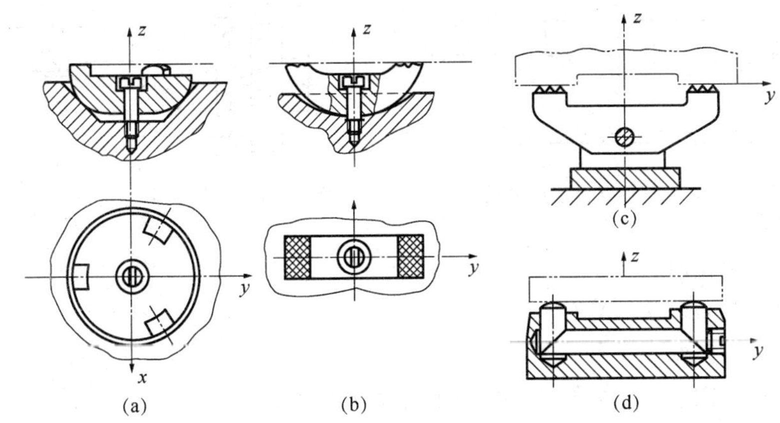

图 2.34　自位（浮动）支承

面位置变化而变化，尽管与工件多点接触，只能限制 1 个自由度。

如图 2.34 所示，采用自位（浮动）支承结构，消除定位元件限制绕某个（或两个）坐标轴转动方向的自由度的作用。图 2.34（a）为三点球面式，只限制 $\vec{Z}$，不限制 $\widehat{X}\widehat{Y}$；图 2.34（b）为二点摆动式，只限制 $\vec{Z}$，不限制 $\widehat{Y}$；图 2.34（c）为二点杠杆式，只限制 $\vec{Z}$，不限制 $\widehat{X}$；图 2.34（d）为二点均衡移动式，只限制 $\vec{Z}$，不限制 $\widehat{X}$。

3）改变定位元件的结构，消除重复限制自由度的支承，如把圆柱销改为削边销就是典型的例子。

4）提高定位基准之间、定位元件之间的位置精度，避免重复定位时的干涉。

2.4.3 一面两孔定位的设计计算

1. 定位存在问题

定位元件为一面两销，由图 2.28 分析知，主要问题是 $\vec{X}$ 被重复限制，严重时，工件装不进。

2. 解决办法

（1）缩小圆柱销 2 直径

D_1、D_2 分别为两孔最小直径；$D_1+\Delta D_1$、$D_2+\Delta D_2$ 分别为两孔最大直径；d_1、d_2 分别为两销最大直径；$d_1-\Delta d_1$、$d_2-\Delta d_2$ 分别为两销最小直径；Δ_1、Δ_2 分别为两孔、销配合最小配合间隙；$L_K\pm\Delta_K$ 为孔间距及偏差；$L_J\pm\Delta_J$ 为销间距及偏差，公称尺寸 $L_K=L_J=L$。

从图 2.35 分析可知，当 $L_K=L_J$ 时，不会干涉。为分析方便，先假设孔 1 与销 1 中心重合。

图 2.35（a）孔间距最大、销间距最小，干涉冲突。图 2.35（b）缩小销 2 直径（在孔 2 最小、销 2 最大、缩小最多），则

$$L_K+\Delta_K=L_J-\Delta_J+(D_2-d_2)/2$$

得

$$d_2=D_2-2(\Delta_K+\Delta_J)$$

图 2.35（c）因 Δ_1 的补偿作用，得

$$d_2=D_2-2(\Delta_K+\Delta_J)+(\Delta_1/2)\times 2=D_2-2(\Delta_K+\Delta_J-\Delta_1/2)$$

图 2.35（d）孔间距最小、销间距最大，干涉冲突。图 2.35（e）缩小销 2 直径（在孔 2 最小、销 2 最大、缩小最多），则

$$L_K-\Delta_K=L_J+\Delta_J-(D_2-d_2)/2$$

得

$$d_2=D_2-2(\Delta_K+\Delta_J)$$

因 Δ_1 的补偿作用，得

$$d_2=D_2-2(\Delta_K+\Delta_J)+(\Delta_1/2)\times 2=D_2-2(\Delta_K+\Delta_J-\Delta_1/2)$$

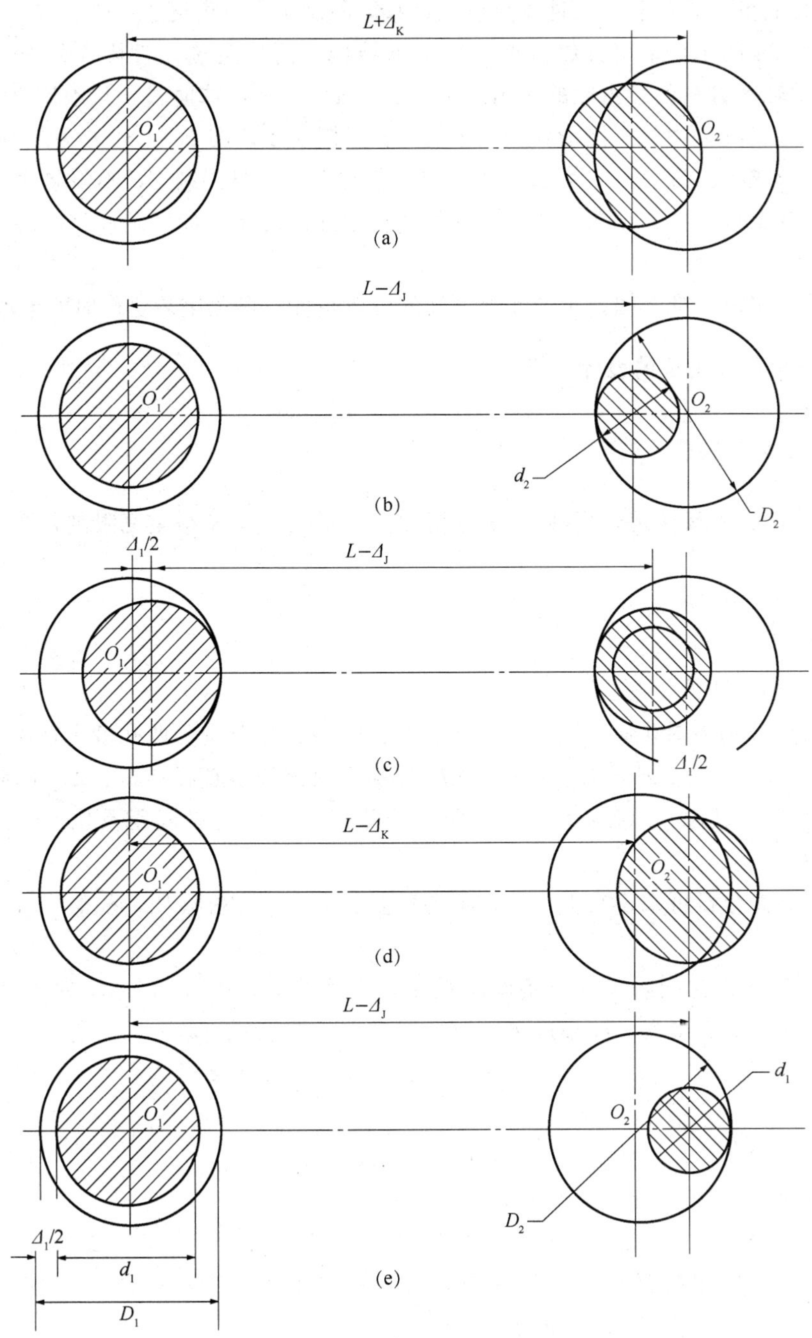

图 2.35　两销设计分析

由此可见

$$d_2 = D_2 - 2(\Delta_K + \Delta_J - \Delta_1/2)$$

或

$\Delta_{2圆} = D_2 - d_2 = 2(\Delta_K + \Delta_J - \Delta_1/2)$

采用缩小圆柱销 2 直径不会发生干涉，但此办法引起的转角误差太大，一般不可用。

(2) 销 2 采用削边（菱形）销

由图 2.35 (a)、(d) 知，去掉干涉冲突部分，剩下部分为一个椭圆，但其制造困难，所以用菱形销代替，如图 2.36所示，此时不干涉冲突的条件为：销上 E 点与孔上 F 点间距离

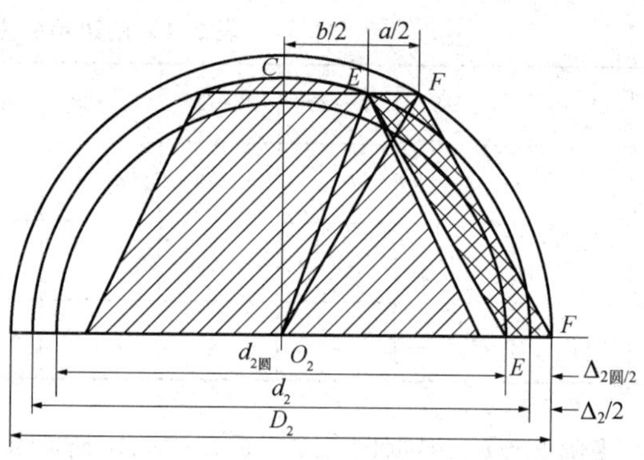

图 2.36　菱形销设计分析

$$a/2 = \Delta_{2圆}/2 = (\Delta_K + \Delta_J - \Delta_1/2) \tag{2.1}$$

而 EF 距离又由削边销与孔的最小配合间隙 $\Delta_{2菱}$ 决定，因此下面来确定 $\Delta_{2菱}$。

由图 2.36 可知，在 ΔO_2CE 中：

$$(O_2C)^2 = (O_2E)^2 - (CE)^2 = (d_2/2)^2 - (b/2)^2 = [(D_2 - \Delta_{2菱})/2]^2 - (b/2)^2 \tag{2.2}$$

在 ΔO_2CF 中：

$$\begin{aligned}(O_2C)^2 &= (O_2F)^2 - (CF)^2 \\ &= (D_2/2)^2 - [(b+a)/2]^2 = [(d_2 + \Delta_{2菱})/2]^2 - [(b+a)/2]^2\end{aligned} \tag{2.3}$$

由式 (2.2) 等于式 (2.3)，并略去更小量 b^2、a^2，得

$$a = (D_2/b)\Delta_{2菱} \tag{2.4}$$

由式 (2.1) 等于式 (2.4)，得

$$\begin{aligned}\Delta_{2菱} &= \Delta_2 = 2b/D_2[\Delta_K + \Delta_J - \Delta_1/2] \\ &= [b/D_2]\Delta_{2圆}\end{aligned}$$

可见孔 2 与销 2 最小配合间隙减少了好多，所以常用。此时工件在两孔连线方向上的定位基准为圆柱销所在孔中心线，在垂直两孔连线方向上的定位基准为两孔中心连线。

3. 设计步骤

已知：D_1、D_2、ΔD_1、ΔD_2、L、Δ_K，确定 Δ_J、d_1、d_2。

步骤：

1) 布置销位：一般把圆柱销布置在工序基准所在的孔，当两孔均为工序基准时，把圆柱销布置在工序尺寸精度高对应的孔上。

2) 确定销间距：$L \pm \Delta_J = L \pm (1/2 \sim 1/5)\Delta_K$。

3) 确定圆柱销直径：$d_1 = D_1\text{g}6$，所以 Δ_1 已知（当 $D_1 \to \infty$ 时，孔 1 变成了平面，此时 $\Delta_1 = 0$）。

4) 确定削边销直径：查表 2.1 取 b（由 $d = D_2$ 查表），得

$$\Delta_2 = 2b/D_2(\Delta_K + \Delta_J - \Delta_1/2)$$

$$d_2 = (D_2 - \Delta_2)\text{h}6$$

表 2.1　削边销的主要结构参数　　　　单位：mm

d	3～6	6～8	8～20	20～25	25～32	32～40	40～50
B	d—0.5	d—1	d—2	d—3	d—4	d—5	d—5
b_1	1	2	3	3	3	4	5
b	2	3	4	5	5	6	8

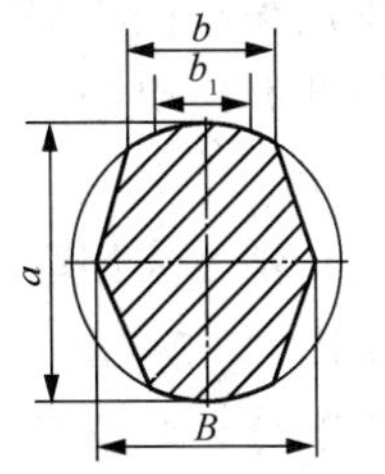

【例 2.9】 根据图 2.37（a），（b）所示加工 ϕ20 孔及工序要求，布置圆柱销、削边销位置。

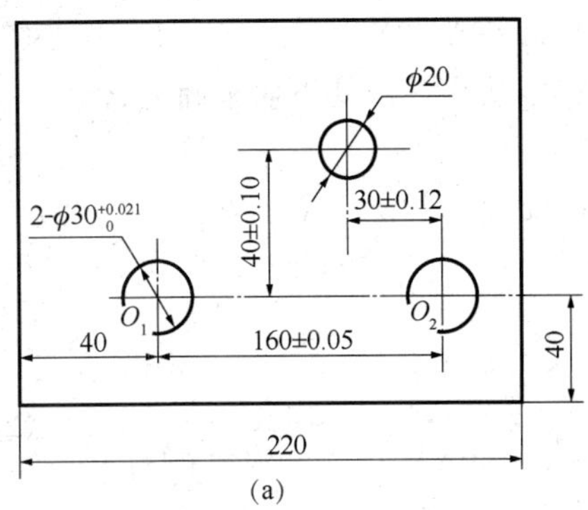

(a)

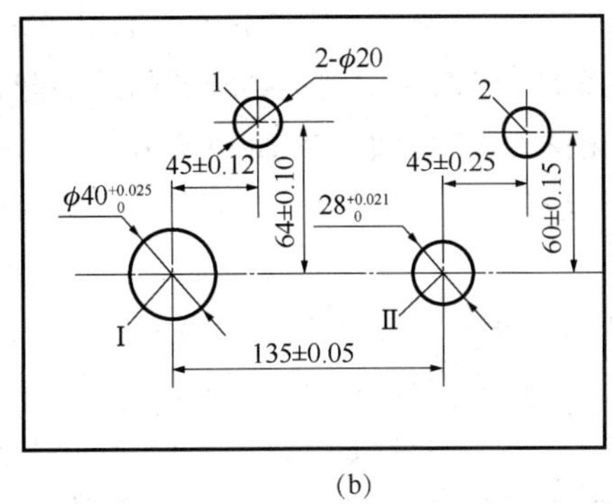

(b)

图 2.37　削边销布位分析

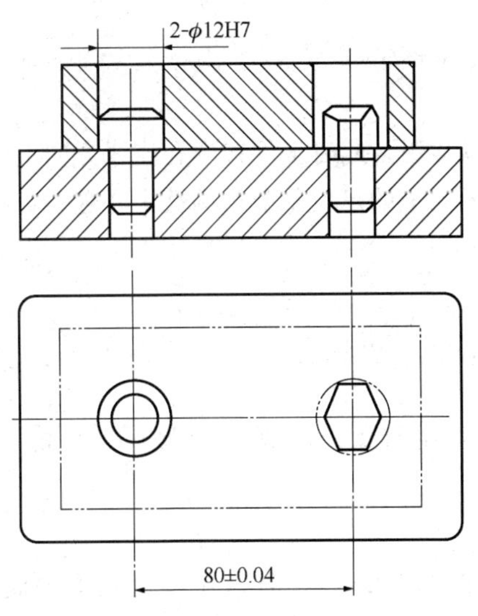

图 2.38　两销设计计算

解　图 2.37（a）圆柱销布右、削边销布左。

图 2.37（b）圆柱销布在工序尺寸精度高对应的左孔、菱形销布右孔。

【例 2.10】 如图 2.38 所示，工件以两孔一面在两销一面上定位，试设计两销尺寸。

解　1）布置销位：因无加工要求，圆柱销任意布置，本题圆柱销布在左孔位置。

2）确定销间距：$L \pm \Delta_J = 80 \pm 0.02$。

3）确定圆柱销直径：

$$d_1 = D_1\ \mathrm{g6} = 12^{-0.006}_{-0.017}$$

所以

$$\Delta_1 = 0.006$$

4）确定削边销直径：查表 2.1 可知 $b=4$，所以

$$\Delta_2 = 2b/D_2(\Delta_K + \Delta_J - \Delta_1/2) = 0.038$$

$$d_2 = (D_2 - \Delta_2)\mathrm{h6} = 12^{-0.038}_{-0.049}$$

2.4.4 常见定位元件限制的自由度

常见定位元件限制的自由度见表 2.2。

表 2.2　常用定位元件能限制的工件自由度

定位基准	定位简图	定位元件	限制的自由度
大平面	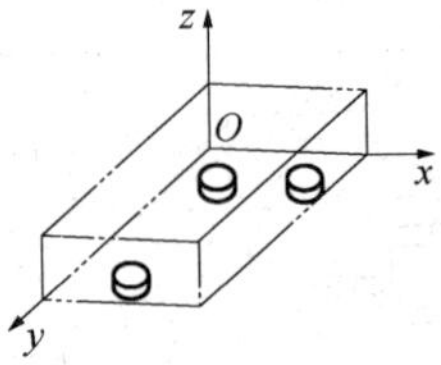	支承钉	$\vec{Z}\ \overset{\frown}{X}\ \overset{\frown}{Y}$
	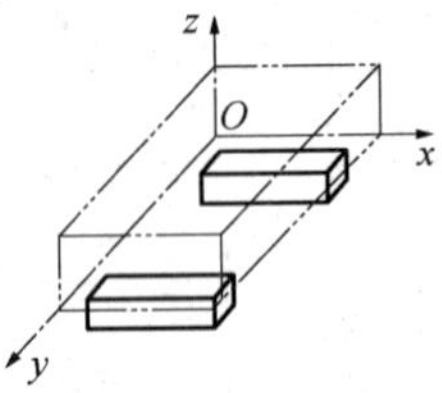	支承板	
长圆柱面	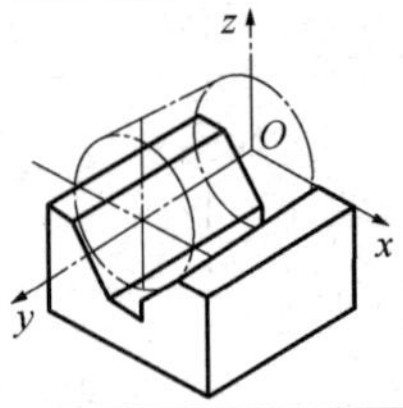	固定式 V 形块	$\vec{X}\ \vec{Z}\ \overset{\frown}{X}\ \overset{\frown}{Z}$
	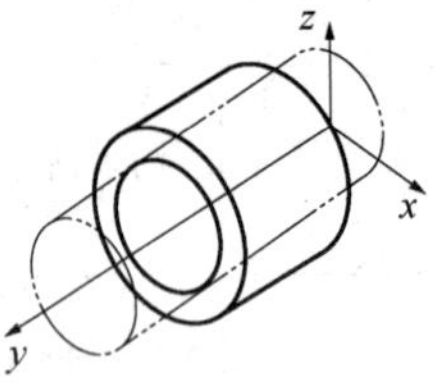	固定式长套	
	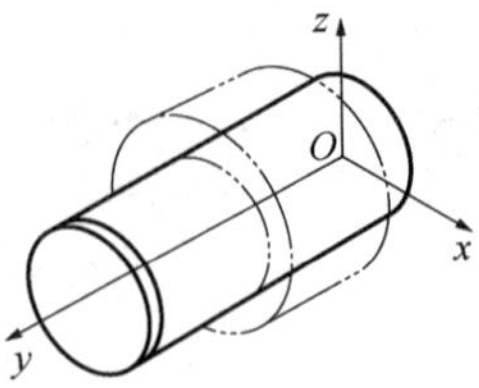	心轴	
长圆柱面	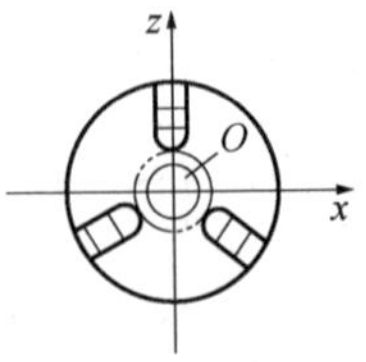	三爪自定心卡盘	$\vec{X}\ \vec{Z}\ \overset{\frown}{X}\ \overset{\frown}{Z}$

续表

定位基准	定位简图	定位元件	限制的自由度
长圆锥面	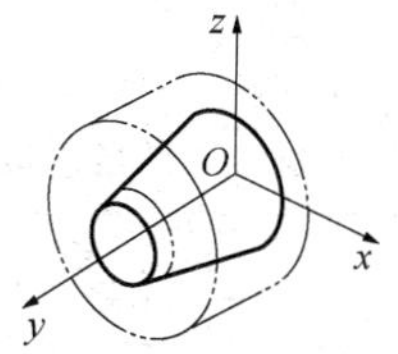	圆锥心轴	$\vec{X}\vec{Y}\vec{Z}\overset{\frown}{X}\overset{\frown}{Z}$
两中心孔	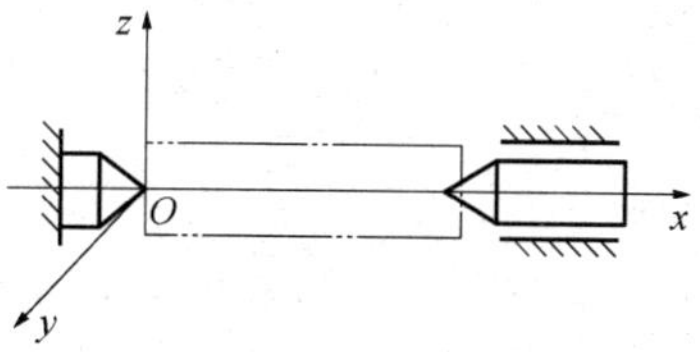	固定顶尖	$\vec{X}\vec{Y}\vec{Z}$
		活动顶尖	$\overset{\frown}{Y}\overset{\frown}{Z}$
短外圆与中心孔	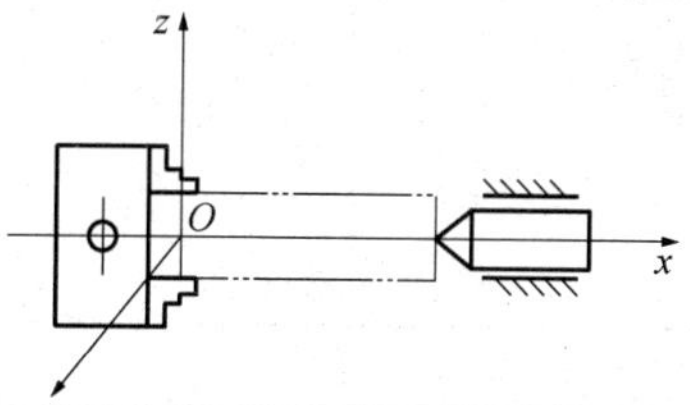	三爪自定心卡盘	$\vec{Y}\vec{Z}$
		活动顶尖	$\overset{\frown}{Y}\overset{\frown}{Z}$
大平面与两外圆弧面	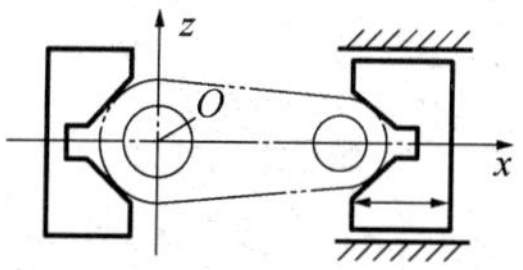	支承板	$\vec{Y}\overset{\frown}{X}\overset{\frown}{Z}$
		短固定 V 形块	$\vec{X}\vec{Z}$
		短活动 V 形块	$\overset{\frown}{Y}$
大平面与两圆柱孔	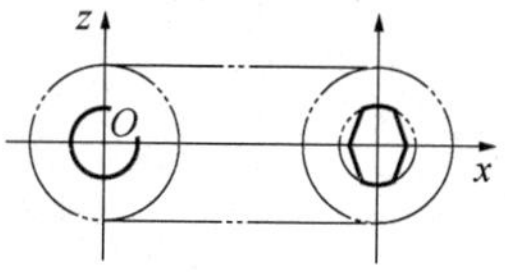	支承板	$\vec{Y}\overset{\frown}{X}\overset{\frown}{Z}$
		短圆柱销	$\vec{X}\vec{Z}$
		短削边销	$\overset{\frown}{Y}$
长圆柱孔与其他	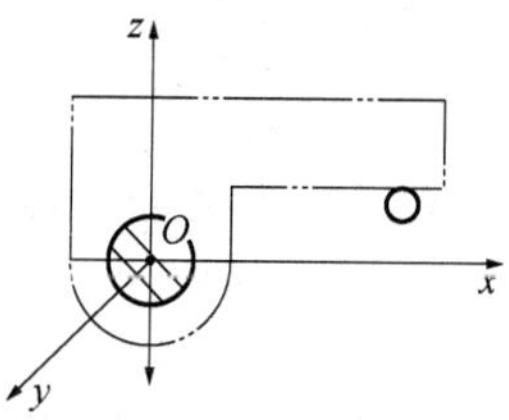	心轴	$\vec{X}\vec{Z}\overset{\frown}{X}\overset{\frown}{Z}$
		挡销	$\overset{\frown}{Y}$

续表

定位基准	定位简图	定位元件	限制的自由度
大平面与短锥孔		支承板	$\vec{Z}\ \vec{X}\ \vec{Y}$
		活动锥销	$\vec{X}\ \vec{Y}$

本节要求重点掌握各个定位元件能限制几个自由度，其数目在任何情况下都不会发生变化，具体限制了哪几个自由度，因作用场合不同而异。

2.5 定位误差的分析计算

定位包含“确定”和“正确”，定位基本原理解决了“确定”问题，而如何解决“正确”问题，是本节要讨论的主要问题。

2.5.1 定位误差及其产生的原因

1. 举例

如图 2.39 所示，工件以内孔在心轴上固定单边接触（接触点不变）定位，在外圆面上铣平面，保证图示某项加工要求，试分析加工一批工件时，对工序加工要求产生的定位误差。

已知：

O_2——孔中心（定位基准）；

O_1——轴中心（对刀基准），加工一批工件时，位置不变；

d——轴最大直径；

Δd——轴公差；

D——孔最小直径；

ΔD——孔公差；

R、ΔR——工件外圆半径、公差。

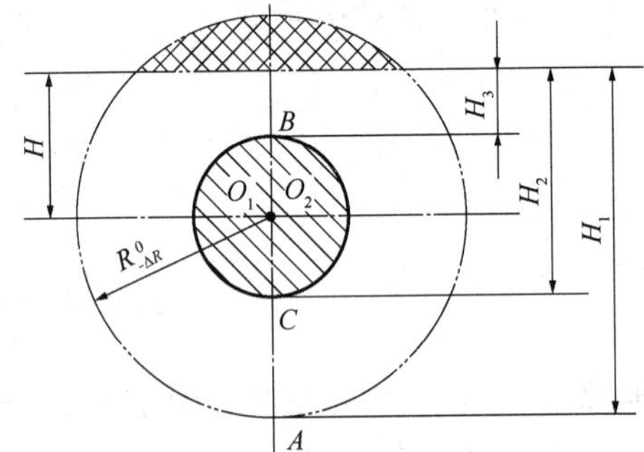

图 2.39 定位误差分析

分析：本工序加工要求为 H_1 或 H_2 或 H_3 时产生的定位误差。

1) 对 H_1：为上下方向的尺寸，定位基准是 O_2，工序基准是 A，由图 2.40 (a) 可知：

① 当 $d=D$ 时（工件定位基面与定位元件工作表面重合，称定位副准确），最小配

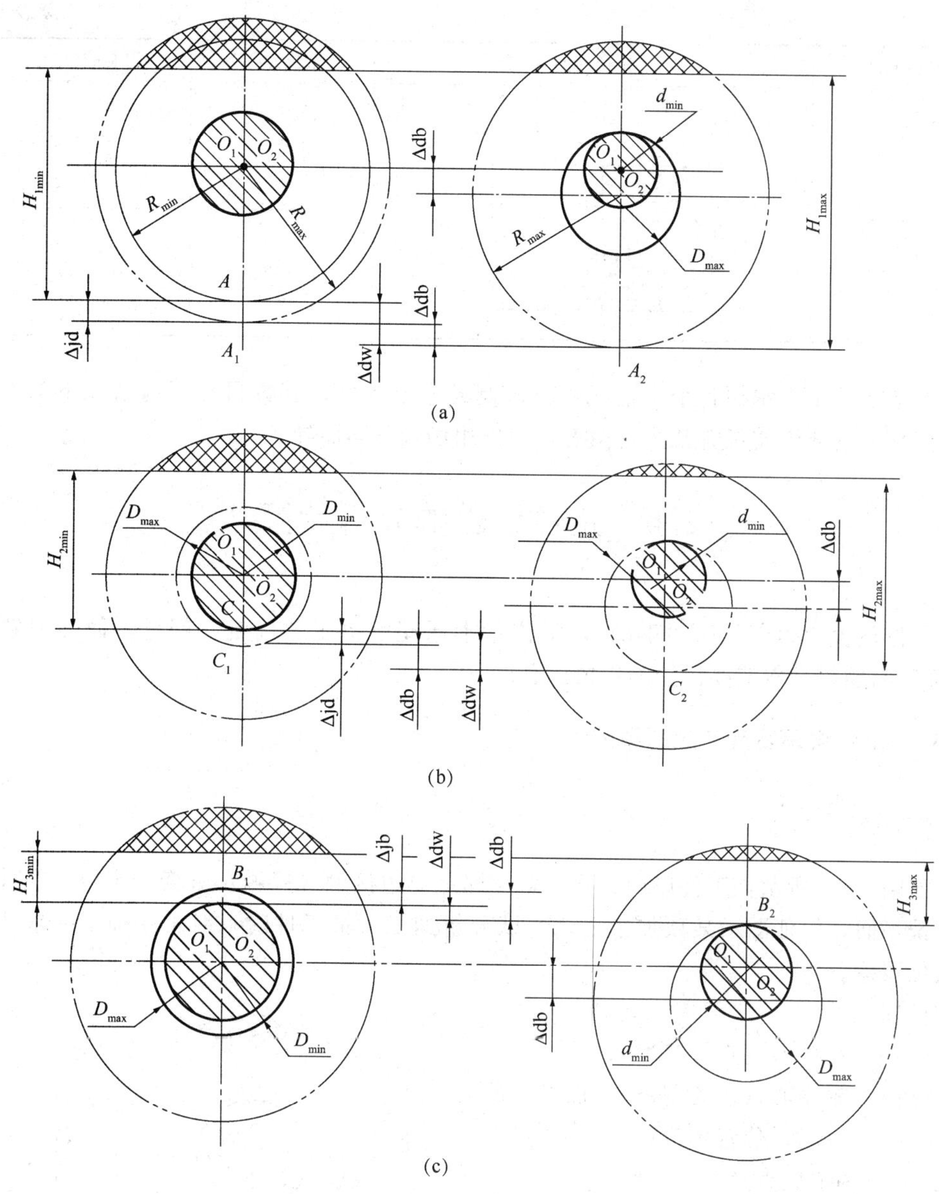

图 2.40　定位误差产生分析

合间隙为 0，O_1 与 O_2 重合［图 2.40（a）左］：

当工序尺寸为 H_1 时，工序基准 A 与定位基准 O_2 不重合，ΔR 直接影响 H_1；

当工序尺寸为 H 时，工序基准 O_2 与定位基准 O_2 重合，无这项误差。

基准不重合误差（Δjb）：因工序基准与定位基准不重合（原因），用调整法加工一批工件时（条件），引起工序基准相对定位基准在加工尺寸方向上产生的最大变化量（结果）。

工序基准与定位基准之间的联系尺寸称定位尺寸，Δjb 的值就是该定位尺寸的公差

在加工尺寸方向上的投影。

由上定义知，当 $d \neq D$ 时，工件平移并不影响 Δjb。

② 当 $d \neq D$ 时（称定位副不准确，因设计、制造原因产生），O_2 与 O_1 不重合［图 2.40（a）右］。

工件向下产生最大平移，即 O_2 相对 O_1 在加工尺寸方向上向下产生的最大变化量（$D_{max}-d_{min}$）/2，也影响 H_1 产生误差。

基准位移误差（Δdb）：因定位副不准确（原因），用调整法加工一批工件时（条件），引起定位基准在加工尺寸方向上相对产生的最大变化量（结果）。

Δjb、Δdb 均影响 H_1，把综合影响称定位误差 Δdw，由图 2.40（a）可知，

$$\Delta dw = \Delta jb + \Delta db$$

定位误差（Δdw）：因工序基准与定位基准不重合和定位副不准确（原因），用调整法加工一批工件时（条件），引起工序基准在加工尺寸方向上相对产生的最大变化量（结果），也即工序基准两极限位置之差。

由此可见，定位误差值是一批工件可能产生的最大定位误差范围，它是一个界限值，并非某个工件的定位误差值。

2）对 H_2：为上下方向尺寸，定位基准是 O_2，工序基准是 C，由图 2.40（b）知，

$$\Delta jb = \Delta D/2$$
$$\Delta db = 1/2(D_{max}-d_{min})$$
$$\Delta dw = \Delta jb + \Delta db \text{（工序基准两极限位置之差）}$$

3）对 H_3：为上下方向的尺寸，定位基准是 O_2，工序基准是 B，由图 2.40（c）知，

$$\Delta jb = \Delta D/2$$
$$\Delta db = 1/2(D_{max}-d_{min})$$
$$\Delta dw = \Delta db - \Delta jb \text{（工序基准两极限位置之差）}$$

可见，Δdb 与工序基准变化无关。

2. 结论

1）工件定位的任务。

① 确定：限制了应该限制的自由度；

② 正确：$\Delta dw \leqslant 1/3T$。

2）Δdw 产生的原因。

① 基准不重合；

② 定位副不准确。

3）定位≠限制自由度。

4）定位：一批工件的定位基准先后和夹具上的定位元件相接触，限制了满足该工序加工要求应该限制的自由度，同时使该工序的工序基准在加工尺寸方向上相对产生的最大变化量小于等于三分之一工序位置尺寸的公差。

2.5.2 Δjb 与 Δdb 的合成规律

由以上分析可知：

1）当 Δjb 与 Δdb 无共同变量因素时，称其"独立"（当工序基准不在定位基面上时，一定"独立"），合成"＋"。

2）当 Δjb 与 Δdb 有共同变量因素时，称其"相关"（当工序基准在定位基面上时，一定"相关"），合成：同"－"异"＋"——在加工尺寸方向上，工件的工序基准与工件与定位元件的定位接触点位于工件定位基准同侧时，合成"－"，异侧时，合成"＋"。

2.5.3 定位单个典型表面时定位误差的分析计算

1. Δjb 的计算

首先找到加工尺寸方向上的工序基准和定位基准，其次找到定位尺寸，最后把定位尺寸公差向加工尺寸方向上投影，即得 Δjb。

【例 2.11】 如图 2.41（a）所示，工件以 A 面定位加工孔，计算 Δjb。

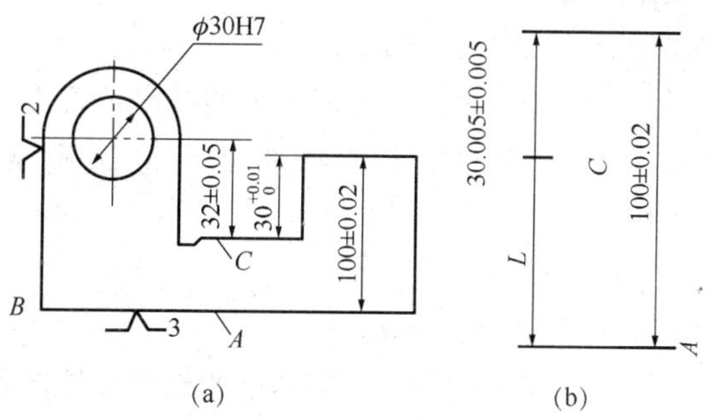

图 2.41 镗孔 Δjb 分析

解 1）工序基准为 C、定位基准为 A，其联系尺寸 L 为定位尺寸。

2）计算定位尺寸：如图 2.41（b）所示，解 L 尺寸为封闭环的尺寸链，得

$$L \pm \Delta L = 69.995 \pm 0.025$$

3）因定位尺寸方向与工序位置尺寸方向一致，即有

$$\Delta jb = 2\Delta L = 0.05$$

【例 2.12】 如图 2.42（a）所示，工件以 A、B 面定位加工平面，计算 Δjb。

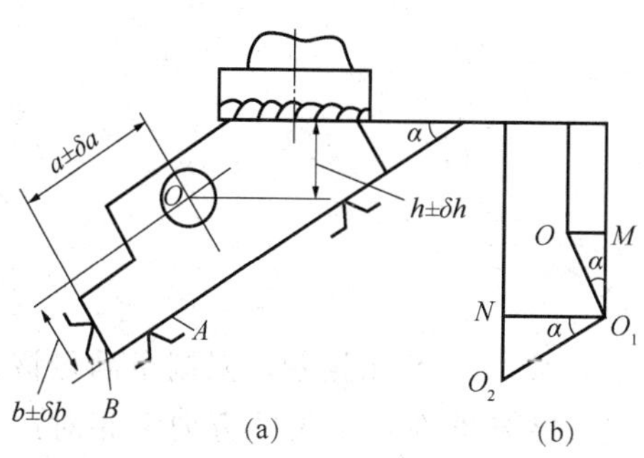

图 2.42 铣平面 Δjb 分析

解 工序尺寸为 h，工序基准为孔中心线，定位基准为 A、B 面，定位尺寸为 a、b 两个尺寸，a、b 的变化均产生 Δjb，但方向

与 h 不一致，需投影。

如图 2.42（b）所示，a 的影响：$\Delta jb_a = 2\delta a\sin\alpha$

如图 2.42（b）所示，b 的影响：$\Delta jb_b = 2\delta b\cos\alpha$

$$\Delta jb = \Delta jb_a + \Delta jb_b = 2\delta a\sin\alpha + 2\delta b\cos\alpha$$

2. Δdb 的计算

1）工件以平面定位时 Δdb 的计算，定位基准是平面本身，Δdb=0（忽略定位副平面度误差的影响）。

【例 2.13】 如图 2.43 所示的两种方案铣平面，试分析定位误差。

解 $T=0.3$。

方案（a）：Δjb=0.28，Δdb=0，所以

$$\Delta dw = 0.28 > 1/3T$$

此方案不可用。

方案（b）：Δjb=0，Δdb=0，所以

$$\Delta dw = 0$$

此方案可用。

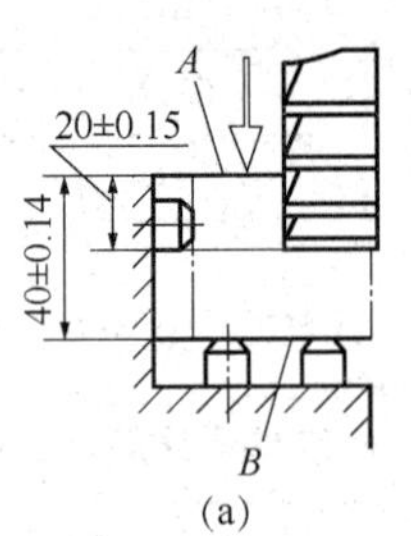

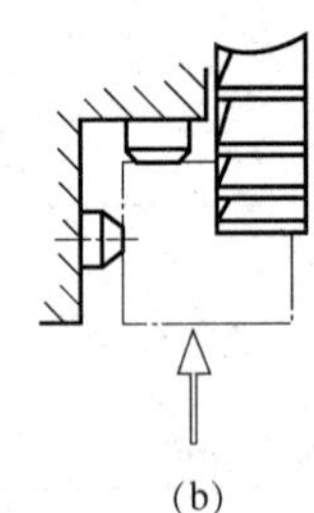

图 2.43 平面定位误差分析

2）工件以圆孔面定位时 Δdb 的计算，一般定位基准为孔中心线。

已知：

D、ΔD——孔径、孔公差；

d、Δd——轴径、轴公差；

Δ_{min}——最小配合间隙

① 过盈配合定位：

$$\Delta db = 0$$

② 间隙配合定位：固定单边接触（一批工件定位，工件与轴的接触点位置固定不变）。

在位移方向：

$$\Delta db = 1/2(\Delta D + \Delta d + \Delta_{min})$$

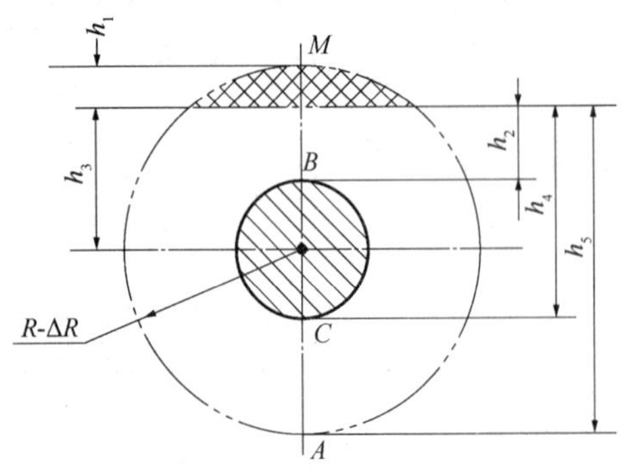

图 2.44 圆孔定位误差分析

在垂直位移方向：

$$\Delta db = 0$$

任意边接触（一批工件定位，工件与轴的接触点位置不确定），在任何方向有

$$\Delta db = \pm 1/2(\Delta D + \Delta d + \Delta_{min})$$

【例 2.14】 如图 2.44 所示，工件以内孔 $D^{+\Delta D}$ 在心轴 $d_{-\Delta d}$ 上固定单边接触或任意边接触定位加工平面，试分析工序尺寸分别为 h_1、h_2、h_3（工序基准为外圆中心线）、

h_4、h_5 时的定位误差。

解 若工件外圆和内孔的同轴度误差为 Δb。

1）固定单边接触，接触点为 B，不考虑内孔与外圆的同轴度误差 Δb，结果见表 2.3。

表 2.3 固定单边接触定位误差分析（不考虑内孔与外圆的同轴度误差）

工序尺寸	Δjb	Δdb	Δdw	备注
h_1	ΔR	$1/2(\Delta D+\Delta d+\Delta_{min})$	$1/2(\Delta D+\Delta d+\Delta_{min})+\Delta R$	独立“+”
h_2	$\Delta D/2$	$1/2(\Delta D+\Delta d+\Delta_{min})$	$1/2(\Delta d+\Delta_{min})$	相关同“−”
h_3	0	$1/2(\Delta D+\Delta d+\Delta_{min})$	$1/2(\Delta D+\Delta d+\Delta_{min})$	
h_4	$1/2\Delta D$	$1/2(\Delta D+\Delta d+\Delta_{min})$	$\Delta D+1/2(\Delta d+\Delta_{min})$	相关异“+”
h_5	ΔR	$1/2(\Delta D+\Delta d+\Delta_{min})$	$1/2(\Delta D+\Delta d+\Delta_{min})+\Delta R$	独立“+”

2）固定单边接触，接触点为 B，考虑内孔与外圆的同轴度误差 Δb，结果见表 2.4。

表 2.4 固定单边接触定位误差分析（考虑内孔与外圆的同轴度误差）

工序尺寸	Δjb	Δdb	Δdw	备注
h_1	$\Delta R+\Delta b$	$1/2(\Delta D+\Delta d+\Delta_{min})$	$1/2(\Delta D+\Delta d+\Delta_{min})\ \Delta R+\Delta b$	独立“+”
h_2	$1/2\Delta D$	$1/2(\Delta D+\Delta d+\Delta_{min})$	$1/2(\Delta d+\Delta_{min})$	相关同“−”
h_3	$0+\Delta b$	$1/2(\Delta D+\Delta d+\Delta_{min})$	$1/2(\Delta D+\Delta d+\Delta_{min})+\Delta b$	
h_4	$1/2\Delta D$	$1/2(\Delta D+\Delta d+\Delta_{min})$	$\Delta D+1/2(\Delta d+\Delta_{min})$	相关异“+”
h_5	$\Delta R+\Delta b$	$1/2(\Delta D+\Delta d+\Delta_{min})$	$1/2(\Delta D+\Delta d+\Delta_{min})\ \Delta R+\Delta b$	独立“+”

3）任意边接触，不考虑内孔与外圆的同轴度误差 Δb，结果见表 2.5。

表 2.5 任意边接触定位误差分析（不考虑内孔与外圆的同轴度误差）

工序尺寸	Δjb	$\Delta db_上-\Delta db_下$	Δdw	备注
h_1	ΔR	$1/2(\Delta D+\Delta d+\Delta_{min})$	$\Delta jb+\Delta db_上+\Delta db_下=\Delta R+\Delta D+\Delta d+\Delta_{min}$	独立“+”
h_2	$1/2\Delta D$	$1/2(\Delta D+\Delta d+\Delta_{min})$	$(\Delta db_上+\Delta jb)+(\Delta db_下-\Delta jb)=\Delta D+\Delta d+\Delta_{min}$	上移：Δjb 与 $\Delta db_上$ 异“+” 下移：Δjb 与 $\Delta db_下$ 同“−”
h_3	0	$1/2(\Delta D+\Delta d+\Delta_{min})$	$\Delta D+\Delta d+\Delta_{min}$	
h_4	$1/2\Delta D$	$1/2(\Delta D+\Delta d+\Delta_{min})$	$(\Delta db_上-\Delta jb)+(\Delta jb+\Delta db_下)=\Delta D+\Delta d+\Delta_{min}$	上移：Δjb 与 $\Delta db_上$ 同“−” 下移：Δjb 与 $\Delta db_下$ 异“+”
h_5	ΔR	$1/2(\Delta D+\Delta d+\Delta_{min})$	$\Delta jb+\Delta db_上+\Delta db_下=\Delta R+\Delta D+\Delta d+\Delta_{min}$	独立“+”

4）工件以外圆定位时 Δdb 的计算。

① 最常见的是工件以外圆在 V 形块上定位，定位基准是外圆中心线。当工件外圆

直径发生变化时，其中心线在 V 形块对称面上上下移动，如图 2.45 所示，d、$T(d)$ 分别为工件外圆直径、公差，下面分析计算 Δdb。

由图 2.45 知，

$$\sin(\alpha/2) = [T(d)/2]/\Delta \mathrm{db}$$
$$\Delta \mathrm{db} = T(d)/2\sin(\alpha/2)$$

当 $\alpha=60°$ 时

$$\Delta \mathrm{db}=1.0T(d)$$

当 $\alpha=90°$ 时（以后默认均为 90°）

$$\Delta \mathrm{db}=0.707T(d)$$

当 $\alpha=120°$ 时

$$\Delta \mathrm{db}=0.577T(d)$$

由以上结果可知，V 形块夹角越小，Δdb 越大，但对中性越好；V 形块夹角越大，Δdb 越小，但对中性越差。

【例 2.15】 如图 2.46 所示，工件以外圆在 V 形块上定位铣键槽 b，试分析当工序尺寸分别为 L_1、L_2、L_3 时的定位误差。

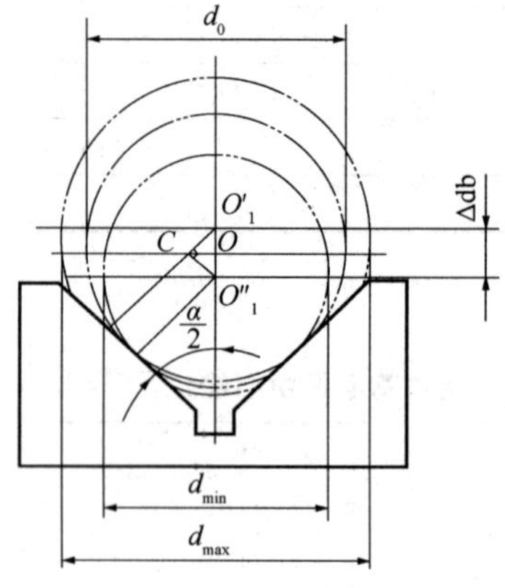

图 2.45 V 形块定位误差分析

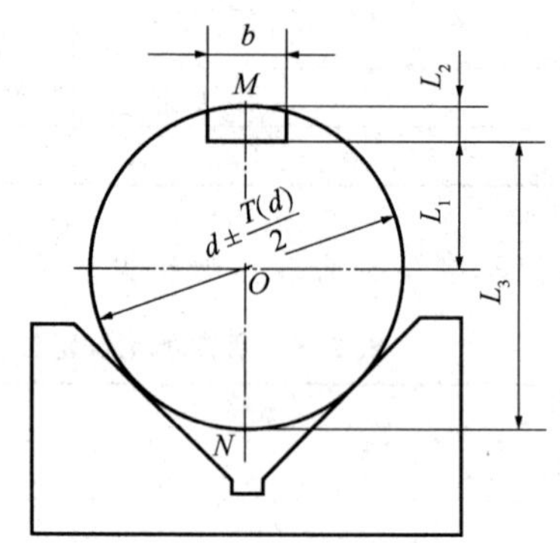

图 2.46 V 形块定位铣键槽

解 分析见表 2.6。

表 2.6 V 形块定位误差分析

工序尺寸	Δjb	Δdb	Δdw	备注
L_1	0	$0.707T(d)$	$0.707T(d)$	
L_2	$0.5T(d)$	$0.707T(d)$	$1.207T(d)$	相关异“+”
L_3	$0.5T(d)$	$0.707T(d)$	$0.207T(d)$	相关同“−”

② 工件以外圆支承定位，定位基准是接触的点或线，所以有 Δdb=0。

【例 2.16】 如图 2.47 所示，工件以外圆 $d \pm T(d)/2$ 双支承定位铣键槽，试分析定位误差。

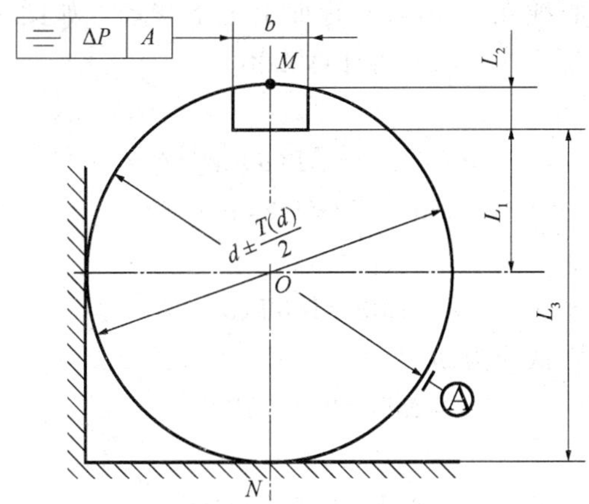

图 2.47 双支承定位

解 1）定位基准是接触的两条母线，分析见表 2.7。

表 2.7 双支承定位定位误差分析（定位基准是接触的两条母线）

工序尺寸	Δjb	Δdb	Δdw	备注
Δ*p*	$T(d)/2$	0	$T(d)/2$	
L_1	$T(d)/2$	0	$T(d)/2$	
L_2	$T(d)$	0	$T(d)$	
L_3	0	0	0	

2）定位基准是中心线，分析见表 2.8。

表 2.8 双支承定位定位误差分析（定位基准是中心线）

工序尺寸	Δjb	Δdb	Δdw	备注
Δ*p*	0	$T(d)/2$	$T(d)/2$	
L_1	0	$T(d)/2$	$T(d)/2$	
L_2	$T(d)/2$	$T(d)/2$	$T(d)$	相关异“＋”
L_3	$T(d)/2$	$T(d)/2$	0	相关同“－”

以上两种分析结果相同。

3）工件以外圆在套筒中定位，定位基准是外圆中心线，分析与工件以内孔在心轴上定位相同。

2.5.4 组合定位时定位误差的分析计算

基准不重合误差的计算与前述方法相同，下面重点分析基准位移误差的计算。

1. 工件以两孔一面在两销一面上定位

由前面分析知，工件以两孔一面在两销一面上定位，两孔常用定位元件为圆柱销

和削边销，工件在平面上的运动方式有平移、转动、平移加转动。

1）在两销连线方向上的平移。因削边销间隙的增大，在两销连线方向上的平移由圆柱销所在定位副决定，即

$$\Delta db_1 = \Delta D_1 + \Delta d_1 + \Delta_1$$

2）在垂直两销连线方向上的转动。分析如图 2.48（a）所示。

$$\tan\theta_1 = (\Delta D_1 + \Delta d_1 + \Delta_1 + \Delta D_2 + \Delta d_2 + \Delta_2)/2L$$

3）在垂直两销连线方向上平移 Δdb_1 后转动。分析如图 2.48（b）所示。

$$\tan\theta_2 = (\Delta D_2 + \Delta d_2 + \Delta_2 - \Delta D_1 - \Delta d_1 - \Delta_1)/2L$$

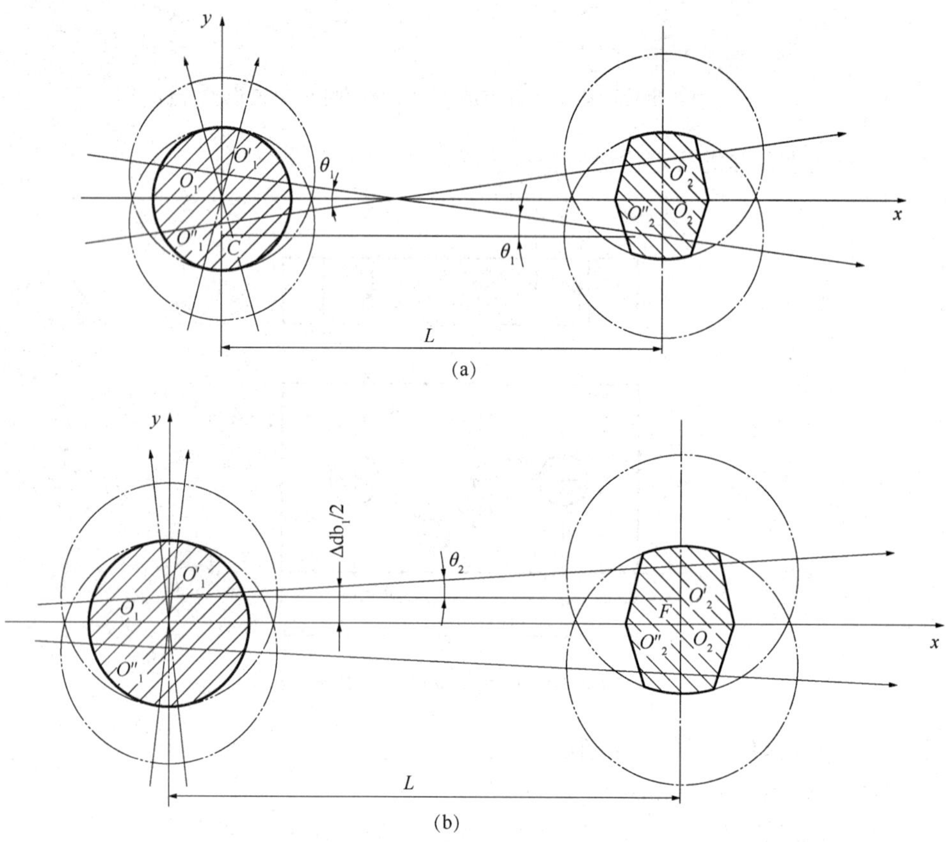

图 2.48 基准相对位置变化分析

2. 定位误差的计算要结合具体加工要素分析

以上分析如图 2.49 所示。对于垂直两孔连线方向的加工要求：

当加工要素位于两孔之间时，平移 Δdb_1 转动 θ_2 后，基准位移误差最大；

当加工要素位于两孔之外时，转动 θ_1 后误差最大；

对于平行两孔连线方向的加工要求，$\Delta db = \Delta db_1$。

【例 2.17】 如图 2.50 所示，工件以两孔 $\phi 10H7(^{+0.015}_{0})$ 一面在两销一面上定位加工孔

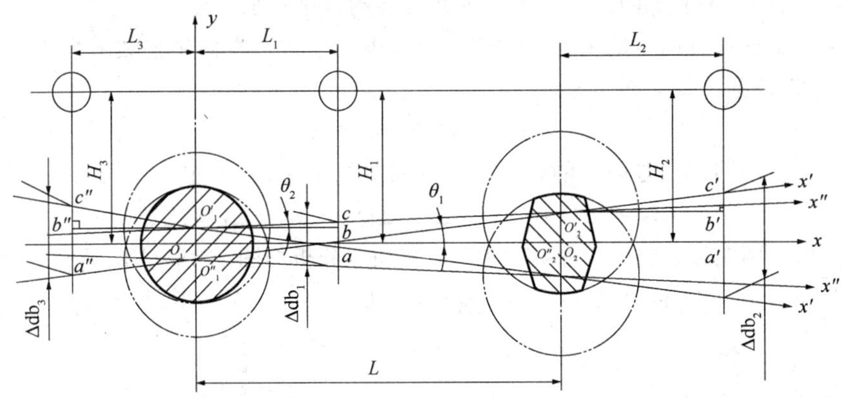

图 2.49　两孔定位时垂直两孔连线方向工序尺寸的定位误差分析

$\phi 5$，试设计两销直径并进行定位误差分析。

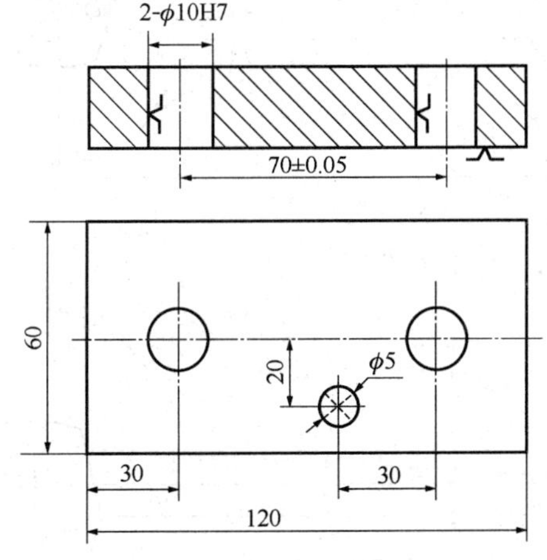

图 2.50　两孔定位误差分析

解　1）布置销位：销 1 布右孔。

2）确定销间距：取 $L_J \pm \Delta_J = 70 \pm 0.02$。

3）确定园柱销直径：取 $d_1 = 10g6 = 10^{-0.005}_{-0.014}$，所以 $\Delta_1 = 0.005$。

4）确定削边销直径：查表 2.1 得 $b=4$，

$$\Delta_2 = 2b/D_2(\Delta_K + \Delta_J - \Delta_1/2) = 4/10(0.1 + 0.04 - 0.005) = 0.054$$

$$d_2 = (10 - 0.054)h6 = 10^{-0.054}_{-0.063}$$

5）定位误差分析，由上知：

$$\Delta_{1max} = 0.029,\ \Delta_{2max} = 0.078$$

对 30：

$$\Delta jb = 0$$

$$\Delta db = \Delta db_1 = 0.015 + 0.009 + 0.005 = 0.029$$

所以

$$\Delta dw=0.029$$

对 20：

$\Delta jb=0$

Δdb 应是上下平移 Δdb_1 转动 ϕ_2 后最大，

$\Delta db_1=0.029$

$\pm\tan\theta_2=\pm(\Delta_{2max}-\Delta_{1max})/2\times70=\pm0.00035$

$\Delta db=\Delta db_1+2\times30\times0.00035=0.05$

$\Delta dw=0.05$

2.6 应用示例

2.6.1 定位误差分析示例

【例 2.18】 如图 2.51（a）所示，加工平面保证 $A=40_{-0.16}^{\ 0}$，已知：$d=90_{-0.035}^{\ 0}$，$B=35_{-0.062}^{\ 0}$，$\alpha=60°$，求 Δdw。

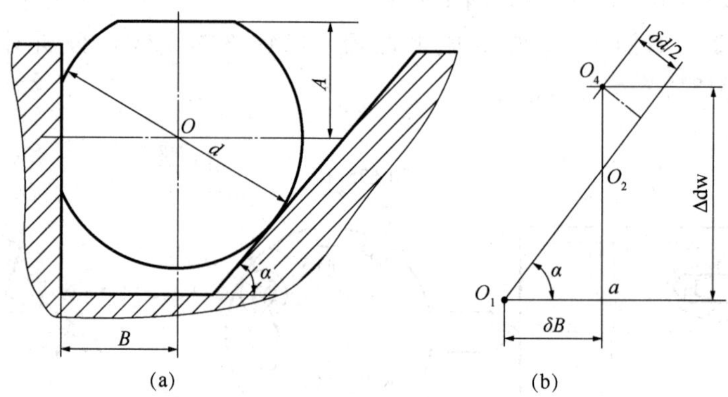

图 2.51 组合定位误差分析

解 分析：如图 2.51（b）所示，当 B 不变化、d 变化，工件上下移动，O 由 O_4 到 O_2；当 d 不变化、B 变化，工件沿斜面方向移动，O 由 O_2 到 O_1，即 O_4 到 O_1 的高差为 Δdw。

由以上分析知，$\Delta dw=aO_2+O_2O_4=\delta B\tan60°+\delta d/\cos\alpha=0.142>1/3T$，难以保证。

从另一思路分析，左右方向的定位基准为侧平面，假设上下方向的定位基准为中心线。

对于 A：$\Delta jb=0$，$\Delta db_d=\delta d/2\sin30°=0.035$，$\Delta db_B=\delta B\tan60°=0.107$。$\Delta db=0.035+0.107=0.142$，结果相同。

【例 2.19】 如图 2.52 所示加工通槽，保证对 d_2 中心的对称度 0.1，且 $A=34.8_{-0.17}^{\ 0}$。已知 $d_1=25_{-0.021}^{\ 0}$，$d_2=40_{-0.025}^{\ 0}$，两圆同轴度为 0.02，分析计算定位误差。

解 对称度 0.1：

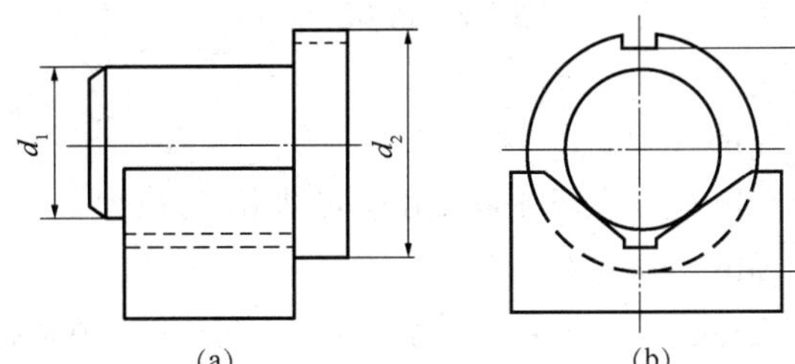

图 2.52　定位误差分析实例

$$\Delta jb = 0.02$$

$$\Delta db = 0$$

$$\Delta dw = 0.02 < \frac{1}{3}T，满足要求$$

尺寸 A：

$$\Delta jb = 0.02 + 0.0125 = 0.0325$$

$$\Delta db = 0.707 \times 0.021 = 0.0148$$

所以 $\Delta dw = 0.0473 < 1/3T$，满足要求。

【例 2.20】 如图 2.53 所示加工通槽，保证 30°±25′，分析计算定位误差（$\phi 18H8/f7 = \phi 18^{+0.027}_{0} / ^{-0.016}_{-0.034}$）。

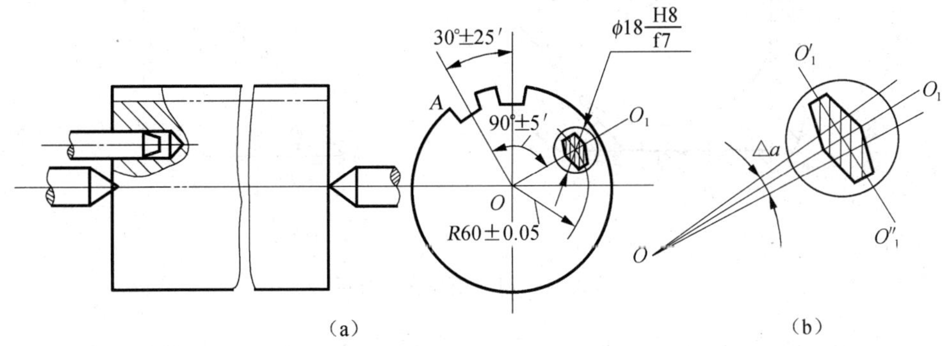

图 2.53　定位误差分析示例

解　角向定位基准是小孔中心线，对 30°±25′：

$$\Delta jb = 10'$$

$$\Delta db = [\Delta_{2max}/R] \times 180°/\pi = [(\Delta D + \Delta d + \Delta_{min})/R] \times 180°/\pi$$

$$= (0.027 + 0.018 + 0.016)/60 \times 180°/\pi = 3.50'$$

所以 $\Delta dw = 13.50' < 16.67'$，可用。

2.6.2 定位方案设计示例

【例 2.21】 如图 2.54 所示，加工宽度为 $4^{+0.10}_{0}$ 的通槽，试确定定位方案。

解 分析工序加工要求：本工序加工要求主要有槽宽 $4^{+0.10}_{0}$，槽深 $3^{+0.20}_{0}$，槽的对称度为 0.18，槽的垂直度为 0.10。

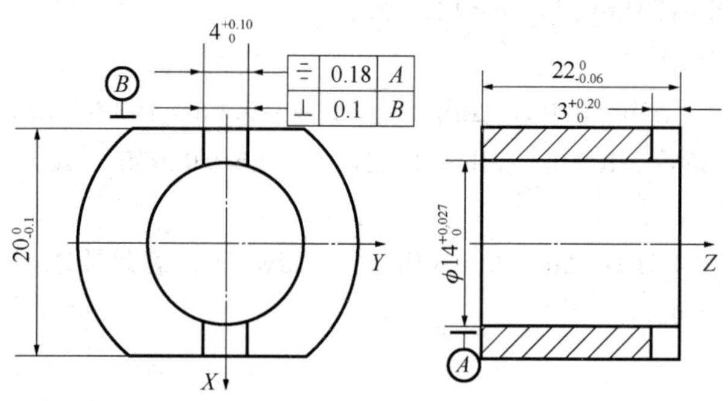

图 2.54 定位方案设计

(1) 根据槽的加工要求，确定必须限制的自由度

槽宽由定尺寸刀具保证；

保证槽深应限制 $\overset{\curvearrowright}{X}\,\overset{\curvearrowright}{Y}\,\vec{Z}$；

保证槽的垂直度应限制 $\overset{\curvearrowright}{Z}$；

保证槽的对称度应限制 $\vec{Y}\,\overset{\curvearrowright}{X}\,\overset{\curvearrowright}{Z}$；

综合结果应限制 $\overset{\curvearrowright}{X}\,\vec{Y}\,\overset{\curvearrowright}{Y}\,\vec{Z}\,\overset{\curvearrowright}{Z}$。

(2) 根据槽的加工要求，分析工序基准

槽宽由定尺寸刀具保证；

槽深 $3^{+0.20}_{0}$ 的工序基准是工件前端面；

槽的对称度 0.18 的工序基准是孔中心线；

槽的垂直度 0.10 的工序基准是 B 面。

(3) 选择定位基准

根据基准重合原则，一般优先选择工序基准为定位基准，当工序基准为定位基准难以实现时，可考虑选择其他表面为定位基准。本例选择工件孔中心线、B 面和后端面为定位基准。

(4) 定位方案确定

后端面布大支承板限 $\overset{\curvearrowright}{X}\,\overset{\curvearrowright}{Y}\,\vec{Z}$；

B 面布窄长支承板限 $\vec{X}\,\overset{\curvearrowright}{Z}$；

孔面布短削边销限 $\vec{Y}$；

综合结果实际限制 $\vec{X}\,\overset{\curvearrowright}{X}\,\vec{Y}\,\overset{\curvearrowright}{Y}\,\vec{Z}\,\overset{\curvearrowright}{Z}$。

(5) 削边销设计

$$因\ L_K = 10^{0}_{-0.05} = 9.975 \pm 0.025$$

$$取\ L_J = 9.975 \pm 0.005$$

因为 $D_1 \rightarrow \infty$，所以 $\Delta_1 = 0$。

查表 2.1，可知 $b=4$，所以

$$\Delta_2 = 2b/D_2(\Delta_k + \Delta_J - \Delta_1/2)$$
$$= 2 \times 4/14(0.025 + 0.005) = 0.017$$

得 $d_2 = (14-0.017)\text{h}6(^{0}_{-0.011}) = 14^{-0.017}_{-0.028}$。

（6）定位误差分析

对于槽深 $3^{+0.20}_{0}$：Δjb＝0.06，Δdb＝0，Δdw＝0.06＜1/3T，满足要求。

对于槽称度 0.18：Δjb＝0，Δdb＝0.027＋0.028＝0.055，Δdw＝0.055＜T/3，满足要求。

对于槽的垂直度 0.10：Δjb＝0，Δdb＝0，Δdw＝0，满足要求。

结论：定位方案可行。

第3章 工件的夹紧

本章重点掌握设计夹紧装置的基本准则和典型夹紧机构，一般掌握夹紧装置的组成、联动夹紧机构、定心夹紧机构。

3.1 夹紧装置的组成和基本要求

3.1.1 夹紧装置的组成

夹紧装置是指把工件压紧夹牢的装置。如图 3.1 所示，气缸 1 推动斜楔 2 左右运动，通过滚子 3 驱使压板 4 绕着铰链转动，从而压紧或松开工件。

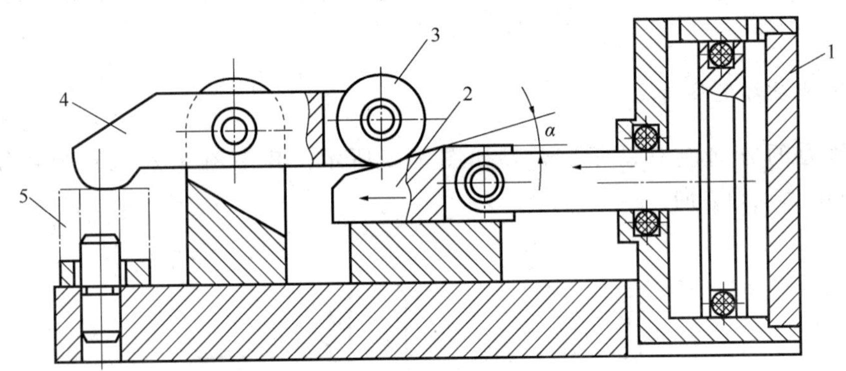

图 3.1 夹紧装置的组成

1—气缸；2—斜楔；3—滚子；4—压板；5—工件

夹紧装置的组成：

1）力源装置：产生夹紧力的装置。

2）夹紧元件：压紧工件的元件。

3）中间递力机构：介于力源装置和夹紧元件之间的机构。

中间递力机构的作用：

1）改变夹紧作用力的方向：上例变水平力为垂直力。

2）改变夹紧作用力的大小：上例斜楔具有增力作用。

3）保证安全自锁（在夹紧作用力去除后，仍不松开工件）：上例斜楔具有自锁性。

3.1.2 夹紧装置的基本要求

夹紧装置的基本要求：

1) 工件不移动原则。

2) 工件不变形原则。

3) 工件不振动原则。

4) 安全、方便、省力。

5) 自动化、复杂化程度与生产纲领相一致。

要求 1) 主要在粗加工时考虑，要求 2)、3) 主要在精加工时考虑。

3.2 设计夹紧装置的基本准则

设计和选用夹紧装置的关键是如何正确施加夹紧力 F_W，也就是如何确定夹紧力的大小、方向、作用点。

3.2.1 与夹紧力方向有关的准则

用“↧”表示夹紧力的方向，箭头指向处为夹紧力作用点，详细标注形式见附表 1。

1. 不能破坏定位精度

夹紧力的方向应有助于定位，如图 3.2 所示，其中图 3.2 (a) 为错误方向，图 3.2 (b)为正确方向。

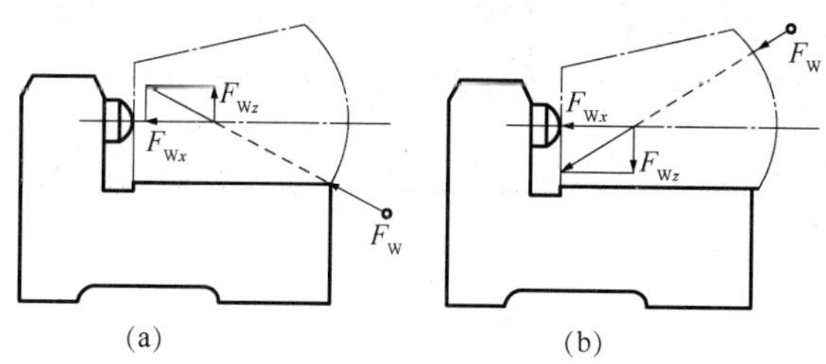

图 3.2　夹紧力的方向应有助于定位

夹紧力应指向主要定位基面，如图 3.3 所示，其中图 3.3 (b)、(c) 为错误方向，图 3.3 (d) 为正确方向。

2. 有利于减小夹紧力

夹紧力方向与大小的关系如图 3.4 所示。其中 F 为切削力，F_W 为夹紧力，G 为工件自重。

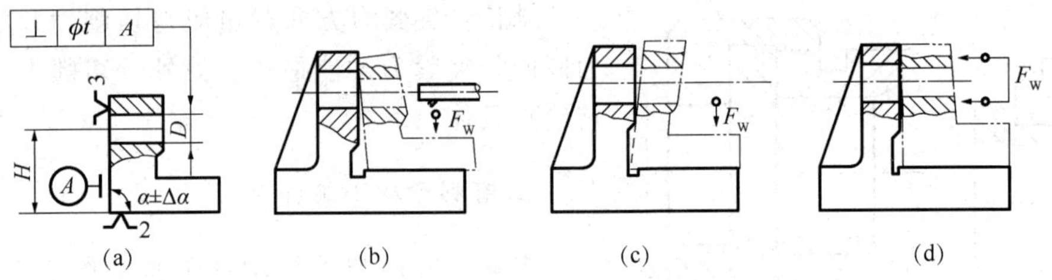

图 3.3　夹紧力应指向主要定位基面

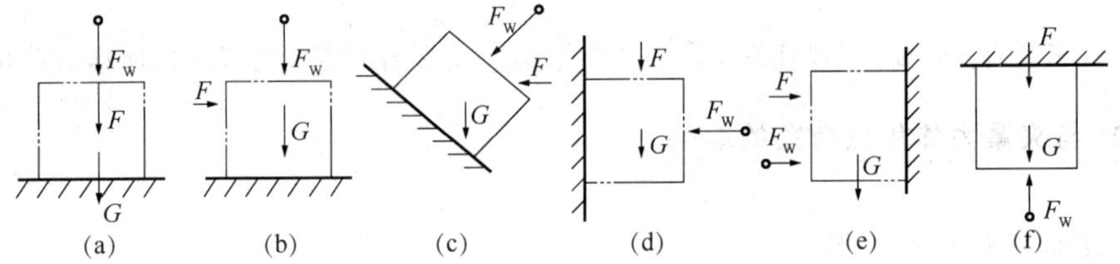

图 3.4　夹紧力方向与大小的关系

在图 3.4（a）中，F、F_W、G 3 力同向，且指向夹具体，F_W 最小。

在图 3.4（b）中

$$F=(F_W+G)f(f\text{ 为摩擦系数})$$

则（假设 $f=0.15$，下同）

$$F_W=F/f-G=6.67F-G$$

在图 3.4（c）中（假设 $G_2=G_1=0.5G$，$F_1=F_2=0.5F$，G_1、G_2、F_1、F_2 为与 F_W 平行、垂直二分量下同）

$$F_1-G_1=(F_W+G_2+F_2)f$$

则

$$\begin{aligned}F_W&=(F_1-G_1)/f-G_2-F_2\\&=(0.5F-0.5G)/f-0.5G-0.5F\\&\approx 3.33F-3.33G-0.5G-0.5F=2.83F-2.83G\end{aligned}$$

在图 3.4（d）中

$$F_Wf=F+G$$

则

$$F_W=(F+G)/f\approx 6.67F+6.67G$$

此时 F_W 最大。

在图 3.4（e）中

$$(F+F_W)f=G$$

则

$$F_W=G/f-F\approx 6.67G-F$$

在图 3.4（f）中

$$F_W=F+G$$

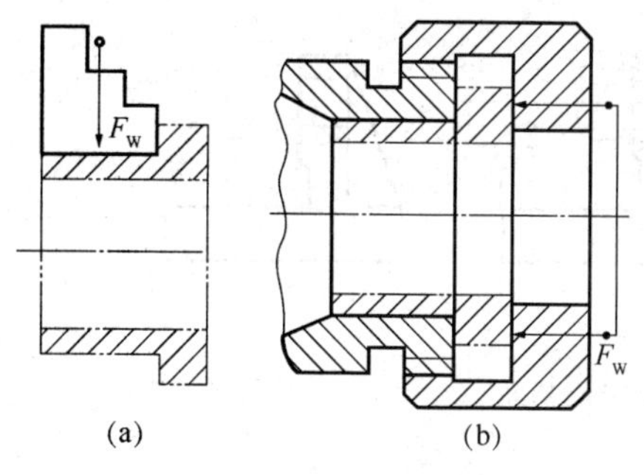

图 3.5 夹紧力方向与工件刚性的关系

结论：夹紧力方向尽量应与切削力、工件重力同向，夹紧力才能最小。另外，切削力应尽量传给夹具体。

3. 有利于减小工件变形

夹紧力方向与工件刚性关系如图 3.5 所示，其中图 3.5（a）的关系不好，图 3.5（b）的关系好。

结论：夹紧力的方向应是工件刚度较高的方向。

3.2.2 与夹紧力作用点有关的准则

1. 保证定位稳定可靠

夹紧力作用点与定位支承点的关系如图 3.6 所示，其中图 3.6（a）、（b）、（d）、（f）正确，图 3.6（c）、（e）、（g）错误。

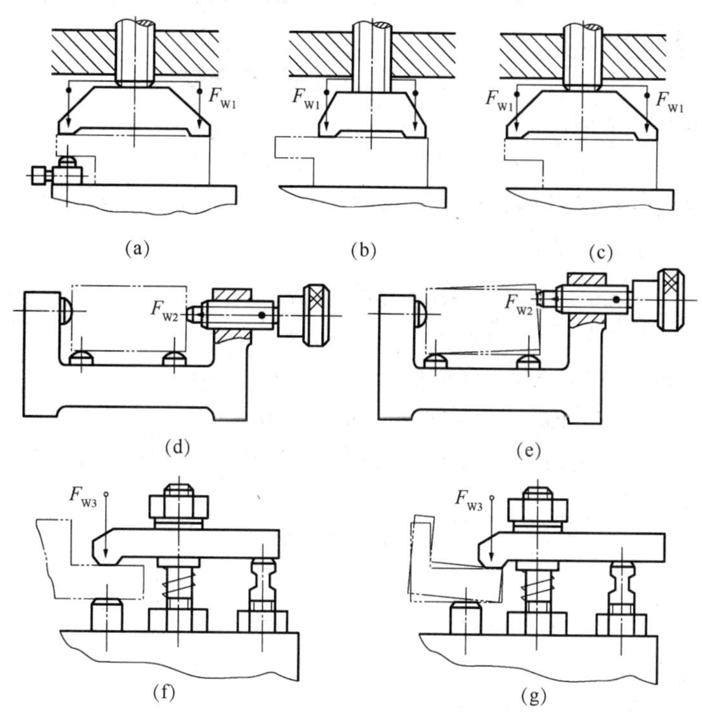

图 3.6 作用点与定位支承点的关系

结论：夹紧力作用点应落在定位元件支承范围内，应避免夹紧力与支承反力构成力偶。

2. 有利于减小变形

夹紧力作用点与工件刚性的关系如图 3.7 所示，其中图 3.7（a）、（c）正确，

图 3.7（b）、（d）、（e）错误。

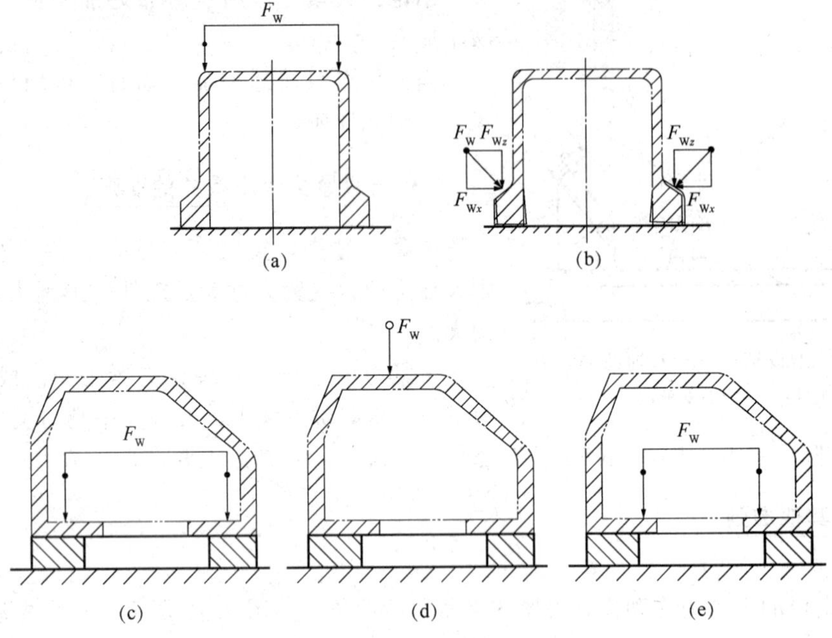

图 3.7　作用点与工件刚性的关系

结论：夹紧力作用点应位于工件刚性较好部位，有利于防止工件受力变形。

3. 有利于减小振动

夹紧力作用点与工件加工部位的关系如图 3.8 所示，其中图 3.8（a）、（c）合理，

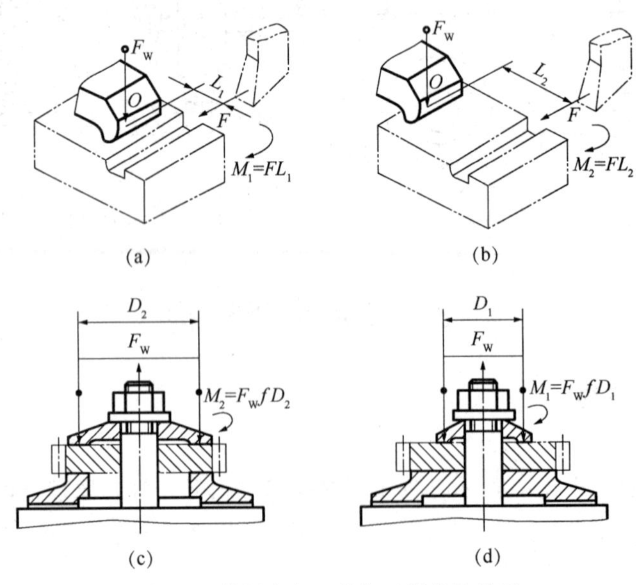

图 3.8　作用点与工件加工部位的关系

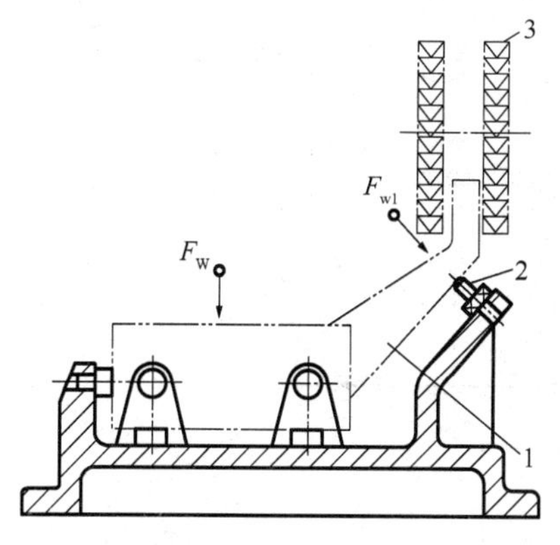

图 3.9　增设辅助支承和辅助夹紧力
1—工件；2—辅助支承；3—刀具

图 3.8（b）、（d）不合理。

结论：夹紧力作用点应靠近加工面，有利于减小振动。

当作用点只能远离加工面时，可增设辅助支承，如图 3.9 所示。

3.2.3 与夹紧力大小有关的准则

夹紧力过小，夹紧不可靠，工件产生移动，则破坏定位；夹紧力过大，工件变形增大，则 Δjj 增大。

夹紧力大小确定：理论夹紧力 F_W 根据切削力 F（刀具课讲）大小，按静力平衡（力学课讲）求出；实际夹紧力：$F_{WK}=KF_W$（K 粗加工取 2.5～3；精加工取 1.5～2）。

3.2.4 其他准则

1）定位的夹紧力先动作，夹紧的夹紧力后动作，如图 3.10 所示，P 力先动作，F 力后动作。

2）夹紧元件只有在夹紧方向上移动时，夹紧过程中才不致破坏定位，如图 3.11 所示。

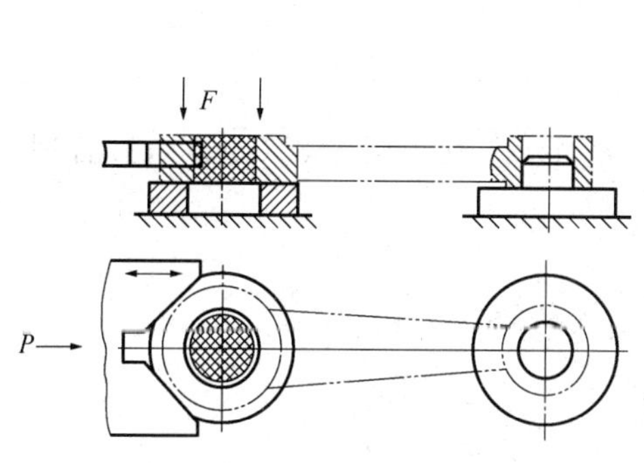

图 3.10　定位夹紧力先动作

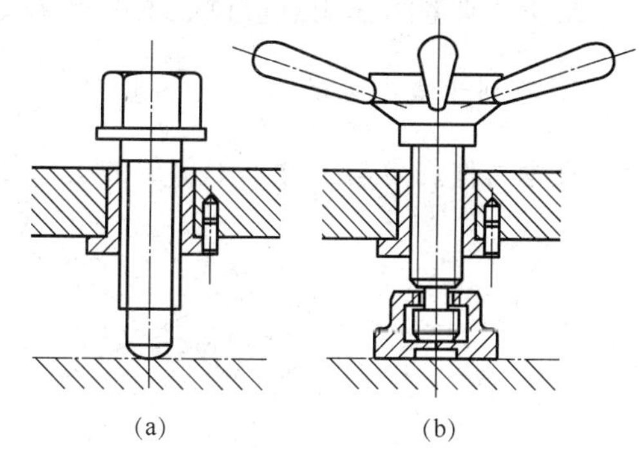

图 3.11　(a) 比 (b) 易破坏定位

3.3　基本夹紧机构

3.3.1 斜楔夹紧机构

斜楔夹紧机构如图 3.12 所示，锤击斜楔夹紧和松开工件，原理是楔紧作用。

1. 夹紧力的计算

如图 3.13（a）所示，由静力平衡得

$$F_1 + F_{Rx} = F_Q$$

而

$$F_1 = F_W \tan\varphi_1, \quad F_{Rx} = F_W \tan(\alpha + \varphi_2)$$

所以

$$F_W = F_Q/[\tan\varphi_1 + \tan(\alpha + \varphi_2)]$$

式中：F_Q——夹紧作用力；

α——斜楔升角；

φ_1、φ_2——摩擦角。

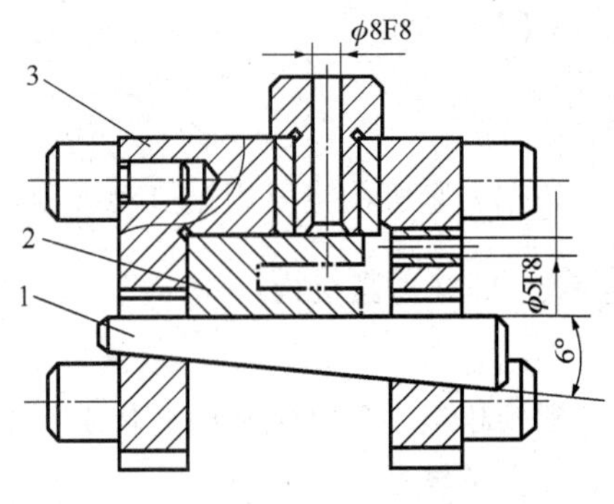

图 3.12　斜楔夹紧机构

1—斜楔；2—工件；3—夹具体

2. 结构特点

1）具有自锁性。如图 3.13（b）所示，当夹紧作用力取掉后，在纯摩擦力作用下，仍能保持夹紧的现象。

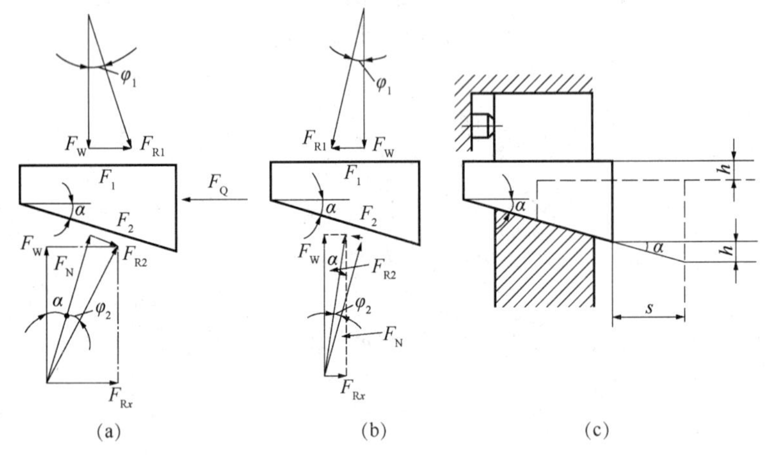

图 3.13　斜楔的受力分析

自锁条件为

$$F_1 > F_{Rx}$$

即

$$F_W \tan\varphi_1 > F_W \tan(\alpha - \varphi_2)$$

$$\tan\varphi_1 > \tan(\alpha - \varphi_2)$$

当角度较小时，有

$$\varphi_1 > \alpha - \varphi_2$$

因此，$\alpha < \varphi_1 + \varphi_2$ 为自锁条件。一般 φ_1、φ_2 为 6°，所以 $\alpha_{max} = 12°$，一般 α 取6°～8°。

2）改变夹紧作用力的方向。

3）可增力：

$$i_F = F_W/F_Q = 1/[\tan\varphi_1 + \tan(\alpha + \varphi_2)] = 2.5$$

4）夹紧行程 h 小。如图 3.13（c）所示，$\tan\alpha = h/s = \tan6° = 0.1$，所以，当 $s = 10$

时，$h=1$。

3. 应用

斜楔夹紧机构主要用于机动夹紧，且工件精度较高。

3.3.2 螺旋夹紧机构

螺旋相当于斜楔绕在圆柱体上形成，如图 3.14 所示。所以螺旋夹紧机构夹紧工件的原理仍是楔紧作用。

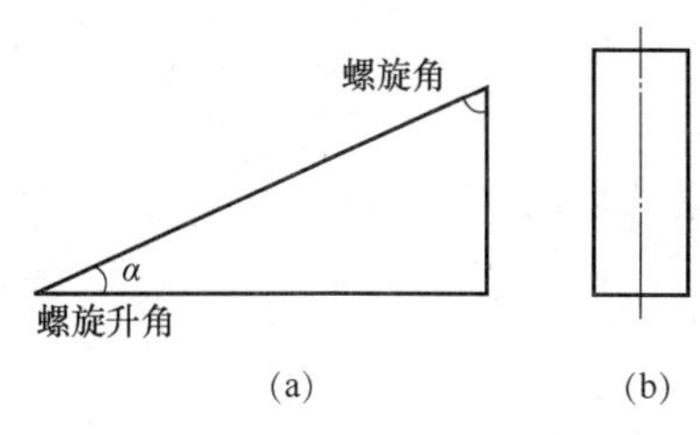

图 3.14 螺旋的形成

1. 夹紧力的计算

受力分析如图 3.15 所示。设 M_Q 为原始力矩，M_1 为螺母阻止螺钉转动的力矩，M_2 为工件阻止螺钉转动的力矩，则

$$M_Q - M_1 - M_2 = 0$$

而

$$M_Q = F_Q \cdot L$$

$$M_1 = d_2/2 \cdot F_W \tan(\alpha + \varphi_1)$$

$$M_2 = r' F_W \tan\varphi_2$$

则

$$F_W = F_Q L / [d_2/2 \tan(\alpha + \varphi_1) + r' \tan\varphi_2]$$

式中：F_W——夹紧力，N；

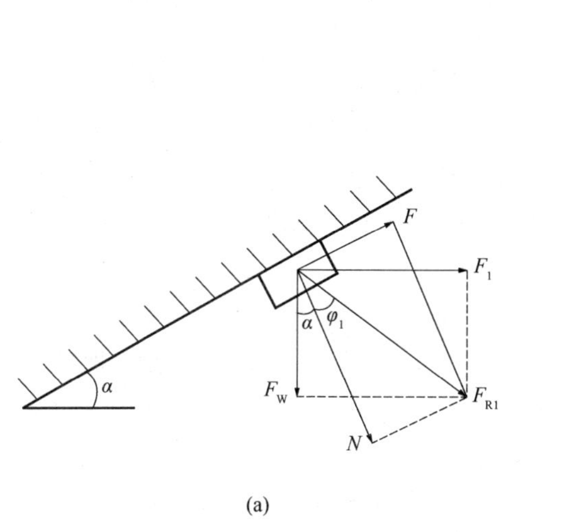

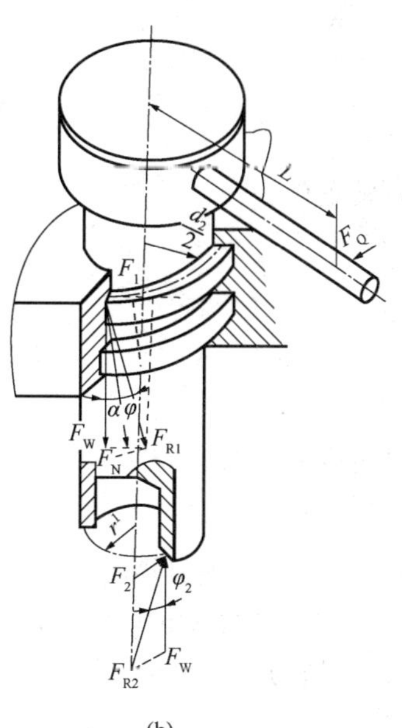

图 3.15 螺旋夹紧受力分析

r'——螺钉端部当量摩擦半径（表3.1），mm；
L——作用力臂，mm；
F_Q——原始作用力，N；
α——螺旋升角，(°)；
d_2——螺旋中径，mm；
φ_1——螺旋处摩擦角，(°)；
φ_2——螺钉端部摩擦角，(°)。

表3.1 螺钉端部当量摩擦半径（r'）

形式	Ⅰ	Ⅱ	Ⅲ	Ⅳ
	点接触	平面接触	圆周线接触	圆环面接触
简图				
r'	0	$\frac{1}{3}d_0$	$R\cot\frac{\beta_1}{2}$	$\frac{1}{3}\frac{D^3-D_0^3}{D^2-D_0^2}$

2. 结构特点

螺旋夹紧机构具有斜楔的结构特点，而且螺旋升角 $\alpha\leqslant 4°$，自锁性能更好，耐振；夹紧行程不受限制，但夹紧行程大时，操作时间长。

单个螺旋夹紧机构如图3.16所示。图3.16所示（a）结构简单，但易压伤工件表面，易带动工件旋转；图3.16（b）带有摆动压块，克服了上述不足。

图3.17所示是常用的几种摆动压块。受压面是光面，用图3.17（a）；是毛面，用

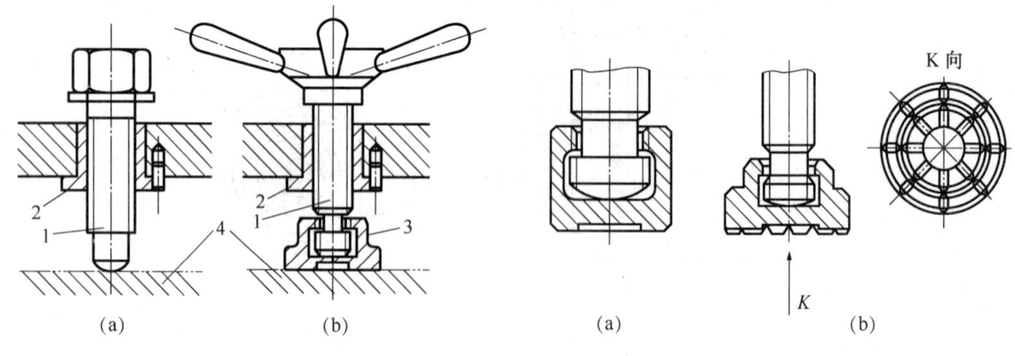

图3.16 单个螺旋夹紧机构
1—螺钉；2—螺母；3—压块；4—工件

图3.17 摆动压块

图 3.17（b）。

3. 应用

螺旋夹紧机构被广泛用于手动夹紧中。图 3.18 所示为典型螺旋压板夹紧机构，图 3.18（a）、（b）、（c）为普通螺栓压板机构。图 3.18（a）减力增大行程；图 3.18（b）改变力向；图 3.18（c）增力减小行程，其压板 2 左下端做成斜面，控制压板翻转

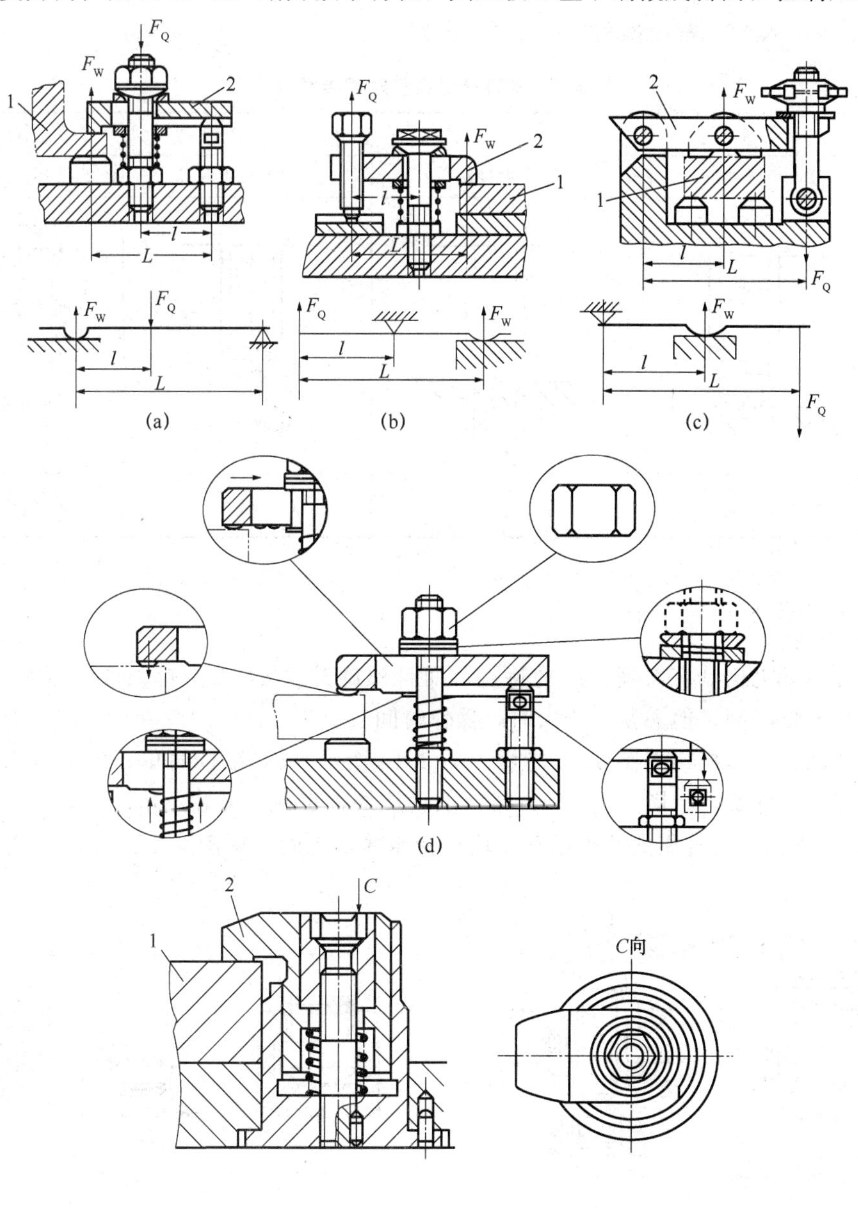

图 3.18　典型螺旋压板机构

1—工件；2—压板

角度，压板 2 右下端做成斜面，以免伤人。普通螺栓压板机构结构特点如图 3.18（d）所示：压板前端与工件接触处做成圆弧面，以免压伤工件；采用球面垫圈，以适应夹紧尺寸变化，否则产生变形，如图 3.19 所示；压板上开长圆孔，可左右移动，便于装御工件；压板下面装有弹簧可保证压板处于最上位；螺杆有效高度可调节，并用锁紧螺母锁紧，以适用不同高度尺寸的工件；使用厚螺母夹紧工件，可延长夹具寿命。图 3.18（e）所示为螺旋钩形压板，用于空间尺寸受限时。

图 3.20 所示为万能调节压板，其工作原理是，转轴 3 中开有孔让双头螺栓 1 通过，转轴 3 和压板 4 通过套盖 6 装成整体，可相对双头螺栓 1 上下移动，同时压板 4 相对转轴 3 可转动，夹紧工件时转动螺母 2 压转轴 3 传压压板 4 而压工件，夹紧工件的高度可在 0 到某一极限值之间无级变化。

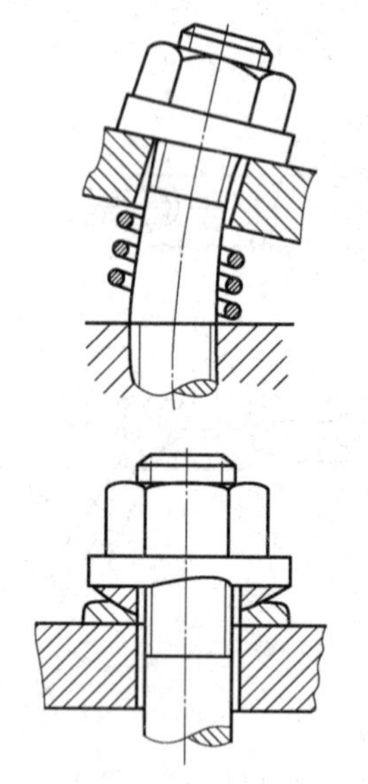

图 3.19 球面垫圈的补偿作用使螺栓不致弯曲

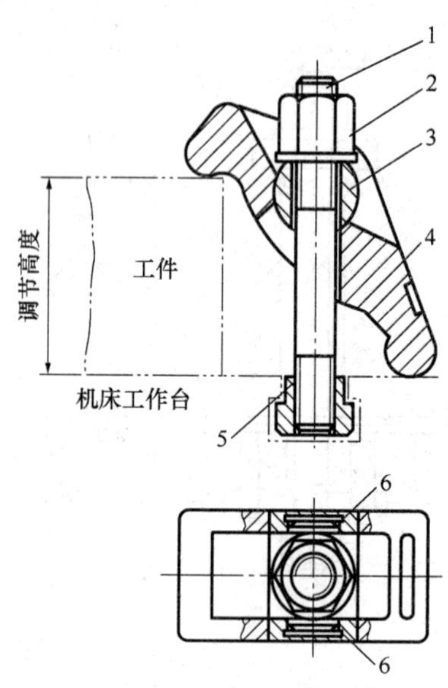

图 3.20 万能调节压板

1—双螺栓；2—螺母；3—转轴；4—压板；5—T 形槽螺母；6—套盖

图 3.21 所示为快速装卸螺旋夹紧机构，图 3.21（a）中螺母 5 外径小于工件内孔，当松动螺母 5 时，取下开口垫圈 4 可快速装卸工件；图 3.21（b）中快卸螺母 5 中钻有光滑斜孔，其直径略大于螺纹公称直径，螺母旋转出一段距离后，就可倾斜取下螺母；图 3.21（c）中松动螺钉 7 可转动回转压板 6 而装卸工件；图 3.21（d）螺杆 1 下端做成 T 形扁舌，松开螺母 5，90°转动手柄 2，可抽出螺杆 1 而装卸工件；图 3.21（e）中螺杆 1 上开有直槽连着螺旋槽，向左快进手柄 2 并转动可夹紧工件。

3.3.3 偏心夹紧机构

如图 3.22 所示，在图 3.22（a）中，转动手柄 1，带动圆偏心轮 2 转动，通过压板

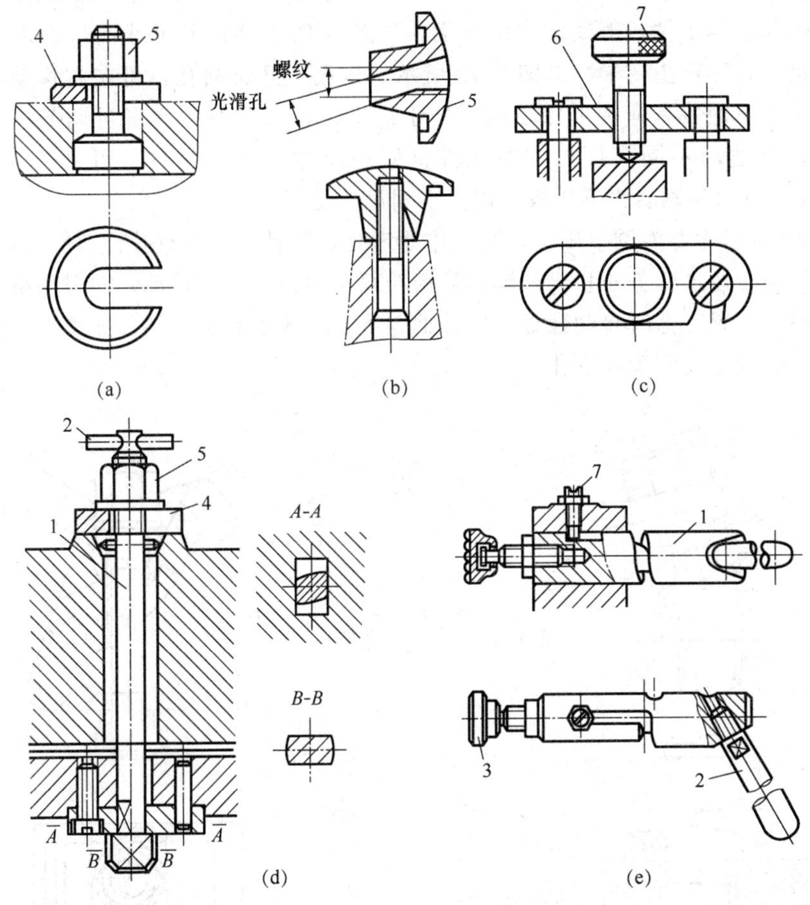

图 3.21 快速装卸螺旋夹紧机构

1—螺杆；2—手柄；3—摆动压块；4—开口垫圈；5—螺母；6—回转压板；7—螺钉

5 夹紧和松开工件。在图 3.22（b）中，圆偏心轮相当于曲线楔绕在基圆上形成，所以偏心夹紧机构夹紧工件的原理仍是楔紧作用。

1. 结构特点

如图 3.22（c）所示，O_1 是几何中心；O 是回转中心；R 是几何半径；r 是回转半径（回转中心和切点的连线）；R_0 是最小回转半径；e 是偏心量，$e=R-R_0$；升角 α 是 r 的垂线和受压面之间的夹角；回转角 β 是 OO_1 连线与水平线的夹角，两线重合时，$\beta=0$，使 r 增大方向 β 为正，所以 β 在 $\pm 90°$ 范围内。

（1）夹紧行程 S

$$S=MB-R_0=(MO_1+O_1B)-R_0=(MO_1+R)-R_0=(R-R_0)+e\sin\beta=e(1+\sin\beta)$$

上式反映了 S 随 β 的变化规律，图 3.23 所示即为曲线楔的展开图。

讨论：当 $\beta=-90°$时，$S=0$；当 $\beta=90°$时，$S=2e$，因此 S 为 $0\sim 2e$。

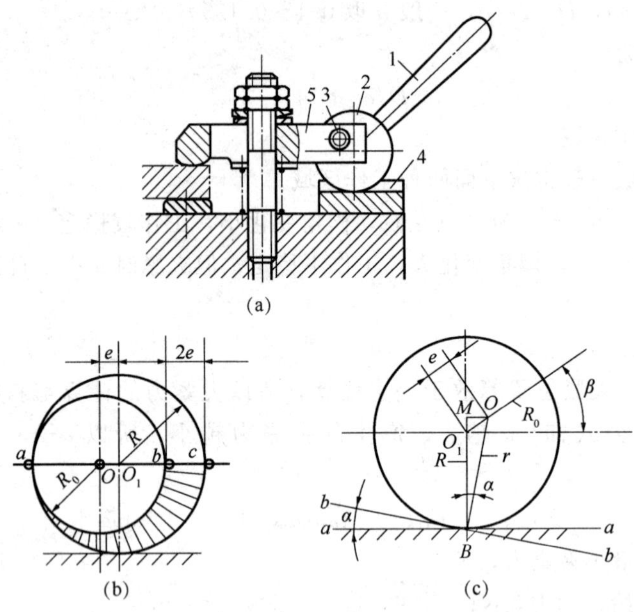

图 3.22　圆偏心夹紧机构

1—手柄；2—圆偏心轮；3—销；4—垫板；5—压板

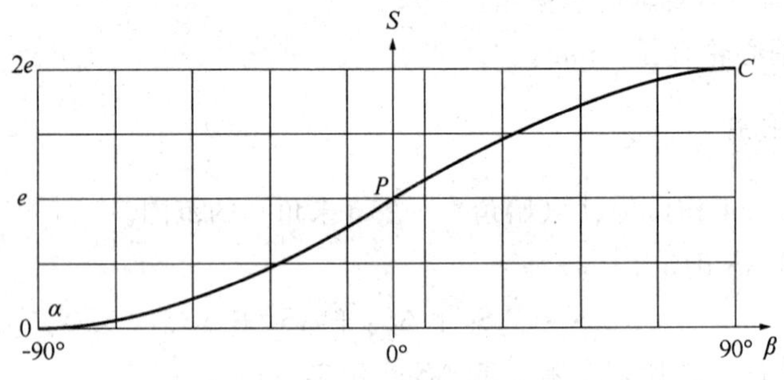

图 3.23　$S=e(1+\sin\beta)$ 展开图

（2）升角 α

升角是变化的，即楔角是变化的，如图 3.22（c）所示：

$$\tan\alpha = OM/(MO_1 + O_1B) = e\cos\beta/(e\sin\beta + R)$$

讨论：当 $\beta=\pm 90°$时，$\cos\beta=0$，$\tan\alpha=0$，$\alpha_{\min}=0$；

当 $\beta=0°$时，$\cos\beta=1$，$\sin\beta=0$，$\tan\alpha=e/R$ 时为最大，$\alpha_{\max}\approx e/R$。

（3）自锁条件

因为斜楔的自锁条件为

$$\alpha \leqslant \varphi_1 + \varphi_2$$

所以曲线楔的自锁条件为

$$\alpha_{\max} \leqslant \varphi_1 + \varphi_2$$

式中，φ_2 为转动副中的摩擦角，很小可忽略，因此 $\alpha_{\max}\leqslant\varphi_1$，则 $2e/D\leqslant\mu$（μ 为摩擦系

数)，得 $D/e \geqslant 2/\mu$，$D \geqslant 2e/\mu$，一般 μ 取 0.1～0.15。

故自锁条件为

$$D/e \geqslant 14 \sim 20$$

(4) 有效工作区域

有效工作区域一般常选下面两种工作区域。

1) $\beta = \pm 30° \sim \pm 45°$，为 P 点左右，楔角变化小，工作较稳定，$\alpha$ 大，自锁性能差。

2) $\beta = -15° \sim 75°$，楔角变化大，工作不稳定，但夹紧时 α 小，自锁性能好。

2. 夹紧力的计算

圆偏心在任一夹紧位置等效于一直线楔，所以夹紧力的计算与斜楔夹紧相似。由斜楔夹紧力计算公式知，α 越大，产生的夹紧力越小，所以 $\alpha \to \alpha_{max}$ 时，夹紧力最小，即

$$F_{Wmin} = 2F_Q L / D[\tan(\alpha_{max} + \varphi_2) + \tan\varphi_1]$$

式中：F_{Wmin}——最小夹紧力，N；

F_Q——原始作用力，N；

L——手柄至圆偏心的距离，mm；

φ_1——圆偏心与工件的摩擦角，(°)；

φ_2——圆偏心与转轴的摩擦角，(°)；

D——圆偏心轮直径，mm。

3. 圆偏心的设计

1) 选工作区。工作区为 β_1（始角）～β_2（未角）的范围。

2) 夹紧行程 ΔS 确定。

$$\Delta S = \Delta S_1 + \Delta S_2 + \Delta S_3 + \Delta S_4$$

式中：ΔS_1——装卸工件所留空隙，取 $\Delta S_1 \geqslant 0.3$，mm；

ΔS_2——夹紧机构变形补偿量，取 $\Delta S_2 = 0.05 \sim 0.15$，mm；

ΔS_3——夹紧尺寸误差补偿量，即为夹紧工件尺寸的公差，mm；

ΔS_4——行程储备量，取 $\Delta S_4 = 0.1 \sim 0.3$，mm。

3) 确定 e。由

$$S = e(1 + \sin\beta)$$
$$S_1 = e(1 + \sin\beta_1)$$
$$S_2 = e(1 + \sin\beta_2)$$
$$\Delta S = S_2 - S_1 = e(\sin\beta_2 - \sin\beta_1)$$

所以

$$e = \Delta S / (\sin\beta_2 - \sin\beta_1)$$

4) 确定 D。由 $D \geqslant 2e/\mu$ 确定 D。

5) 验算夹紧力。取被加工件为加工对象，根据静力平衡算出理论上需要的夹紧力

F_W，再乘以安全系数 K，就是实际需要的夹紧力 F_{WK}，$(F_W)\min \geq F_{WK}$ 即可。

4. 应用

偏心夹紧机构产生的夹紧力较小，自锁性能不好，一般用在切削力不大且无振动的场合，又 S 较小，对夹紧尺寸要求较严。

3.4 联动夹紧机构

联动夹紧机构是指利用一个原始作用力实现单件或多件的多点、多向同时夹紧的机构。联动夹紧机构的主要形式及其特点如下。

3.4.1 单件联动夹紧机构

1. 单件同向联动夹紧机构

单件同向联动夹紧机构如图 3.24 所示。在图 3.24（a）中，通过浮动柱 2 的水平滑动协调浮动压头 1、3 实现对工件的夹紧。在图 3.24（b）中，通过薄膜气缸 9 的活塞杆 8 带动浮动盘 7 和 3 个钩形压板 5 松、夹工件。

特点：在夹紧点之间，必须设计有浮动元件 2、7。

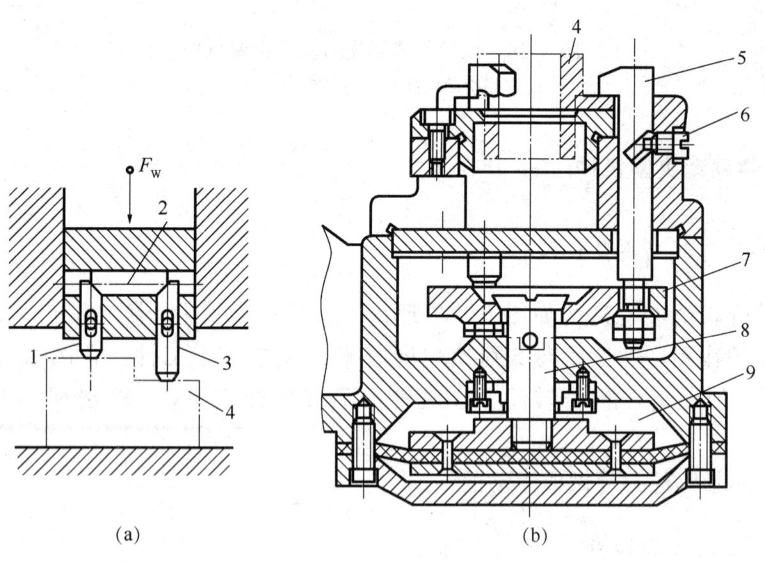

图 3.24　单件同向联动夹紧机构

1、3—浮动压头；2—浮动柱；4—工件；5—钩形压板；6—螺钉；7—浮动盘；8—活塞杆；9—气缸

2. 单件对向联动夹紧机构

单件对向联动夹紧机构如图 3.25 所示，当液压缸中的活塞杆 3 向下移动时，通过

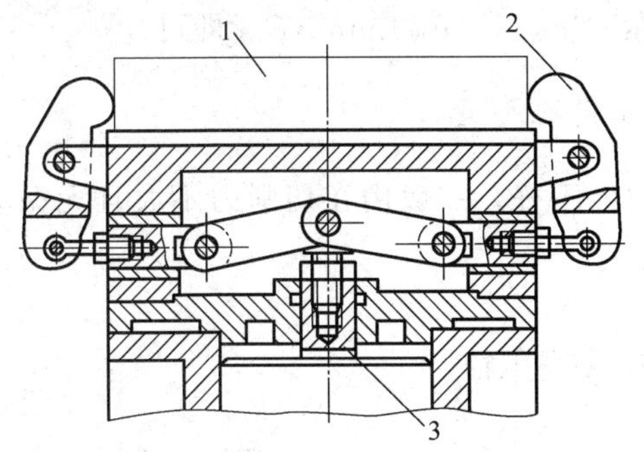

图 3.25 单件对向联动夹紧机构
1—工件；2—浮动压板；3—活塞杆

双臂铰链使两个浮动压板 2 绕铰链相对转动而夹紧工件。

3. 单件互垂力或斜交力联动夹紧机构

单件互垂力或斜交力联动夹紧机构如图 3.26所示，在图 3.26（a）中，拧紧螺母 4 压铰链压板，从而使摇臂 2 转动带动摆动压块 1、3 实现相互垂直两个方向四点联动夹紧工件。在图 3.26（b）中，通过摆动压块 1 实现斜交力两点联动夹紧工件。

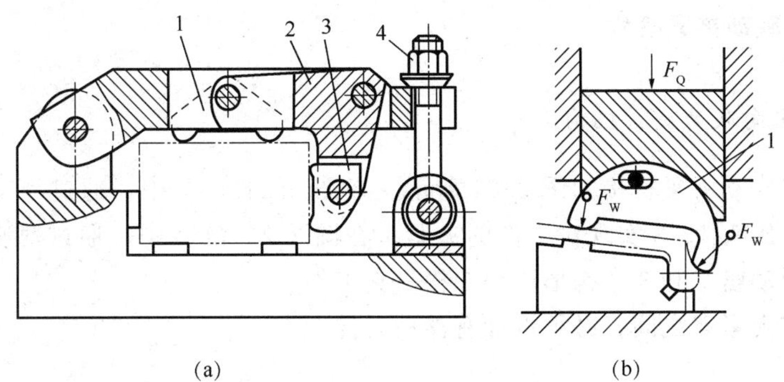

图 3.26 互垂力或斜交力联动夹紧机构
1、3—摆动压块；2—摇臂；4—螺母

3.4.2 多件联动夹紧机构

1. 多件平行联动夹紧机构

多件平行联动夹紧机构如图 3.27 所示，在图 3.27（a）中，由于球面垫圈 4 和摆动压块 3 的作用，拧紧螺母 5 可实现同时平行夹紧 4 个工件。在图 3.27（b）中，拧紧螺母 5，使铰链压板 2 转动，在液性介质 8 的作用下，5 个滑柱同时平行夹紧工件。

特点：夹紧元件必须做成浮动的。

2. 多件连续夹紧机构

多件连续夹紧机构如图 3.28 所示。拧紧螺钉 3 压移动 V 形块面，依次夹紧工件。

特点：定位夹紧元件合二为一；工件直径变化引起工件的移动，不要影响加工精度，故只能用在工件加工面与夹紧力方向平行的场合。

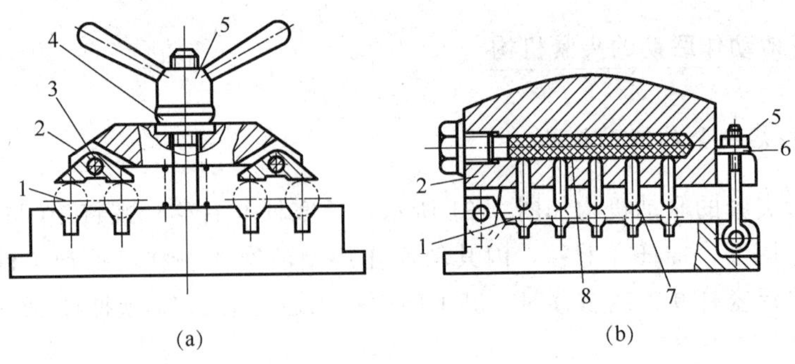

图 3.27 多件平行联动夹紧机构

1—工件；2—压板；3—摆动压块；4—球面垫圈；5—螺母；6—垫圈；7—柱塞；8—液性介质

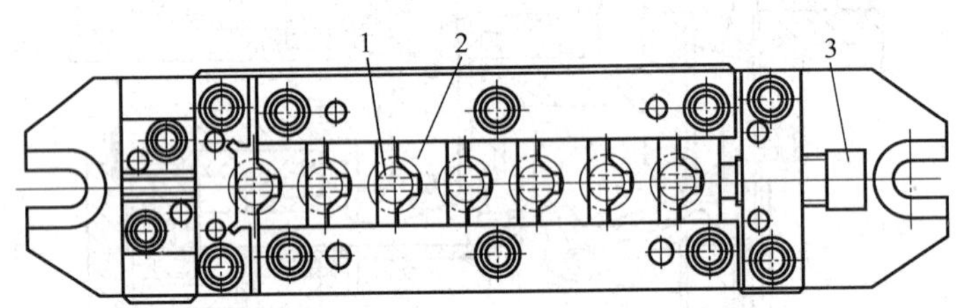

图 3.28 多件连续夹紧机构

1—工件；2—定位活动V形块；3—螺钉

3. 对向式多件联动夹紧机构

对向式多件联动夹紧机构如图 3.29 所示。旋转偏心轮 6，迫使压板 1、4 同时对向夹紧两工件。

4. 复合式多件联动夹紧机构

复合式多件联动夹紧机构是将上述多件夹紧机构组合构成的夹紧机构。图 3.30 所示为平行式和对向式组合的复合式多件联动夹紧机构。

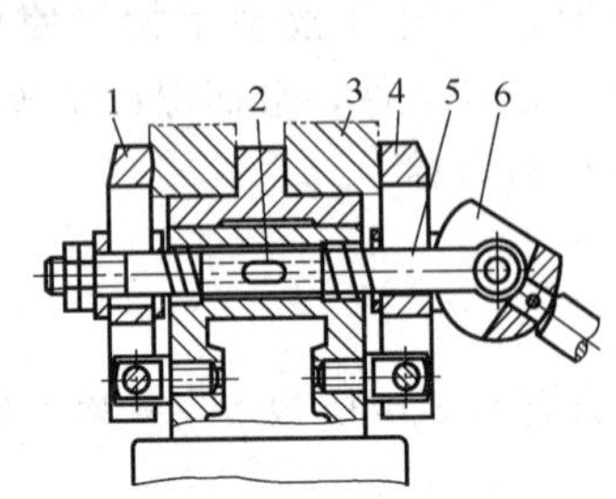

图 3.29 对向式多件联动夹紧机构

、4—压板；2—键；3—工件；5—拉杆；6—偏心轮

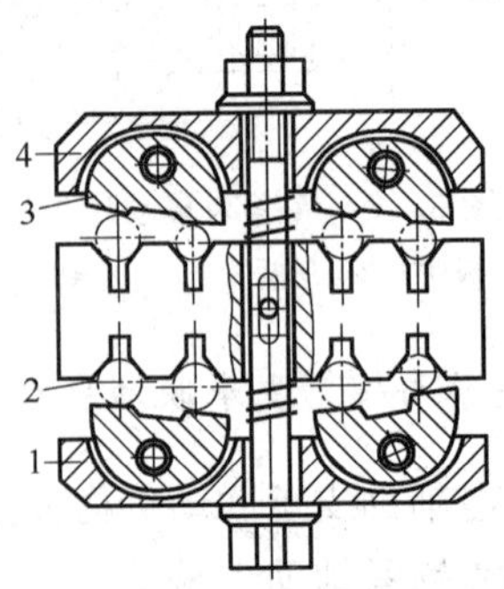

图 3.30 复合式多件联动夹紧机构

1、4—压板；2—工件；3—摆动压块

3.4.3 与其他动作联动的夹紧机构

1. 先定位后夹紧的联动机构

先定位后夹紧的联动机构如图 3.31 所示，活塞杆 9 右移，螺钉 10 与拨杆 1 脱开，在弹簧 2 的作用下，推杆 3 上移，因其斜面作用使活塞 4 右移，推动工件与 V 形块 7 接触定位，当活塞杆 9 继续右移时，其上斜面作用通过滚子 11 顶推杆 12 而顶压板 5 夹紧工件。

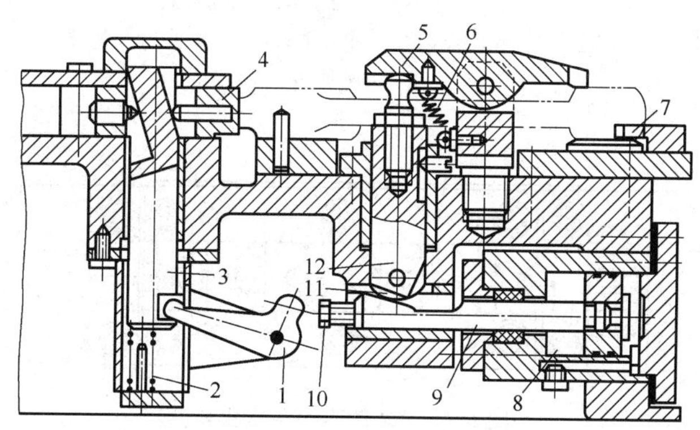

图 3.31　先定位后夹紧的联动夹紧机构

1—拨杆；2、6—弹簧；3、12—推杆；4—活塞；5—压板；7—定位活动 V 形块；8—液压缸；9—活塞杆；10—螺钉；11—滚子

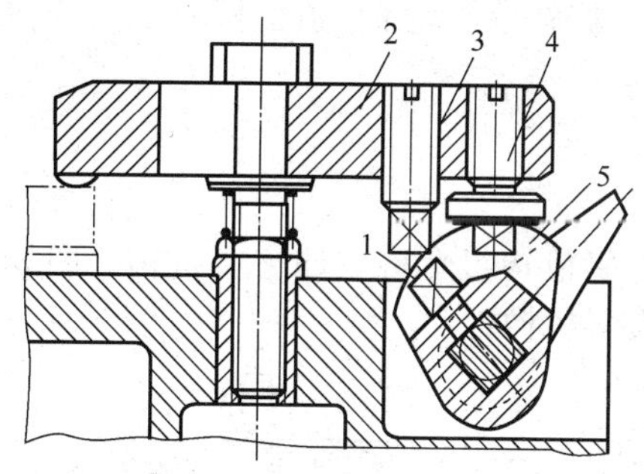

图 3.32　夹紧与移动压板联动机构

1—拨销；2—压板；3、4—螺钉；5—偏心轮

2. 夹紧与移动压板联动机构

夹紧与移动压板联动机构如图 3.32所示，逆时针扳动手柄，先是拨销 1 拨动压板 2 上的螺钉 3，使压板左移到夹紧位置，继续逆时针扳动手柄，偏心轮 5 顶起压板夹紧工件。松开时，顺时针扳动手柄，使偏心轮 5 作用松开工件，继而螺钉 1 拨动螺钉 4 使压板右移。

3. 夹紧与辅助支承联动机构

夹紧与辅助支承联动机构如图 3.33 所示，转动螺母 3 压压板 2，夹紧工件的同时通过锁销 4 锁紧辅助支承 1。

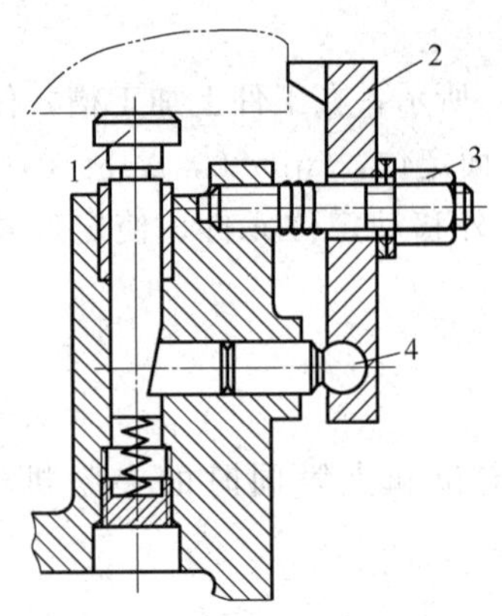

图 3.33　夹紧与辅助支承联动机构

1—辅助支承；2—压板；3—螺母；4—锁销

3.5　定心夹紧机构

3.5.1 定心夹紧机构的工作原理

【例 3.1】 如图 3.34（a）所示，工件以外圆定位加工内孔，保证同轴度。

解　若在套筒中间隙配合定位。Δjb＝0，Δdb≠0，Δdw＝Δdb；

若在三爪自定心卡盘中定位，因三爪自定心卡盘等速向中心的移动，使定位基准

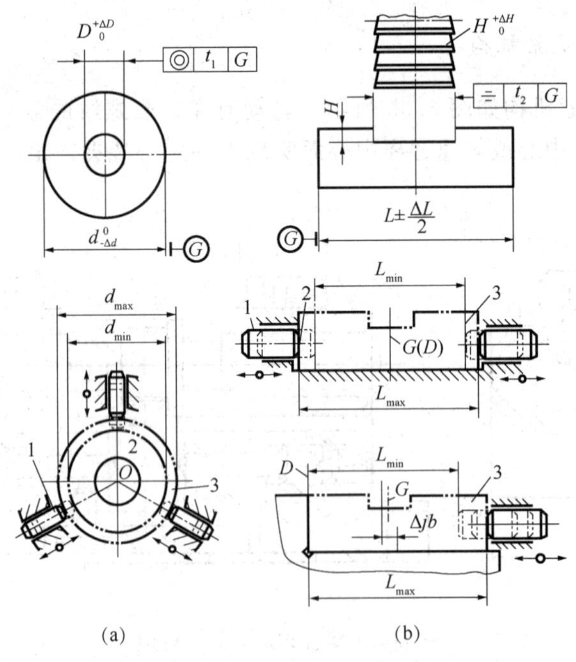

图 3.34　定心夹紧机构

1、2—定位元件；3—工件；4—铣刀

没有位移，Δdb＝0，Δdw＝0。

【例 3.2】 如图 3.34（b）所示，在工件上加工槽，保证对工件中心面的对称度。

解 若采用固定双支承平面定位，Δjb≠0，Δdb＝0，Δdw＝Δjb；

若左右侧面采用等速内、外移动定位元件，使定位基准为中心面，Δjb＝0，Δdw＝0。

1. 定心夹紧机构

定心夹紧机构是指实现定位和夹紧同时的夹紧机构。采用定心夹紧机构可减少 Δdw。

2. 工作原理

定心夹紧机构利用“定位—夹紧”元件的等速移动或均匀弹性变形来实现定心或对中。

3. 特点

1）“定位—夹紧”元件合二为一。

2）始终有 Δdb＝0。

3）主要用于要求定心和对中的场合。

3.5.2 常见的定心夹紧机构

1. 螺栓式定心夹紧机构

螺栓式定心夹紧机构如图 3.35 所示，转动有左、右螺纹的双向螺杆 6，V 形台虎钳 2、4 可等速靠拢中心或等速远离中心而实现工件定心装夹。定心精度可借助调节杆 3 实现。

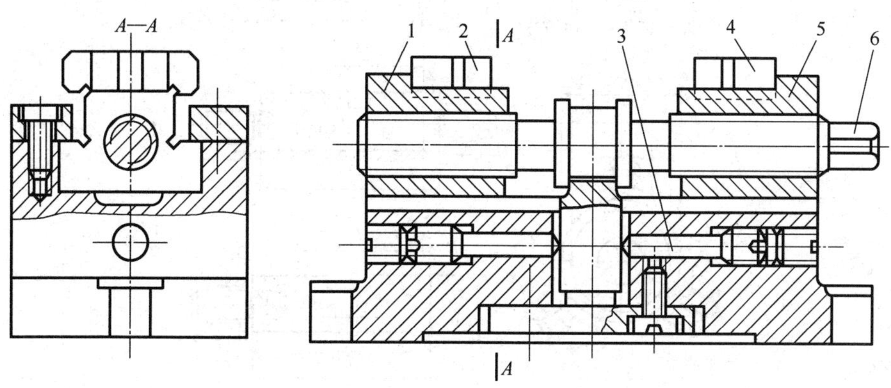

图 3.35 螺旋式定心夹紧机构

1、5—滑座；2、4—V 形块钳口；3—调节杆；6—双向螺杆

2. 楔式定心夹紧机构

楔式定心夹紧机构如图3.36所示，拉杆4带动本体2右移，因斜面的作用使夹爪1向外胀开而定心夹紧工件，反之拉杆4左移，在弹簧卡圈3作用下使夹爪收拢，松开工件。

3. 杠杆式定心夹紧机构

杠杆式定心夹紧机构如图3.37所示，拉杆1左移带动滑套2移动而拨动钩形杠杆3绕轴销4顺时针转动，使夹爪5收拢而定心夹紧工件。夹爪的张开靠拉杆右移时装在滑套2上的斜面推动。

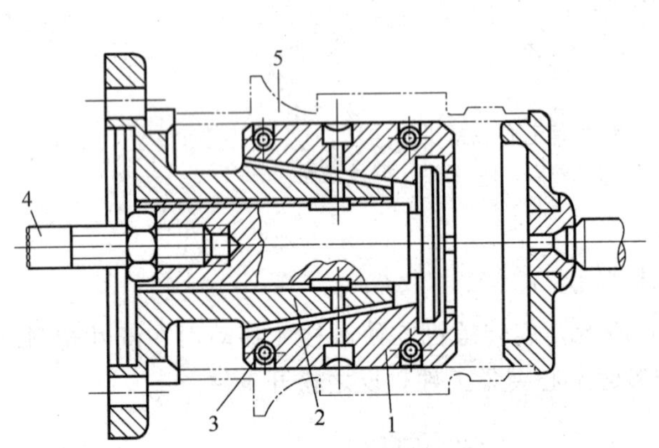

图3.36　机动楔式夹爪自动定心机构

1—夹爪；2—本体；3—弹簧卡圈；4—拉杆；5—工件

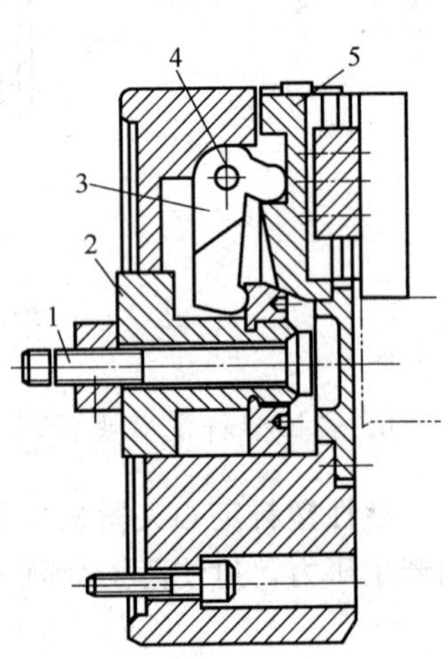

图3.37　杠杆式定心夹紧机构

1—拉杆；2—滑套；3—钩形杠杆；4—轴销；5—夹爪

4. 弹簧筒夹式定心夹紧机构

弹簧筒夹式定心夹紧机构如图3.38所示，在图3.38（a）中，旋转螺母4迫使弹性筒夹2左右移动的同时，因弹性筒夹2上外锥面和锥套3上内锥面的作用，使弹性筒夹2缩、胀而定心夹紧和松开工件。在图3.38（b）中，旋转螺母4迫使锥套3左右移动的同时，因锥套3上外锥体与弹性筒夹2内锥体的作用，使弹性筒夹2胀、缩而定心

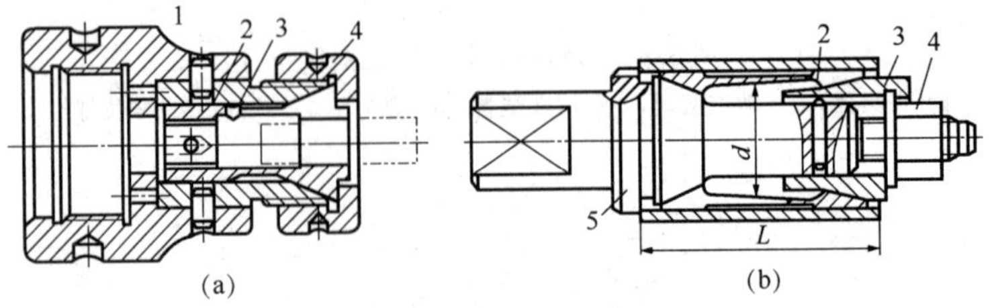

图3.38　弹簧筒夹式定心夹紧机构

1—夹具体；2—弹性筒夹；3—锥套；4—螺母；5—心轴

夹紧和松开工件。

5. 波纹套定心夹紧机构

波纹套定心夹紧机构如图 3.39 所示，旋转螺母 1 带动垫圈 3 左右移动夹紧和松开波纹套 2，使其胀、缩而定心夹紧和松开工件。

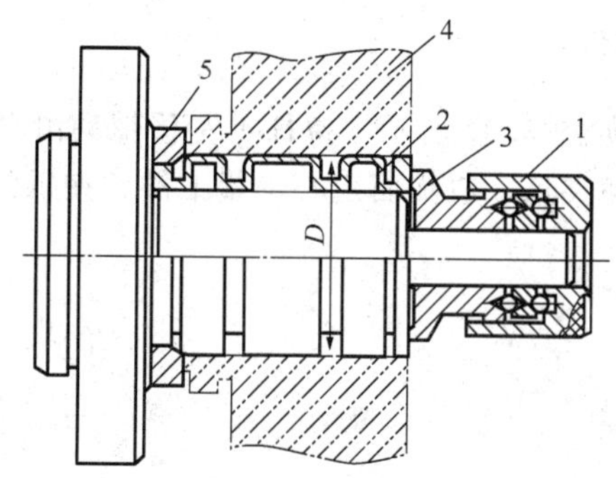

图 3.39 波纹套定心夹紧机构

1—螺母；2—波纹套；3—垫圈；4—工件；5—支承圈

6. 液性塑料定心夹紧机构

液性塑料定心夹紧机构如图 3.40 所示，旋转螺钉 5 使滑柱 4 移动而在液性塑料 3 内产生压力，迫使薄壁套筒 2 弹性变形而定心夹紧工件，反之松开工件。

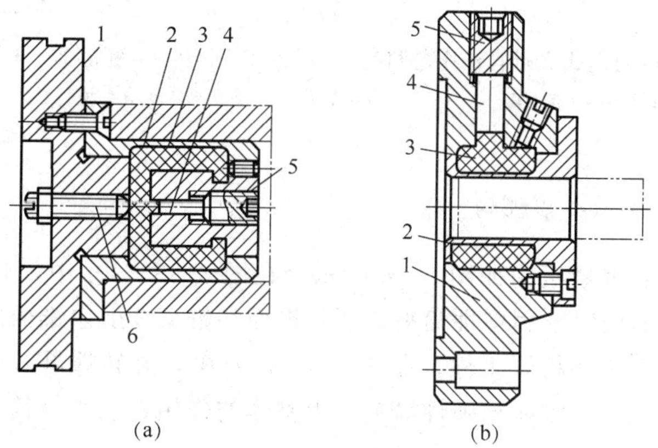

图 3.40 液性塑料定心夹紧机构

1—夹具体；2—薄壁套筒；3—液性塑料；4—滑柱；5—螺钉；6—限位螺钉

第4章
夹具的对定

本章属于重点章节，要求重点掌握夹具定位元件对机床定位面的定位和与刀具的对正，一般掌握夹具分度装置的设计。

4.1　夹具对切削成形运动的定位

4.1.1 夹具与机床的连接形式

夹具安装在机床工作台面上，如铣、钻、镗床夹具。

夹具安装在机床回转主轴上，如车床夹具，内、外圆磨床夹具。

1. 铣床夹具与机床的连接

铣床夹具与机床的连接如图 1.5 所示。铣床夹具以夹具体底面、定位键侧面与铣床工作台面、T 形槽（机床 T 形槽尺寸见附表 2）侧面接触定位，然后用螺栓压板把夹具压紧在铣床工作台面上。

（1）定位键

一般情况下，每个铣床夹具装有两个定位键，标准结构如图 4.1 所示（定位键尺寸见附表 6）。

定位键用螺钉紧固在夹具体上。定位键分为 A 型和 B 型两种。

1）对于 A 型。

键与 T 形槽：B=T 形槽名义宽度，h6 或 h8。

键与夹具体：$B\dfrac{\mathrm{H7}}{\mathrm{h6、h8}}$、$B\dfrac{\mathrm{JS6}}{\mathrm{h6、h8}}$。

2）对于 B 型。

键与 T 形槽：$B_1=B+0.5$，按 T 形槽实际宽度配作。

B_1=T 形槽实际宽度，h6 或 h8。

键与夹具体：$B\dfrac{\mathrm{H7}}{\mathrm{h6、h8}}$、$B\dfrac{\mathrm{JS6}}{\mathrm{h6、h8}}$，$B$ 取 T 形槽名义宽度。

注意：一般工作台中间 T 形槽精度较高，为 H8、H9，常与键配合，应靠同侧接触，且两键尽量相互远离。

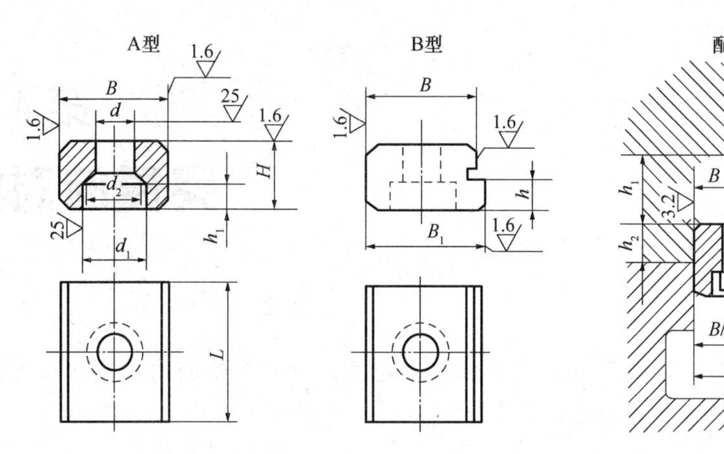

图 4.1 定位键

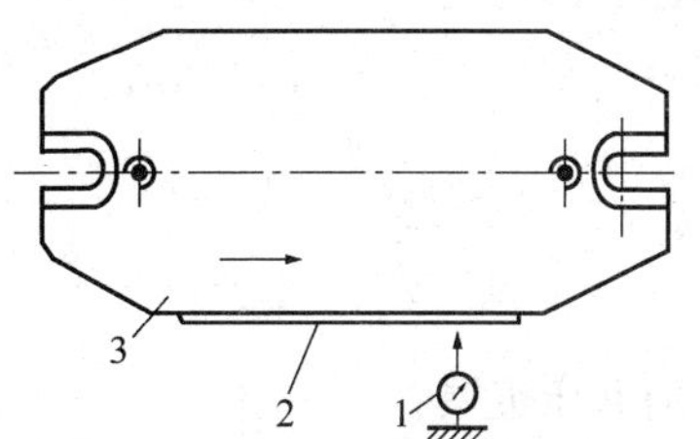

图 4.2 利用夹具体上的找正基面确定夹具位置

1—百分表；2—找正基面；3—夹具体

对于位置精度要求高的夹具，在夹具体侧面设找正基准，用百分表找正夹具位置，精确定位，如图 4.2所示。

(2) 夹具体底面

夹具体底面形状如图 4.3 所示，图 4.3 (a) 为四周接触，图 4.3 (b) 为两边接触，以上两形状用于铣床夹具安装定位键时；图 4.3 (c) 为四角接触，夹具侧面设找正基准时用或钻床夹具用。

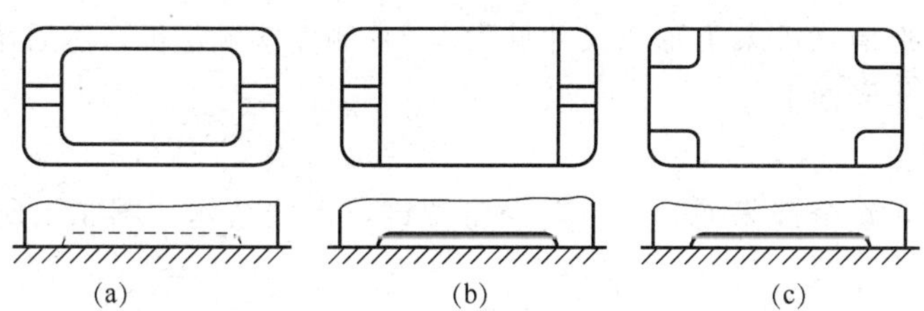

图 4.3 夹具体底面形状

(3) U 形耳座

U 形耳座用于固定夹具，一般在夹具体的纵向中线（即定位键中心线）两边各设置一个，大型夹具在接近四角处（间距与 T 形槽间距相同）各设置一个。其结构如图 4.4所示，有凸台结构、凹下结构，设计时可查阅夹具设计手册。也有不设计 U 形耳座的，直接用螺栓压板压紧夹具。

2. 车床夹具与机床的连接

车床主轴端部（见附表 2）的形状如图 4.5 (a)、(b) 所示，连接形式如图 4.5 (c)、(d)、(e)、(f) 所示。图 4.5 (c) 锥面定位，定心精度高，装卸方便，刚性差，

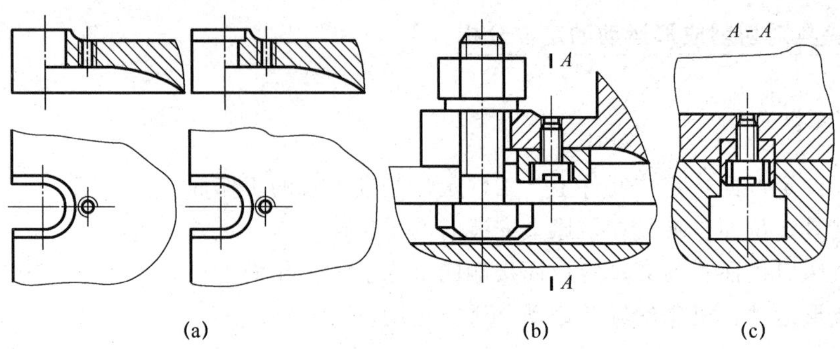

图 4.4　U形耳座

靠摩擦紧固，传递力矩小，适用小型机床夹具；图 4.5（d）端面、圆柱面定位，螺纹紧固，压块防松，易于制造，定心精度比锥面低，比较常用；图 4.5（e）端面、圆锥面形式过定位，螺钉紧固，定心精度高，连接刚性好，制造困难；图 4.5（f ）过渡盘与主轴连接，夹具以端面、止口面在过渡盘上定位，螺钉紧固。

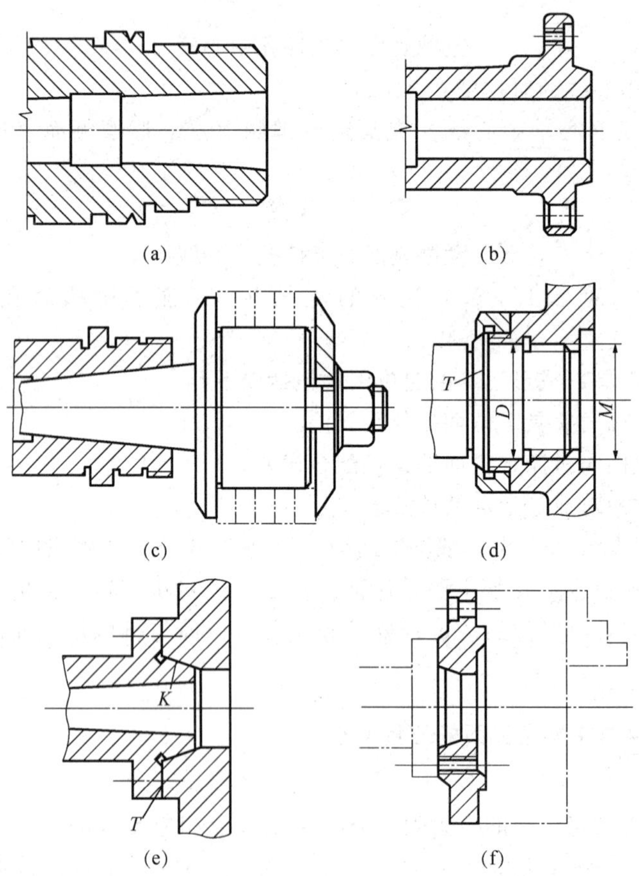

图 4.5　车床夹具的连接形式

4.1.2 夹具对切削成形运动的定位分析

1. 基本概念

1) 元件定位面：定位元件上与工件定位基准接触的工作面。
2) 夹具定位面：夹具在机床上安装时的定位面。
3) 机床定位面：与夹具定位面接触的机床上的工作面。
4) 成形运动：机床的旋转运动、进给运动。

2. 定位分析

如图 1.5 所示铣工件上的键槽，保证槽底面与孔中心线的平行度 0.2mm，保证键槽对孔中心线的对称度 0.2mm，试分析夹具对成形运动的定位。

对键槽底面对孔中心线的平行度 0.2mm：

工件孔中心线//心轴中心线//夹具底面//工作台面//进给运动//键槽底面

则

键槽底面//工件孔中心线

对键槽对孔中心线的对称度 0.2mm：

工件孔中心线//心轴中心线//夹具定位键侧面//T 形槽侧面//进给运动//键槽侧面

则

键槽侧面//工件孔中心线

在对刀尺寸（见 4.1.3 节）正确的情况下，保证了键槽对孔中心线的对称度 0.2mm。

结论：影响夹具对成形运动的定位因素包括以下几点。

1) 元件定位面对夹具定位面的位置误差。
2) 夹具定位面与机床定位面的连接配合误差。
3) 机床定位面对成形运动的位置误差。

上述 1)、2) 属于设计夹具解决的问题，3) 属于设计机床解决的问题。

所以，夹具在机床上安装主要是保证元件定位面对机床定位面的位置要求，它是通过元件定位面对夹具定位面的位置要求和夹具定位面与机床定位面的连接配合要求而达到。

4.1.3 定位元件对夹具定位面的位置要求

定位元件对夹具定位面的位置要求直接取工件上相应要求的 1/3～1/5。例如，如图 1.5 所示，心轴//夹具底面＝(1/3～1/5)×0.2，心轴//定位键侧面＝(1/3～1/5)×0.2。

几种特例：

1）如图 4.6 所示，直接找正元件定位面与成形运动的位置要求。

2）如图 4.7 所示，对元件定位面临床加工，用成形运动形成元件定位面。

3）如图 4.8 所示，成形运动由夹具两镗套确定，此时元件定位面对夹具定位面、夹具定位面对机床定位面的位置要求就不会影响夹具对成形运动的定位。

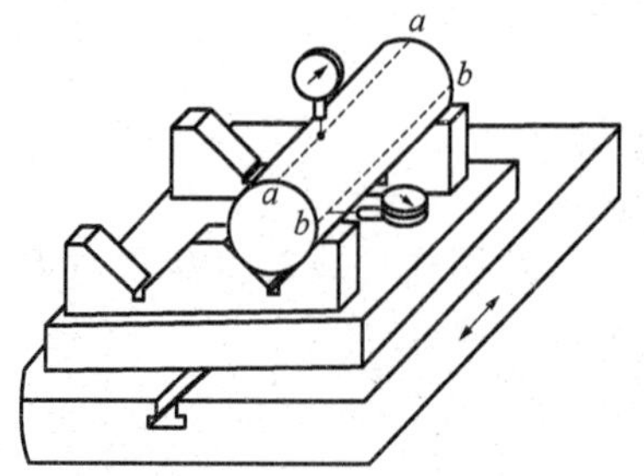

图 4.6 夹具位置的找正

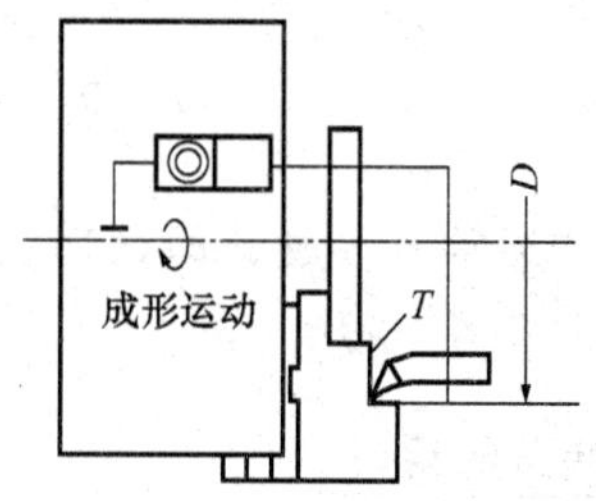

图 4.7 对定位元件定位面进行临床加工

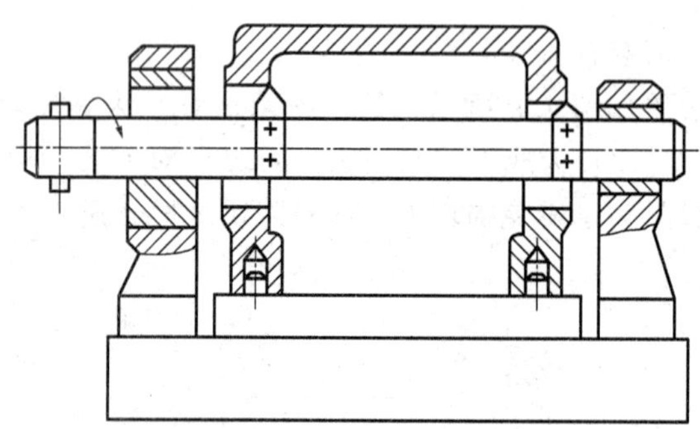

图 4.8 采用镗模镗孔

4.1.4 夹具位置误差的分析

【例 4.1】 在图 1.5 中，已知心轴与夹具底面的平行度为 0.08mm、与键侧面的平行度为 0.1mm，键与 T 形槽的配合 18 $\frac{H7}{h6}$，两键间距 80mm，加工工件长度为 40mm，分析 Δjw。

解 1）键槽底面对孔中心线的平行度 0.2mm：

元件定位面对夹具定位面的位置误差 $\Delta jw_1=0.08$（心轴与工件长度相等）；

夹具定位面与机床定位面的连接配合误差 $\Delta jw_2=0$，

则 $\Delta jw=0.08$。

、2）键槽对孔中心线的对称度 0.2mm：

元件定位面对夹具定位面的位置误差 $\Delta jw_1=0.1$（心轴与工件长度相等）；

夹具定位面与机床定位面的连接配合误差 Δjw_2：

因 $18H7^{+0.018}_{+0}$、$18h6^{-0}_{-0.011}$，所以键与 T 形槽最大配合间隙 $\Delta_{max}=0.029$，

得

$$0.029/80 = \Delta jw_2/40$$

$$\Delta jw_2 = 0.029 \times 40/80 = 0.0145$$

则

$$\Delta jw = \Delta jw_1 + \Delta jw_2 = 0.1 + 0.0145 = 0.1145$$

4.2 夹具的对刀

对刀的方法通常有 3 种，即试切法、调整法，以及用样件或对刀装置对刀。本节主要讲解用对刀装置对刀。

4.2.1 对刀装置的组成

1. 对刀装置的组成

(1) 铣床夹具的对刀装置

铣床夹具的对刀装置如图 4.9 所示，其中图 4.9 (a) 为高度对刀，图 4.9 (b) 为直角对刀，图 4.9 (c)、(d) 为成形刀具对刀。可见，对刀装置由塞尺和对刀块组成，均已标准化。使用塞尺是为了避免损坏刀刃或对刀块过早磨损。

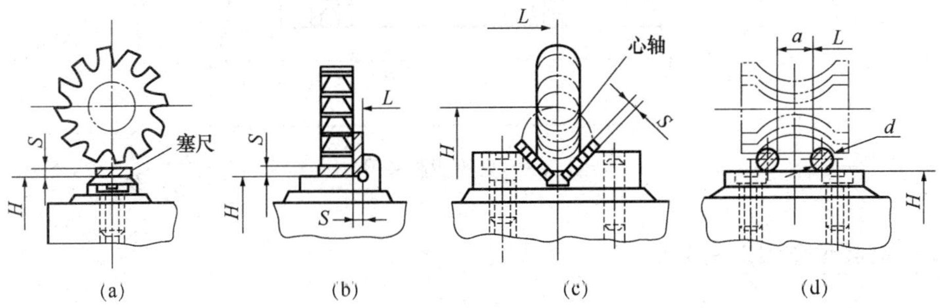

图 4.9 铣床夹具的对刀装置

对刀块如图 4.10 所示，其中图 4.10 (a) 为高度对刀块，图 4.10 (b) 为组合对刀

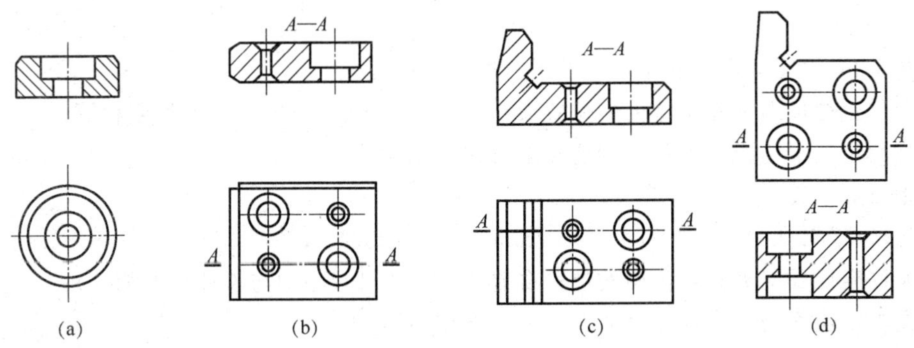

图 4.10 对刀块

块，图 4.10 (c)、(d) 分别为正装、侧装直角对刀块。

塞尺如图 4.11 所示，其中图 4.11 (a) 为平面塞尺，厚度 S 常取 1mm、3mm、5mm，图 4.11 (b) 为圆柱塞尺，d 常取 3mm 或 5mm。塞尺尺寸公差均为 h8。

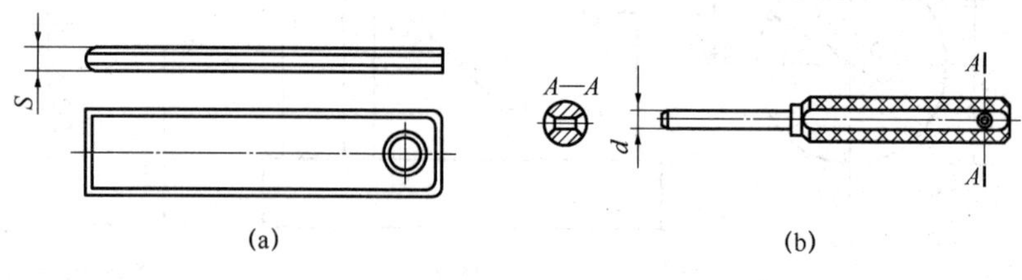

图 4.11　塞尺

铣床对刀装置的位置一般安排在刀具加工开始进给一方。

(2) 钻床夹具的对刀装置

钻床夹具的对刀装置如图 4.12 所示，由钻套、衬套、钻套螺钉组成，也均已标准化。钻床夹具的对刀装置又称为导引装置。

2. 特点

对刀方便、迅速，但对准精度一般比试切法低。

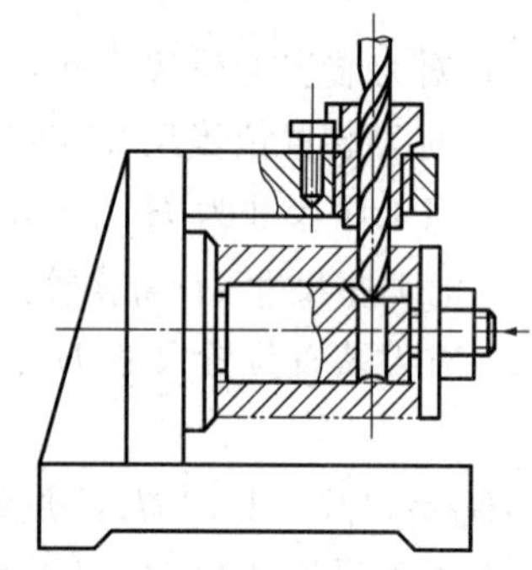

图 4.12　钻床夹具的对刀装置

4.2.2 对刀装置位置尺寸确定

1. 对刀基准

对于专用夹具来讲，对刀基准就是确定刀具与夹具相对位置的基准，$X(Y)$ 向的对刀基准，一般选 $X(Y)$ 向与工件定位基准重合的定位元件上的要素，即为确定对刀装置、导引装置位置的尺寸基准。

2. 对刀装置的位置尺寸

对刀装置的位置尺寸为 $X(Y)$ 向对刀基准到对刀块工作表面或钻套中心线（可理解为钻模板底孔中心线）的位置尺寸，简称对刀尺寸。对应加工零件上的尺寸为直接保证的尺寸。

3. 对刀装置位置尺寸标注示例

【例 4.2】 如图 4.13 (a) 所示，在工件上铣平面，保证 $H_{-\delta H}^{\ 0}$ 或 H_1，对刀装置如图 4.13 (b) 所示，试标注并确定对刀装置的位置尺寸。

解　1) 对刀基准：为 V 形块的中心线（工件平均直径定位后的中心线），即标准量棒的中心线。

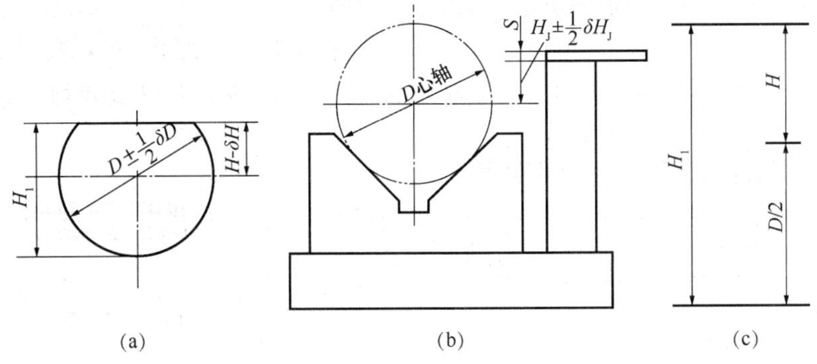

图 4.13　对刀装置尺寸标注

2）对刀装置的位置尺寸：V 形块中心线到对刀块工作面之间的位置尺寸。

3）对刀装置位置尺寸确定：

① 当工序尺寸为 $H_{-\delta H}^{\ 0}$ 时，是对刀加工直接保证的尺寸。

a. 把工序尺寸 $H_{-\delta H}^{\ 0}$ 换算成平均尺寸、对称偏差：$\overline{H}\pm\delta H/2$。

b. 对刀装置位置尺寸 H_J：

$$H_J=\overline{H}-S\text{（塞尺厚度）}$$

$\delta H_J=(1/5\sim1/3)\delta H$，并对称分布：$\pm\delta H_J/2$。

② 当工序尺寸为 H_1 时，是对刀加工间接保证的尺寸，先解工序尺寸 H_1 为封闭环的尺寸链，如图 4.13（C）所示，计算出$\overline{H}\pm\delta H/2$，再按上述步骤计算 $H_J\pm\delta H_J$。

【例 4.3】 如图 4.14（a）所示，钻孔保证 $L_{0}^{+\delta L}$，导引装置如图 4.14（b）所示，试标注导引装置的位置尺寸。

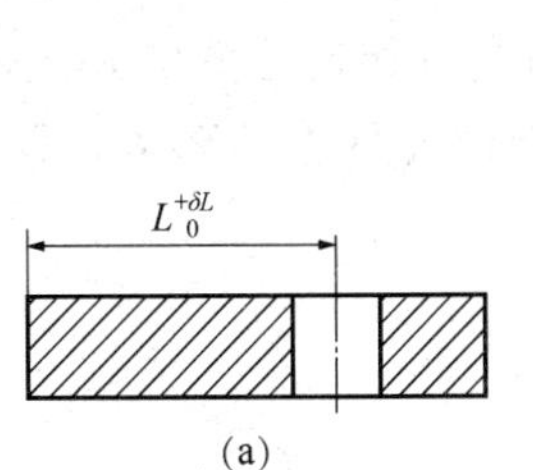

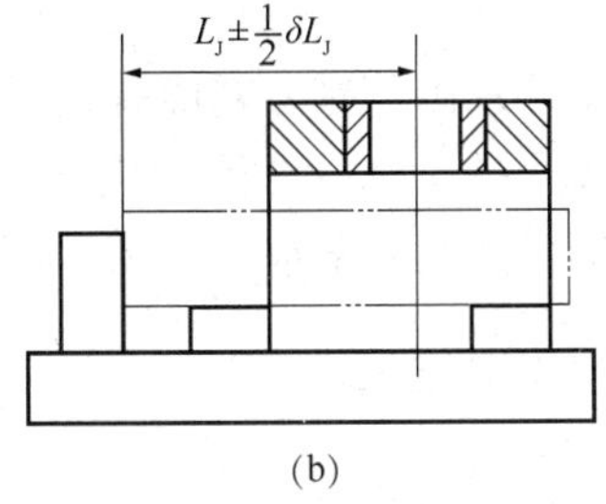

图 4.14　钻套位置的尺寸标注

解　左右方向对刀基准为左支承工作面，对刀尺寸为左支承工作面到钻套中心线位置尺寸，工序尺寸 $L_{0}^{+\delta L}$ 为直接保证的尺寸，对刀尺寸 $L_J\pm\delta L_J/2$ 确定方法同上。

4.2.3 对刀误差 Δjd 的计算

1. 铣床夹具

对于铣床夹具，产生对刀误差的因素有 δH_J、δS、塞尺测量松紧误差。若增加首

件检验调整，有

$$\Delta \mathrm{jd} \approx \delta H_{\mathrm{J}} + \delta S$$

2. 钻床夹具

对于钻床夹具，产生对刀误差的因素较多，如图 4.15 所示。

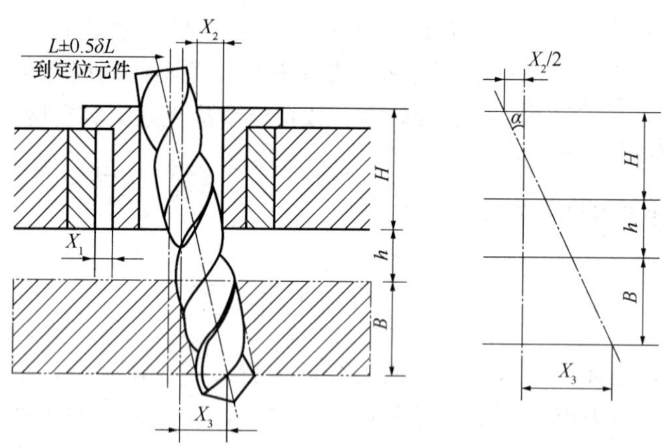

图 4.15　钻模对刀误差分析

由图 4.15 知：

$$\tan\alpha = \frac{X_2}{H} = \frac{X_3}{B + h + 0.5H}$$

所以

$$X_3 = \frac{X_2}{H}(B + h + 0.5H)$$

因各项误差不可能同时出现最大，故将这些随机变量按概率法合成为

$$\Delta \mathrm{jd} = \sqrt{\delta_1^2 + e_1^2 + e_2^2 + x_1^2 + (2x_3)^2}$$

实际加工中，钻头在钻床上装夹都是长接触，即限制了钻头的 4 个自由度，不大可能出现因 X_2 的存在导致钻头斜钻孔产生 X_3 的情况，因此上式应修正为：

$$\Delta \mathrm{jd} = \sqrt{\delta_1^2 + e_1^2 + e_2^2 + x_1^2 + x_2^2}$$

式中：δ_l——钻模板底孔中心线到定位元件的位置尺寸公差；

e_1——快换钻套内、外圆同轴度公差；

e_2——衬套内、外圆同轴度公差；

X_1——快换钻套与衬套间最大配合间隙；

X_2——刀具与钻套间最大配合间隙；

X_3——刀具钻出工件偏斜量；

B、h、H——代表的意义见图 4.15。

4.2.4 结论

1）对刀就是确定刀具与夹具定位元件之间的相对位置，目的就是把刀具对到工件相应尺寸公差带的中间位置。

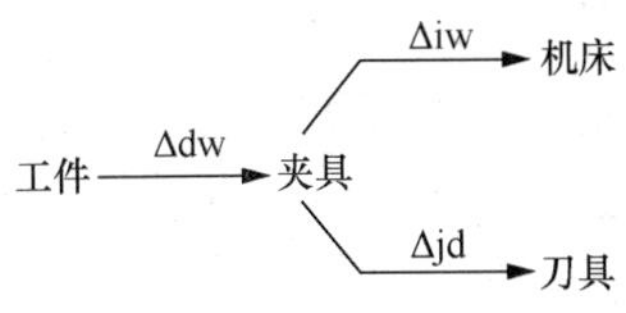

图 4.16　夹具精度误差分析

2）夹具精度误差分析。考虑过程误差无法计量，给其预留三分之一工件工序尺寸公差量，其他误差如图 4.16 分析，考虑各项误差不能同时达到最大，又考虑误差因素较多，故按概率法表达夹具精度误差不等式：

$$\sqrt{\Delta \mathrm{dw}^2+\Delta \mathrm{jw}^2+\Delta \mathrm{jd}^2} \leqslant 2/3T$$

式中：T——工件工序尺寸公差。

4.3　分度装置

分度装置就是能够实现角度或直线均分的装置。一般情况下，把工件装夹到夹具中后，先加工好一个表面，在不松开工件的情况下，让夹具上的活动部分与工件一起转过一定的角度或移过一定的距离，再加工工件下一个表面。因直线分度是转角分度的展开形式，所以下面主要介绍转角分度装置。

4.3.1 转角分度装置的基本形式

如图 4.17 所示，钻工件径向等分孔。工件以端面、内孔在轴 7、支承板 10 上定位，插上开口垫圈 9，转动螺母 8 夹紧工件，加工好一个孔后，拔出分度定位销 6，逆转手柄 3 松开分度盘 1，转动分度盘 1 到下一个定位套孔后插入分度定位销 6，再顺时针旋转手柄 3 锁紧分度盘 1 加工下一个孔。调节螺母 4 可调整分度盘 1 与夹具体 2 之间的间隙。

分度盘和分度定位销合称分度副。分度精度主要取决于分度副的精度，而分度副的精度主要取决于分度盘和分度定位销的相互位置和结构形式。将轴向分度［分度和定位沿分度盘轴向进行，见图 4.18（a）、（b）］与径向分度［分度和定位沿分度盘径向进行，见图 4.19（a）、（b）］比较，可知在分度盘直径相同下，分度孔距回转中心越远，分度精度越高，所以径向分度精度较高。

各种分度副的结构特点如下。

1）钢球定位：结构简单，操作方便，但锥坑浅，定位不可靠，用于切削力小、分度精度要求不高的场合，或做精密分度的预定位。

2）圆柱销定位：结构简单，制造容易，分度副间隙影响分度精度，一般分度精度可达±（1′～10′）。

3）圆锥销、双斜面销定位：能消除分度副间隙对分度精度的影响，分度精度较高，但制造较复杂，灰尘影响分度精度。

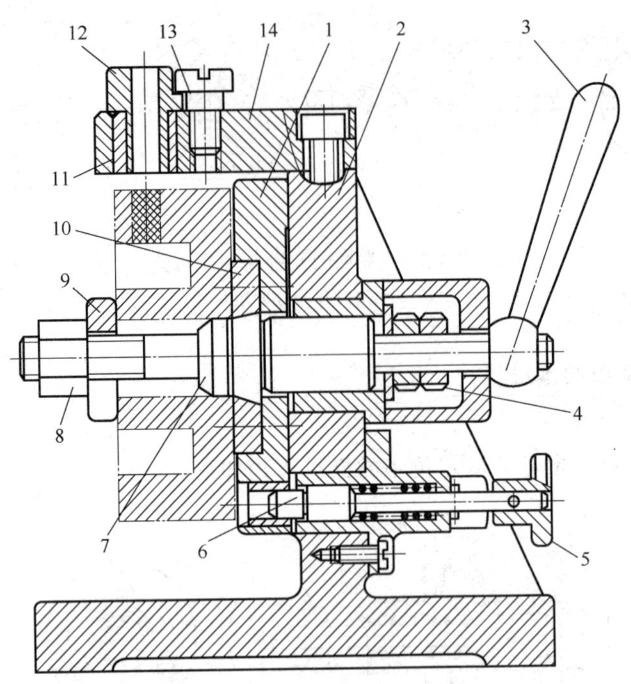

图 4.17　专用回转式钻模

1—分度盘；2—夹具体；3—手柄；4、8—螺母；5—把手；6—分度定位销；7—轴；9—开口垫圈；10—支承板；11—衬套；12—钻套；13—螺钉；14—钻模板

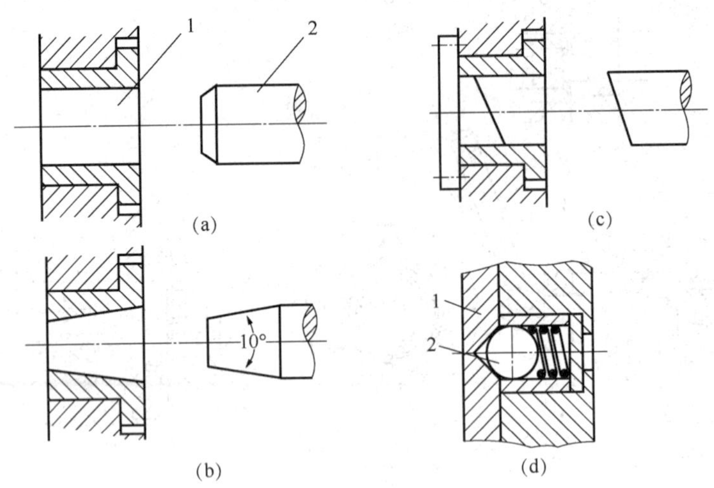

图 4.18　常见的几种轴向分度副

1—分度盘；2—分度定位销

4）带斜面圆柱销、单斜面销定位：由于斜面作用，分度孔与分度定位器始终是同侧接触，分度精度较高，可达±10″。

5）正多面体定位：结构简单，制造容易，分度精度较高，操作费时，分度数不宜过多。

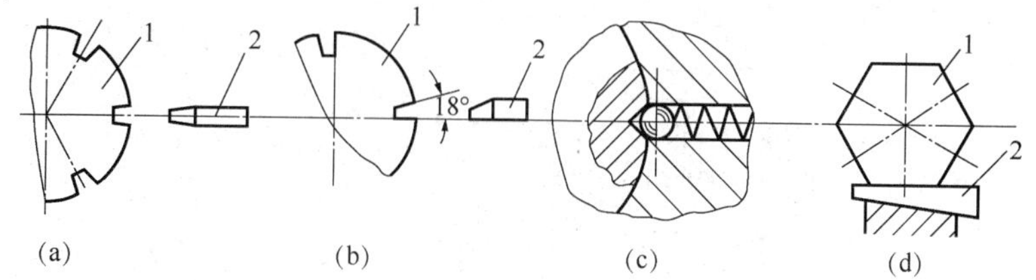

图 4.19 常见的几种径向分度副

1—分度盘；2—分度定位销

4.3.2 分度定位销的操纵机构

如图 4.20 所示，常见分度定位销的操纵机构如下。

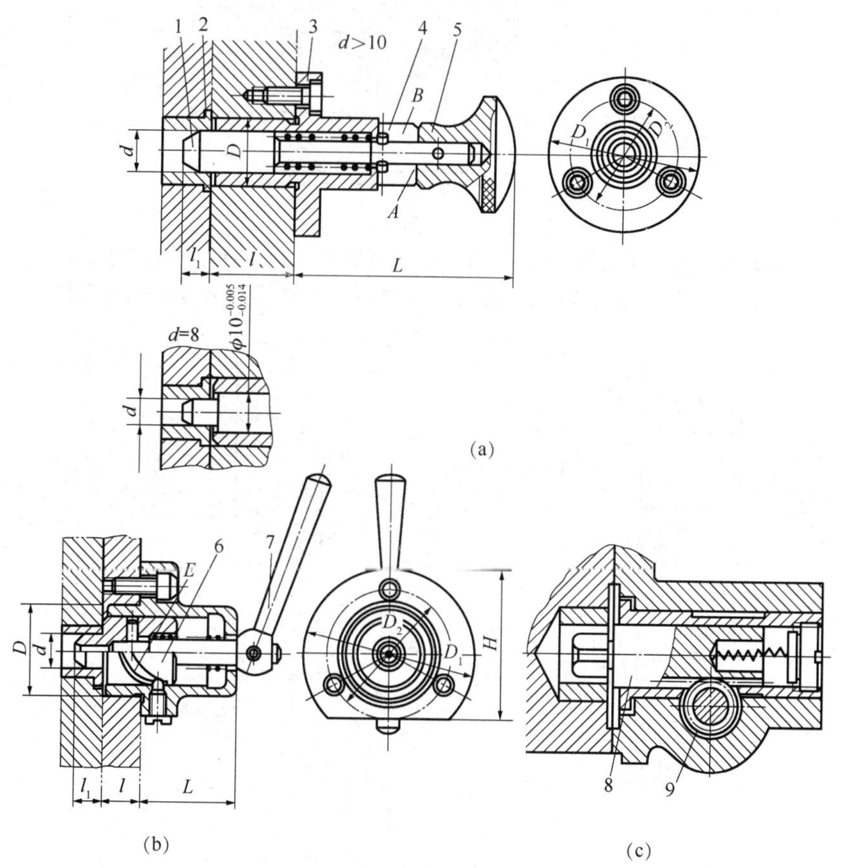

图 4.20 分度定位销操纵机构

1、6、8—分度定位销；2—套筒；3—螺钉；4—横销；5—捏手；7—手柄；9—齿轮

1. 手拉式

右拉捏手 5 至横销 4 越过 A 面，转动捏手 90°，让横销卡在 A 面，转动分度盘分

度，再把捏手反转90°，在弹簧作用下，使分度定位销插入下一个分度孔，完成分度。

2. 枪栓式

逆时针转动手柄7，在螺钉与螺旋槽作用下拔出分度定位销，转动分度盘分度，遇到下一分度孔，在弹簧作用下，分度定位销插入分度孔，完成分度。

3. 齿条式

顺时针旋转齿轮9，在齿条作用下拔出定位销，转动分度盘分度，遇到下一分度孔，在弹簧作用下，分度定位销插入分度孔，完成分度。

4.3.3 锁紧机构

在切削力比较大的情况下加工时，分度盘必须锁紧，如图4.21所示。在图4.21（a）中，旋转螺钉4压楔块3递压分度盘2与机体1接触，靠端摩擦锁紧分度盘。在图4.21（b）中，旋转螺母6左压套筒5、右拉轴7而锁紧分度盘8而锁紧分度盘。在图4.21（c）中，旋转螺母左压双斜面块9而把分度盘2压紧在机体1上，靠端面摩擦锁紧分度盘。

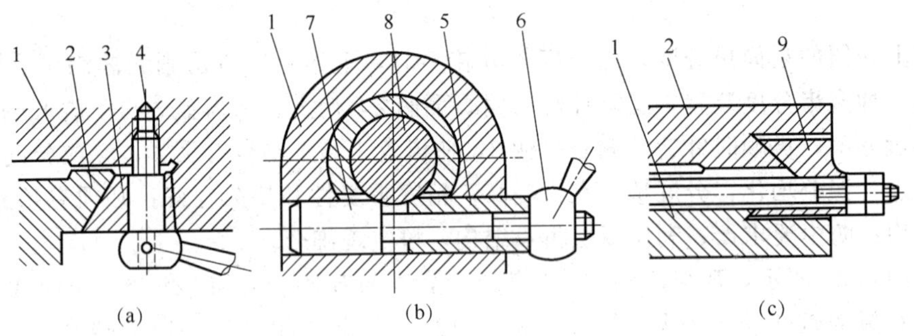

图4.21　锁紧机构

1—机体；2—分度盘；3—楔块；4—螺钉；5—套筒；6—螺母；7—轴；8—分度盘；9—双斜面块

4.3.4 圆柱销定位时分度误差的计算

分度误差是指在一次分度中，分度盘在空间转过的最大角度与最小角度之差。

误差分析如图4.22所示。

分度误差

$$\delta = \pm(\Delta_1 + \Delta_2 + \Delta_3 + e)/R \times 180^\circ/\pi$$

式中：Δ_1——定位销与衬套孔最大配合间隙，mm；

Δ_2——定位销与导套孔最大配合间隙，mm；

Δ_3——分度盘孔与转轴最大配合间隙，mm；

e——衬套内外圆同轴度，mm；

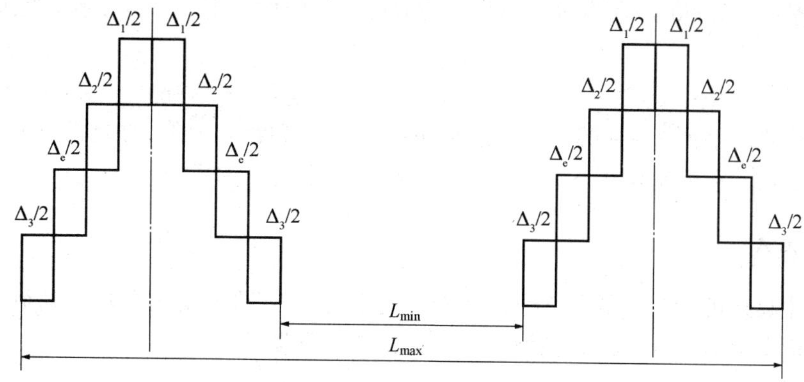

图 4.22 分度误差分析

R——分度盘衬套孔中心线到转轴中心线的回转半径，mm。

图 4.22 中分析未考虑$\pm\Delta S/2$，考虑后为

$$\delta=\pm[\Delta S/2+(\Delta_1+\Delta_2+\Delta_3+e)/R\times 180^{\circ}/\pi]$$

式中：$\Delta S/2$——分度盘相邻定位底孔孔距偏差，(°)。

4.3.5 精密分度

以上介绍的是简单分度，当分度等分较多时，上述分度方法则无法满足。图 4.23 所示为一种多齿分度装置，逆时针转动偏心手柄 2，使上、下齿盘 3 与 1 脱开啮合，转动上齿盘分度，再顺时针转动偏心手柄 2，使齿盘 1 与 3 啮合并锁紧，完成分度。

特点：误差均化，分度精度大大提高；精度重复性和持久性好；必须有抬起机构、锁紧机构；防尘要求严；利用双层齿盘结构，可实现细分。

如图 4.24 所示，B 与 C 啮合，齿 120 个，A 与 B 啮合，齿 121 个，先让 A 和 B 一起相对 C 顺时针转动一个齿，转过了 $360^{\circ}/120$；再让 A 相对 B 逆时针转过一个齿，转动了 $360^{\circ}/121$。结果是 A 相对 C 顺时针转动了 $360^{\circ}/120-360^{\circ}/121=1'30''$，实现了细分。

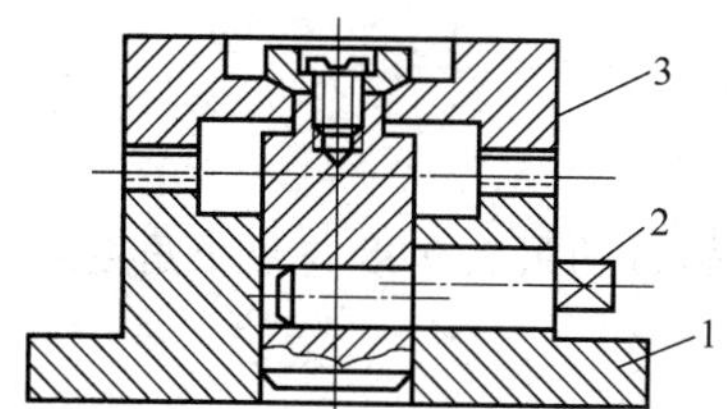

图 4.23 多齿分度装置

1—上齿盘；2—手柄；3—下齿盘

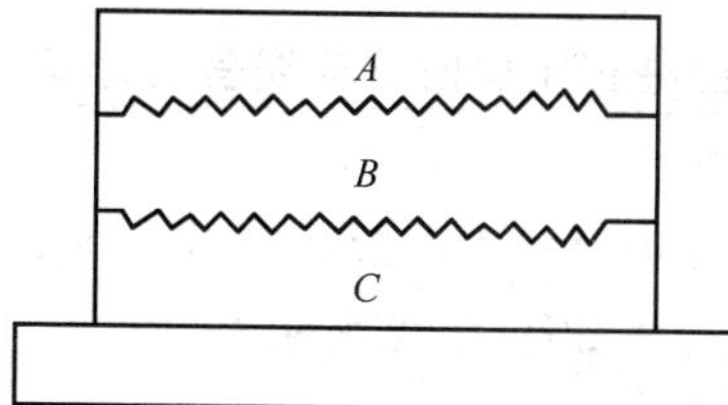

图 4.24 双面齿分度装置

A—上齿盘；B—双面齿盘；C—下齿盘

第5章 专用夹具的设计方法

本章重点掌握夹具设计的方法、步骤和夹具装配图上尺寸、技术条件的标注，一般掌握夹具的结构工艺性和夹具体的设计。

5.1 专用夹具设计的基本要求

专用夹具设计的基本要求是使加工质量、生产率、经济性、劳动条件等几个方面达到辨证的统一，具体要求如下。

1）夹具设计应满足工件加工工序的精度要求；

2）应能提高加工生产率；

3）操作方便、省力、安全；

4）具有一定使用寿命和较低的夹具制造成本；

5）夹具元件应满足通用化、标准化、系列化的“三化”要求；

6）具有良好的结构工艺性，便于制造、检验、装配、调整、维修等。

5.2 专用夹具设计的方法步骤

5.2.1 已知条件

已知条件是工艺人员提出的夹具设计任务书。其内容主要包括工序卡片（工件形状；加工要素；工序加工要求，如尺寸、位置精度等；定位基准；夹紧力作用点、方向；选用的机床、刀具、辅具等）、所需夹具的数量等。

5.2.2 设计方法步骤

夹具设计制造过程一般可简单表示成图5.1所示的框图。

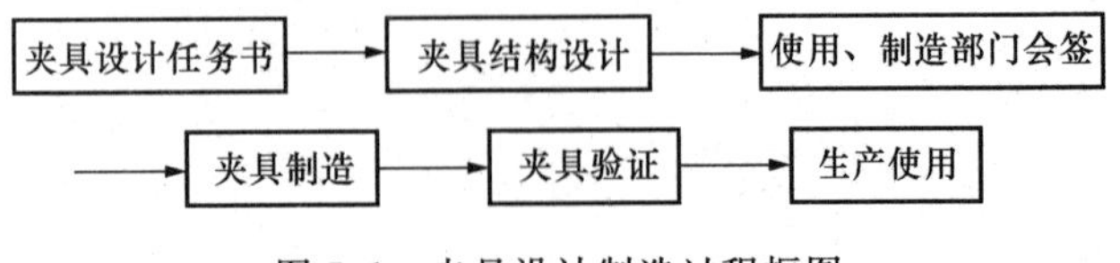

图5.1 夹具设计制造过程框图

1. 准备阶段

明确设计要求，掌握第一手资料，主要内容如下。

1）收集技术资料，如夹具设计任务书、零件图、工序图、工艺文件等；

2）收集有关机床方面的资料及设计手册；

3）收集有关刀具方面的资料及设计手册；

4）收集本行业、企业设计标准；

5）收集夹具零部件国家标准及设计手册；

6）了解本单位制造和使用夹具的情况；

7）了解国内外同类夹具设计、使用的情况。

2. 设计阶段

类比设计，确定方案，主要内容如下。

1）确定定位方案（参考第 2 章）；

2）确定夹紧方案（参考第 3 章）；

3）确定对刀、导引、分度、连接方案（参考第 4 章）；

4）设计夹具结构（参考第 6～10 章）。

3. 绘图阶段

绘制夹具装配图。按机械制图规范绘图，但要注意以下特殊规范。

1）主视图尽量选与操作者正对的位置；

2）绘图比例尽量取 1∶1；

3）被加工工件可视为透明体，双点划线画出外形轮廓和主要表面（定位面、夹紧面、加工面），可对其剖视表示，其加工余量用网纹线表示；

4）在夹具体显眼位置画出“◆”标记，表示该处打夹具编号。

绘制非标准夹具零件图。夹具零件图是从夹具装置图中拆画而来，即先有装配图，后有零件图。拆画零件图时要注意零件图与装配图之间的连接关系、尺寸关系、技术条件关系。夹具的制造特点是制造精度高，且属单件小批生产，所以夹具装配时一般都采用调整法、修配法、就地加工等特殊方法获得高精度的装配要求。当采用完全互换法来达到装配精度要求时，解装配尺寸链确定零件尺寸精度，当采用上述特殊装配方法达到装配精度要求时，夹具零件尺寸精度按机床加工经济精度取。

5.2.3 设计过程

1. 已知条件

(1) 零件图

零件图如图 5.2 所示。

(2) 工艺过程

1) 同时铣大小端面：X5025。

2) 同时铣大小另一端面：X5025。

3) 钻铰 ϕ12H9 孔并倒角：Z5125。

4) 钻铰 ϕ8H9 孔并倒角：Z5125。

5) 钻 ϕ7 孔和螺纹底孔 ϕ5：Z5125。

6) 铣 2mm 槽：X6026。

7) 攻螺纹 M6：Z5125。

为工序 5) 设计钻孔夹具。

(3) 工序图

以工序 5) 为例，其工序图如图 5.3 所示。

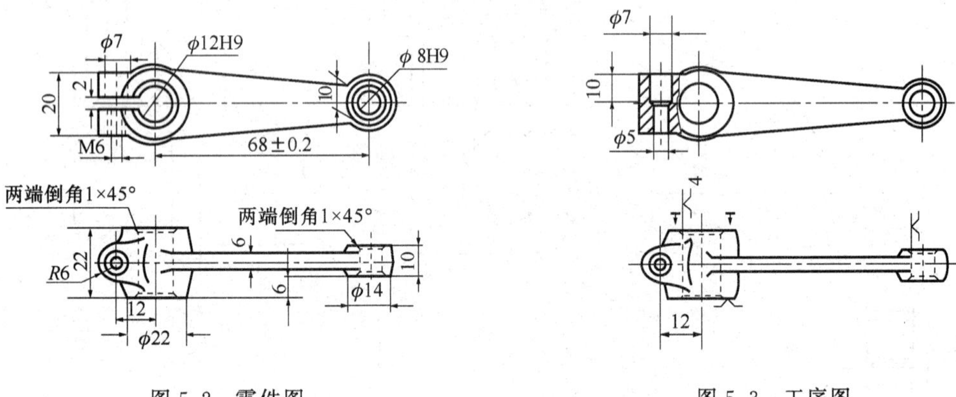

图 5.2　零件图　　　　图 5.3　工序图

2. 设计过程

1) 设计定位元件：如图 5.4 所示，以两销一面为定位元件定位。

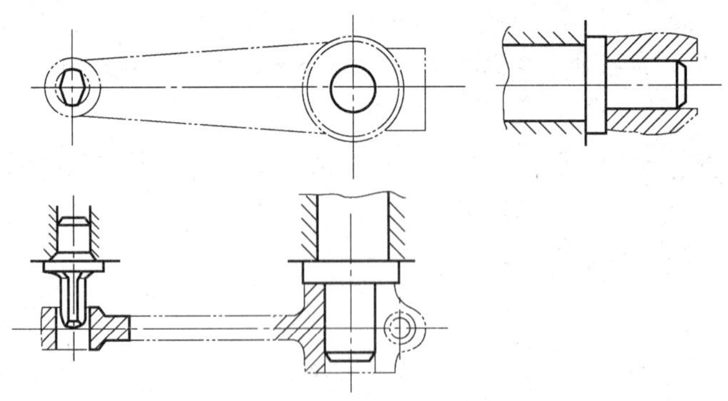

图 5.4　设计定位元件

2）设计夹紧装置：如图 5.5 所示，以开口垫圈、螺栓、螺母、弹簧组成夹紧装置，夹紧工件。

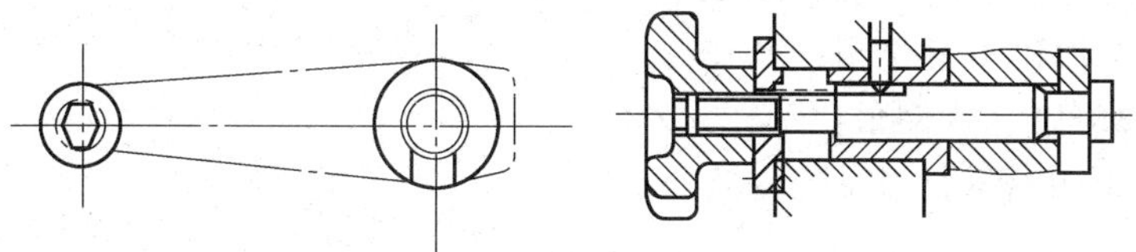

图 5.5　设计夹紧装置

3）设计导引元件：如图 5.6 所示，以快换钻套为导引元件，导引刀具。

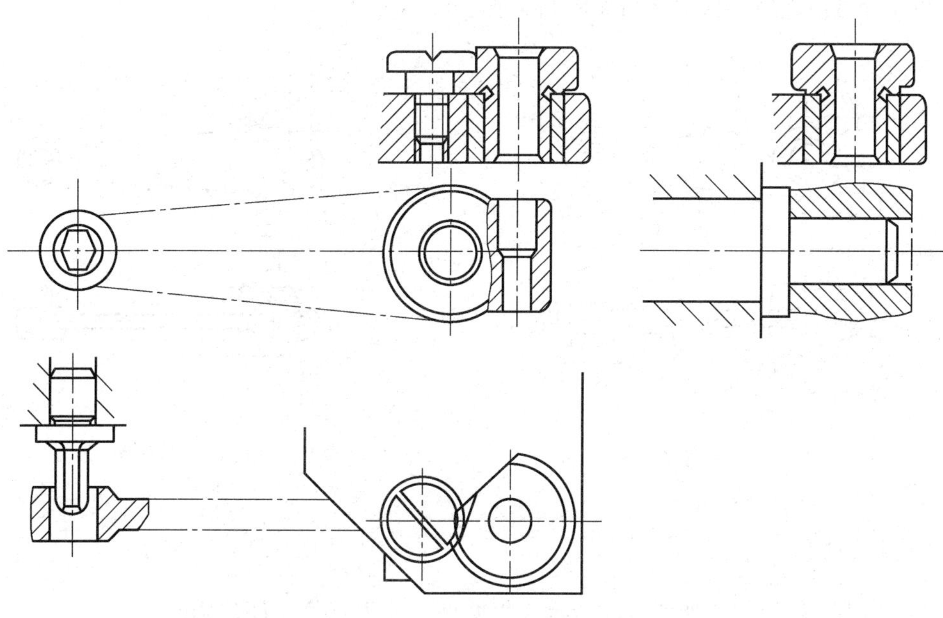

图 5.6　设计导引元件

4）设计夹具体，完成夹具总图，如图 5.7 所示。

5.3　夹具总图上尺寸、公差配合、技术条件标注

5.3.1 夹具总图上应标注的尺寸

1. 5 类尺寸

在夹具总图上应标注 5 类尺寸，如图 5.7 所示。

(1) 外形轮廓尺寸（A 类尺寸）

外形轮廓尺寸包括长、宽、高（不包括被加工工件、定位键），当夹具结构中有可

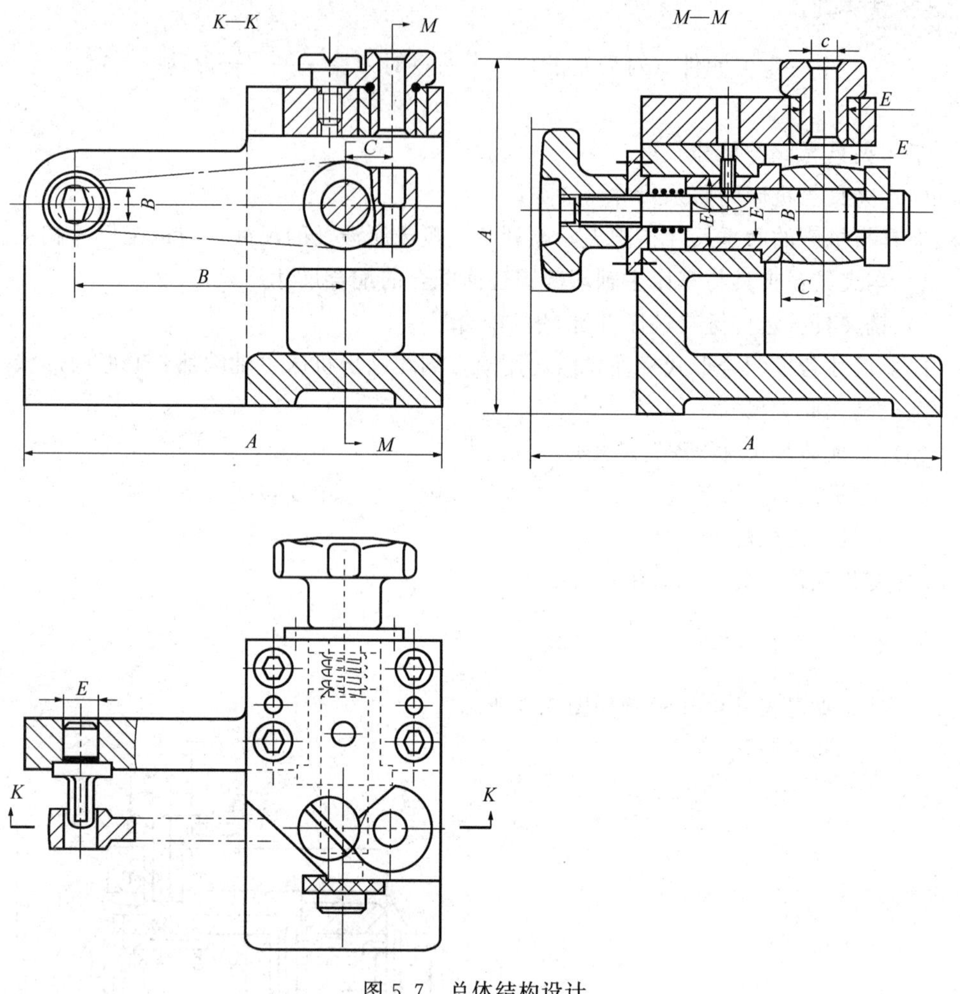

图 5.7 总体结构设计

动部分时，应包括可动部分处于极限位置时在空间所占的尺寸。

(2) 工件与定位元件的联系尺寸（B 类尺寸）

工件与定位元件的联系尺寸指把工件顺利装入夹具所涉及的尺寸，与工件尺寸相关。

1) 工件与定位元件的配合尺寸：配合标注或只标定位元件的尺寸。

2) 定位元件之间的位置尺寸。

(3) 夹具与刀具的联系尺寸（C 类尺寸）

夹具与刀具的联系尺寸指定位元件与对刀元件之间的位置尺寸，与工件尺寸相关。

1) 钻夹具：

$$\text{定位元件（对刀基准）} \xrightarrow{\text{位置尺寸}} \underset{\substack{\uparrow\uparrow \\ \text{位置尺寸}}}{\text{钻套}} \xrightarrow{\text{钻套内径}} \text{刀具}$$

2）铣夹具：

$$\text{定位元件（对刀基准）}\xrightarrow{\text{位置尺寸}}\text{对刀块}\xrightarrow{\text{塞尺尺寸}}\text{刀具}$$

车床夹具无此类尺寸。

（4）夹具与机床的联系尺寸（D类尺寸）

夹具与机床的联系尺寸指把夹具顺利装入机床所涉及的尺寸，与机床尺寸相关。

1）车夹具：夹具与车床主轴端部圆柱面配合的配合尺寸。

2）铣夹具：定位键与铣床T形槽的配合尺寸。

以上尺寸若以配合形式标注，需要用双点划线画出机床主轴端部、T形槽形状。

钻夹具无此类尺寸。

（5）其他装配尺寸（E类尺寸）

其他装配尺寸指除上述几类尺寸之外的装配尺寸，主要包括以下两种。

1）夹具内部的配合尺寸。

2）有相互位置要求的装配尺寸。

2. 尺寸标注示例

1）钻床夹具尺寸标注示例如图5.8所示。

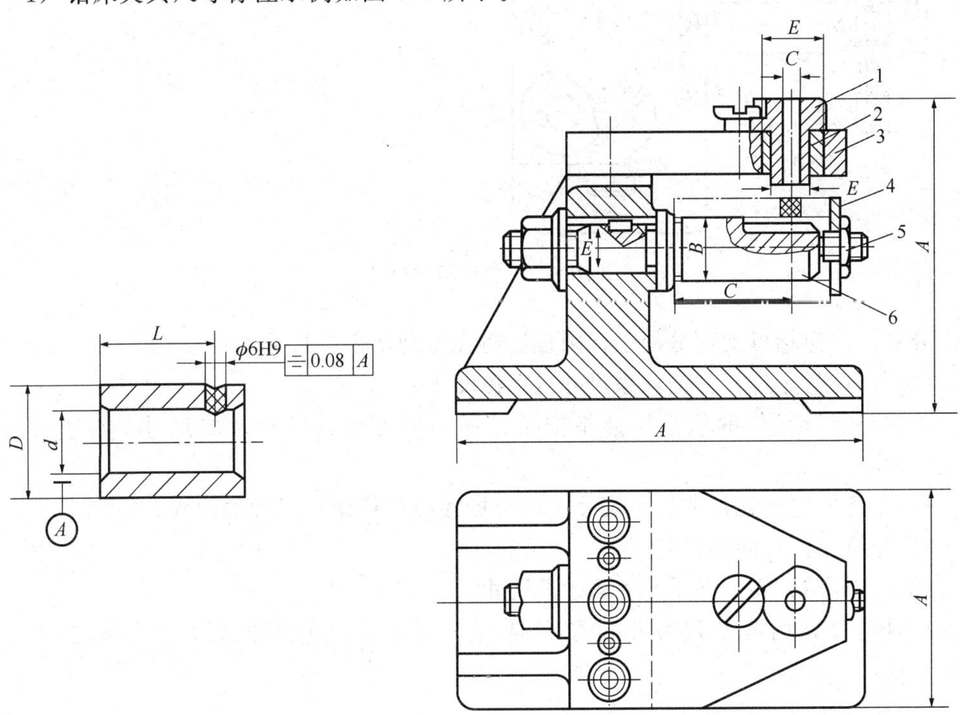

图5.8　钻床夹具尺寸标注示例

1—钻套；2—衬套；3—钻模板；4—开口垫圈；5—螺母；6—定位心轴

2）铣床夹具尺寸标注示例如图 5.9 所示。

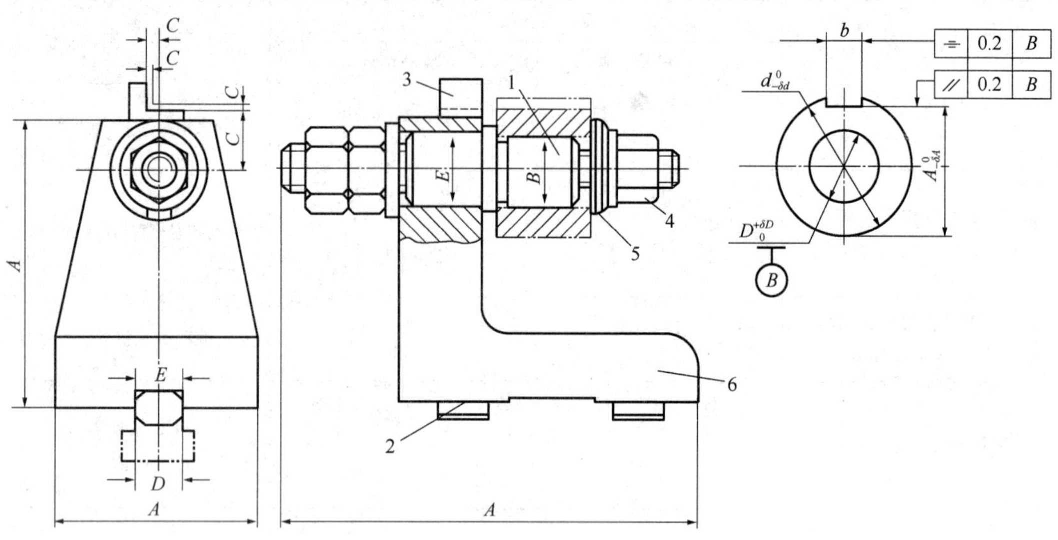

图 5.9 铣床夹具尺寸标注示例

1—定位心轴；2—定位键；3—对刀块；4—螺母；5—开口垫圈；6—夹具体

综上所述，将应标注的尺寸进行归纳，如表 5.1 所示。

表 5.1 夹具总图上尺寸标注

<table>
<tr><th>尺寸
夹具</th><th>外形轮廓尺寸 A</th><th>工件与定位元件的联系尺寸 B</th><th>夹具与刀具的联系尺寸 C</th><th>夹具与机床的联系尺寸 D</th><th>其他装配尺寸 E</th></tr>
<tr><td>铣床夹具</td><td rowspan="3">最大外形轮廓尺寸(包括可动件处于极限位置时)——长、宽、高</td><td rowspan="3">包容定位副的配合尺寸，包容定位副之间定位元件的联系尺寸</td><td>定位元件 —位置尺寸→ 对刀块 —塞尺尺寸→ 刀具</td><td>定位键 —键宽尺寸→ T型槽</td><td rowspan="3">夹具内部的配合尺寸和其他有相互位置要求的装配尺寸</td></tr>
<tr><td>钻床夹具</td><td>定位元件 ←位置尺寸→ 导套 ←导套内径→ 刀具
位置尺寸</td><td></td></tr>
<tr><td>车床夹具</td><td></td><td>夹具装夹面 —柱、锥面尺寸→ 车床主轴端部</td></tr>
<tr><td>备注</td><td></td><td colspan="2">与加工件尺寸有关</td><td>与机床尺寸有关</td><td></td></tr>
</table>

5.3.2 夹具总图上公差配合的制订

1）夹具标准件与相关零件的配合参照《夹具设计手册》选取。

2）与工件加工尺寸公差无关的夹具公差，一般参照表 5.2 选择。

表 5.2 夹具上常用配合的选择

工作形式	精度要求		示例
	一般精度	较高精度	
定位元件与工件定位基准间	$\frac{H7}{h6}$，$\frac{H7}{g6}$，$\frac{H7}{f7}$	$\frac{H6}{h5}$，$\frac{H6}{g5}$，$\frac{H6}{f5}$	定位销与工件基准孔
有引导作用并有相对运动的元件间	$\frac{H7}{h6}$，$\frac{H7}{g6}$，$\frac{H7}{f7}$ $\frac{H7}{h6}$，$\frac{G7}{h6}$，$\frac{F7}{h6}$	$\frac{H6}{h5}$，$\frac{H6}{g5}$，$\frac{H6}{f5}$ $\frac{H6}{h5}$，$\frac{G6}{h5}$，$\frac{F6}{h5}$	滑动定位件刀具与导套
无引导作用但有相对运动的元件间	$\frac{H7}{f9}$，$\frac{H9}{d9}$	$\frac{H7}{d8}$	滑动夹具底座板
没有相对运动的元件间	$\frac{H7}{n6}$，$\frac{H7}{p6}$，$\frac{H7}{r7}$，$\frac{H7}{s6}$，$\frac{H7}{u6}$，$\frac{H8}{t7}$（无紧固件） $\frac{H7}{m6}$，$\frac{H7}{k6}$，$\frac{H7}{js6}$，$\frac{H7}{m7}$，$\frac{H8}{k7}$（有紧固件）		固定支承钉 定位销

3）与工件加工尺寸公差 δH 有关的夹具公差 δH_J，参考表 5.3～表 5.5 选择。

表 5.3 按工件公差选择夹具公差

夹具形式	工件被加工尺寸的公差/mm				
	0.03～0.10	0.10～0.20	0.20～0.30	0.30～0.50	自由尺寸
车床夹具	1/4	1/4	1/5	1/5	1/5
钻床夹具	1/3	1/3	1/4	1/4	1/5
镗床夹具	1/2	1/2	1/3	1/3	1/5

表 5.4 按照工件的直线尺寸公差确定夹具相应尺寸公差的参考数据

工件尺寸公差		夹具尺寸公差	工件尺寸公差		夹具尺寸公差
由	至		由	至	
0.008	0.01	0.005	0.20	0.24	0.08
0.01	0.02	0.006	0.24	0.28	0.09
0.02	0.03	0.010	0.28	0.34	0.10
0.03	0.05	0.015	0.34	0.45	0.15
0.05	0.06	0.025	0.45	0.65	0.20
0.06	0.07	0.030	0.65	0.90	0.30
0.07	0.08	0.035	0.90	1.30	0.40
0.08	0.09	0.040	1.30	1.50	0.50
0.09	0.10	0.045	1.50	1.80	0.60
0.10	0.12	0.050	1.80	2.00	0.70
0.12	0.16	0.060	2.00	2.50	0.80
0.16	0.20	0.070	2.50	3.00	1.00

表 5.5 按照工件的角度尺寸公差确定夹具相应尺寸公差的参考数据

工件角度公差		夹具角度公差	工件角度公差		夹具角度公差
由	至		由	至	
0°00′50″	0°01′30″	0°00′30″	0°20′	0°25′	0°10′
0°01′30″	0°02′30″	0°01′00″	0°25′	0°35′	0°12′
0°02′30″	0°03′30″	0°01′30″	0°35′	0°50′	0°15′
0°03′30″	0°04′30″	0°02′00″	0°50′	1°00′	0°20′
0°04′30″	0°06′00″	0°02′30″	1°00′	1°30′	0°30′
0°06′00″	0°08′00″	0°03′00″	1°30′	2°00′	0°40′
0°08′00″	0°10′00″	0°04′00″	2°00′	3°00′	1°00′
0°10′00″	0°15′00″	0°05′00″	3°00′	4°00′	1°20′
0°15′00″	0°20′00″	0°08′00″	4°00′	5°00′	1°40′

把公差标注成偏差时，按“±”标注。大小确定时，在制造满足经济精度前提下，δH_J 尽可能小，以延长夹具寿命。

4）应用示例。

【例 5.1】 为图 5.8 所示的钻床夹具标注公差配合。

解 B：轴取 d(h6、g6、f7)，当孔不是基准孔 H7 时，应平移轴公差带，保持配合性质不变。

C：钻套位置尺寸为 $C_J \pm 1/2\delta C_J = \overline{L} \pm 1/2(1/3 \sim 1/5)\delta L$；

钻套内径尺寸为 C_J＝刀刃部基本直径$\begin{pmatrix}\text{刀具刃部上偏差}+\text{F7 上偏差}\\ \text{刀具刃部上偏差}+\text{F7 下偏差}\end{pmatrix}$。

E：钻模板孔/衬套取 H7/n6；衬套/钻套取 F7/m6；夹具体/轴取 H7/m6；

【例 5.2】 为图 5.9 所示的铣床夹具标注公差配合。

解 B：轴取 d(h6、g6、f7)，当孔不是基准孔 H7 时，应平移轴公差带，保持配合性质不变。

C：塞尺选 3mm；对刀块位置尺寸及公差解根据图 5.10 所示尺寸链求得。

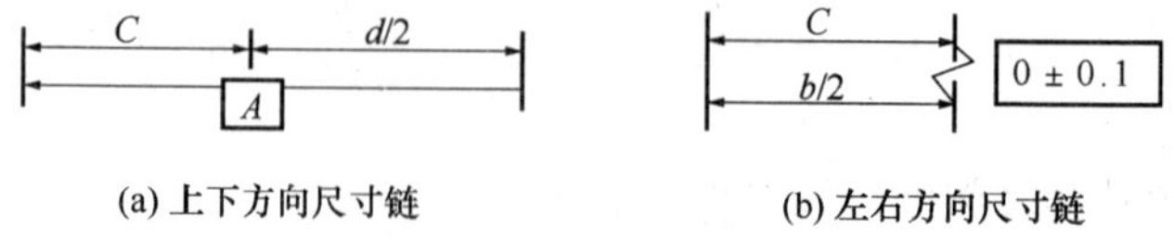

(a) 上下方向尺寸链　　(b) 左右方向尺寸链

图 5.10 尺寸链

D：键＝ T 形槽宽 h8。

E：夹具体/轴取 H7/n6；夹具体/键取 T 形槽宽$\frac{H7}{h8}$。

5.3.3 夹具总图上技术条件的制订

1. 夹具总图上的技术条件包括

夹具总图上的技术条件包括装配过程中的注意事项，装配后应满足的位置精度要求、操作要求等。

装配后应满足的位置精度要求主要归纳为图 5.11 所示的框图。框与框之间的连线，表明有相互位置要求，箭头指向框为相互位置的基准。

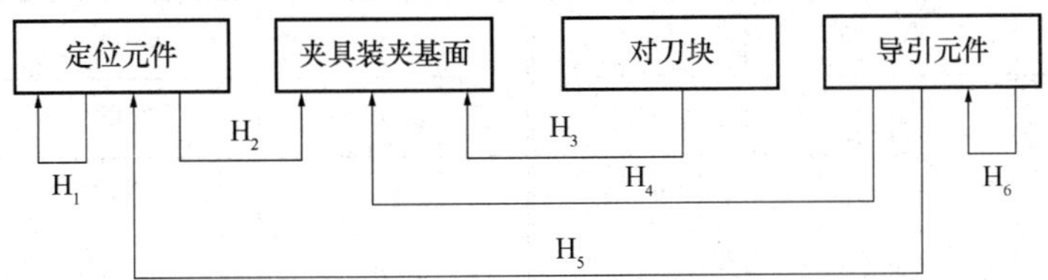

图 5.11　夹具总图上应标注的位置精度要求

1）H_1：

① 多件装夹时，相同定位元件之间的位置要求。

② 组合定位时，多个定位元件之间次要定位元件对主要定位元件的位置要求。

2）H_2：

铣夹具：定位元件⟶夹具体底面；定位元件⟶定位键侧面。

钻夹具：定位元件⟶夹具体底面。

车夹具：定位元件⟶夹具定位面（圆柱面、圆锥面、端面）。

3）H_3：

铣夹具：对于对刀块，水平面⟶夹具体底面；侧平面⟶定位键侧面。

4）H_4：

钻夹具：钻套中心线⟶夹具体底面。

5）H_5：

钻夹具：当钻套在某一方向位置尺寸为 0 时，有钻套对定位元件的位置精度要求。

6）H_6：

钻夹具：多个钻套之间的位置要求。

2. 夹具总图上技术条件大小的确定

1）与工件上技术条件 δH 相关，则 $\delta H_J=(1/3\sim1/5)\delta H$。

2）与工件上技术条件无关，参照表 5.6 确定。

表 5.6 夹具技术条件数值

技术条件	参考数值
同一平面支承钉和支承板的等高公差	≯0.02mm
定位元件工作表面对定位键槽侧面的平行度和垂直度	≯0.02：100mm
定位元件工作表面对夹具体底面的平行度和垂直度	≯0.02：100mm
钻套轴线对夹具体底面的垂直度	≯0.05：100mm
镗模前后镗套的同轴度	≯0.02mm
对刀块工作表面对定位键槽侧面的平行度和垂直度	≯0.03：100mm
对刀块工作表面对夹具体底面的平行度和垂直度	≯0.03：100mm
车、磨夹具的找正基面对其回转中心的径向跳动	≯0.02mm

3. 应用示例

【例 5.3】 为图 5.8 所示的钻床夹具标注技术条件。

解 H_2：轴对夹具体底面的平行度≯0.02：100mm。

H_4：钻套中心线对夹具体底面的垂直度≯0.05：100mm。

H_5：钻套中心线对轴中心线的对称度取（1/3～1/5）×0.08mm。

【例 5.4】 为图 5.9 所示的铣床夹具标注技术条件。

解 H_2：心轴中心线对夹具体底面的平行度取（1/3～1/5）×0.2mm；心轴中心线对键侧面的平行度取（1/3～1/5）×0.2mm。

H_3：对刀块水平面对夹具体底面的平行度取（1/3～1/5）×0.2mm；对刀块侧对键侧面的平行度取（1/3～1/5）×0.2mm。

5.4 夹具结构的工艺性

夹具结构的工艺性是指夹具制造、检验、装配、调试、维修的方便性。为保证良好工艺性，应做到尽量选用标准件（参见附表 8、9）、通用件，而且各种专用件要易于制造。

夹具的制造特点是制造精度高，且属单件小批生产，所以夹具装配一般都采用调整法、修配法、就地加工法等特殊方法获得高精度的装配要求。由 5.2.2 节知，夹具零件图是从夹具装配图中拆画而成，它们之间的尺寸、技术条件要求都有一定的对应关系，但当采用上述特殊方法获得高精度装配要求时，相关零件图的尺寸、形位精度要求按经济精度制造。

5.4.1 工艺孔

1. 工艺孔

为保证夹具上的一些角度位置关系，在夹具上专门设置来为制造和装配服务的孔，

称为工艺孔。

如图 5.12 所示，工件以内孔、端面定位加工斜孔，钻套位置确定困难，若选择夹具体上工件中心线与加工孔中心线的交点孔为对刀基准，此时确定钻套位置就大为方便。此孔即为工艺孔，其孔位由下式确定。

$$\tan\alpha = PQ/OP = B/(H+K)$$

$$K = B/\tan\alpha - H$$

式中：B、H、α——均取平均值；

K——公差在 0.01～0.02 之间确定。

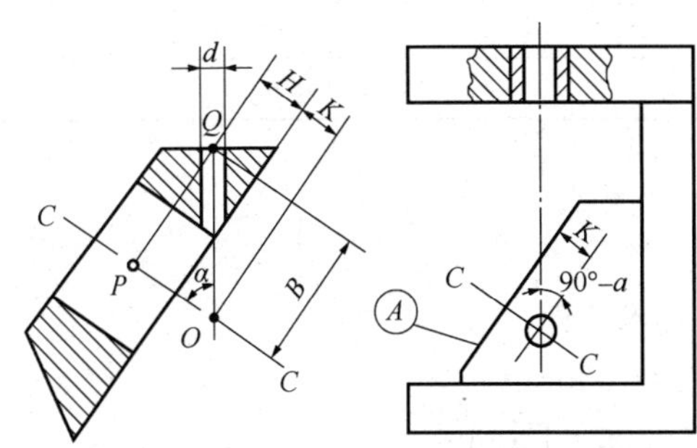

图 5.12　钻斜孔夹具上工艺孔设置

如图 5.13 所示，工件以两平面定位加工斜面，对刀块位置确定困难，若选择距支承面为 h、d 的夹具体上的交点孔为对刀基准，此时确定对刀块位置就大为方便，按 X 尺寸确定对刀块位置即可。此孔即为工艺孔，其孔位由下式确定

$$X + 3 = AC + ED$$

而

$$AC = d\sin(90° - \alpha) = d\cos\alpha$$

$$ED = (L-h)\cos(90° - \alpha) = (L-h)\sin\alpha$$

得

$$X = [d\cos\alpha + (L-h)\sin\alpha]$$

式中：L、α——取平均值；

d、h——公差在 0.01～0.02 之间确定。

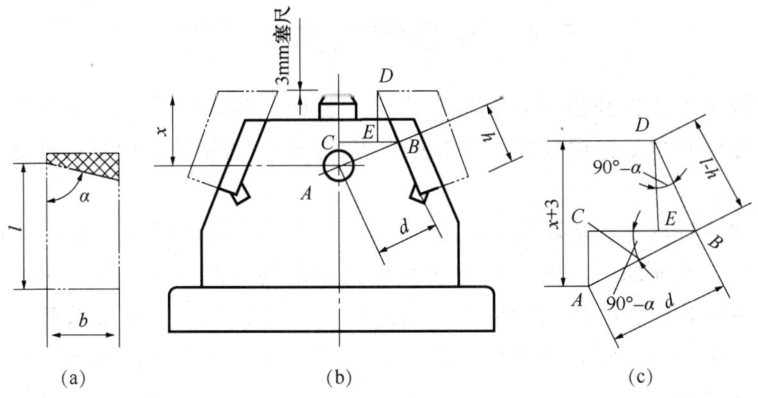

图 5.13　铣斜面夹具上工艺孔设置

2. 工艺孔的设置

1）当工件上有角度关系的两轴线交点位于夹具体上时，选其交点位置为工艺孔位

置；当交点位于夹具体外时，工艺孔选在其一轴线的夹具体上。

2）工艺孔尽可能位于工件对称中心线上，以减少计算的复杂性。

3）工艺孔直径一般为 $\phi6$、$\phi8$、$\phi10$，与量棒的配合 $\frac{H7}{h6}$。

4）工艺孔中心线对基准面的平行度、垂直度、对称度：$\ngtr 100:0.05$mm。

5）盖护工艺孔。

5.4.2 维修工艺

如图 5.14～图 5.17 所示，便于维修时的拆卸。

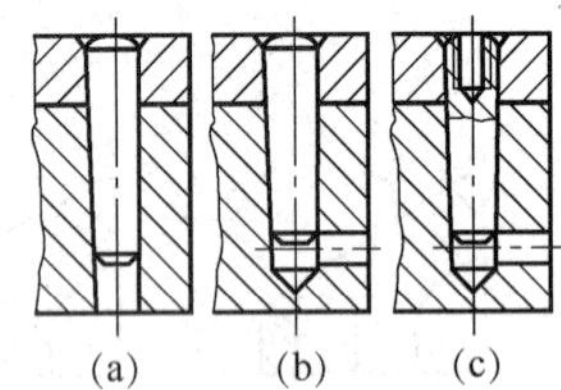

图 5.14 便于维修的销钉定位结构

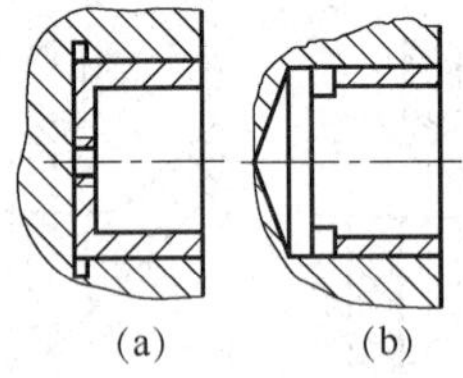

图 5.15 便于维修的套筒结构

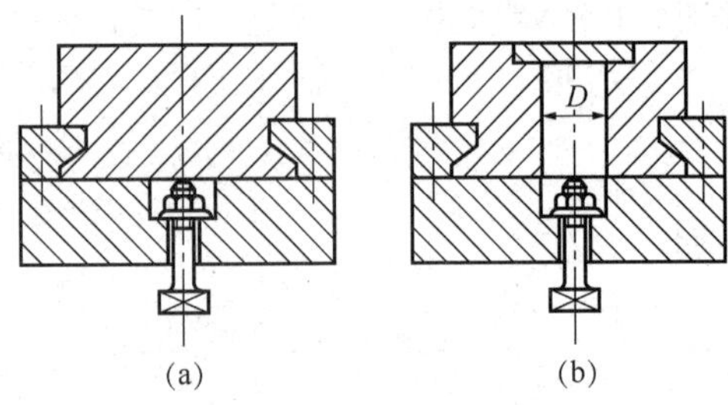

图 5.16 拆卸方便示例

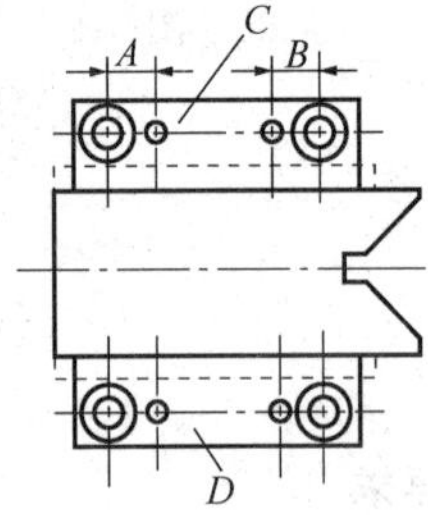

图 5.17 $A \neq B$，防止 C、D 误装

5.4.3 加工工艺性

如图 5.18～图 5.21 所示，便于加工。

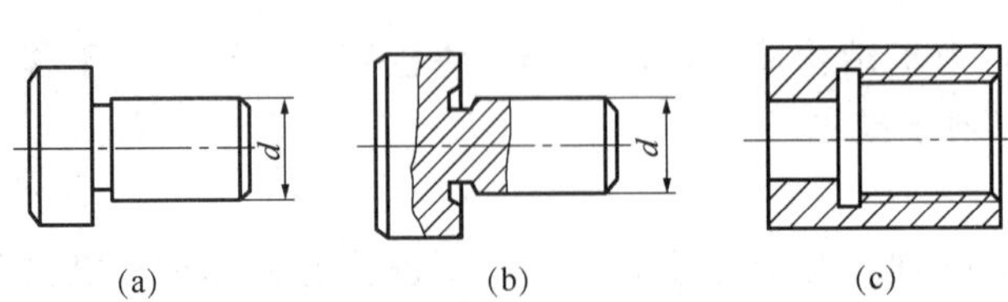

图 5.18 留空刀槽便于加工

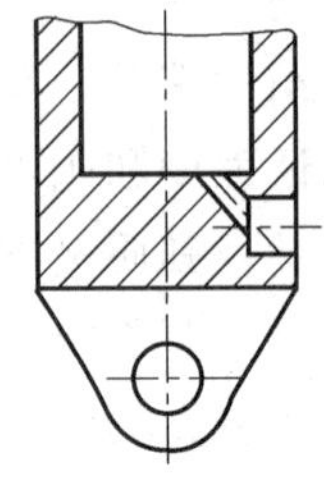

图 5.19 钻头无法引入

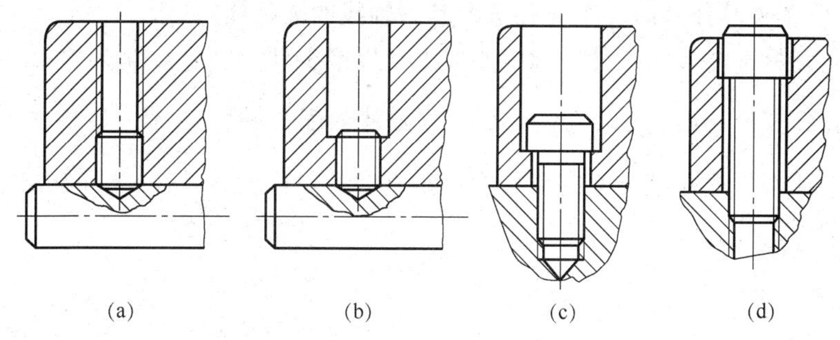

(a) (b) (c) (d)

图 5.20 减少加工面积

(b)、(c) 比 (a)、(d) 好

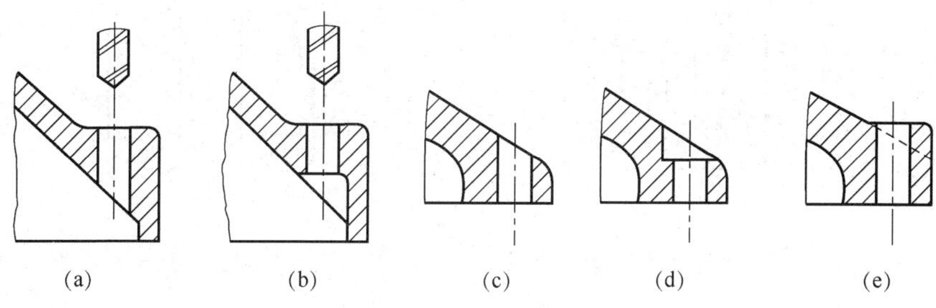

(a) (b) (c) (d) (e)

图 5.21 尽量避免钻头在斜面上钻入或钻出

(b)、(d)、(e) 比 (a)、(c) 好

5.5 夹 具 体

5.5.1 基本要求

夹具体是夹具的基础件，在夹具体上，要安装各种元件和装置，设计时应满足以下要求。

(1) 应有足够的强度和刚度

保证在加工过程中，夹具体在夹紧力、切削力等外力作用下，不致产生不允许的变形和振动。

(2) 结构简单，具有良好的工艺性

在保证强度和刚度的条件下，力求结构简单，体积小，质量轻，特别是对于移动或翻转夹具，其质量不应太大，以便于操作。

(3) 尺寸要稳定

对于铸造夹具体，要进行时效处理；对于焊接夹具体，要进行退火处理，以消除内应力，以保证夹具体加工尺寸的稳定。

(4) 便于排屑

为防止加工中切屑聚积在定位元件工作表面或其他装置中，而影响工件的正确定

位和夹具的正常工作，在设计夹具时要考虑切屑的排除问题。

5.5.2 夹具体的毛坯结构

在选择夹具体的毛坯结构时，应以结构合理性、工艺性、经济性、标准化的可能性以及工厂的具体条件为依据综合考虑。夹具体的毛坯结构如表 5.7。

表 5.7 夹具的毛坯结构

结构类型	特　点	应用场合
铸造结构	可铸出复杂的结构形状，抗压强度大，抗振性好，易于加工，但制造周期长，故应进行时效处理。材料多采用 HT150 或 HT200	适用于切屑负荷大、振动大的场合或批量生产
焊接结构	制造容易，生产周期较短，成本较低。热变形较大，焊接后需退火处理	适用于新产品试制或单件小批量生产
装配结构	选用标准毛坯件或标准零部件组合而成，如圆棒、圆盘、工字钢、角铁、U 形槽钢等标准型材；可缩短制造周期	适用于标准化

5.5.3 夹具体外形尺寸的确定

夹具制造属于单件生产性质，为缩短设计和制造周期，减少费用，一般夹具体不做复杂计算，通常采用经验类比估计确定。在实际设计时，根据工件、定位元件、夹具装置、对刀-导引元件以及其他辅助机构的配置，夹具体的结构、尺寸已大体确定，表 5.8 为夹具体结构尺寸的经验数据。

表 5.8 夹具体结构尺寸的经验数据

夹具体结构部位	经验数据	
	铸造结构	焊接结构
夹具体壁厚 h	8～25mm	6～10mm
夹具体加强筋厚度	$(0.7\sim0.9)h$	
夹具体加强筋高度	不大于 $5h$	
夹具体上不加工的毛面与工件表面之间的间隙	夹具体是毛面，工件也是毛面时，取 8～15mm； 夹具体是毛面，工件是光面时，取 4～10mm	

5.5.4 夹具体的排屑结构

为便于排屑，一般在设计夹具体时，应采取必要措施，见表 5.9。

表 5.9 夹具体上的排屑措施

排屑措施	结构举例	结构说明和适应场合
增加容纳铁屑的空间	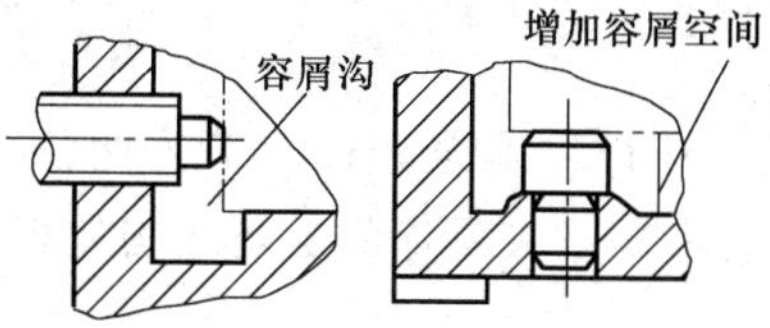	在夹具体上增设容屑沟或增大定位元件工作表面与夹具体之间的距离。适用于加工时产生的切屑不多的场合
采用铁屑自动排除结构	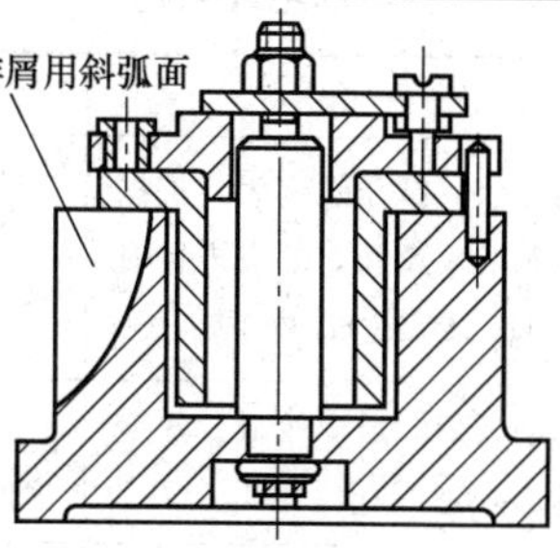 (a) 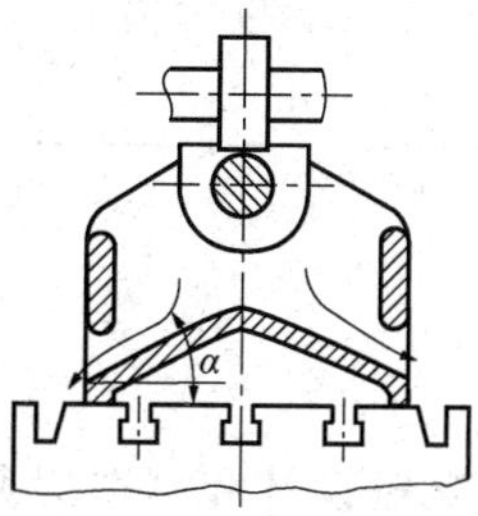 (b)	在夹具体上专门设计排屑用的斜面和缺口，使铁屑自动由斜面处滑下而排至夹具体外。(a) 图是在夹具体上开出排屑用的斜弧面，使钻孔的铁屑沿斜弧面排出；(b) 图是在铣床夹具的夹具体内设计排屑腔，切屑落入腔内后，沿斜面排出。适用于铁屑较多的场合

5.5.5 夹具体的吊装装置

设计大型夹具时，在夹具体上需设置供起吊用的装置，一般采用吊环螺钉或起重螺栓，可查阅相关国家标准选用。

5.5.6 夹具体的找正基准

对于精度要求较高的夹具，可在夹具体上设置找正基准，以便夹具在机床上装夹找正使用，此时定位元件与找正基准之间要有严格的位置要求。

第6章

车床夹具设计

本章重点介绍车床夹具的类型和结构特点，并根据设计案例学会车床夹具设计。

6.1 基础理论知识

车床主要用来加工回转体零件，一些已标准化的车床夹具，如三爪自定心卡盘、四爪单动卡盘、顶尖、夹头等，都作为机床附件提供，能保证一些小批量的、形状规则的零件的加工要求，而对一些特殊零件的加工，还需设计、制造专用车床夹具来满足加工工艺要求。

6.1.1 车床夹具的典型结构

1. 心轴类车床夹具

心轴类车床夹具多用于以内孔为定位基准，加工外圆柱面的情况。常见的心轴有圆柱心轴、弹簧心轴、顶尖式心轴、液性介质弹性心轴等。

（1）圆柱心轴

1）过盈配合圆柱心轴，如图6.1所示，各部位直径见表6.1。

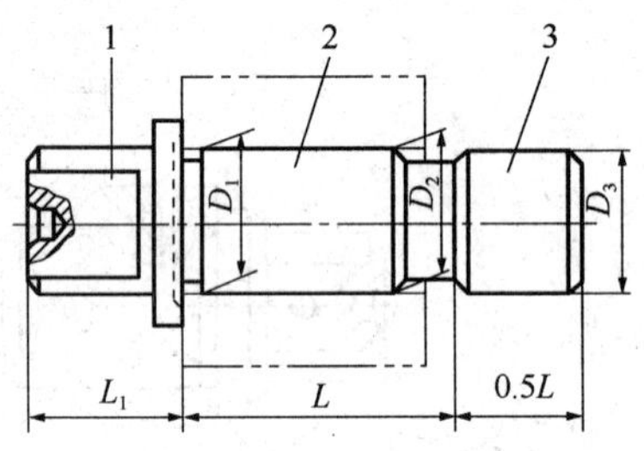

图6.1 过盈配合圆柱心轴

1—传动部分；2—定位部分；3—导向部分

表6.1 过盈配合圆柱心轴各部分直径

<table>
<tr><th>尺寸</th><th>D_1</th><th>D_2</th><th>D_3</th></tr>
<tr><td>工件孔长度/工件孔直径<1</td><td colspan="2">按$\frac{H7}{r6}$制造</td><td rowspan="2">按$\frac{H7}{e8}$制造</td></tr>
<tr><td>工件孔长度/工件孔直径>1</td><td>按$\frac{H7}{r6}$制造</td><td>按$\frac{H7}{h6}$制造</td></tr>
</table>

注：D——工件孔径。

2）间隙配合圆柱心轴，如图6.2所示，工件以内孔在心轴上间隙配合$\frac{H7}{g6}$定位，通过开口垫圈、螺母夹紧。

在一般情况下，圆柱心轴是以两顶尖孔装在车床前后两顶尖上，用拨插或鸡心夹

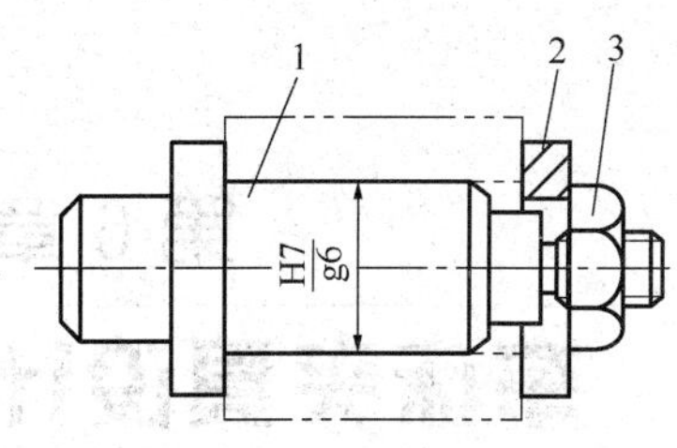

图 6.2　间隙配合圆柱心轴

1—心轴；2—开口垫圈；3—螺母

头传递动力。

（2）弹簧心轴

如图 6.3 所示，转动螺母 4，锥体 1、锥套 3 相向移动，使弹性筒夹 5 外胀定心夹紧工件。

（3）顶尖式心轴

图 6.4 所示为顶尖式心轴，工件以孔口 60°角定位，旋转螺母 6，活动顶尖套 4 左移，使工件定心夹紧。这类心轴结构简单，夹紧可靠，操作方便，适合于加工内外孔无同轴度要求，或只需要加工外圆的套筒类零件。

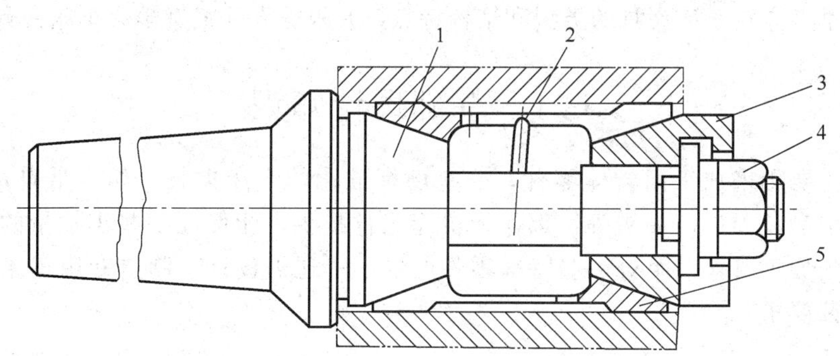

图 6.3　弹簧心轴

1—锥体；2—防转销；3—锥套；4—螺母；5—弹性筒夹

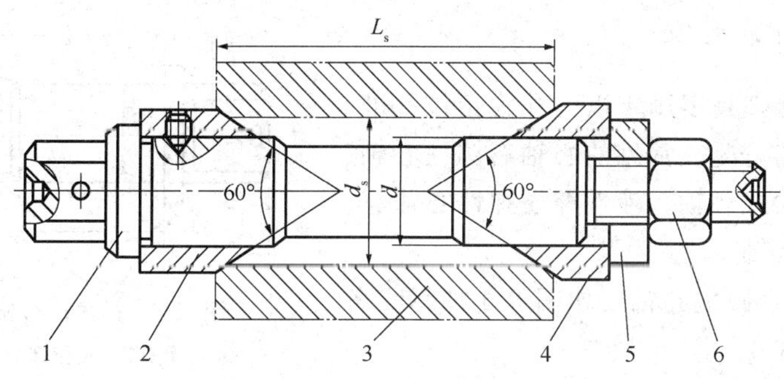

图 6.4　顶尖式心轴

1—心轴；2—固定顶尖套；3—工件；4—活动顶尖套；5—垫圈；6—螺母

（4）液性介质弹性心轴

图 6.5 所示为液性介质弹性心轴，拧紧加压螺钉 2，使柱塞 3 对密封腔内的介质施加压力，迫使定位薄壁套 5 产生均匀的径向变形，并将工件定心夹紧。当反向拧动加压螺钉 2 时，腔内压力减小，薄壁套依靠自身弹性恢复原始状态而使工件松开。

2. 卡盘类车床夹具

卡盘类车床夹具的结构特点与三爪自定心卡盘类似，装夹的工件大都是回转体、

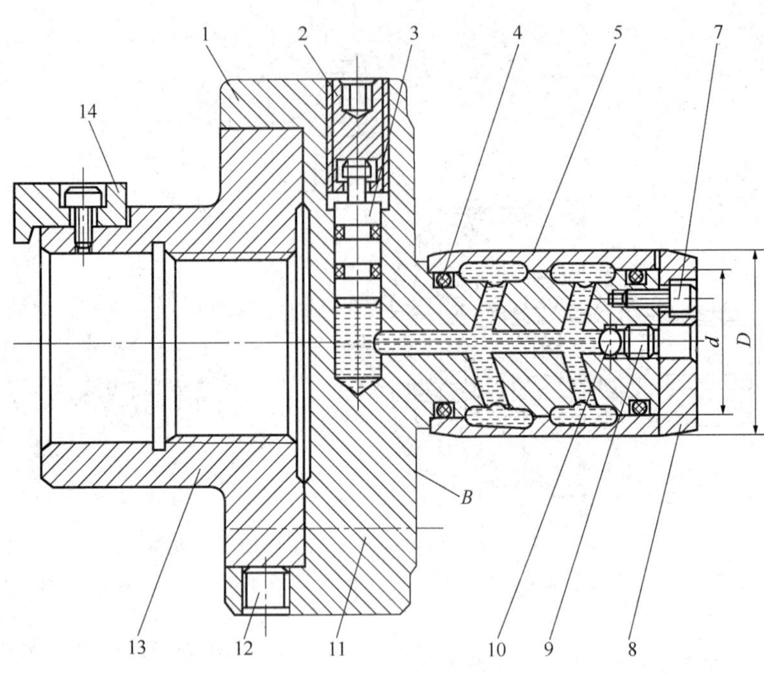

图 6.5　液性介质弹性心轴

1—夹具体；2—加压螺钉；3—柱塞；4—密封垫圈；5—定位薄壁套；6—止动螺钉；7—螺钉；
8—端盖；9—螺塞；10—钢球；11、12—调整螺钉；13—过渡盘；14—防松块

对称体，回转时不平衡影响较小。如图 6.6 所示，夹具以止口面装于主轴端部，螺钉紧固。工件以两孔一面在两销一面上定位。在外力作用下，拉杆 1 左移夹紧工件，加工完后取消外力，在弹簧 2 作用下松开工件。必须外加防护罩保证安全。

3. 花盘类车床夹具

花盘类车床夹具的结构特点与车床花盘相似，装夹工件后一般需要配重平衡。如图 6.7 所示，夹具以止口面装于主轴端部，螺钉紧固。工件以两孔一面在两销一面上定位，用螺栓压板夹紧，在车床上车孔。

6.1.2 车床夹具的设计要点

车床夹具的主要特点是夹具与机床主轴连接，工作时由机床主轴带动其高速回转。因此在设计车床夹具时除了保证工件达到工序的精度要求外，还应考虑以下几点。

1）夹具的结构应力求紧凑、轻便，悬臂尺寸短，使重心尽可能靠近主轴。夹具悬伸长度 L 与其外廓直径尺寸 D 之比，参照以下数值选取：

对于直径小于 150mm 的夹具，$L/D \leqslant 1.25$；

对于直径在 150～300mm 间的夹具，$L/D \leqslant 0.9$；

对于直径大于 300mm 的夹具，$L/D \leqslant 0.6$。

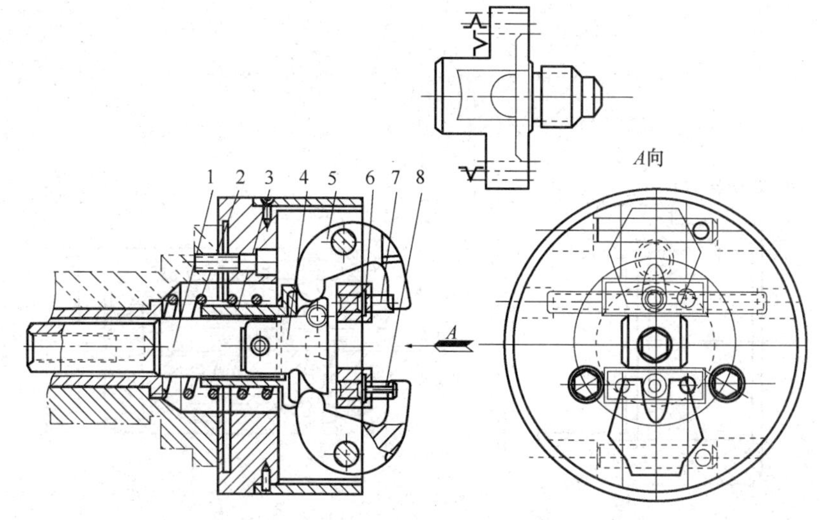

图 6.6　喷油嘴壳体尾部和法兰端面的车床夹具

1—拉杆；2—弹簧；3—套筒；4—斜块；5—压板；6—支承板；7—圆柱销；8—菱形销

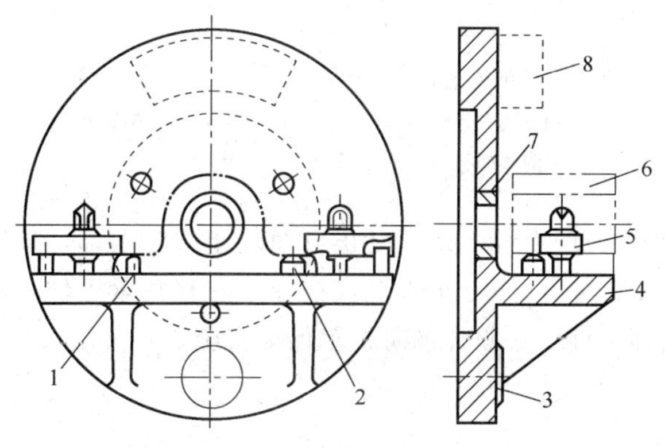

图 6.7　花盘角铁式车床夹具

1—削边定位销；2—圆柱定位销；3—轴向定程基面；4—夹具体；5—压板；6—工件；7—导向套；8—平衡配重

2）夹具应有平衡措施，消除回转的不平衡现象，以减少主轴轴承的不正常磨损，避免产生振动及振动对加工质量和刀具寿命的影响；平衡配重的位置应可以调节。

3）夹紧装置除应使夹紧迅速、可靠外，还应注意夹具旋转的惯性力不应使夹紧力有减小的趋势，以防回转过程中夹紧元件松脱。

4）夹具上的定位、夹紧元件及其他装置的布置不应大于夹具体的直径；靠近夹具外缘的元件，不应该有突出的棱角，必要时应加防护罩。

5）车床夹具与主轴连接精度对夹具的回转精度有决定性的影响。因此回转轴线与车床主轴轴线要有尽可能高的同轴度。

6）当主轴有高速转动、急刹车等情况时，夹具与主轴之间的连接应有防松装置。

7）在加工过程中，工件在夹具上应能用量具测量；切屑能顺利排出或清理。

6.2　车床夹具设计案例

下面以某坦克中的一个零件为例，介绍车床专用夹具的设计过程。

6.2.1 设计任务

夹具设计任务书见表 6.2。由表 6.2 所示的设计任务书可看出，这里是为第 45 道工序设计车床夹具。

6.2.2 设计资料收集

收集零件图（图 6.8）、机械加工工艺过程卡片（表 6.3）、机械加工工序卡片（表 6.4）；

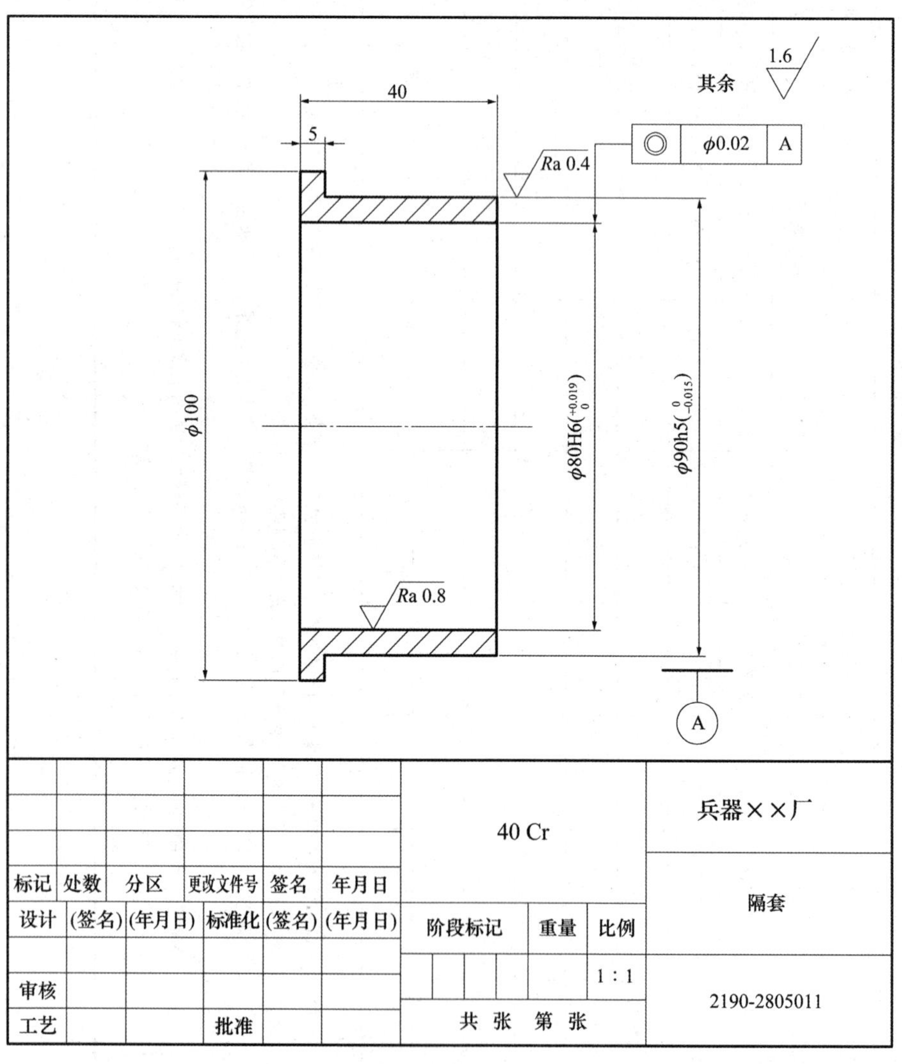

图 6.8 零件图

收集《机械零件设计手册》、《机床夹具设计手册》、《金属机械加工工艺人员手册》

表 6.2　夹具设计任务书

<table>
<tr><td colspan="14">工装制造任务书</td></tr>
<tr><td colspan="2">项目编号或通知号</td><td colspan="6">XJZB-GZ-2010-012</td><td colspan="2">共 1 页　第 1 页</td><td colspan="2">任务书编号</td><td colspan="2">GZXJ-GYB-2010-016</td></tr>
<tr><td colspan="2">产品名称</td><td>变速箱</td><td colspan="3">代号</td><td>XJSB-BSX-002</td><td>零件数量</td><td>4500</td><td colspan="2">生产纲领</td><td>中批生产</td><td>类别</td><td>技改</td></tr>
<tr><td>序号</td><td>工装编号</td><td>工装名称</td><td>设计人</td><td>制造数量</td><td>需求日期</td><td>计划完成日期</td><td>零件名称</td><td>零件图号</td><td>工序号</td><td>工序名称</td><td>设备名称</td><td>设备型号</td><td>使用单位</td></tr>
<tr><td>1</td><td>GZ9612</td><td>车床专用夹具</td><td>×××</td><td>3</td><td>2010/3/10</td><td>2010/8/03</td><td>隔套</td><td>2190-2805011</td><td>45</td><td>车</td><td>普通车床</td><td>CA6140</td><td>16 车间</td></tr>
<tr><td>2</td><td></td><td></td><td></td><td></td><td></td><td></td><td></td><td></td><td></td><td></td><td></td><td></td><td></td></tr>
<tr><td>3</td><td></td><td></td><td></td><td></td><td></td><td></td><td></td><td></td><td></td><td></td><td></td><td></td><td></td></tr>
<tr><td>4</td><td></td><td></td><td></td><td></td><td></td><td></td><td></td><td></td><td></td><td></td><td></td><td></td><td></td></tr>
<tr><td>5</td><td></td><td></td><td></td><td></td><td></td><td></td><td></td><td></td><td></td><td></td><td></td><td></td><td></td></tr>
<tr><td>6</td><td></td><td></td><td></td><td></td><td></td><td></td><td></td><td></td><td></td><td></td><td></td><td></td><td></td></tr>
<tr><td>7</td><td></td><td></td><td></td><td></td><td></td><td></td><td></td><td></td><td></td><td></td><td></td><td></td><td></td></tr>
<tr><td colspan="2">备注：</td><td colspan="12">1）工装制造任务书的任务书编号由 GZ＋部门代号＋“-”＋年份（4 位）＋“-”＋顺序号（3 位）组成。例如，任务书编号为 GZXJGYB-2010-001，表示工装-西安机床工艺部-2010 年-编制的第 1 份工装制造任务书。
2）工装制造任务书与设计的图纸或工装设计任务书一同提交，工装制造任务书一式两份，生产准备部接收人签字接收后，负责向编制人对应的单位返回一份。
3）工装制造任务书的内容要求填写正确、完整，并与设计的工装图纸或工装任务相一致。
4）在类别栏填写“技改”、“技措”、“新产品”、“复制”字样</td></tr>
</table>

表 6.3　机械加工工艺过程卡片

兵器×××厂	机械加工工艺过程卡片	产品型号		零件图号	2190-2805011		
		产品名称		零件名称	隔套	共　页	第　页

材料牌号	40Gr	毛坯种类	管料	毛坯外形尺寸	$\phi110\times15\times43$	每毛坯件数	1	每台件数	1	备注	

工序号	工名序称	工序内容	车间	工段	设备	工艺装备	工时	
							准终	单件
01	备料	管料：$\phi110\times20\times43$　40Gr						
05	车	车左端面、$\phi80$ 内孔，保证尺寸 $\phi78H9$			CA6140			
10	车	车右端面、$\phi100$ 外圆、$\phi90$ 外圆，保证尺寸 $\phi101.5h10$			CA6140			
		保证尺寸 $\phi92h8$						
15	检	检验						
20	热处理	调质 HRC28～32						
25	车	车 $\phi80$ 内孔，保证尺寸 $\phi79.3H8$			CA6140			

										设计（日期）	校对（日期）	审核（日期）	标准化（日期）	会签（日期）
标记	处数	更改文件号	签字	日期	标记	处数	更改文件号	签字	日期					
标记	处数	更改文件号	签字	日期	标记	处数	更改文件号	签字	日期					

续表

兵器×××厂	机械加工工艺过程卡片	产品型号		零件图号	2190-2805011		
		产品名称		零件名称	隔套	共　页	第　页

材料牌号	40Cr	毛坯种类	管料	毛坯外形尺寸	ϕ110×15×43	每毛坯件数	1	每台件数	1	备注	

工序号	工名序称	工　序　内　容	车间	工段	设备	工艺装备	工时 准终	工时 单件
30	车	车 ϕ100 外圆、ϕ90 外圆，保证尺寸 ϕ100h8、ϕ90.8h8			CA6140			
35	检	检验						
40	车	车 ϕ80 内孔，保证尺寸 ϕ79.8H7			CA6140			
45	车	车 ϕ90 外圆，保证尺寸 ϕ90.3h7			CA6140			
50	检	检验						
55	热处理	淬火，低温回火 HRC48～52						

										设计（日期）	校对（日期）	审核（日期）	标准化（日期）	会签（日期）
标记	处数	更改文件号	签字	日期	标记	处数	更改文件号	签字	日期					
标记	处数	更改文件号	签字	日期	标记	处数	更改文件号	签字	日期					

续表

兵器×××厂	机械加工工艺过程卡片	产品型号		零件图号	2190-2805011		
		产品名称		零件名称	隔套	共　页	第　页

材料牌号	40Cr	毛坯种类	管料	毛坯外形尺寸	ϕ110×15×43	每毛坯件数	1	每台件数	1	备注	

工序号	工名序称	工序内容	车间	工段	设备	工艺装备	工时	
							准终	单件
60	磨	磨 ϕ80 内孔，保证尺寸 ϕ79.9H7			M2110A			
65	磨	磨 ϕ90 外圆，保证尺寸 ϕ90.1h6			M1432A			
70	磨	磨 ϕ80 内孔，保证尺寸 ϕ80H6			MG2110A			
75	磨	磨 ϕ90 外圆，保证尺寸 ϕ90h5			MG1432A			
80	检	终检						

										设计（日期）	校对（日期）	审核（日期）	标准化（日期）	会签（日期）
标记	处数	更改文件号	签字	日期	标记	处数	更改文件号	签字	日期					
标记	处数	更改文件号	签字	日期	标记	处数	更改文件号	签字	日期					

表 6.4　机械加工工序卡片

兵器×××厂	机械加工工序卡片	产品型号		零件图号	2190-2805011		
		产品名称		零件名称	隔套	共　页	第　页

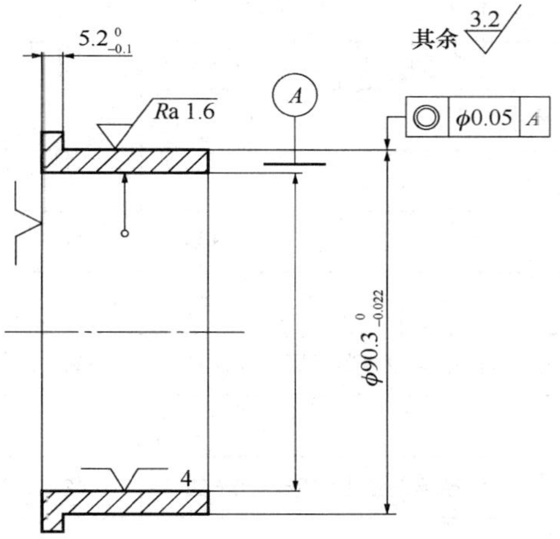

车间	工序号	工序名称	材料牌号
	45	车	40Cr
毛坯种类	毛坯外形尺寸	每毛坯可制件数	每台件数
管料：	ϕ110×15×43	1	1
设备名称	设备型号	设备编号	同时加工件数
普通车床	CA6140		1

夹具编号	夹具名称	切削液	
专用夹具	ZYJJ-04		
工位器具编号	工位器具名称	工序工时（分）	
		准终	单件

其余 3.2　5.2 $^{0}_{-0.1}$　Ra 1.6　A　ϕ0.05 A　$\phi 90.3^{\ 0}_{-0.022}$　4

工步号	工步内容	工艺装备	主轴转速 r/min	切削速度 m/min	进给量 mm/r	切削深度 mm	进给次数	工步工时 机动	工步工时 辅助
	装夹	90°焊接式外圆车刀（YT30） 专用夹具（ZYJJ-04） ϕ90.3 卡规、游标卡尺 （0～125：0.02）							
1	车 ϕ90 外圆		560	158.30		0.5	1		
2	倒角 1×45°								
3	去毛刺								

										设计（日期）	校对（日期）	审核（日期）	标准化（日期）	会签（日期）
标记	处数	更改文件号	签字	日期	标记	处数	更改文件号	签字	日期					

等资料；

本工序使用 CA6140 车床，主轴端部参数查阅《机床夹具设计手册》；

本工序使用刀具为 90°焊接式外圆车刀，刀片材料为 YT30，其刃部参数可查相关手册；

设计采用机械行业《机床夹具零件及部件》（JB/T 8004.1—1999）等；

根据工件零件图和第 45 道工序的机械加工工序卡片，了解本单位同类零件的车床专用夹具的制造与使用情况；

收集国内外同类夹具的相关资料，了解同类夹具在国内外的设计、制造和使用情况。

6.2.3 设计

1. 工序分析

1）该零件为套类件，材料为 40Cr，强度较好，结构简单。

2）零件外形尺寸大小适中，本工序为半精车外圆，切削力较小，夹紧力要求不高；

3）零件本道工序前期各表面已完成加工，本工序加工精度要求较高，在设计夹具时，其精度和复杂程度以满足加工精度要求、降低制作成本为出发点。

4）该零件为中批量生产。

2. 定位方案设计

（1）定位基准和加工要求分析

从表 6.3 和表 6.4 可知：

本工序定位基准为左端面、$\phi79.8H7\,(^{+0.030}_{\ \ 0})$内孔面，即左端面定位限制 1 个自由度、内孔定位限制 4 个自由度。遵循基准重合原则。

本工序加工要求有 3 项：形状要求 $\phi90.3^{\ \ 0}_{-0.022}$；位置要求为同轴度 $\phi0.05$ 和尺寸 $5.2^{\ \ 0}_{-0.1}$。

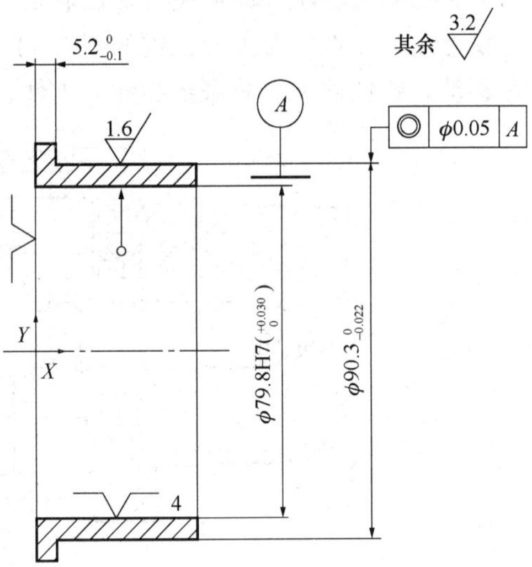

图 6.9　限制自由度分析

（2）限制自由度分析

建立坐标关系如图 6.9 所示。

1）形状尺寸 $\phi90.3^{\ \ 0}_{-0.022}$与限制自由度无关。

2）保证同轴度 $\phi0.05$，需要限制$\vec{Y}\ \overset{\curvearrowright}{Y}\ \vec{Z}\ \overset{\curvearrowright}{Z}$。

3）保证位置尺寸 $5.2^{\ \ 0}_{-0.1}$，需要限制$\vec{X}\ \overset{\curvearrowright}{Y}\ \overset{\curvearrowright}{Z}$。

综合结果：应限制$\vec{X}\ \vec{Y}\ \overset{\curvearrowright}{Y}\ \vec{Z}\ \overset{\curvearrowright}{Z}$，工序定位方案合理。

（3）定位方案设计

根据工序图要求，采用定心夹紧机构。选用带小轴肩的长弹性心轴与工件内孔及

端面接触定位，限制$\vec{X}\ \vec{Y}\ \widehat{Y}\ \vec{Z}\ \widehat{Z}$。

定位基准内孔的尺寸为$\phi79.8$ H7，选与弹性心轴的配合为$\phi79.8\ \dfrac{H7}{g6}$。零件的轴向尺寸为35mm，取弹性心轴轴向尺寸为30mm。定位元件设计尺寸如图6.10所示，弹性心轴的详细结构及尺寸参照《机床夹具设计手册》设计。

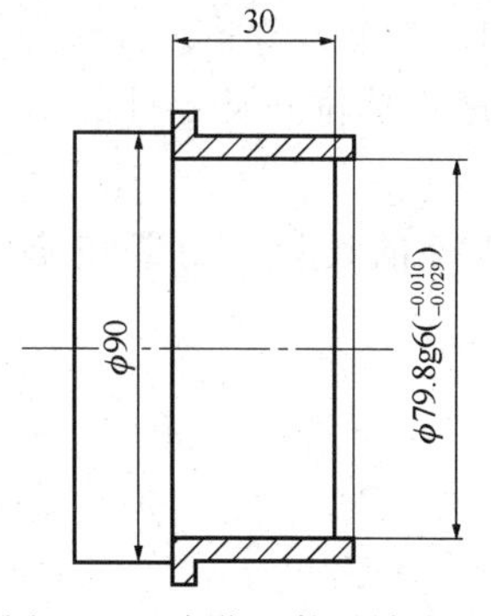

图6.10　定位元件设计尺寸

(4) 定位误差Δdw分析

形状尺寸$\phi90.3_{-0.022}^{\ 0}$，由调整好的机床与刀具相对位置保证；

对于$5.2_{-0.1}^{\ 0}$：$\Delta jb_1=0$，$\Delta db_1=0$，$\Delta dw_1=0$，满足该项加工要求。

对于同轴度$\phi0.05$：$\Delta jb_2=0$，$\Delta db_2=0$，$\Delta dw_2=0$，满足该项加工要求。

结论：该定位方案可行。

3. 夹紧方案设计

上述弹性心轴在对工件定位的同时，也对工件实施了夹紧。考虑工件尺寸适中，半精加工切削力较小，弹性夹紧足以满足夹紧要求。

设计出的弹性定心夹紧机构如图6.11所示。转动夹紧螺母8，推动垫圈7、压块6向左移动，弹性筒夹1外胀定心夹紧工件。

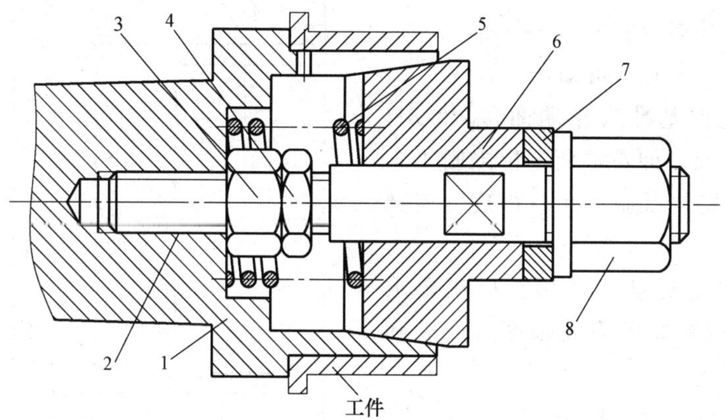

图6.11　弹性定心夹紧机构

1—弹性筒夹；2—螺杆；3、4—锁紧螺母；5—弹簧；6—压块；7—垫圈；8—夹紧螺母

本夹具的夹紧力主要用来抵消因主切削力而产生的转动扭矩作用，考虑工件尺寸、加工余量及切削力等影响因素，依据经验和夹具结构，选用M20夹紧螺母，足以满足夹紧要求。

4. 连接元件设计

本工序所选用的设备为CA6140，因切削力不大，夹具与车床之间采用莫氏锥度连

接，螺杆拉紧，如图 6.12所示。

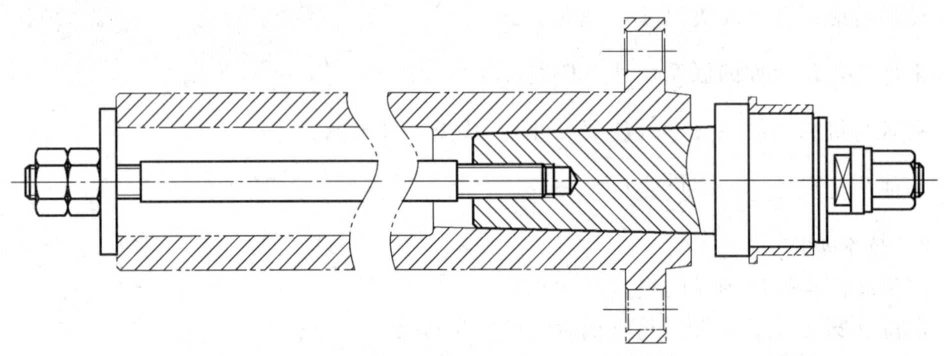

图 6.12　连接装置

根据车床夹具的结构特点，把连接元件和定位元件设计为一个整体零件，构成了本夹具的夹具体。

根据《机床夹具设计手册》查得，CA6140 主轴的锥孔为莫氏 6 号，所以夹具连接部分设计为莫氏 6 号锥柄，其轴向尺寸取主轴锥孔轴向尺寸的 3/4。锥柄端部螺孔的大小依据机床附件拉杆头部螺纹大小确定。考虑夹具的位置精度，取弹性心轴中心线与莫氏 6 号锥柄轴线的同轴度为工件工序同轴度要求的 1/5，即 $\phi0.05\times1/5=\phi0.01$。取弹性心轴轴肩端面与莫氏 6 号锥柄轴线的垂直度为位置尺寸 $5.2_{-0.1}^{\ 0}$ 公差的 1/5，即 $0.1\times1/5=0.02$。

(1) 分析夹具位置误差 Δjw

对于位置尺寸 $5.2_{-0.1}^{\ 0}$：$\Delta jw_1=0.02$。

对于同轴度 $\phi0.05$：$\Delta jw_2=0.01$。

(2) 分析夹具精度

对于车床夹具来讲，没有对刀误差，即 $\Delta jd=0$。

对于位置尺寸 $5.2_{-0.1}^{\ 0}$：$\sqrt{\Delta dw_1^2+\Delta jw_1^2+\Delta jd_1^2}=\sqrt{0^2+0.02^2+0^2}=0.02\leqslant2/3\times0.1\approx0.067$，满足该项加工要求。

对于同轴度 $\phi0.05$：$\sqrt{\Delta dw_2^2+\Delta jw_2^2+\Delta jd_2^2}=\sqrt{0^2+0.01^2+0^2}=0.01\leqslant2/3\times0.05\approx0.033$，满足该项加工要求。

结论：设计夹具满足加工精度要求，方案可行。

5. 绘制夹具总图

(1) 绘制夹具装配图

根据车床夹具总体结构设计要求，结合前面车床夹具各部分结构及尺寸，绘制夹具总装图，如图 6.13 所示。

(2) 标注尺寸、技术条件

结合 5.3 节论述，应标注以下尺寸、技术条件。

1）尺寸。

外形轮廓尺寸（A 类尺寸）：ϕ90、265；

工件与定位元件的联系尺寸（B 类尺寸）：$\phi 79.8\,\dfrac{H7}{g6}$；

夹具与机床的联系尺寸（D 类尺寸）：莫氏 6 号锥柄；

其他装配尺寸（E 类尺寸）：$\phi 20\,\dfrac{F8}{g7}$。

2）技术条件。

定位端面与锥柄轴线的垂直度 0.020mm；

定位外圆 ϕ79.8g6 轴线与锥柄轴线的同轴度 ϕ0.01mm；

尺寸、技术条件标注如图 6.13 所示。

（3）编写零件明细表

按照国家机械制图标准的规定，需对夹具总装图中的各个零件进行编号，在标题栏上方画出零件明细表，并填写具体信息，如图 6.13 所示。

（4）绘制非标准夹具零件图

根据夹具装配图，拆画非标准夹具零件图。由图 6.13 知，弹性筒夹 1、压块 6 属于非标准零件应拆画其零件图。

对于弹性筒夹，其定位部分、夹紧部分、连接部分等尺寸由前面的设计确定。按照夹具装配图技术要求，弹性筒夹定位端面与锥柄轴线的垂直度为 0.02mm，弹性筒夹定位外圆 ϕ79.8g6 轴线与锥柄轴线的同轴度为 ϕ0.01mm。工件材料选用 9SiCr，热处理 ϕ79.8 外圆的工作部分 HRC56～62，锥柄尾部 HRC40～45。

对于压块，根据弹性筒夹和螺杆的相关尺寸，参照夹具装配图，确定各部分尺寸。

非标准零件的零件图如图 6.14 和图 6.15 所示。

6. 夹具使用说明

夹具以莫氏锥柄装入车床主轴莫氏锥孔，用车床附件螺杆拉紧夹具并用锁紧螺母锁紧螺杆。夹具安装好后，可正常使用。

265
φ63.348
φ20 F8/g7
φ79.8 H7/g6
φ90
1
2
3
4
5
6
7
8
8 JB/T8004.1-1999 夹紧螺母 1 45 M20
7 垫圈 GB/T 97.3-2000 22 垫圈 1 45 22
6 5011-ZYJJ04-02 压块 1 40Cr
5 压簧 4I40×46GB/T2089-2009 弹簧 1 65Mn 4×40
4 GB/T 6172.1-2000 锁紧螺母 1 45 M20
3 GB/T56-1988 固定螺母 1 45 M20
2 GB/T897AM20-M20×1×140 螺杆 1 45 M20
1 5011-ZYJJ04-01 弹性筒夹 1 9SiCr
序号 代号 名称 数量 材料 单件 总计 质量 备注
技术要求
1. 夹具在装入车床之前，必须认真清理车床主轴锥孔，保证夹具锥柄与车床锥孔的接触面积大于75%。
2. 定位端面与锥柄轴线的垂直度 φ0.020mm。
3. 定位外圆 φ79.8g6轴线与锥柄轴线的同轴度 φ0.01mm。
4. 在 φ90 外圆打印夹具标记：5011-ZYJJ04。
兵器×××厂
标记 处数 分区 更改文件号 签名 年月日
设计 (签名) (年月日) 标准化 (签名) (年月日)
阶段标记 质量 比例
1:1
车床专用夹具
审核
工艺
批准
共 张 第 张
5011-ZYJJ04

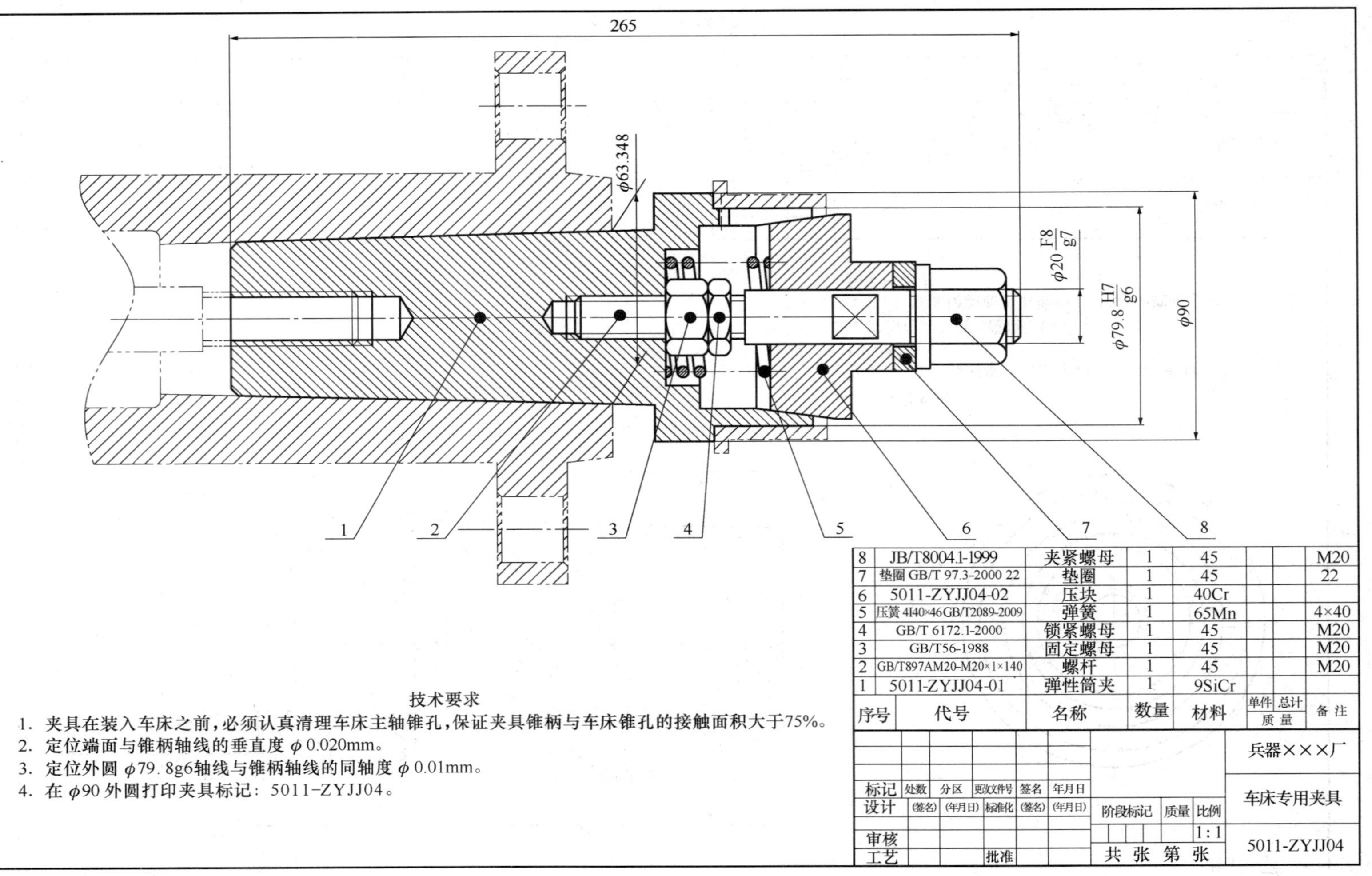

图 6.13 夹具总装图

其余 3.2
⊥ 0.02 A
30
20
120
1.6
0.8
φ63.348
莫氏6号
Ra0.8
$\phi79.8^{-0.010}_{-0.029}$
φ65
30°
φ54
φ45
M20×1
M16×1
1.6
A
30
50
40
12
35
55
185
◎ 0.01 A
技术要求
1.热处理：φ79.8外圆的工作部分HRC56~62，锥柄尾部HRC40~45。
2.未注倒角为2×45°，锐角倒钝。
3.莫氏6号锥面接触面积不得少于75%；30°锥面接触面积不得少于75%。
25
φ7
4
9SiCr
兵器×××厂
弹性筒夹
5011-ZYJJ04-01
标记 处数 分区 更改文件号 签名 年月日
设计 (签名) (年月日) 标准化 (签名) (年月日)
阶段标记 质量 比例
审核
工艺 批准
共 张 第 张

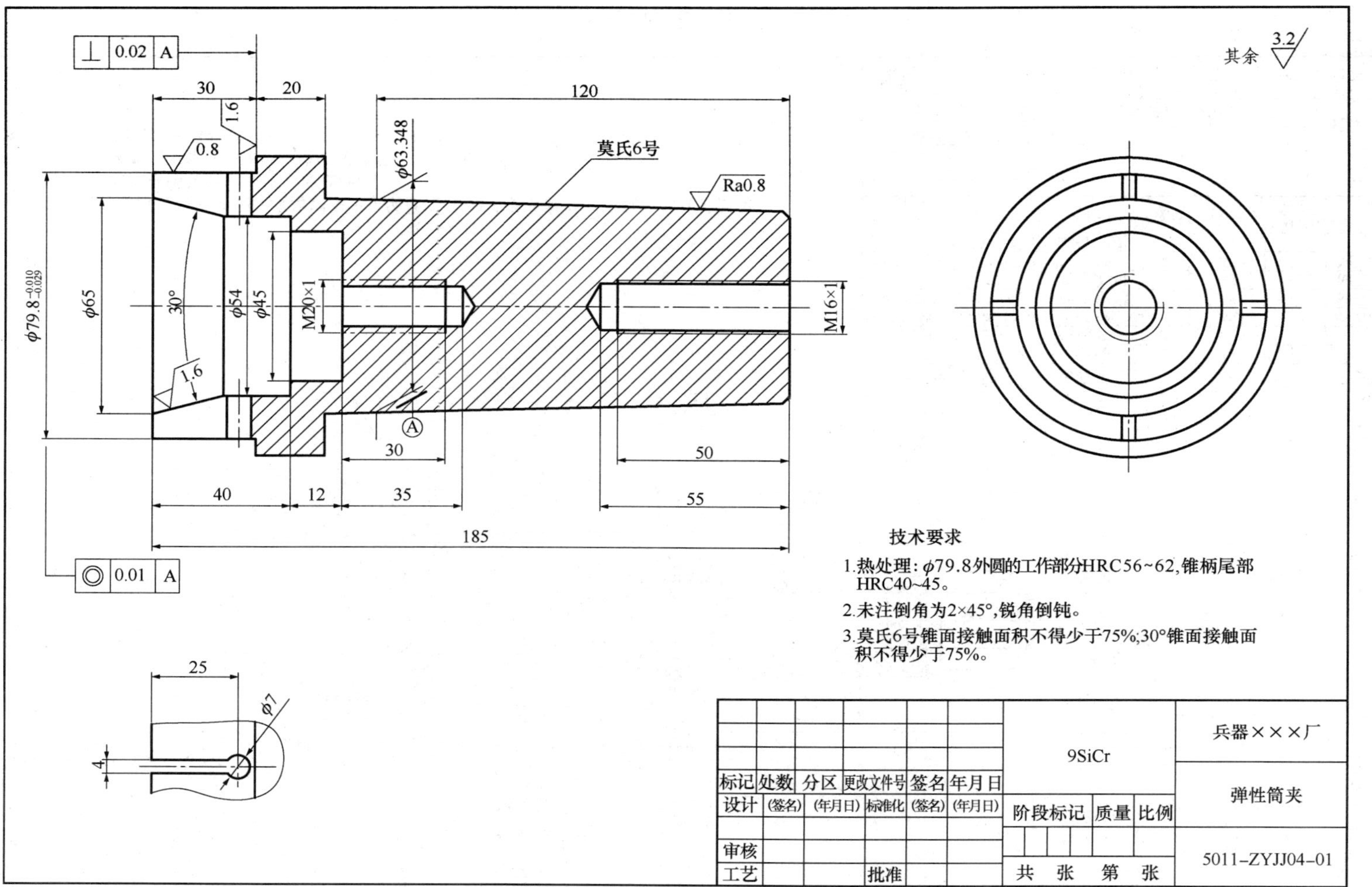

图 6.14　弹性筒夹

其余 6.3
50
32
0.8
φ70
φ40
30°
1.6
φ20 +0.053 +0.020
10
13
30
技术要求
1.热处理:HRC28~32。
2.未注倒角为1.5×45°。
3.圆锥面接触面积不得少于75%。
45
兵器×××厂
压块
标记 处数 分区 更改文件号 签名 年月日
设计 (签名) (年月日) 标准化 (签名) (年月日)
阶段标记 质量 比例
1:1
审核
工艺 批准
共 张 第 张
5011-ZYJJ04-02

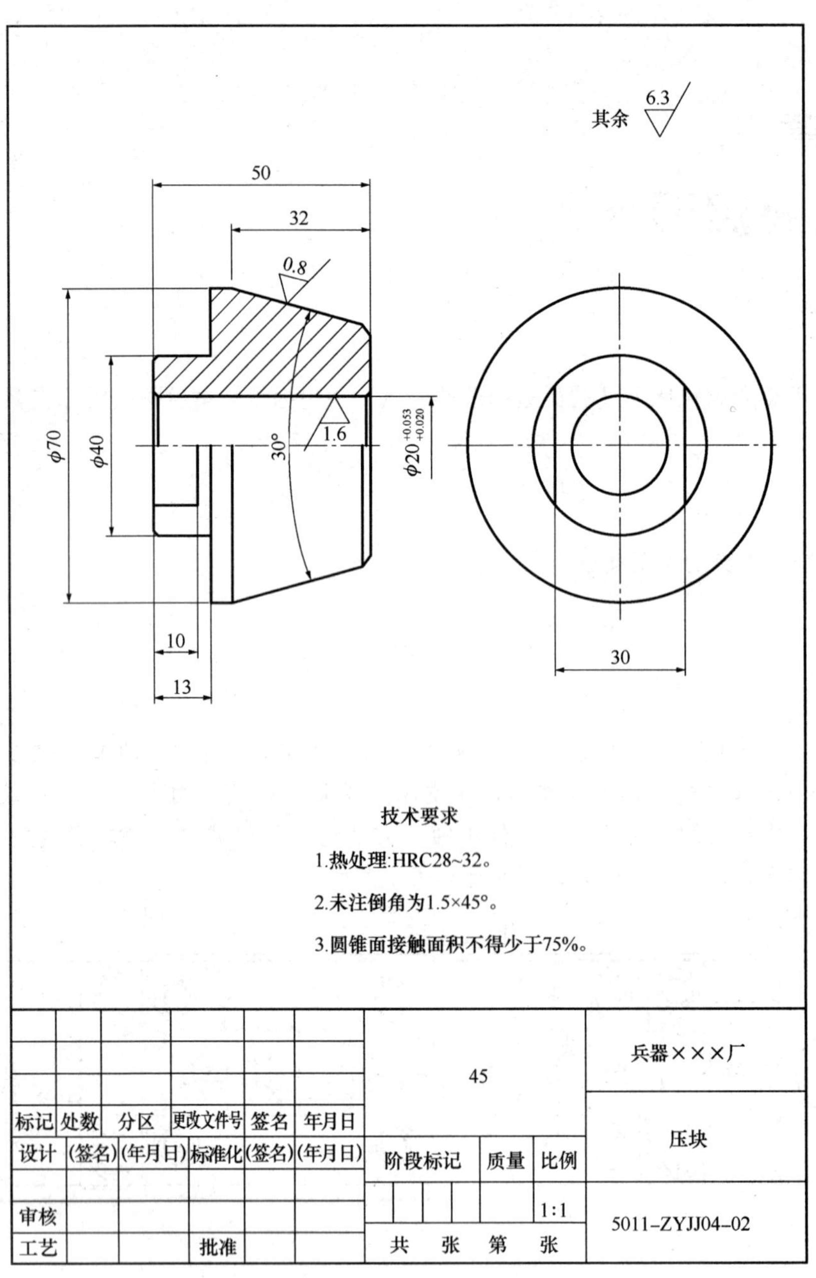

图 6.15 压块

第7章

铣床夹具设计

本章重点介绍铣床夹具的类型和设计要点，并根据设计案例学会铣床夹具设计。

7.1 基础理论知识

7.1.1 铣床夹具的主要类型

1. 多件装夹的铣床夹具

如图7.1所示，7个圆柱滚子以外圆柱面、端面在7个定位活动V形块2、支承板上定位，通过侧向夹紧螺钉3夹紧，在铣床上铣削端面槽。由于采用多件装夹铣削，除了多件一次装夹的工时比每个工件单独装夹工时之和可减少以外，还减少了铣削单个工件的切入、切出行程时间，因而提高了生产率。

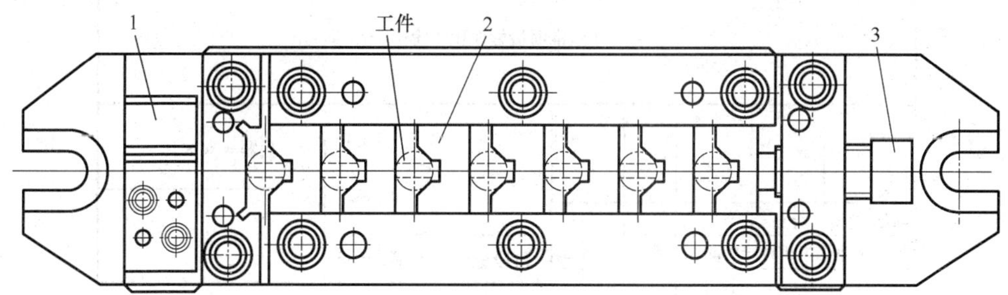

图7.1 多件装夹的铣床夹具

1—正装直角对刀块；2—定位活动V形块；3—侧向夹紧螺钉

2. 多工位装夹的铣床夹具

图7.2所示为多工位装夹铣连杆两端面的铣床夹具。连杆以端面、外圆面在支承钉、挡销上定位，通过螺栓压板夹紧对其进行加工。工位Ⅰ工件以未加工端面定位加工另一端面，工位Ⅱ工件以已加工端面定位加工另一端面。采用多工位装夹铣床夹具加工，可减少夹具的数量，缩短装夹工件辅助时间（因为两件同时装夹），也可节省单

个工件铣削时所需的切入、切出行程时间，从而提高生产率，降低夹具费用。

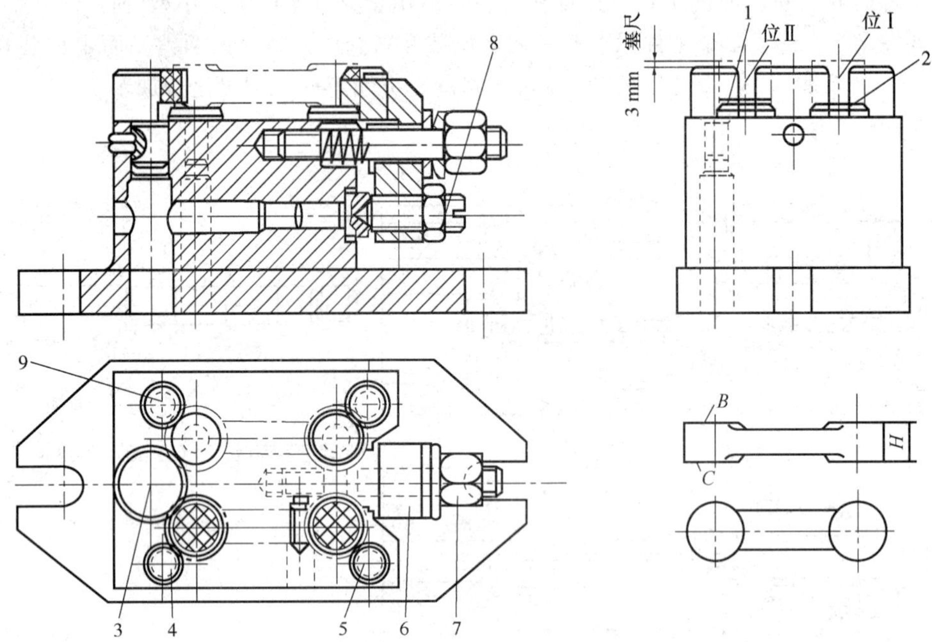

图 7.2 多工位装夹铣连杆端面夹具

1—平面支承钉；2—锯齿形支承钉；3、4、5—挡销；6—压板；
7—螺母；8—压板支承螺钉；9—对刀块（兼挡销）

3. 双工位回转铣削的铣床夹具

图 7.3 所示为双工位回转铣削的铣床夹具。在转台两边各装夹一个相同的夹具，分别作为装卸工位和加工工位。装好工件后铣床工作台做直线进给，对一边工位进行加工，另一边工位装卸工件，加工完毕，铣床工作台做直线退出后旋转 180°，重复以上过程。这种铣削方式除了工作台退回和转台转位需要占用辅助时间外，其他辅助时间都与机动时间重合，提高了铣削加工生产率，但需要增加一个转台附件。

4. 料仓式铣床夹具

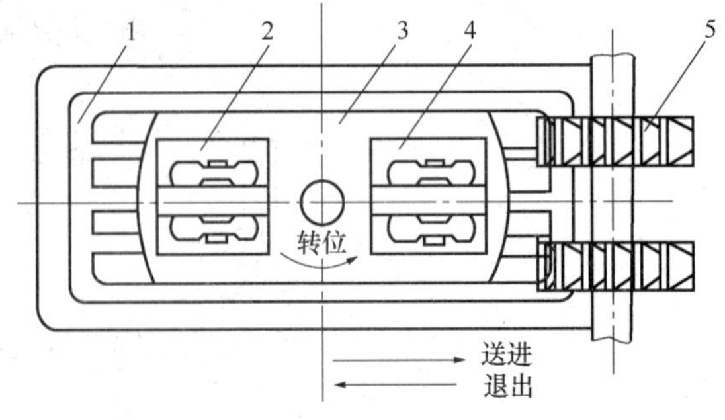

图 7.3 双工位回转铣削的铣床夹具

1—工作台；2、4—夹具；3—双工位转台；5—铣刀

图 7.4 所示为加工连杆类零件的料仓式铣床夹具。它由两部分组成，一部分固定在机床工作台上，一部分是可装卸的料仓。前一部分拥有夹紧装置、夹具体等，料仓部分拥有定位元件。工件装在料仓中，每次可装许多件。一个夹具可以配备多个料仓(至少两个)。当一个料仓装满工件放

入夹具中夹紧加工时，操作者便可利用机动时间去装卸另外待用料仓中的工件，而使装卸工件时间与机动时间重合。这种夹具主要适用于成批生产中的小型工件。

如图 7.4 所示，4 个工件以两孔一面定位装在料仓中，料仓以两销一面定位装在夹具体中，旋转螺母 1，带动压板 2、压块 3 移动，夹紧工件，即可进行加工。

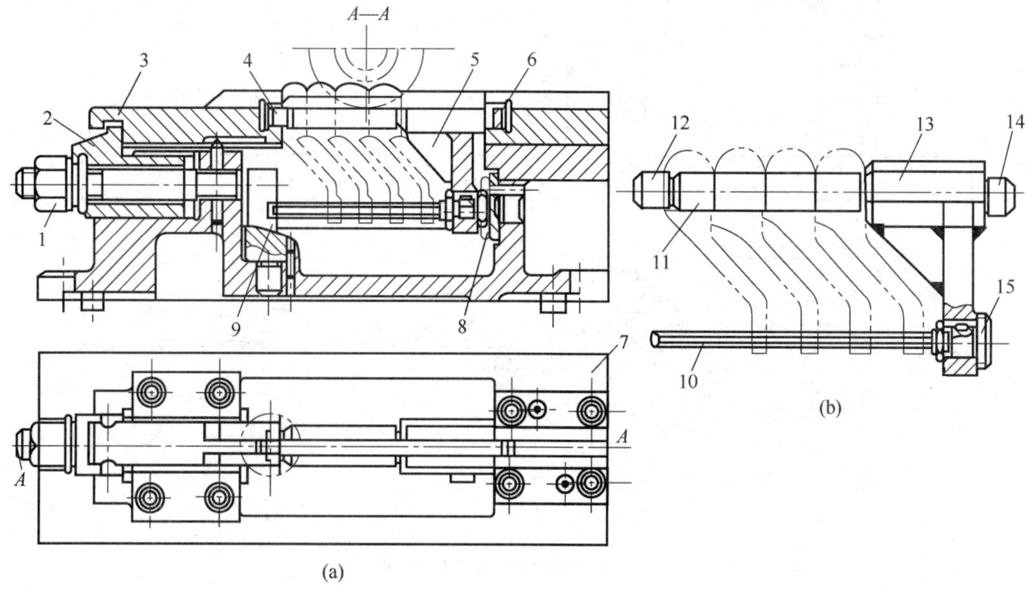

图 7.4　料仓式铣床夹具

1—螺母；2—压板；3—压块；4、6—定位孔；5—装料框；7—夹具体；8、9—定位槽口；10、15—菱形销；11、12、14—圆柱销；13—支架

5. 全部辅助时间与机动时间重合的转盘铣床夹具

如图 7.5 所示，转盘铣床通常有一个很大的转台，在转台上可以沿圆周依次布置若干个夹具，依靠转台旋转而将其上的夹具依次送入转盘铣床的加工区域，从而进行连续铣削。双动力头铣床可进行粗、精铣。

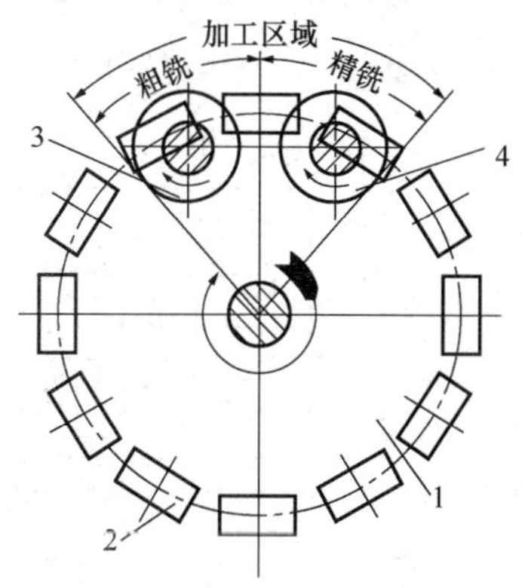

图 7.5　圆周进给式铣床夹具

1—转台；2—夹具；3—粗铣刀；4—精铣刀

6. 靠模铣床夹具

图 7.6 所示为带有靠模装置的铣床夹具。滚柱沿靠模板运动，带动铣刀沿工件铣削出相似形状的工件。这种夹具主要用于加工成形面。

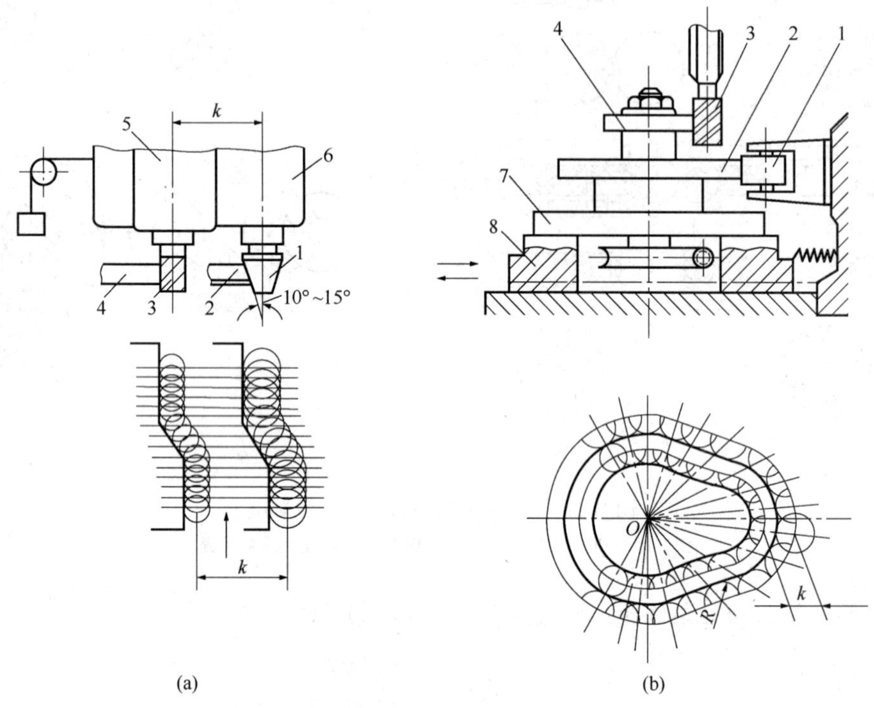

图 7.6　靠模铣床夹具

1—滚柱；2—靠模板；3—铣刀；4—工件；5—铣刀滑座；6—滚柱滑座；7—回转台；8—滑座

7.1.2 铣床夹具的设计要点

1）对刀元件：详见 4.2 节。

2）连接元件：详见 4.1 节。

3）铣床夹具的夹具体：由于铣刀是多刃刀具，切削力大，铣削振动大，因此设计铣床夹具的夹具体时，除考虑一般夹具体的设计要点外，更应注意提高夹具体的刚性和工作稳定性。因此应尽可能控制铣床夹具夹具体的高度，降低承受切削力的部位，适当增大夹具体底面尺寸，以提高夹具工作稳定性，一般控制夹具体高度 H 与宽度 B 之比不大于 1～1.25，如图 7.7所示。在承受切削力等外力的部位，酌情增加夹具体壁厚或增设加强筋板，以提高夹具体的刚度。

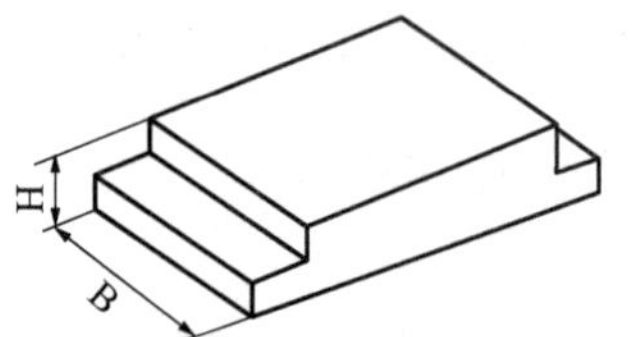

图 7.7　铣床夹具体

4）工件在夹具中的布置：除考虑定位、夹紧等因素外，还应使切削行程尽可能小。图 7.8 所示为工件在夹

具中布置的优劣对比。

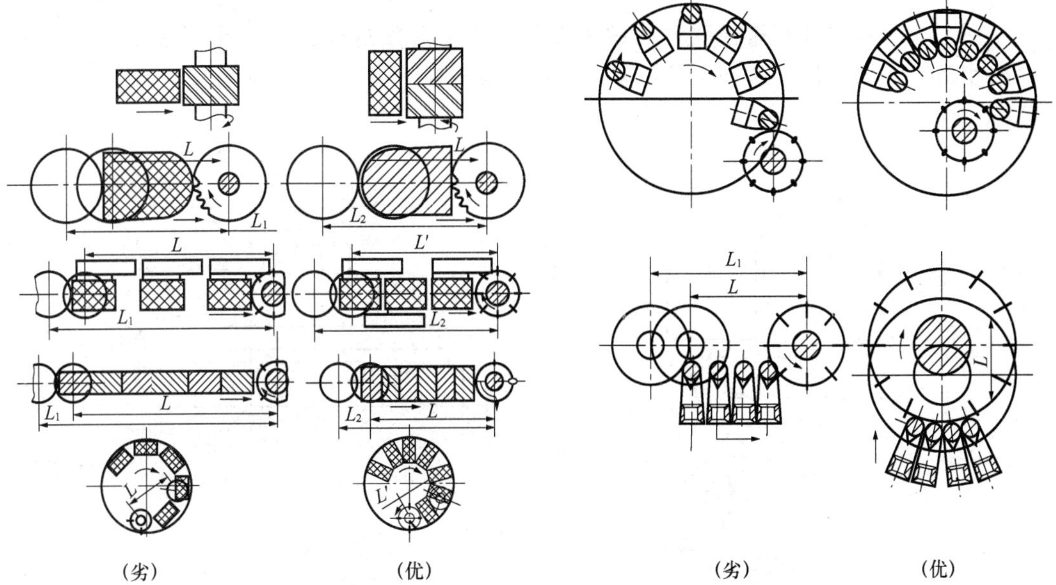

图 7.8　工件在夹具中布置的优劣对比

L、L'—切削行程；L_1、L_2—加上刀具越程后的总行程

5）防止铣刀与夹具碰撞：夹具与刀具碰撞示例如图 7.9 所示。

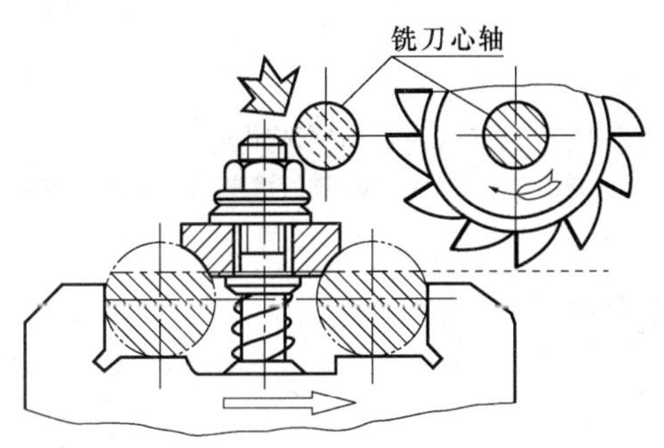

图 7.9　夹具与刀具碰撞示例

7.2　铣床夹具设计案例

下面以某零件为例，介绍铣床专用夹具的设计过程。

7.2.1　设计任务

夹具设计任务书如表 7.1 所示。由表 7.1 所示的设计任务书可看出，这里是为第 45 道工序设计 4 套铣床夹具。

表 7.1 夹具设计任务书

<table>
<tr><td colspan="14">工装制造任务书</td></tr>
<tr><td colspan="2">项目编号或通知号</td><td colspan="6">XJZB-GZ-2010-016</td><td colspan="2">共 1 页 第 1 页</td><td colspan="2">任务书编号</td><td colspan="2">GZXJ-GYB-2010-025</td></tr>
<tr><td colspan="2">产品名称</td><td>机架</td><td colspan="2">代号</td><td colspan="2">XJSB-TKX-012</td><td>零件数量</td><td>10000</td><td colspan="2">生产纲领</td><td>中批生产</td><td>类别</td><td>新产品</td></tr>
<tr><td>序号</td><td>工装编号</td><td>工装名称</td><td>设计人</td><td>制造数量</td><td>需求日期</td><td>计划完成日期</td><td>零件名称</td><td>零件图号</td><td>工序号</td><td>工序名称</td><td>设备名称</td><td>设备型号</td><td>使用单位</td></tr>
<tr><td>1</td><td>GZ1016</td><td>铣床专用夹具</td><td>×××</td><td>4</td><td>2010/9/10</td><td>2010/7/16</td><td>轴</td><td>02061—466795</td><td>45</td><td>铣</td><td>普通铣床</td><td>X6130</td><td>4 车间</td></tr>
<tr><td>2</td><td></td><td></td><td></td><td></td><td></td><td></td><td></td><td></td><td></td><td></td><td></td><td></td><td></td></tr>
<tr><td>3</td><td></td><td></td><td></td><td></td><td></td><td></td><td></td><td></td><td></td><td></td><td></td><td></td><td></td></tr>
<tr><td>4</td><td></td><td></td><td></td><td></td><td></td><td></td><td></td><td></td><td></td><td></td><td></td><td></td><td></td></tr>
<tr><td>5</td><td></td><td></td><td></td><td></td><td></td><td></td><td></td><td></td><td></td><td></td><td></td><td></td><td></td></tr>
<tr><td>6</td><td></td><td></td><td></td><td></td><td></td><td></td><td></td><td></td><td></td><td></td><td></td><td></td><td></td></tr>
<tr><td>7</td><td></td><td></td><td></td><td></td><td></td><td></td><td></td><td></td><td></td><td></td><td></td><td></td><td></td></tr>
<tr><td>备注：</td><td colspan="13">1）工装制造任务书的任务书编号由 GZ＋部门代号＋“-”＋年份（4 位）＋“-”＋顺序号（3 位）组成。例如，任务书编号为 GZXJGYB-2010-001，表示工装-西安机床工艺部-2010 年-编制的第 1 份工装制造任务书。
2）工装制造任务书与设计的图纸或工装设计任务书一同提交，工装制造任务书一式两份，生产准备部接收人签字接收后，负责向编制人对应的单位返回一份。
3）工装制造任务书的内容要求填写正确、完整，并与设计的工装图纸或工装任务相一致。
4）在类别栏填写“技改”、“技措”、“新产品”、“复制”字样</td></tr>
</table>

7.2.2 设计资料收集

收集零件图（图 7.10）、机械加工工艺过程卡片（表 7.2）、机械加工工序卡片（表 7.3）；

收集《机械零件设计手册》、《机床夹具设计手册》、《金属机械加工工艺人员手册》等资料；

本工序使用 X6130 铣床，工作台参数查阅《机床夹具设计手册》；

本工序使用刀具为 $\phi 18$ 立铣刀，刀片材料为 W18Gr4V，其刃部参数可查相关手册；

设计采用机械行业《机床夹具零件及部件》（JB/T 8004.1—1999）等；

根据工件零件图和第 45 道工序的机械加工工序卡片，了解本单位同类零件的铣床夹具的制造与使用情况；

收集国内外同类夹具的相关资料，了解同类夹具在国内外的设计、制造和使用情况。

7.2.3 设计

1. 工序分析

1）该零件为轴类零件，材料为 45 钢，强度较好，结构简单。

2）零件外形尺寸大小适中，本工序为铣削 18 直槽，切削力不大，夹紧力要求不高。

3）该零件本道工序前期各表面已完成加工，本工序加工精度要求较高，所以在设计夹具时，其精度和复杂程度应适中。

4）该零件为中批量生产。

2. 定位方案设计

（1）定位基准和加工要求分析

从表 7.2 和表 7.3 可知：

本工序定位基准为 $\phi 40g7\left(\begin{smallmatrix}-0.009\\-0.034\end{smallmatrix}\right)$ 外圆面、轴肩面，即外圆定位限制 4 个自由度，轴肩面定位限制 1 个自由度。遵循基准重合原则。

本工序加工要求有 3 项：形状要求 $18^{+0.043}_{0}$；位置要求为尺寸 $23^{+0.2}_{0}$ 和对称度 0.05。

（2）限制自由度分析

建立坐标关系如图 7.11 所示。

1）形状尺寸 $18^{+0.043}_{0}$ 由定尺寸刀具保证，与限制自由度无关。

2）保证对称度 0.05，需要限制 $\overset{\curvearrowright}{Y}$ $\vec{Z}$。

3）保证位置尺寸 $23^{+0.2}_{0}$，需要限制 $\vec{Y}$ $\overset{\curvearrowright}{Z}$。

综合结果：应限制 $\vec{Y}$ $\overset{\curvearrowright}{Y}$ $\vec{Z}$ $\overset{\curvearrowright}{Z}$，工序定位方案合理。

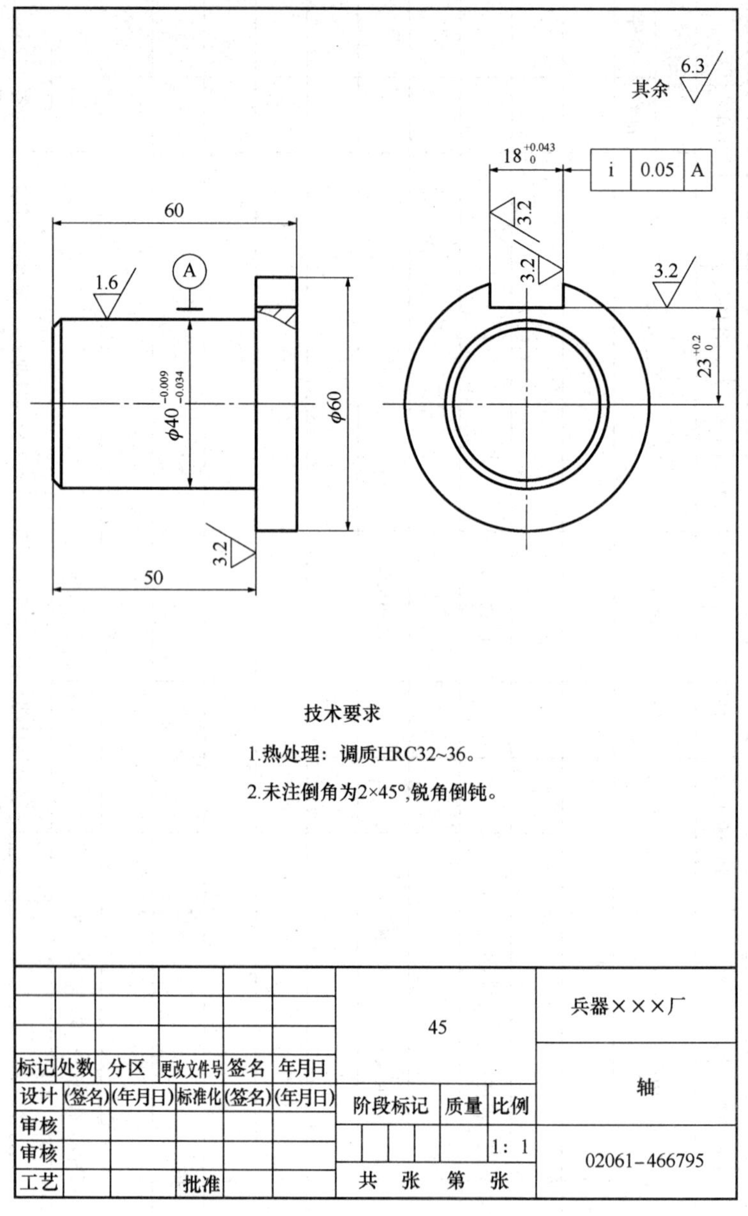

图 7.10 零件图

(3) 定位方案设计

根据工序要求，采用长 V 形块定位。

工件外圆 ϕ40g7 与长 V 形块接触限制 $\vec{Y}$ $\overset{\frown}{Y}$ $\vec{Z}$ $\overset{\frown}{Z}$，工件轴肩面与 V 形块端面接触限制 $\vec{Z}$，结果限制了 $\vec{X}$ $\vec{Y}$ $\overset{\frown}{Y}$ $\vec{Z}$ $\overset{\frown}{Z}$，定位方案设计合理。零件的轴向尺寸为 50mm，取 V 形块轴向尺寸为 55mm，V 形块的结构、尺寸参照机械行业标准机床夹具零件及部件标准汇编设计。定位元件布置如图 7.12 所示。

表 7.2　机械加工工艺过程卡片

兵器×××厂	机械加工工艺过程卡片	产品型号		零件图号	02061-466795		
		产品名称		零件名称	轴	共　页	第　页

材料牌号	45	毛坯种类	棒料	毛坯外形尺寸	ϕ65×63	每毛坯件数	1	每台件数	2	备注	

工序号	工名序称	工序内容	车间	工段	设备	工艺装备	工时 准终	工时 单件
01	备料	棒料 ϕ65×63　45						
05	车	车右端面、ϕ60 外圆，保证尺寸 62、ϕ62h9			CA6140			
10	车	车左端面、ϕ40 外圆，保证尺寸 61、49、ϕ42h9			CA6140			
15	检	检验						
20	热处理	调质 HRC32～36						
25	车	车右端面、ϕ60 外圆。保证尺寸 60.5、ϕ60h8			CA6140			

										设计（日期）	校对（日期）	审核（日期）	标准化（日期）	会签（日期）
标记	处数	更改文件号	签字	日期	标记	处数	更改文件号	签字	日期					
标记	处数	更改文件号	签字	日期	标记	处数	更改文件号	签字	日期					

续表

兵器×××厂	机械加工工艺过程卡片	产品型号		零件图号	02061-466795		
		产品名称		零件名称	轴	共　页	第　页

材料牌号	45	毛坯种类	棒料	毛坯外形尺寸	ϕ65×63	每毛坯件数	1	每台件数	2	备注	

工序号	工名序称	工序内容	车间	工段	设备	工艺装备	工时	
							准终	单件
30	车	车左端面、ϕ40 外圆，保证尺寸 60、49.5、ϕ41h8			CA6140			
35	检	检验						
40	车	车 ϕ40 外圆，保证尺寸 50、ϕ40g7			CA6140			
45	铣	铣 18 槽，保证尺寸 18H9 及 $23^{+0.2}_{0}$			X6130			
50	检	检验入库						

										设计（日期）	校对（日期）	审核（日期）	标准化（日期）	会签（日期）
标记	处数	更改文件号	签字	日期	标记	处数	更改文件号	签字	日期					
标记	处数	更改文件号	签字	日期	标记	处数	更改文件号	签字	日期					

表 7.3　机械加工工序卡片

兵器×××厂	机械加工工序卡片	产品型号		零件图号	02061-466795		
		产品名称		零件名称	轴	共　页	第　页

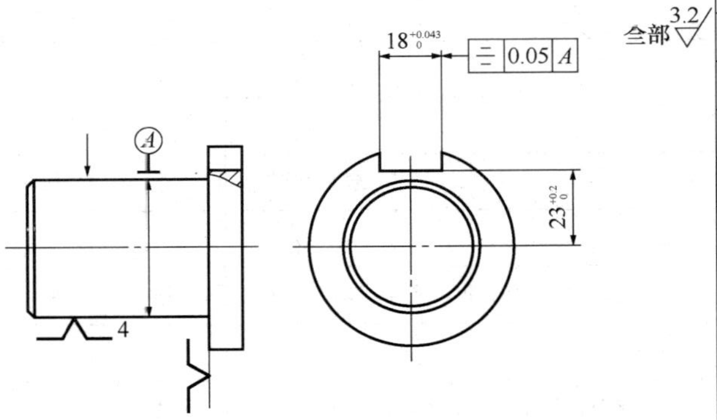

车间	工序号	工序名称	材料牌号
	45	铣	45
毛坯种类	毛坯外形尺寸	每毛坯可制件数	每台件数
棒料	ϕ65×63	1	2
设备名称	设备型号	设备编号	同时加工件数
	X6130		1

夹具编号	夹具名称	切削液	
专用夹具	ZYJJ-07		
工位器具编号	工位器具名称	工序工时（分）	
		准终	单件

工步号	工步内容	工艺装备	主轴转速	切削速度	进给量	切削深度	进给次数	工步工时	
			r/min	m/min	mm/r	mm		机动	辅助
	装夹	立铣刀 ϕ18（W18Cr4V） 专用夹具（ZYJJ-07） 宽度塞规（18） 游标卡尺（0～10）：0.02）							
1	铣槽		375	21.195	手动进给		1		
2	去毛刺								

										设计（日期）	校对（日期）	审核（日期）	标准化（日期）	会签（日期）
标记	处数	更改文件号	签字	日期	标记	处数	更改文件号	签字	日期					

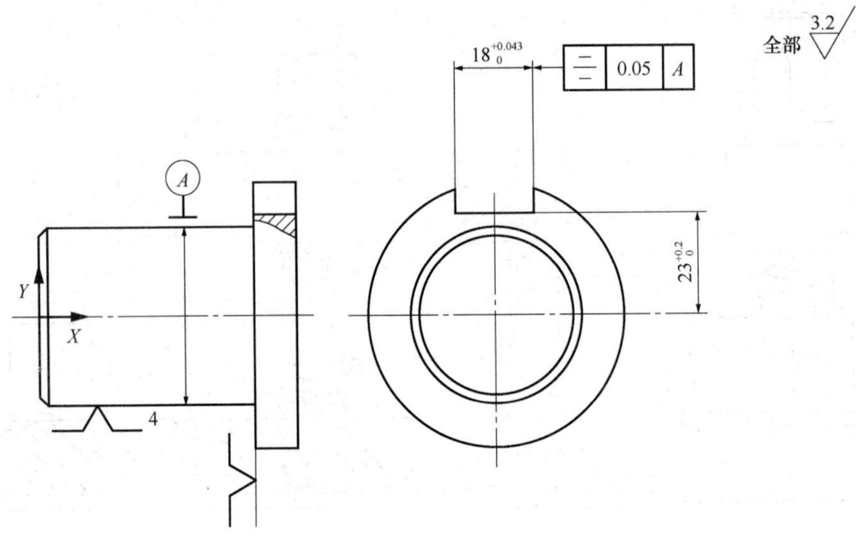

图 7.11　限制自由度分析

(4) 定位误差 Δdw 分析

形状尺寸 $18^{+0.043}_{0}$，由刀具尺寸保证；

对于 $23^{+0.2}_{0}$：$\Delta jb_1 = 0$，$\Delta db_1 = 0.707 \times 0.025 \approx 0.0177$，$\Delta dw_1 = 0.0177 < 1/3T \approx 0.067$，满足该项加工要求。

对于对称度 0.05：$\Delta jb_2 = 0$，$\Delta db_2 = 0$，$\Delta dw_2 = 0 < 1/3T = 0.017$，满足该项加工要求。

结论：该定位方案可行。

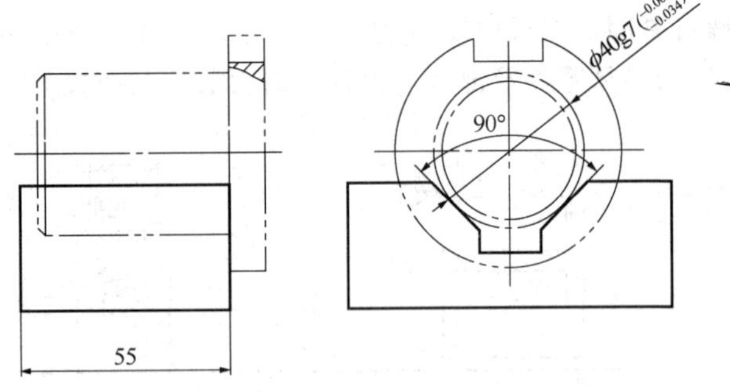

图 7.12　定位元件布置

3. 夹紧方案设计

根据零件工序要求，零件主要定位表面为 ϕ40g7 圆柱面，夹紧力由上向下夹紧作用于主要定位面，有利于保证定位准确可靠；同时考虑工件尺寸大小及切削力因素，采用手动螺栓压板夹紧方式，如图 7.13 所示。其组成件的结构、尺寸参照机械行业标准《机床夹具零件及部件》等设计。

本夹具夹紧力主要用于抵消铣削力，而铣削力主要传给了 V 形块。依据经验和夹具尺寸结构，本夹具采用 M12 螺母螺栓，可满足夹紧要求。

4. 对刀方案设计

铣床夹具的对刀装置主要由对刀块、塞尺组成。本方案选用直角正装对刀块和平

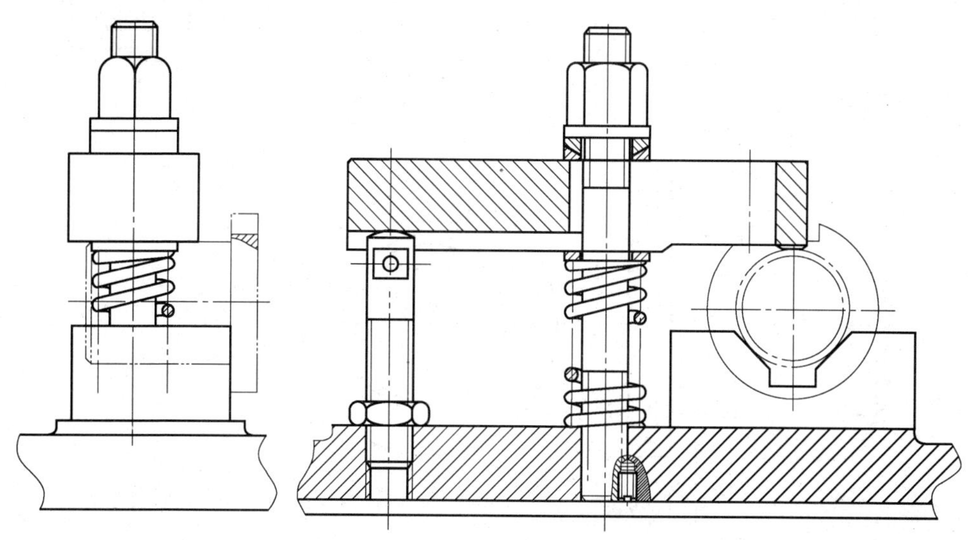

图 7.13　夹紧结构

面塞尺，对刀块布置在加工开始进给位置一侧，对刀块与夹具体的连接采用销钉定位螺钉紧固，塞尺厚度 S 为 3h8 $\left({}_{-0.014}^{\ 0}\right)$。对刀块、塞尺的结构、尺寸查阅机械行业标准《机床夹具零件及部件》设计。对刀装置的布置如图 7.14 所示。

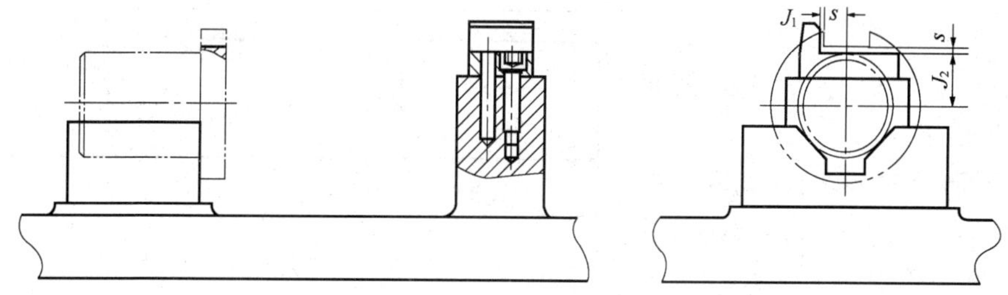

图 7.14　对刀装置

(1) 确定对刀尺寸

1) 对刀基准：上下、左右方向的对刀基准均为 V 形块中心线，即标准量棒中心线(为工件外圆平均直径的中心线)。

2) 对刀尺寸：对刀基准与对刀块工作表面间的位置尺寸，如图 7.14 中 J_1、J_2 尺寸。

计算 J_1：

解图 7.15 所示尺寸链，$9_{\ 0}^{+0.0215}=9.01075\pm0.01075$，$J'=9.01075\pm0.01425$，$S=3$，所以 $J_1=(S+J')\pm1/3\times0.01425=12.01075\pm0.0045\approx12.011\pm0.005$。

计算 J_2：因 $23_{\ 0}^{+0.2}=23.1\pm0.1$，$S=3$。所以 $J_2=(23.1-3)\pm1/3\times0.1=20.1\pm0.03$。

(2) 计算对刀误差 Δjd

对于铣床而言，产生对刀误差的因素主要是对刀尺寸误差、塞尺尺寸误差及塞尺测量松紧误差。为减少塞尺测量松紧误差，采用首件检验调整。所以对刀误差由对刀尺寸误差和塞尺尺寸误差组成。

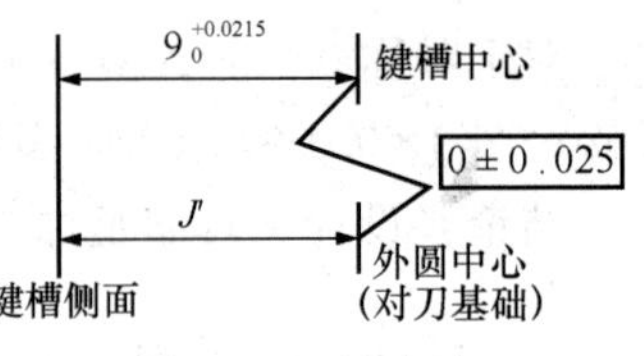

图 7.15　尺寸链

对于尺寸 $23^{+0.2}_{0}$：$\Delta jd_1=\delta J_1+\delta S=0.009+0.014=0.023$。

对于对称度 0.05：$\Delta jd_2=\delta J_2+\delta S=0.006+0.014=0.020$。

5. 连接装置设计

铣床夹具以夹具体底面、定位键侧面与铣床工作台面、T 形槽侧面接触定位，然后用螺栓压板将夹具压紧在铣床工作台面上。

(1) 确定夹具体

夹具体采用灰铸铁 HT200 铸造加工而成。夹具体底面与铣床工作台面两边接触，在夹具体上两侧设置 U 形耳座，供固定夹具用。在夹具体底面两侧加工有键槽，供安装定位键用。V 形块与夹具体的连接采用销钉定位螺钉紧固。V 形块中心线与夹具体底面的平行度取工件尺寸 $23^{+0.2}_{0}$ 公差要求的 1/5，即 $0.2\times1/5=0.04$。

(2) 确定定位键

本工序所使用的设备为 X6130。查附表 2 知 X6130 工作台面 T 形槽宽度为 14H8 ($^{+0.027}_{0}$)，查附表 6 选取两个宽度为 14h6 ($^{0}_{-0.011}$) 的定位键布置于夹具体两侧键槽，夹具定位键与 T 形槽的最大配合间隙为 0.038，如图 7.16 所示，确定 $L=235$mm。V 形块中心线与键侧面的平行度取工件对称度要求的 1/5，即 $1/5\times0.05=0.01$。

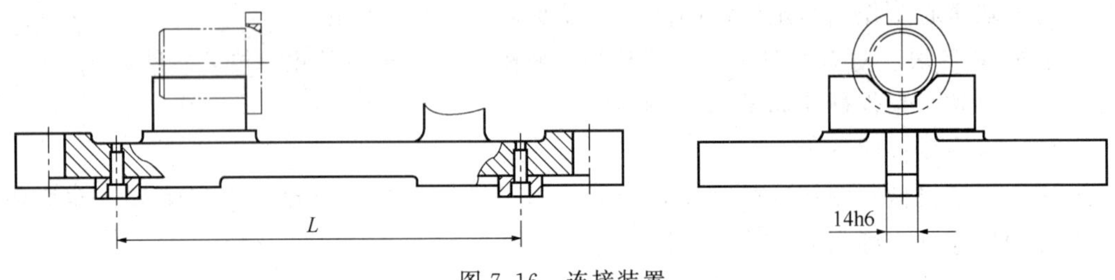

图 7.16　连接装置

(3) 计算夹具位置误差 Δjw

由 4.1 节知，产生夹具位置误差的因素有元件定位面对夹具定位面的位置误差、夹具定位面与机床定位面的连接配合误差，所以

对于加工要求 $23^{+0.2}_{0}$：$\Delta jw_1=0.04/55\times10+0\approx0.0073$。

对于对称度 0.05：$\Delta jw_2=0.01/55\times10+0.038/L\times10\approx0.0018+0.0016=0.0034$。

(4) 分析夹具精度

对于加工要求 $23^{+0.2}_{0}$：$\Delta dw_1=0.0177$，$\Delta jd_1=0.023$，$\Delta jw_1=0.0073$，$\Delta=\sqrt{\Delta dw_1^2+\Delta jw_1^2+\Delta jd_1^2}\approx0.030<2/3\times0.2\approx0.133$，满足该项加工要求。

对于对称 0.05：$\Delta dw_2=0$，$\Delta jd_2=0.020$，$\Delta jw_2=0.0034$，$\Delta=\sqrt{\Delta dw_2^2+\Delta jw_2^2+\Delta jd_2^2}\approx 0.020<2/3\times0.05\approx0.033$，满足该项加工要求。

结论：设计夹具满足加工精度要求，方案可行。

6. 绘制夹具总装图

（1）绘制夹具装配图

根据总体结构设计，结合前面铣床夹具各部分结构及尺寸，绘制夹具总装如图 7.17所示。

（2）标注尺寸、技术条件

结合 5.3 节论述，应标注以下尺寸、技术条件。

1）尺寸。

外形轮廓尺寸（A 类尺寸）：355、250、165；

工件与定位元件的联系尺寸（B 类尺寸）：ϕ40g7；

夹具与刀具的联系尺寸（C 类尺寸）：20.1±0.03、12.011±0.005；

夹具与机床的联系尺寸（D 类尺寸）：14H8/h6；

其他装配尺寸（E 类尺寸）：$\phi 8\,\frac{H7}{m6}$、$\phi 5\,\frac{H7}{m6}$。

2）技术条件。

V 形块理论中心线与夹具体底面的平行度 0.04mm；

V 形块理论中心线与定位键侧面的平行度 0.01mm；

对刀块水平工作面与夹具体底面的平行度$\not>$0.03∶100mm；

对刀块垂直工作面与定位键侧面的平行度$\not>$0.03∶100mm；

装配 V 形块、对刀块时，采用调整法、修配法保证相关尺寸、技术条件要求。

尺寸、技术条件标注如图 7.17 所示。

（3）编写零件明细表

按照国家机械制图标准的规定，需对夹具总装图中的各个零件进行编号，在标题栏上方画出零件明细表，并填写具体信息，如图 7.17 所示。

（4）绘制非标准夹具零件图

根据夹具装配图，拆画非标准夹具零件图。由图 7.17 知，夹具体 3 为非标准夹具零件，应拆画其零件图。

拆画非标准夹具体零件图如图 7.18 所示。V 形块、对刀块与夹具体装配的销孔配作加工，同时注意保证相关尺寸、技术条件要求。

7. 夹具使用说明

将夹具装夹在机床工作台上，把定位键置于工作台中间 T 形槽内，推动夹具让两定位键同侧面与 T 形槽同一侧面接触，通过 U 形耳座用 T 形槽螺栓固定好夹具。移动工作台通过对刀装置对刀，首件加工后予以检验，根据检验结果微调工作台后进行正常加工。

1
2
3
4
5
6
φ5 H7/m6
16
17
18
19
φ40g7
φ8 H7/m6
14 JS6/h6
165
15
14
13
12
11
10
9
8
14 H8/h6
7
250
355
K向
12.011±0.005
20.1±0.03
技术要求
1. V形块理论圆中心线与夹具体底面的平行度0.04mm。
2. V形块理论圆中心线与定位键侧面的平行度0.01mm。
3. 对刀块水平工作面与夹具体底面的平行度≯0.03:100mm。
4. 对刀块垂直工作面与定位键侧面的平行度≯0.03:100mm。
5. 在◆打印夹具标记：02061-466795-ZYJJ08。
6. 装配V形块、对刀块时，采用调整法、修配法保证相关尺寸、技术条件要求。
19 螺母 1 45
18 垫圈 1 45
17 垫圈 1 45
16 压板 1 45
15 支承 1 45
14 螺母 1 45
13 垫圈 1 45
12 弹簧 1 65Mn
11 螺杆 1 45
10 螺钉 1 45
9 螺钉 2 45
8 V形块 1 20
7 销 2 45
6 对刀块 1 20
5 螺钉 2 45
4 销 2 45
3 夹具体 1 HT200
2 螺钉 2 45
1 定位键 2 45
序号 代号 名称 数量 材料 单件 总计 重量 备注
兵器XXXJ
阶段标记 重量 比例
共 张 第 张
审核
工艺
批准
02061-466795-ZYJJ08

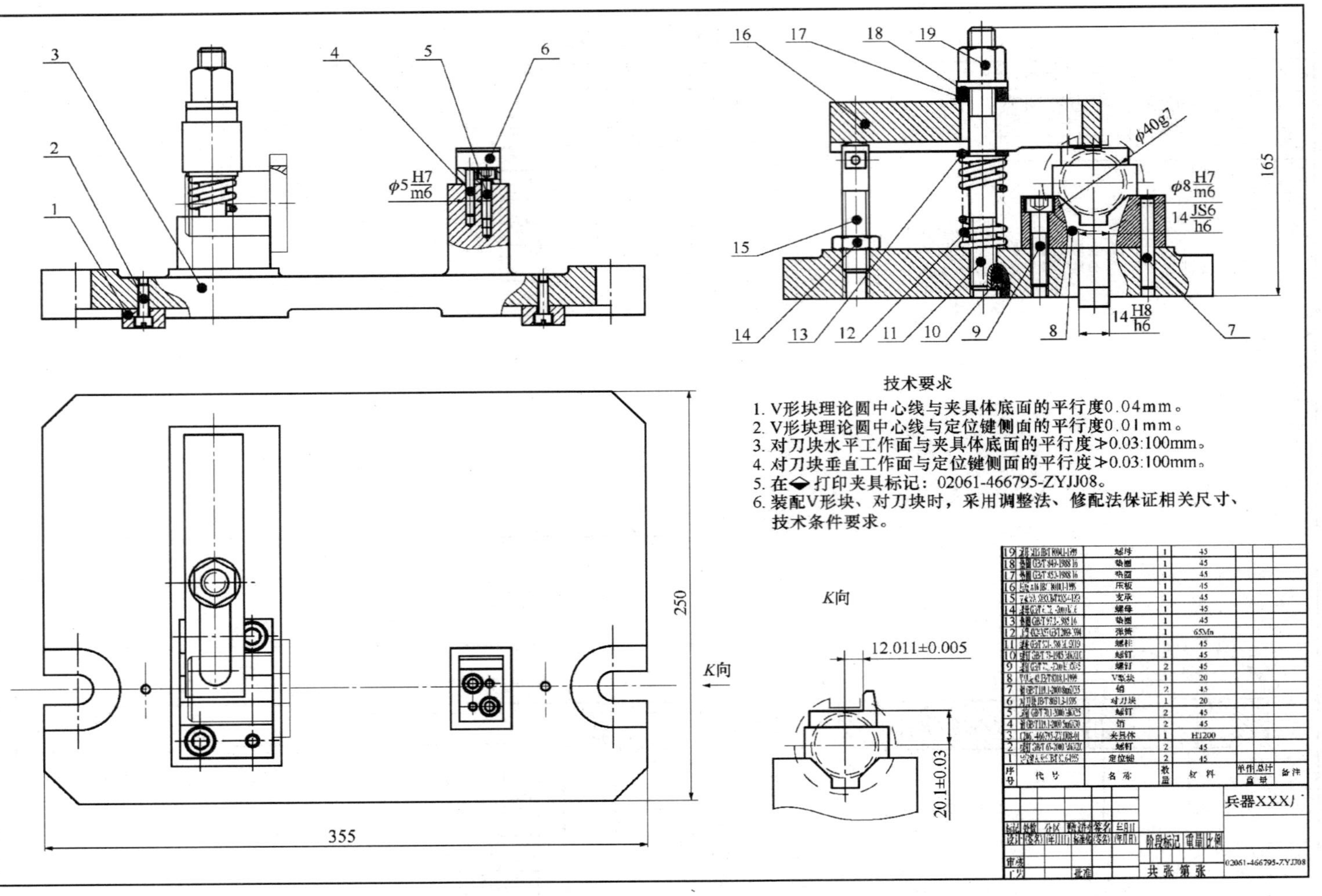

图 7.17 夹具总装图

其余
A—A
2-M6-7H
2-φ5 +0.012 0
配作
0.8 刮研
0.0015 : 100 A
0.02 A
25
27
32
30±0.02
28
6
90
355
79.38±0.015
2-M16-7H
2-M10-7H
2-φ8 +0.015 0
14±0.0055
20×45°
250
70
75
33
64
32
31
9
3.011±0.0025
10
14
36
80
18
50
235
40
20
技术要求
1.未注铸造圆角为R3。
2.零件不得有缩孔、缩松、夹渣等铸造缺陷。
3.刮研表面在装配时刮研加工。
4.退火处理。
HT200
兵器×××厂
夹具体

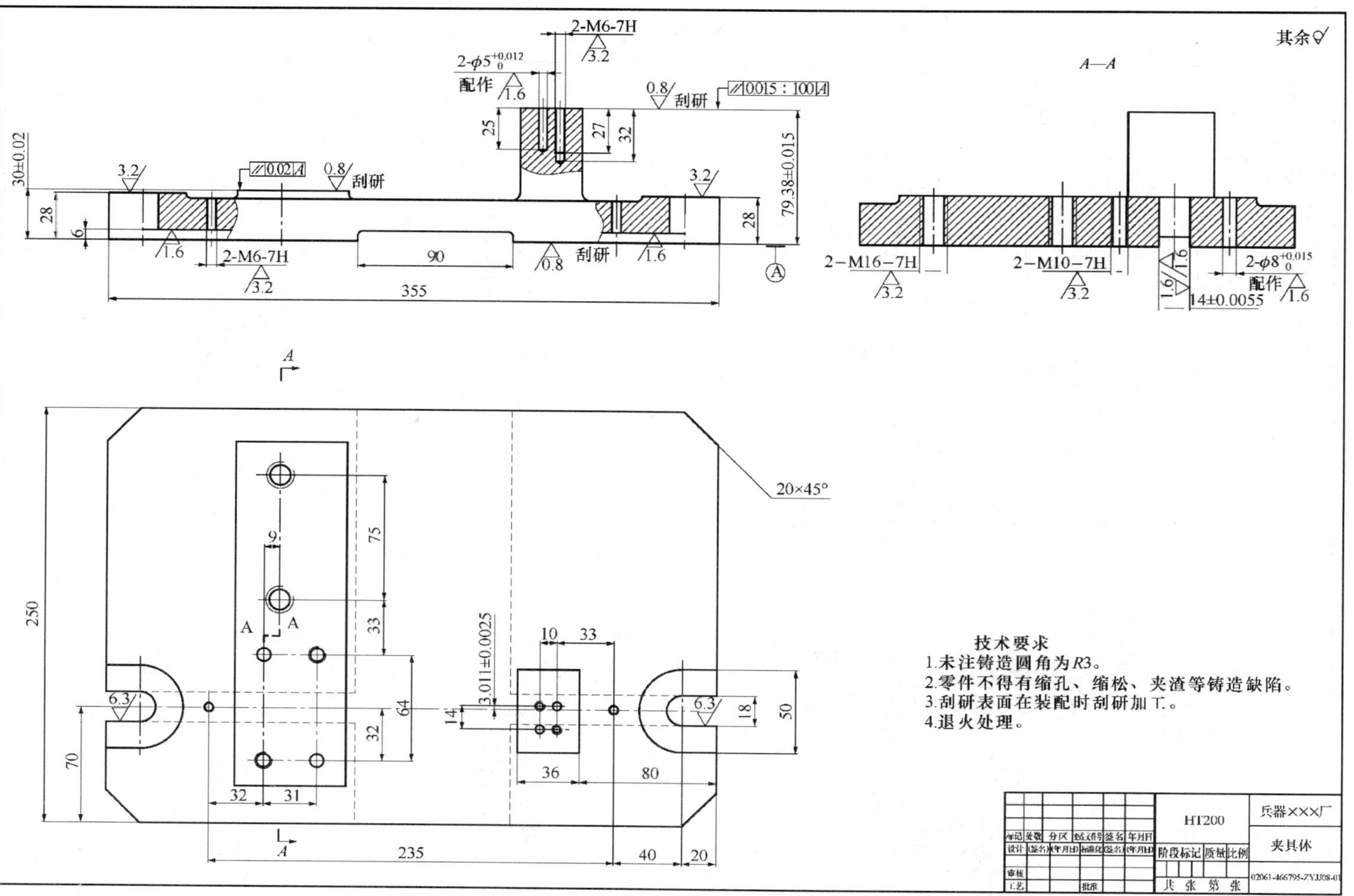

图 7.18　夹具体

第8章

钻床夹具设计

本章重点掌握钻床夹具的类型和结构特点，并根据设计案例学会钻床夹具设计。

8.1 基础理论知识

钻床夹具通常称钻模，是在钻床上进行孔的钻、扩、铰、锪、攻螺纹等加工所用的夹具，主要由定位元件、夹紧装置、钻模板、钻套、夹具体组成。

8.1.1 钻模的主要类型

1. 固定式钻模

这种钻模使用时是被固定在钻床工作台上的，以保证夹具与机床和刀具的相对位置不变。如图8.1所示，工件以两孔一面在两销一面上定位，用快速夹紧螺母夹紧，钻工件上的斜孔。装夹夹具时，在钻床主轴上装入标准心棒，移动夹具，让心棒顺利伸入钻套，再通过螺栓、压板或螺栓、U形耳座固定好夹具。钻孔精度较高，常用于立式钻床上加工较大的单孔或用在摇臂钻床上加工平行孔系。

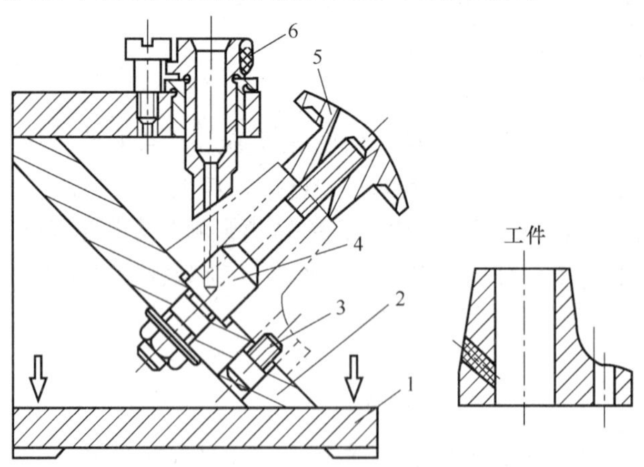

图8.1　固定钻模

1—夹具体；2—平面支承；3—削边定位销；4—圆柱定位销；5—快速夹紧螺母；6—特殊快换钻套

2. 移动式钻模

这种钻模使用时可沿钻床工作台面移动，让钻头通过钻套进行钻孔加工。钻模靠摩擦力矩与转矩平衡，该钻模多用于立钻上加工与钻销方向平行的孔系，钻孔 d 小于 10mm，钻模加工件总质量小于 15kg。

3. 翻转式钻模

这种钻模使用时可以翻转。如图 8.2 所示，工件以内孔及端面定位，用开口垫圈 2、螺母 3 夹紧，加工工件上夹角为 60°的两组孔系，当加工完一组孔系后，翻转钻模加工另一组孔系。该钻模主要用于加工小型工件分布在几个方向上的孔，可提高孔之间的位置精度，一般钻模加工件总质量小于 10kg。

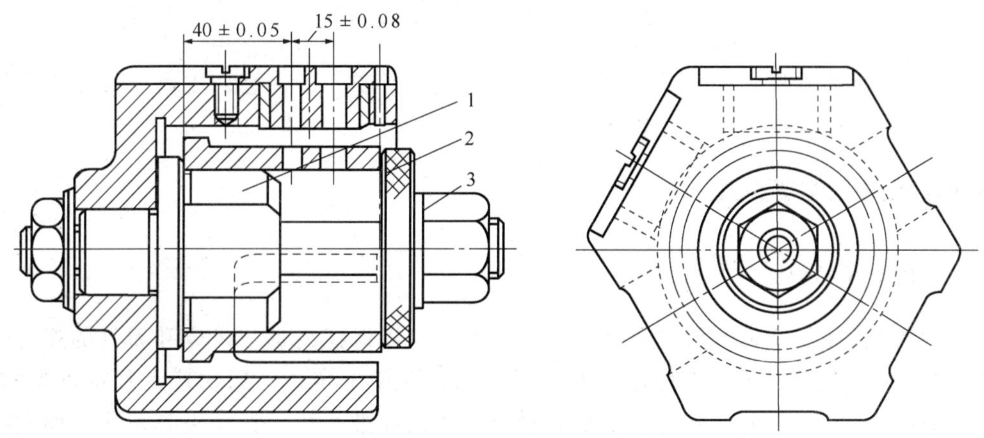

图 8.2 翻转钻模
1—定位销；2—开口垫圈；3—螺母

4. 回转式钻模

这种钻模是含有分度装置的钻模。如图 8.3 所示，钻工件径向三排均分的孔。工件以端面、内孔在定位心轴 2、分度盘 3 上定位，插上开口垫圈，转动螺母 5 夹紧工件，加工好一排孔后，拔出分度定位销 6，逆转锁紧螺母 4 松开分度盘 3，转动分度盘 3 到下一个定位套孔后插入分度定位销 6，再顺转锁紧螺母 4 锁紧分度盘 3 加工下一排孔。

5. 盖板式钻模

这种钻模没有夹具体，使用时钻模像盖子一样盖在工件上，定位元件、夹紧装置都安装在钻模板上。如图 8.4 所示，工件以两孔一面在两销一面上定位，加工垂直方向的孔系。这种钻模用于体积大而笨重的工件或多工步加工的孔。盖板式钻模应设置手柄。

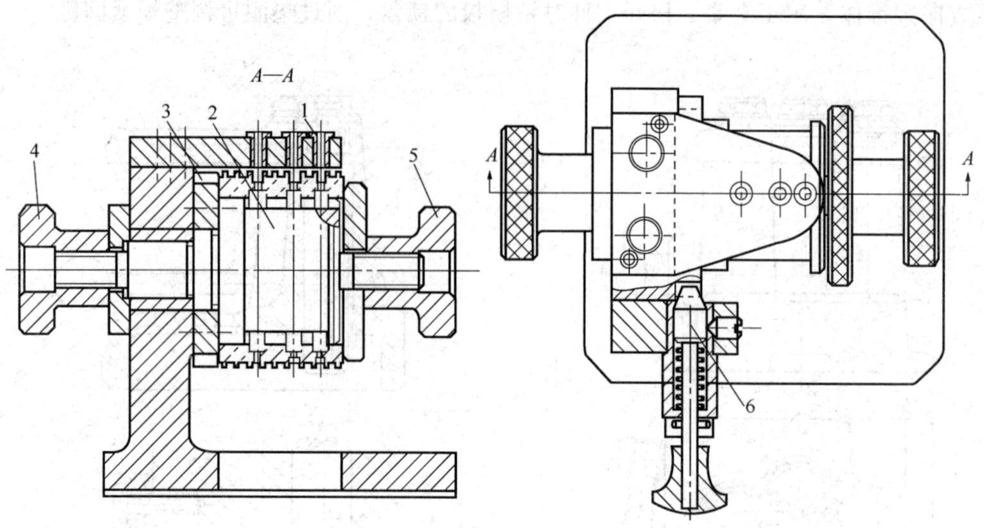

图 8.3 回转式钻模

1—钻套；2—定位心轴；3—分度盘；4—锁紧螺母；5—夹紧螺母；6—分度定位销

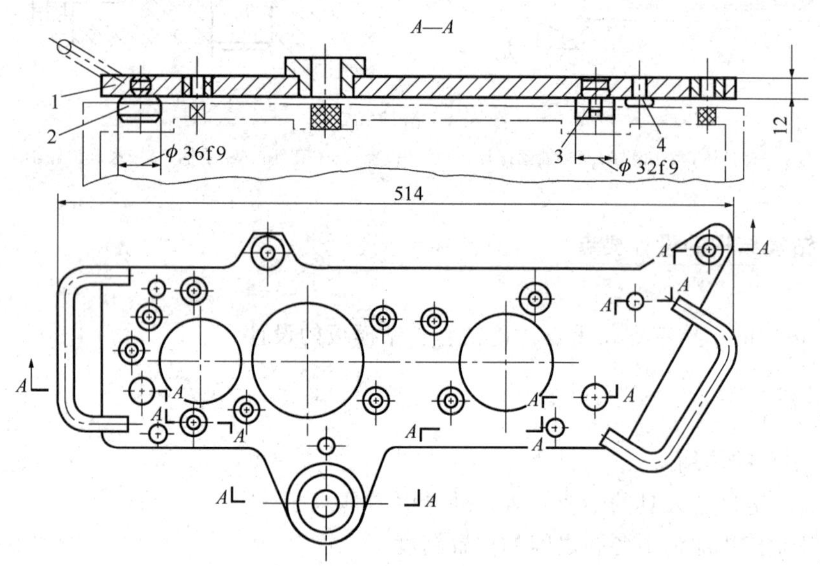

图 8.4 盖板式钻模

1—钻模盖板；2—圆柱定位销；3—菱形定位销；4—定位支承钉

6. 滑柱式钻模

这种钻模是一种带有升降钻模板的通用可调夹具。其结构已标准化和规格化，设计时可按标准选用。图 8.5 所示为典型的手动滑柱式钻模，钻模板与钻模本体通过两导柱确定相互位置，通过圆柱斜齿轮、斜齿条传递运动，圆柱斜齿轮轴上设计有两相

反方向圆锥体，用于夹紧、松开工件时钻模板的锁紧，通过垫圈可调整锁紧间隙。

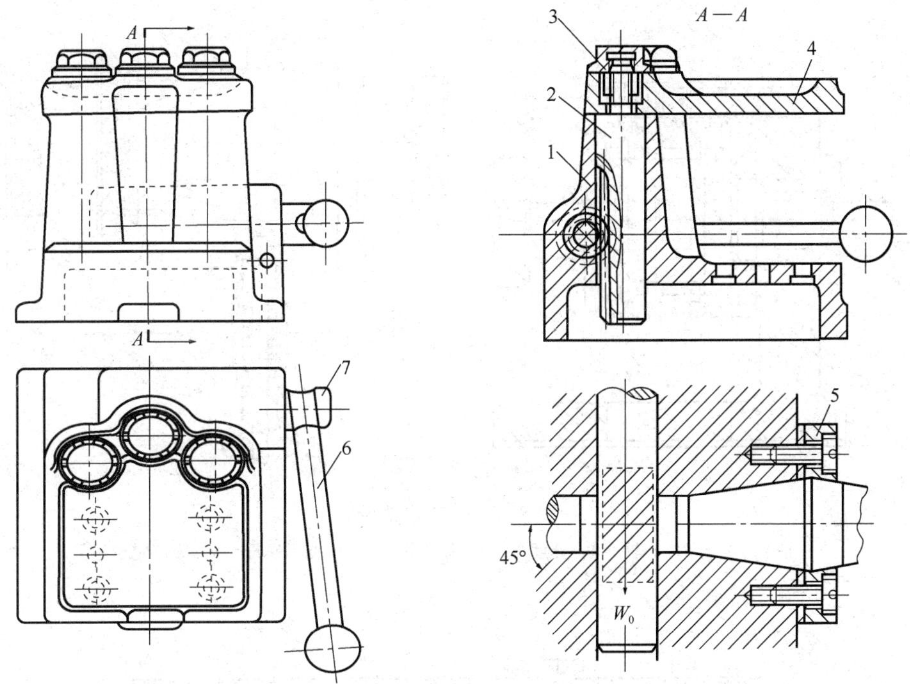

图 8.5　滑柱式钻模

1—夹具体；2—滑柱；3—锁紧螺母；4—钻模板；5—套环；6—手柄；7—螺旋齿轮轴

8.1.2 钻模结构的设计要点

根据钻模的结构特点，重点讨论钻套、钻模板的设计。

1. 钻套

(1) 钻套的作用

1) 确定定尺寸刀具的轴线位置，并导引刀具。

2) 保证孔系加工中各孔之间的位置精度。

(2) 钻套的类型

1) 固定钻套。如图 8.6 所示，钻套以配合$\frac{H7}{n6}$固定在钻模板上，使用过程中磨损后不易拆卸，主要用于小批量生产的单纯钻孔中。B 型用于钻模板较薄或铸铁钻模板。钻套下端应超出钻模板或平齐，否则易造成铁屑堵塞。

2) 可换钻套。如图 8.7 所示，衬套与钻模板的配合$\frac{H7}{n6}$，钻套与衬套的配合$\frac{F7}{m6}$、$\frac{F7}{k6}$，使用过程中钻套磨损后卸下螺钉可更换钻套。可换钻套主要用于批量较大的单纯

钻孔中。

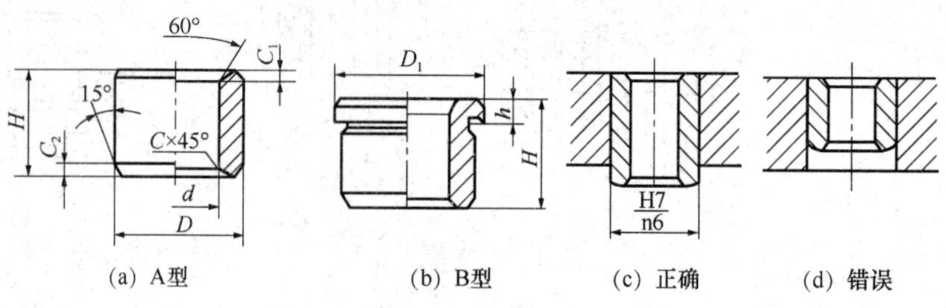

图 8.6 固定钻套

3）快换钻套。如图 8.8 所示，衬套与钻模板的配合$\frac{H7}{n6}$，钻套与衬套的配合$\frac{F7}{m6}$、$\frac{F7}{n6}$，使用过程中钻套磨损后不用卸下螺钉，逆时针旋转钻套可快换。快换钻套主要用于同一孔需多工步加工。注意从钻头尾端向尖端看，以钻头旋转方向为参照方向，钻套肩部台阶面位置始终位于削边位置后面，以便防止钻套自动抬起。

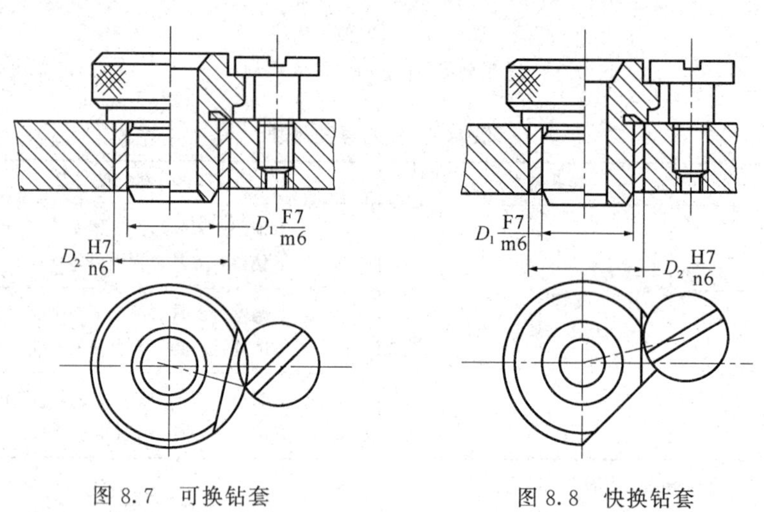

图 8.7 可换钻套　　图 8.8 快换钻套

以上 3 种钻套均为标准件。

4）特殊钻套。如图 8.9 所示，特殊钻套的尺寸、形状与标准不同，自行设计，主要用于无法采用标准钻套或采用标准钻套使钻头导向性能不好的场合。图 8.9（a）用于台阶面钻孔，8.9（b）用于弧面钻孔，8.9（c）用于钻中心距较近的钻孔，8.9（d）用于定心钻孔。

（3）钻套导孔尺寸和公差带的选择

1）钻套导引刀具非刃部时，如图 8.10 所示，取$\frac{H7}{g6}$、$\frac{H6}{g5}$、$\frac{H7}{f7}$

2）钻套导引刀具刃部时，按表 8.1 选取。

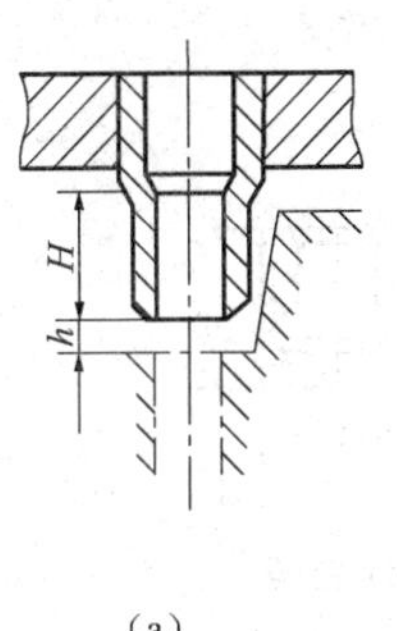

(a)

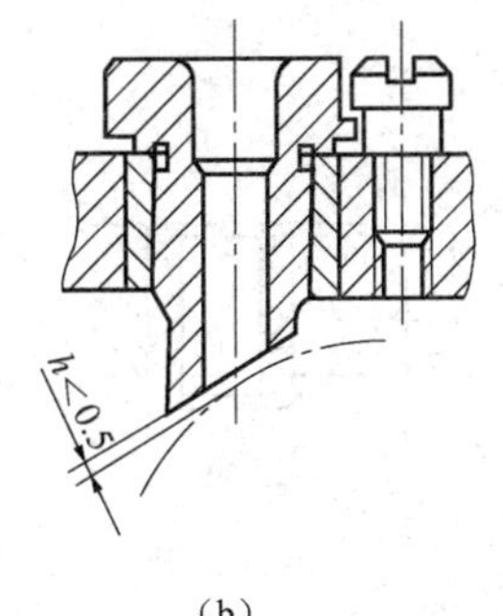

(b)

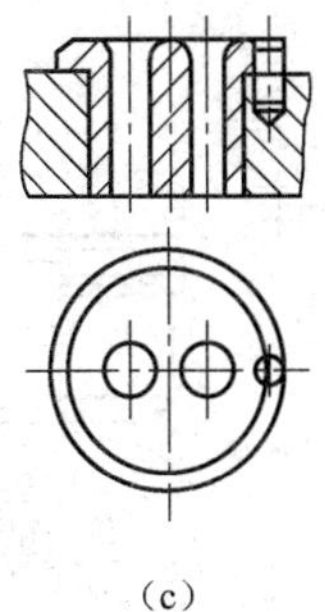

(c)

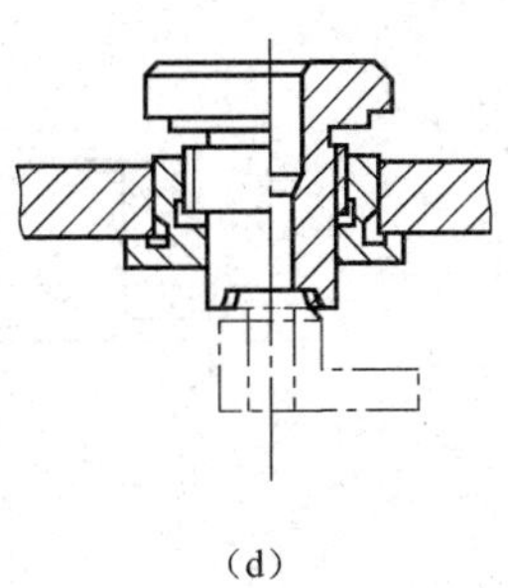

(d)

图 8.9 特殊钻套

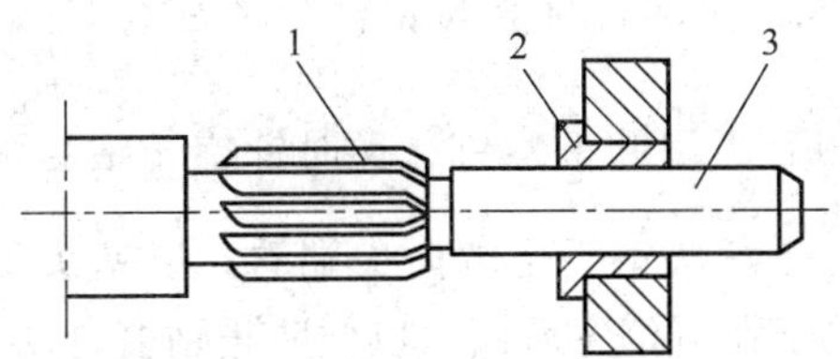

图 8.10 带导柱铰刀

1—切削部分；2—钻套；3—导柱

表 8.1 钻套导孔尺寸

工序	导孔基本尺寸	导 孔 偏 差
钻、扩	刀具刃部基本直径	上偏差＝刀具刃部上偏差＋F7 上偏差 下偏差＝刀具刃部上偏差＋F7 下偏差
粗铰		上偏差＝刀具刃部上偏差＋G7 上偏差 下偏差＝刀具刃部上偏差＋G7 下偏差
精铰		上偏差＝刀具刃部上偏差＋G6 上偏差 下偏差＝刀具刃部上偏差＋G6 下偏差

注：刀具刃部直径偏差见附表 3、4、5。

(4) 钻套下端面与工件加工面之间的空隙的确定

如图 8.11 所示，空隙 h 过小切屑易阻塞，h 过大导向性不好，一般在钻刃伸出钻套，钻尖正好接触工件表面，导向性最好，考虑各种因素，推荐：

加工脆材：

$$h = (0.3 \sim 0.6)d$$

加工塑材

$$h = (0.5 \sim 1)d$$

材料越硬、h 越小；d 越小，h 越大。

特殊情况：在斜面上钻孔，h 取小值；孔位精度高时，取 $h=0$；钻 $L/d>5$ 的深孔，取 $h=1.5d$。

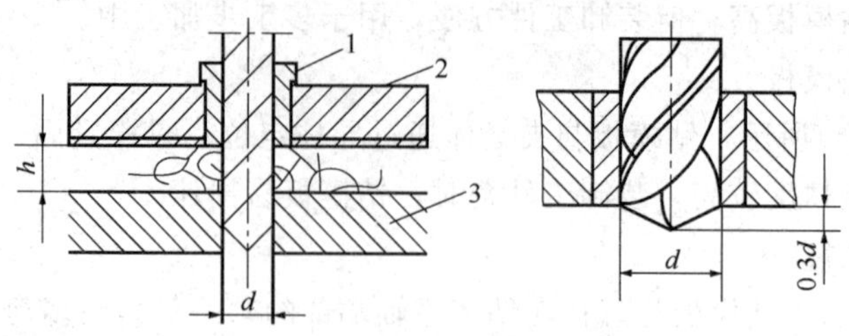

图 8.11　钻套下端面距加工面空隙

1—钻套；2—钻模板；3—工件

2. 钻模板

钻模板为安装钻套的板，常见的钻模板有以下几种。

(1) 固定式钻模板

如图 8.12 (a) 所示，钻模板是被固定在夹具体上的，固定方式有焊为一体、铸为一体、两个销钉定位、多个螺钉紧固为一体。当采用销钉定位时，其销钉孔与夹具体销钉孔配铰加工。钻模板装好后钻套位置尺寸不变，加工精度较高，有时装卸工件不便。

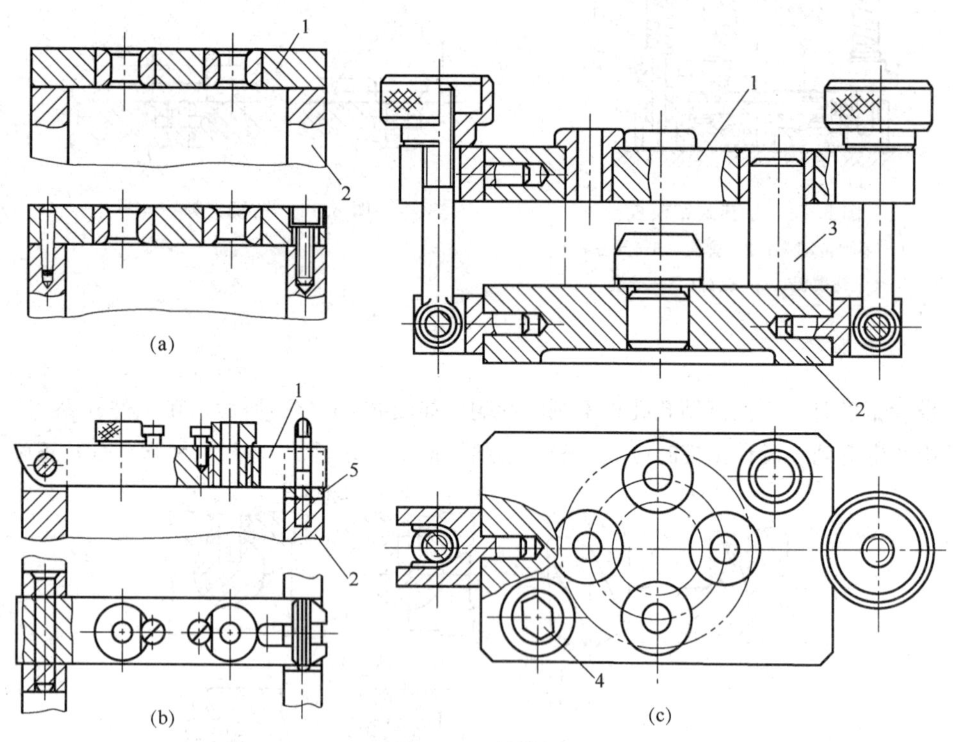

图 8.12　钻模板

1—钻模板；2—夹具体；3、4—导柱；5—调整垫片

(2) 铰链式钻模板

如图 8.12 (b) 所示，钻模板通过铰链与夹具体连接，因铰链存在间隙，所以加工

精度不如固定式钻模板高，但装卸工件方便，用于多工步加工中。

（3）可卸式钻模板

如图 8.12（c）所示，钻模板与夹具体通过导柱定位、螺栓紧固，每次装卸工件需卸下钻模板，钻孔精度较高，装卸工件费时，钻模板易损坏。

（4）悬挂式钻模板

如图 8.13 所示，钻模板是悬挂在钻床主轴端部的，一般是在多动力头钻床配用。

3. 钻模用支脚

如图 8.14 所示，钻模用支脚有铸造结构、焊接结构、装配结构。钻模支脚尺寸应大于钻床 T 形槽尺寸，布置支脚位置应考虑钻模工作稳定。

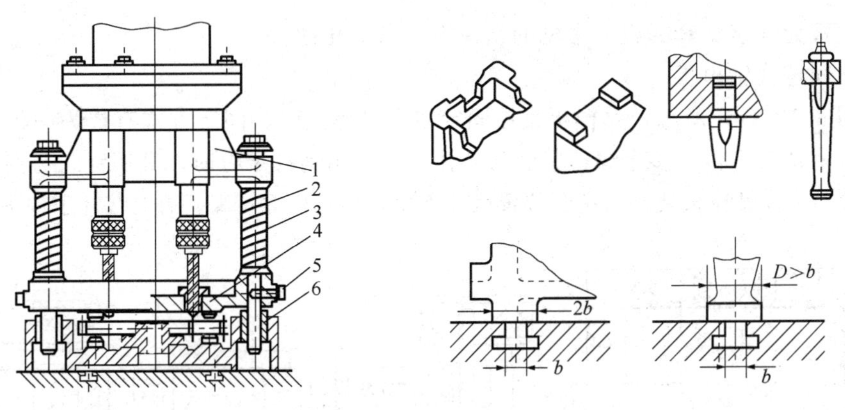

图 8.13　悬挂式钻模板

1—多轴传动头；2—弹簧；3—导柱；
4—钻模板；5—螺钉；6—导套

图 8.14　钻模支脚

4. 注意事项

设计钻模时，应注意钻孔孔口毛刺的影响，如图 8.15（a）所示，在工件孔钻入、钻出面均产生毛刺，设计钻模时应设计避让毛刺的槽子，如图 8.15（b）错误、（c）正确。

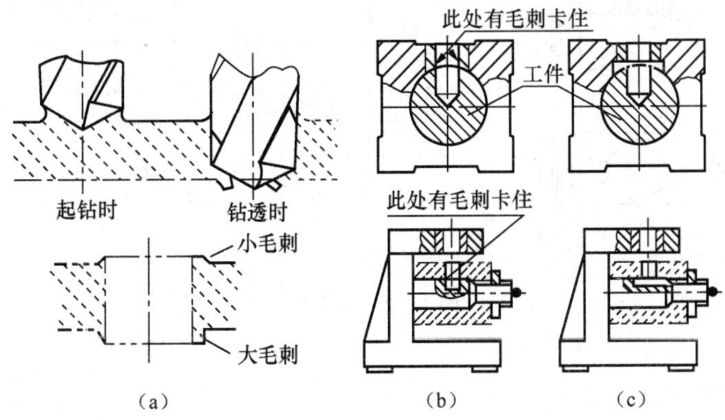

图 8.15　孔口毛刺及影响

8.2 钻床夹具设计案例

下面以某支承板为例，介绍钻床专用夹具的设计过程。

8.2.1 设计任务

夹具设计任务见表 8.2。由表 8.2 所示的设计任务书可看出，这里是为第 11 道工序设计 1 套钻床夹具。

8.2.2 设计资料收集

收集零件图（图 8.16）、机械加工工艺过程卡片（表 8.3）、机械加工工序卡片（表 8.4）；

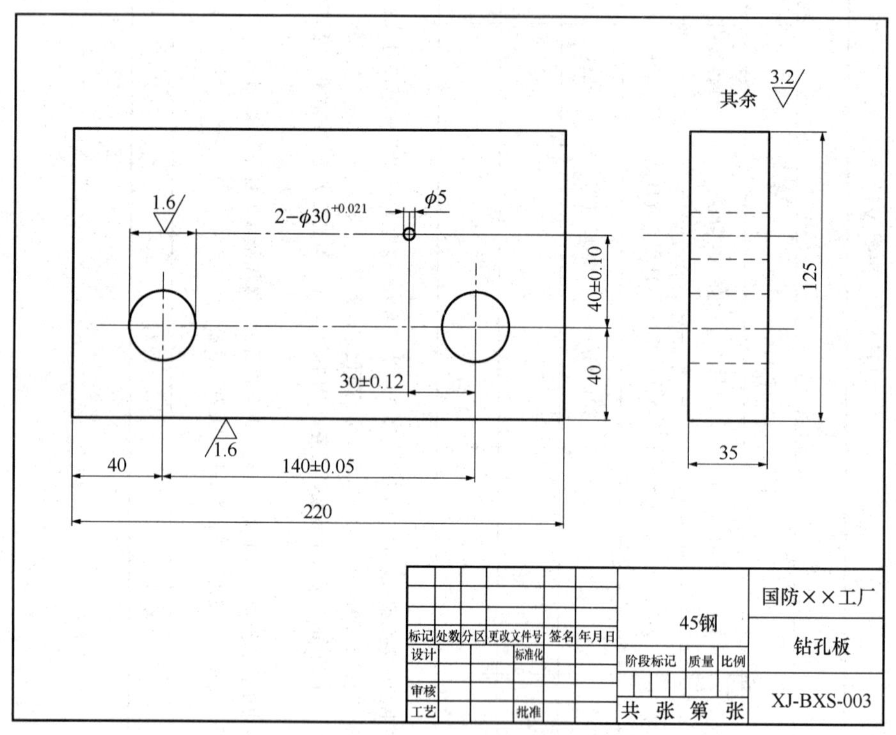

图 8.16 支架零件图

收集《机械零件设计手册》、《机床夹具设计手册》、《金属机械加工工艺人员手册》等资料；

本工序使用机床为 Z512 钻床，钻床工作台参数查阅《机床夹具设计手册》；

本工序使用刀具为钻头 φ5 标准麻花钻（W18Cr4V），由附表 3 查得，钻头公差为 $h8(^{0}_{-0.018})$；

表 8.2　夹具设计任务书

<table>
<tr><td colspan="7">工装制造任务书</td><td colspan="7" align="right">XJZB-09-005</td></tr>
<tr><td colspan="2">项目编号或通知号</td><td colspan="6">XJZB-GZ-2011-001</td><td colspan="2">共 1 页　第 1 页</td><td colspan="2">任务书编号</td><td colspan="2">GZXJ-GYB-2011-001</td></tr>
<tr><td colspan="2">产品名称</td><td>变速箱</td><td colspan="2">代号</td><td colspan="2">XJSB-BSX-002</td><td>零件件数</td><td>2000</td><td colspan="2">生产纲领</td><td>中批生产</td><td>类别</td><td>技改</td></tr>
<tr><td>序号</td><td>工装编号</td><td>工装名称</td><td>设计人</td><td>制造数量</td><td>需求日期</td><td>计划完成日期</td><td>零件名称</td><td>零件图号</td><td>工序号</td><td>工序名称</td><td>设备名称</td><td>设备型号</td><td>使用单位</td></tr>
<tr><td>1</td><td>GZ9603</td><td>钻模</td><td></td><td>1</td><td>2010/5/10</td><td>2010/4/20</td><td>钻孔板</td><td>4LG1-5-02</td><td>11</td><td>钻</td><td>钻床</td><td>Z512</td><td>SCB</td></tr>
<tr><td>2</td><td></td><td></td><td></td><td></td><td></td><td></td><td></td><td></td><td></td><td></td><td></td><td></td><td></td></tr>
<tr><td>3</td><td></td><td></td><td></td><td></td><td></td><td></td><td></td><td></td><td></td><td></td><td></td><td></td><td></td></tr>
<tr><td>备注</td><td colspan="13">1）工装制造任务书的任务书编号由 GZ＋部门代号＋“-”＋年份（4 位）＋“-”＋顺序号（3 位）组成。例如，任务书编号为 GZXJGYB-2010-001，表示工装—西安机床工艺部—2010 年—编制的第 1 份工装制造任务书。
2）工装制造任务书与设计的图纸或工装设计任务书一同提交，工装制造任务书一式两份，生产准备部接收人签字接收后，负责向编制人对应的单位返回一份。
3）工装制造任务书的内容要求填写正确、完整，并与设计的工装图纸或工装任务相一致。
4）在类别栏填写“技改”、“技措”、“新产品”、“复制”字样</td></tr>
<tr><td colspan="14">编制：　　　　　　校对：　　　　　　审核：　　　　　　接收人：</td></tr>
</table>

表 8.3 机械加工工艺过程卡片

国防××工厂	机械加工工艺过程卡片	产品型号		零件图号	4LG1-5-02		
		产品名称		零件名称	钻孔板	共 2 页	第 1 页

材料牌号	45 钢	毛坯种类	板材	毛坯外形尺寸	225×130×40	每毛坯件数		每台件数	1	备注	

工序号	工名序称	工序内容	车间	工段	设备	工艺装备	工时 准终	工时 单件
01	铣	铣后大面见光	机		X62W			
03	铣	铣底面见光	机		X62W			
05	铣	铣其余 4 表面，保证厚度 35mm，宽度 220mm	机		X62W			
07	铣	精铣底面保证高度尺寸为 125mm	机		X62W			
09	钻	钻、铰 2-$\phi 30^{+0.021}_{0}$孔 mm	机		Z512			
11	钻	钻 ϕ5mm 孔，保证位置尺寸	机		Z512			
13	检	检验	机					

标记	处数	更改文件号	签字	日期	标记	处数	更改文件号	签字	日期	设计（日 期）	校对（日期）	审核（日期）	标准化（日期）	会签（日期）
标记	处数	更改文件号	签字	日期	标记	处数	更改文件号	签字	日期					

表 8.4 机械加工工序卡片

国防××工厂	机械加工工序卡片	产品型号		零件图号	502-105-003		
		产品名称	车床尾座	零件名称	支架	共 页	第 页

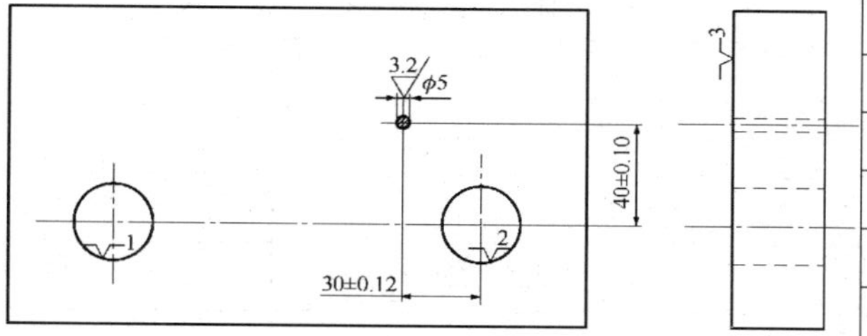

车间	工序号	工序名称	材料牌号
	11	钻 $\phi 5$ 孔	QT400-15
毛坯种类	毛坯外形尺寸	每毛杯可制件数	每台件数
铸件		1	1
设备名称	设备型号	设备编号	同时加工件数
	Z512		1

夹具编号	夹具名称	切削液	
专用夹具	GZ9603	冷却液	
工位器具编号	工位器具名称	工序工时（分）	
		准终	单件

工步号	工步内容	工艺装备	主轴转速 r/min	切削速度 m/min	进给量 mm/r	切削深度 mm	进给次数	工步工时 机动	工步工时 辅助
	装夹	钻头 $\phi 5$（W18Cr4V） 专用夹具（S502） 游标卡尺（0～125：0.02）							
1	钻 $\phi 5$ 孔，保证尺寸		800	18	手动进给	2.5	1		

标记	处数	更改文件号	签字	日期	标记	处数	更改文件号	签 字	日期	设 计（日 期）	校 对（日期）	审 核（日期）	标准化（日期）	会 签（日期）

设计采用机械行业《机床夹具零件及部件》(JB/T 8004.1—1999) 等标准;

根据工件零件图和第 11 道工序的机械加工工序卡片,了解本单位同类零件的钻床专用夹具的制造与使用情况;

收集国内外同类夹具的相关资料,了解同类夹具在国内外的设计、制造和使用情况。

8.2.3 设计

1. 工序分析

1) 该零件为某箱体内支承板,零件材料为 45 钢,强度较好,结构简单。

2) 零件外形尺寸较小,钻 $\phi5$ 孔,钻孔切削力较小,夹紧力要求不高。

3) 该零件前期各表面已完成加工,本工序孔径要求不高但加工位置尺寸精度有一定要求,设计夹具精度和复杂程度不宜太高,尽可能降低制造成本。

4) 该零件为中批生产,本工序完成单一直径钻孔。

2. 定位方案设计

(1) 定位基准和加工要求分析

从表 8.3 和表 8.4 可知:

本工序定位基准为两孔一面,即后侧平面定位限制 3 个自由度,左孔 $\phi30^{+0.021}_{0}$ 定位限制 1 个自由度,右孔 $\phi30^{+0.021}_{0}$ 定位限制 2 个自由度,孔间距为 140±0.05,工件厚度 35。基准选择遵循基准重合原则。

本工序加工要求有 3 项:形状要求 $\phi5$;位置尺寸要求 30±0.12、40±0.10。

(2) 限制自由度分析

在工序图上建立坐标关系如图 8.17 所示。

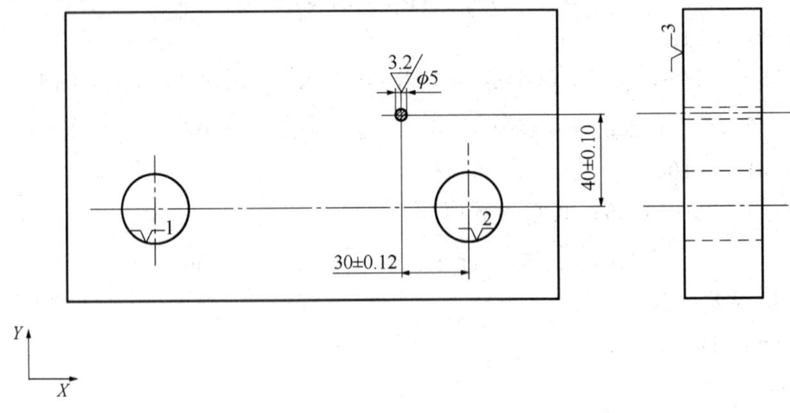

图 8.17 限制自由度分析

1) $\phi5$ 孔由定尺寸刀具保证。

2) 保证位置尺寸 30±0.12,需要限制 $\vec{X}$ $\overset{\frown}{Y}$ $\overset{\frown}{Z}$。

3) 保证位置尺寸 40±0.10,需要限制 $\overset{\frown}{X}$ $\vec{Y}$ $\overset{\frown}{Z}$。

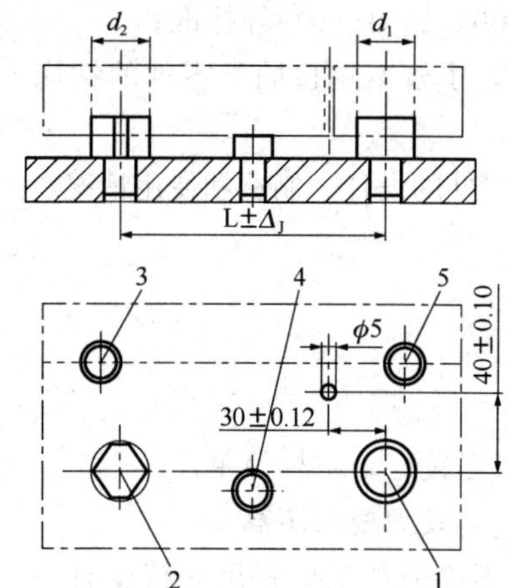

图 8.18 定位元件布置

1—短圆柱定位销；2—短菱形定位销；
3、4、5—定位支承钉

综合结果：应限制 $\vec{X}$ $\overset{\frown}{X}$ $\vec{Y}$ $\overset{\frown}{Y}$ $\vec{Z}$，工序定位方案合理。

(3) 定位方案设计

1) 定位方案设计。

根据工序要求，选用一面两销定位方案，即选择 3 个支承钉与工件后侧面接触定位，限制 $\vec{Z}$ $\overset{\frown}{X}$ $\overset{\frown}{Y}$；选择短圆柱销与工件右孔 $\phi30^{+0.021}_{0}$ 配合定位，限制 $\vec{X}$ $\vec{Y}$；选择短圆柱削边销与工件左孔 $\phi30^{0.021}_{0}$ 配合定位，限制限制 $\overset{\frown}{Z}$。

支承钉、圆柱销、削边销结构及尺寸等查阅相关手册。

定位元件布置如图 8.18 所示。综合结果限制了 $\vec{X}$ $\overset{\frown}{X}$ $\vec{Y}$ $\overset{\frown}{Y}$$\vec{Z}$ $\overset{\frown}{Z}$，满足加工要求。

2) 两销设计。

确定销间距：$L\pm\Delta_J=140\pm\frac{1}{5}\times0.05=140\pm0.01$。

确定圆柱销直径：选取配合 $\phi30\ \frac{H7}{g6}$ ($\phi30^{+0.021}_{0}/^{-0.007}_{-0.020}$)，有 $\Delta_1=0.007$。

查表 2.1 削边销的主要结构参数表得 $b=5$，则

$$\Delta_2=2\times\frac{b}{D_2}\times(\Delta_K+\Delta_J-\Delta_1/2)=2\times\frac{5}{30}\times\left(0.05+0.01-\frac{0.007}{2}\right)=0.008$$

$$d_2=(D_2-\Delta_2)h6=(30-0.008)^{\ 0}_{-0.013}=30^{-0.008}_{-0.021}$$

(3) 对刀误差 Δ_{jd} 计算

根据 4.2.3 论述知：

$$\Delta_{jd}=\sqrt{\delta_1^2+e_1^2+e_2^2+x_1^2+x_2^2}$$

对位置尺寸 30±0.12：

$$\delta_1=\pm0.03=0.06; e_1=0.005, e_2=0; X_1=0; X_2=0.022-(-0.018)=0.04;$$

$$\Delta_{jd1}=\sqrt{\delta_1^2+e_1^2+e_2^2+x_1^2+x_2^2}\approx0.072$$

对位置尺寸 40±0.10：

除 $\delta_1=\pm0.025=0.05$；其它参数值同上。

$$\Delta_{jd2}=\sqrt{\delta_1^2+e_1^2+e_2^2+x_1^2+x_2^2}\approx0.064$$

(4) 定位误差 Δdw 分析

对于 30±0.12：

$\Delta jb_1=0$

$\Delta db_1=0.021-(-0.020)=0.041$

$\Delta dw_1-0.041<\frac{0.24}{3}=0.08$

满足该项加工要求。

对于 40±0.10：

$$\Delta jb_2 = 0$$

Δdb_2的分析计算如图 8.19 所示。

$$\begin{aligned}\tan\theta_2 &= (\Delta D_2 + \Delta d_2 + \Delta_2 - \Delta D_1 - \Delta d_1 - \Delta_1)/2L \\ &= (\Delta_{2max} - \Delta_{1max})/2L \\ &= (0.021 + 0.021 - 0.021 + 0.020)/(2 \times 140) \\ &= 0.001/280\end{aligned}$$

$$\Delta db_2 = \Delta db_1 + 2 \times 30 \times \tan\theta_2 = 0.042 + 2 \times 30 \times 0.001/280 \approx 0.042$$

$$\Delta dw_2 = 0.042 < \frac{0.20}{3} \approx 0.067$$

满足该项加工要求。

结论：该定位方案可行。

3. 夹紧方案设计

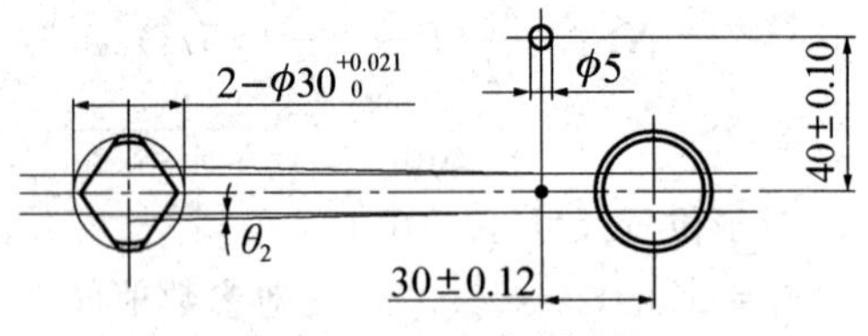

图 8.19 Δdb_2分析计算

根据零件工序要求，考虑工件不大，钻孔孔径小，加工切削力较小，且切削力主要传给了夹具体。夹紧主要抵消因钻矩产生的工件转动，因两销还能起到防止工件转动的作用，故不需要设置夹紧装置。

4. 导引方案设计

根据中批生产的要求，同时考虑本工序只是钻孔，为提高对刀精度，采用固定钻模板、固定钻套的方案，如图 8.20 和图 8.21 所示。

(1) 确定钻套导引孔内径尺寸 d

根据麻花钻 $\phi5$ h8 ($^{0}_{-0.018}$) 直径尺寸，查表 8.1，确定钻套导引孔内径尺寸 d 为 $\phi5$F7 ($^{+0.022}_{+0.010}$)。固定钻套结构及尺寸查阅相关手册，得如图 8.19 所示参数。其中 $H=20$，$D=\phi10$n6；钻套内外园同轴度 $e_1=0.005$。

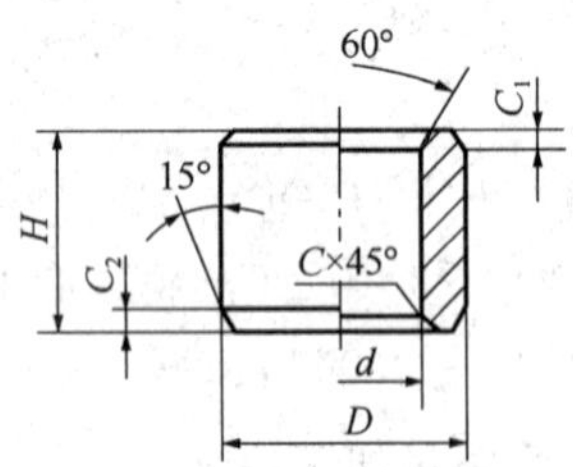

图 8.20 固定钻套结构

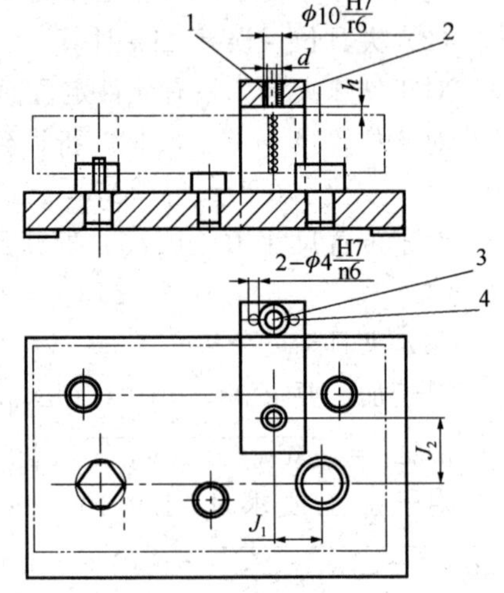

图 8.21 导引方案设计

—固定钻套；2—钻模板；3—螺钉；4—圆柱销

(2) 确定钻套位置尺寸 J_1、J_2

钻套前后、左右方向位置尺寸的基准均为圆柱定位销中心线，钻套位置尺寸直接

与工序位置尺寸相关，所以

$$J_1 = 30 \pm 0.12/4 \approx 30 \pm 0.03$$
$$J_2 = 40 \pm 0.10/4 \approx 40 \pm 0.025$$

考虑工件装卸方便，取 $h=8$；钻套与钻模板的配合查取 $\phi 10\ \frac{H7}{r6}$。

(3) 对刀误差 Δjd 计算

根据 4.2.3 节论述知：

$$\Delta jd = \sqrt{\delta_1^2 + e_1^2 + e_2^2 + x_1^2 + (2x_3)^2}$$

对于位置尺寸 30±0.12：

$\delta_1 = \pm 0.03 = 0.06; e_1 = 0.005, e_2 = 0\ ; X_1 = 0; X_2 = 0.022 - (-0.018) = 0.04\ ;$

$$X_3 = \frac{X_2}{H}(B + h + 0.5H) = \frac{0.04}{20} \times (35 + 5 + 0.5 \times 20) = 0.1$$

$$\Delta jd_1 = \sqrt{\delta_1^2 + e_1^2 + e_2^2 + x_1^2 + (2x_3)^2} \approx 0.065$$

对于位置尺寸 40±0.10：

$\delta_1 = \pm 0.025 = 0.05$，其他参数值同上。

$$\Delta jd_2 = \sqrt{\delta_1^2 + e_1^2 + e_2^2 + x_1^2 + (2x_3)^2} \approx 0.065$$

5. 夹具与机床的连接

(1) 夹具与机床的连接

固定式钻床夹具通过夹具体钻模支脚与钻床工作台面接触，由《机床夹具设计手册》查得，Z512 钻床工作台 T 形槽宽度为 12mm，设计钻模支脚尺寸大于 12mm 即可。

此时取 3 个支承钉所在工作面与夹具体钻模支脚底面平行度误差≯0.02：100mm。

(2) 夹具位置误差 Δjw 计算

对于钻床夹具，只有元件定位面对夹具定位面的位置误差产生 Δjw。

对于位置尺寸 30±0.12，折算到加工工件高度上产生的误差为

$$\Delta jw_1 = 0.02/100 \times 35 = 0.007$$

对于位置尺寸 40±0.10，折算到加工工件高度上产生的误差为

$$\Delta jw_2 = 0.02/100 \times 35 = 0.007$$

(3) 夹具精度分析

对于加工要求 30±0.12：$\Delta dw_1 = 0.042$，$\Delta jd_1 = 0.065$；$\Delta jw_1 = 0.007$。

故 $\Delta_1 = \sqrt{\Delta dw_1{}^2 + \Delta jw_1^2 + \Delta jd_1^2} \approx 0.078 < 0.24 \times 2/3 = 0.16$，满足加工要求。

对于加工要求 40±0.10：$dw_2 = 0.044$，$\Delta jd_2 = 0.064$，$\Delta jw_2 = 0.007$。故 Δ_2 $\sqrt{\Delta dw_1{}^2 + \Delta jw_1^2 + \Delta jd_1^2} \approx 0.078 < 0.2 \times 2/3 \approx 0.133$，满足加工要求。

结论：设计夹具满足加工精度要求，方案可行。

6. 夹具体设计

夹具体在保证合理连接各组成元件的同时，还要保证强度，减少加工面积，本夹具体采用 45 钢板加工而成。钻模支脚尺寸取 20×20mm。

7. 绘制夹具总图

(1) 绘制夹具装配图

根据钻床夹具总体结构设计要求，结合前面钻床夹具各部分结构及尺寸，绘制夹具总装图，如图 8.22 所示。

(2) 尺寸、技术条件标注

结合 5.3 节论述，应标注以下尺寸、技术条件。

1) 尺寸。

最大外形轮廓尺寸（A 类尺寸）：长、宽、高＝238、145、96.5mm；

工件与定位元件的联系尺寸（B 类尺寸）：$\phi30\ \frac{H7}{g6}$、$\phi30^{+0.021}_{0}/^{-0.015}_{-0.029}$、140±0.01；

夹具与刀具的联系尺寸（C 类尺寸）：$\phi5F7\ (^{+0.022}_{+0.010})$、30±0.03、40±0.025；

其他装配尺寸（E 类尺寸）：2-$\phi16\ \frac{H7}{n6}$、3-$\phi12\ \frac{H7}{n6}$、2-$\phi4\ \frac{H7}{n6}$、$\phi10\ \frac{H7}{r6}$。

2) 技术条件。

3 个支承钉等高允差≯0.02mm；

3 个支承钉所在工作面与夹具体底面平行度误差≯0.02∶100mm；

两个定位销对夹具体底面垂直度误差≯ϕ0.05∶100mm；

钻套中心线与夹具体底面垂直度误差≯ϕ0.05∶100mm；

安装钻模板时采用调整法，保证钻套位置尺寸 30±0.03、40±0.025。

尺寸、技术条件标注如图 8.22 所示。

(3) 编写零件明细表

按照国家机械制图标准的规定，需对夹具总装图中的各个零件进行编号，在标题栏上方画出零件明细表，并填写具体信息。如图 8.21 所示。

(4) 绘制非标准夹具零件图

根据夹具装配图，拆画非标准夹具零件图。由图 8.22 知，钻模板 5、夹具体 6 属于非标准零件，应拆画其零件图。

钻模板上供安装固定钻套的孔的尺寸，由总图相关配合拆得，为 $\phi10H7\ (^{+0.018}_{0})$；两个销钉孔 2-$\phi12^{+0.018}_{0}$ 与夹具体销钉孔配铰，钻模板底孔中心线对底面垂直度取钻套中心线距夹具体底面垂直度 0.05：100 的 1/2 约为 ϕ0.02∶100mm。

夹具体上供安装定位销的孔的直径，由总图相关配合拆得，为 2-$\phi16^{+0.018}_{0}$；供安装定位销的两孔的孔心距偏差，取装配图上销间距偏差±0.01 的 1/2，为 140±0.005；供安装钻模板的销钉孔 2-$\phi12^{+0.018}_{0}$ 配作加工，夹具体上表面与钻模支脚底面的平行度≯0.01∶100mm。

拆画的非标准零件图如图 8.23 和图 8.24 所示。

8. 夹具使用说明

使用本夹具前，需先在钻床工作台上找正安装，即在钻床主轴锥孔装入 $\phi5$ 的量棒，移动钻模，让量棒顺利伸入钻套，再用螺栓压板压紧夹具，方可对工件进行加工。

技术要求
1. 3个支承钉等高公差≯0.02mm；
2. 3个支承钉所在工作面与夹具体底面平行度误差≯0.02:100mm；
3. 两个定位销对夹具体底面垂直度误差≯φ0.05:100mm；
4. 钻套中心线与夹具体底面垂直度误差≯φ0.05:100mm；
5. 钻模板安装时采用调整法，保证钻套位置30±0.03、40±0.025。
8 GB 119—1976 圆柱销钉 φ4 45钢 1 2
7 GB/T 2161—1980 六角螺栓 M10 45钢 1 1
6 夹具体 45钢 1 1
5 钻模板 45钢 1 1
4 GB/T 8013.2—1999 固定钻套 φ5 45钢 1 1
3 GB 2202—1980 菱形销 φ30 T7A 1 1
2 GB/T 5783—2000 支承钉 φ20 T7A 1 3
1 GB/T 119.1—2000 圆柱销 φ30 T7A 1 1
序号 代号 名称 规格 材料 单件 总计 备注
标记 处数 分区 更改文件号 签名 年月日
设计 标准化
审核
工艺 批准
×××1
阶段标记 质量 比例
共 张 第 张
国防××工厂
钻孔板装配图
GZ9603
φ10 H7/r6
5 +0.02 +0.10
8
2-φ16 H7/n6
3-φ12 H7/n6
238
96.5
2-φ4 H7/n6
40±0.025
φ30 H7/g6
30±0.03
140±0.05
φ30 +0.021 0 −0.015 −0.029
145
1
2
3
4
5
6
7
8

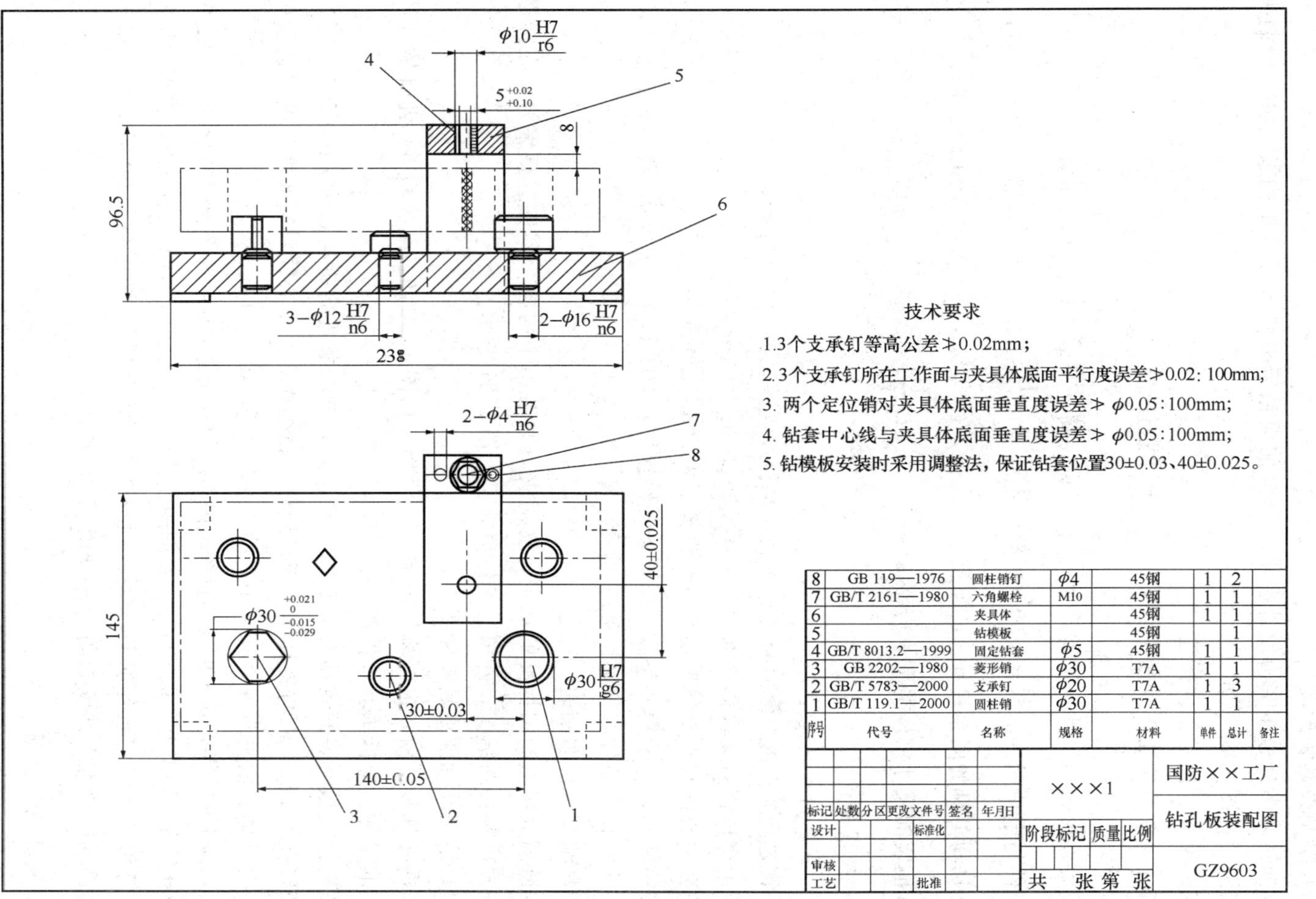

图 8.22 钻模装配总图

K—K
其余 3.2
0.01:100 D
2-Φ16 +0.018 0
30±0.02
40
80.5±0.05
3-Φ12 +0.018 0
M10深15
2-Φ4 +0.012 0 配作
100±0.1
100
145
140±0.005
52.5
238
技术要求
1. 调质HRC30~40。
2. 零件周边倒棱，无毛刺。
45钢
国防××工厂
钻孔板夹具体零件图
GZ9603-01
标记 处数 分区 更改文件号 签名 年月日
设计 标准化 阶段标记 质量 比例
审核
工艺 批准 共 张 第 张

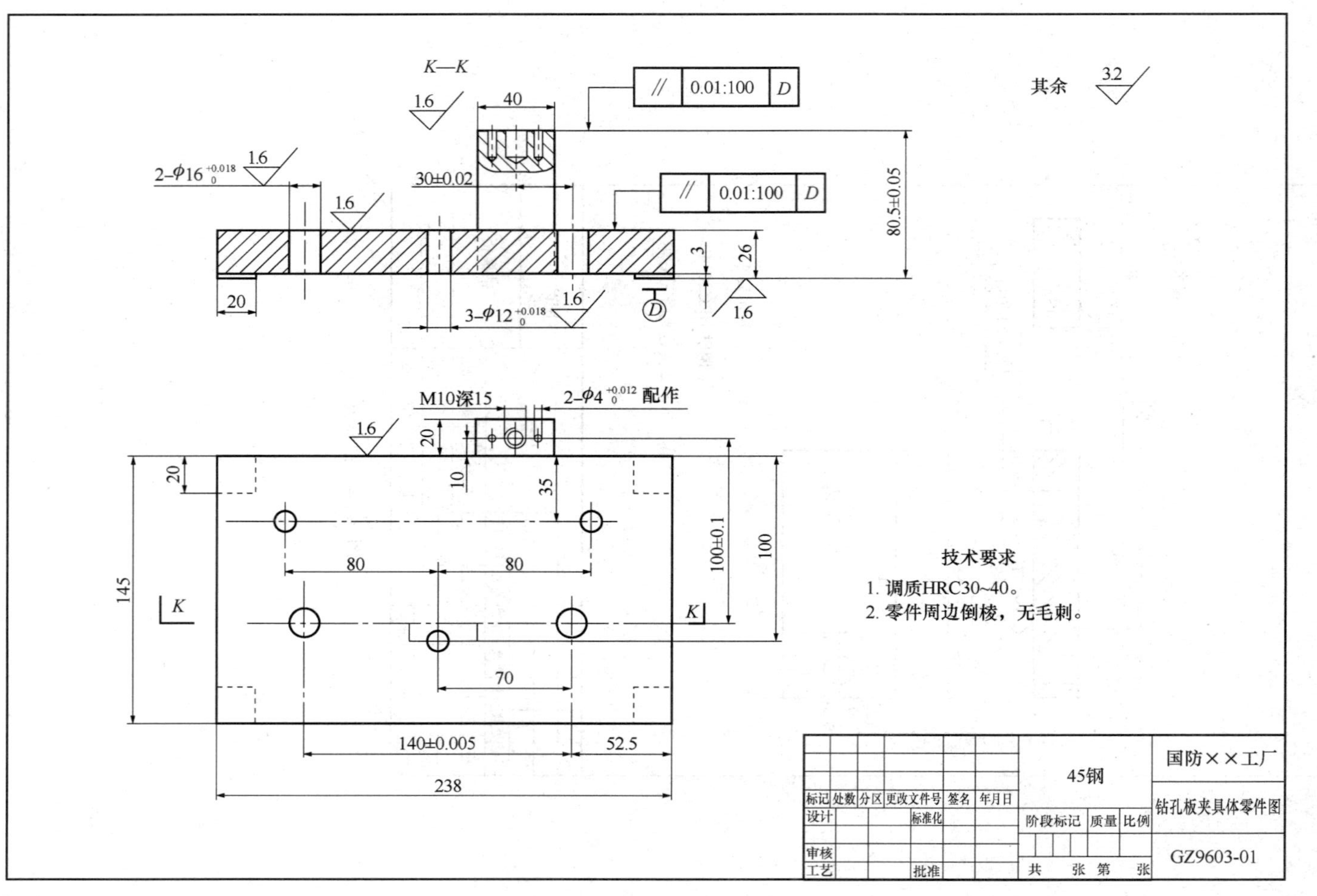

图 8.23 钻模夹具体

其余 32
0.01:100 D
40
1.6
16
1.6
D
φ10 +0.018 0
φ0.02:100 D
2–φ4 +0.012 0 配铰
90
10
12
12
φ11
10
60±0.02
技术要求
1.调质 HRC30~40。
2.棱边光滑无毛刺。
45钢
国防××工厂
钻模板
标记 处数 分区 更改文件号 签名 年月日
设计 标准化
阶段标记 质量 比例
1:1
审核
工艺 批准
共 张 第 张
GZ9603—02

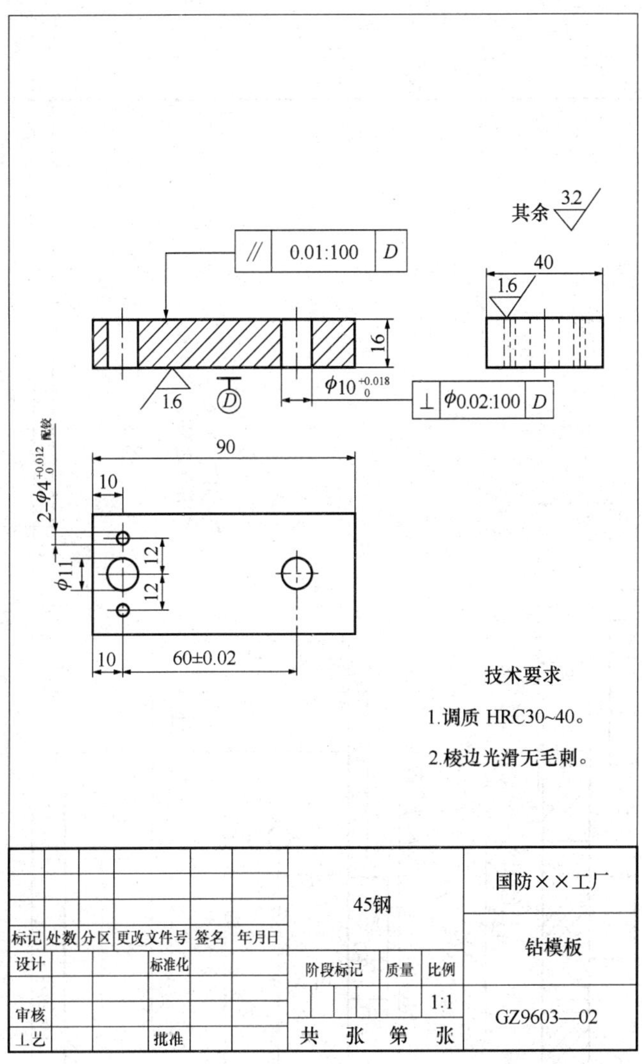

图 8.24 钻模板

第9章

镗床夹具设计

本章重点掌握镗床夹具的组成和结构特点，并根据设计案例学会镗床夹具的设计。

9.1 基础理论知识

镗床夹具又称镗模，是一种精密的机床夹具，主要用于加工箱体类零件上的孔或孔系。

9.1.1 镗模的组成

如图 9.1 所示，工件（车床尾座）以底面、侧面、端面在定位支承导向板 3、挡销 5 上定位，用螺栓压板 4 夹紧，在镗床上镗孔。

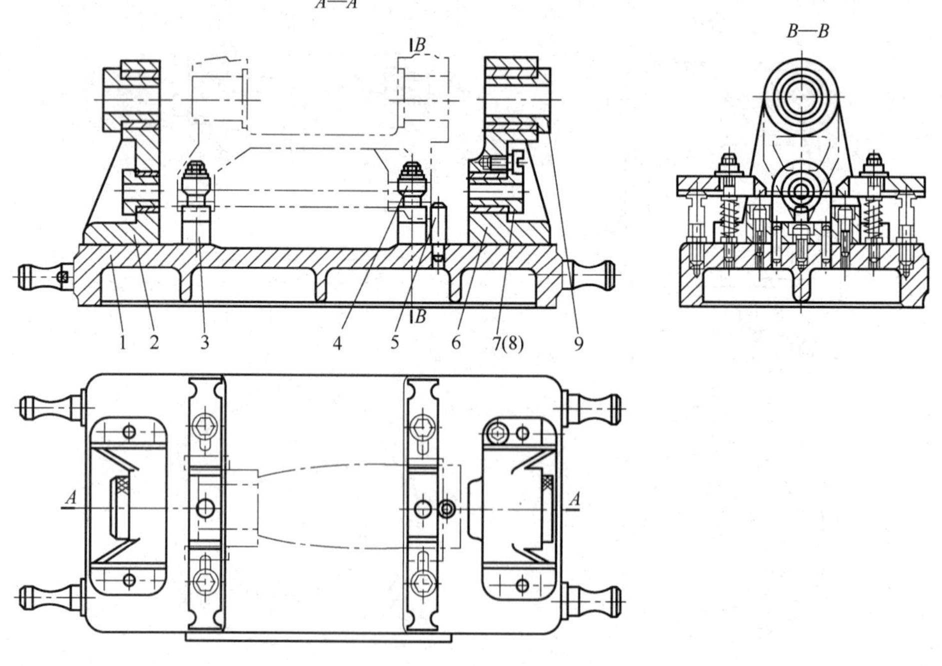

图 9.1 镗模

—镗模底座；2、6—镗模支架；3—定位支承导向板；4—压板；5—挡销；7（8）—钻套（铰套）；9—镗套

由图 9.1 知，镗模一般由以下几部分组成：

1）定位元件：定位支承导向板 3、挡销 5。

2）夹紧装置：螺栓压板夹紧装置 4。

3）镗套：镗套 9。

4）镗模支架：支撑前后镗套的支架 2、6。

5）镗模底座：整个镗模的基础构件 1。

可见，镗模的结构特点是有镗套、镗模支架、镗模底座，下面重点介绍它们的设计。

9.1.2 镗套

镗套主要用来导引镗杆。

1. 镗套的分类

(1) 固定式镗套

固定式镗套固定在镗模支架上，加工时镗套不随镗杆转动。如图 9.2 所示，A 型镗套不带油杯和油槽，靠镗杆上开的油槽润滑；B 型镗套则带油杯和油槽，使镗杆和镗套之间能充分地润滑。固定式镗套的特点是外形尺寸小、结构紧凑、制造简单，易保证镗套中心位置的准确，因与镗杆之间有摩擦，主要用于低速镗孔。一般摩擦面线速度小于 0.3m/s。

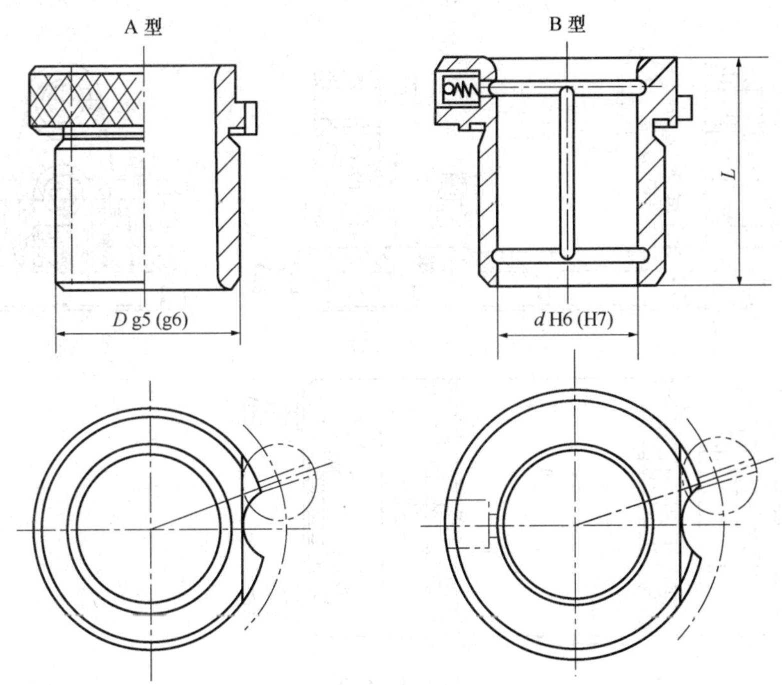

图 9.2 固定式镗套

(2) 回转式镗套

回转式镗套安装在镗模支架上，加工时镗杆相对镗套有相对移动而无相对转动。

1）滑动式回转镗套：由滑动轴承支承的镗套。如图 9.3（a）所示，装有键的镗杆伸到带有键槽的镗套中，工作时镗杆和镗套一起相对轴承转动，也可在镗套上设置让刀槽，使镗刀与镗杆一起通过。这种镗套径向尺寸较小，适用于孔心距较小的孔系加工，且回转精度高，减振好，承载能力大，但需充分润滑，一般摩擦面线速度为 0.3～0.4m/s，常用于精镗孔。

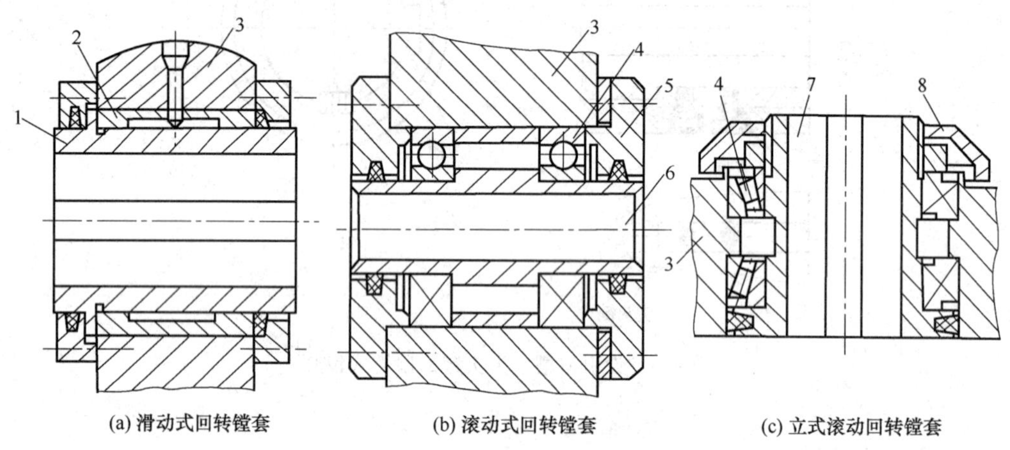

图 9.3　回转式镗套

1、6、7—镗套；2—滑动轴承；3—镗模支架；4—滚动轴承；5、8—轴承端盖

2）滚动式回转镗套：由滚动轴承支承的镗套，分为外滚式和内滚式两种。

外滚式回转镗套的轴承安装在镗套外，工作时镗杆与镗套一起相对轴承转动，镗杆相对镗套轴向移动。如图 9.3（b）、（c）所示。

内滚式回转镗套的轴承安装在镗套内，工作时镗杆在轴承上转动，镗杆与轴承一起相对镗套轴向移动，如图 9.4 所示。

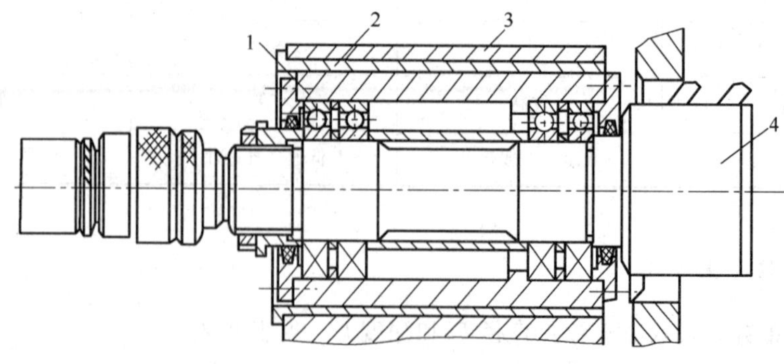

图 9.4　内滚式滚动镗套

1—导向滑动套；2—镗套；3—镗模支架；4—镗杆

滚动式回转镗套一般用于镗销孔距较大的孔系，对润滑要求较低，镗杆转速可大大提高，一般摩擦面线速度大于0.4m/s，但径向尺寸较大，回转精度受轴承精度的影响。当被加工孔经大于镗套孔径时，需在镗套上开引刀槽，使装好刀的镗杆能顺利进入，为确保镗刀进入引刀槽，镗套上有时设置尖头键，如图9.5所示。

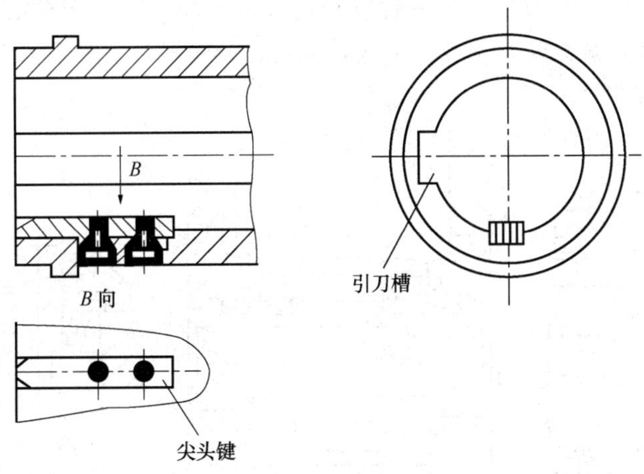

图9.5　设引刀槽、尖头键的回转式镗套

2. 镗套特点

各种镗套的特点见表9.1。

表9.1　镗套特点

类型	固定镗套	滑动镗套	滚动镗套
适应转速	低	低	高
承载能力	较大	大	低
润滑要求	较高	高	低
径向尺寸	小	较小	大
加工精度	较高	高	低
应用	低速、一般镗孔	低速、孔距小	高速、孔距大

3. 镗套的布置方式

镗套的布置方式取决于镗孔直径 D 和深度 L，见表9.2。

4. 镗套的尺寸

镗套的尺寸主要是指镗套与镗杆、衬套的配合，见表9.3。

表 9.2 镗套的布置方式

布置方式	应用	镗杆与主轴连接形式
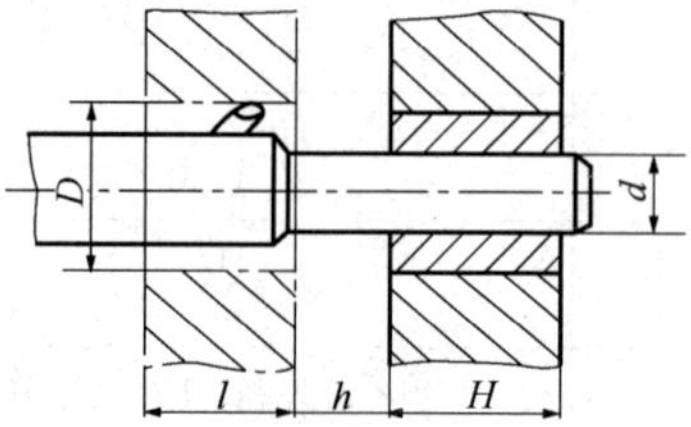 单面前镗套	$D>60\text{mm}$ $L<D$ 通孔 $h=(0.5\sim1)D$ $h\not<20$	刚性连接（莫氏锥度连接）
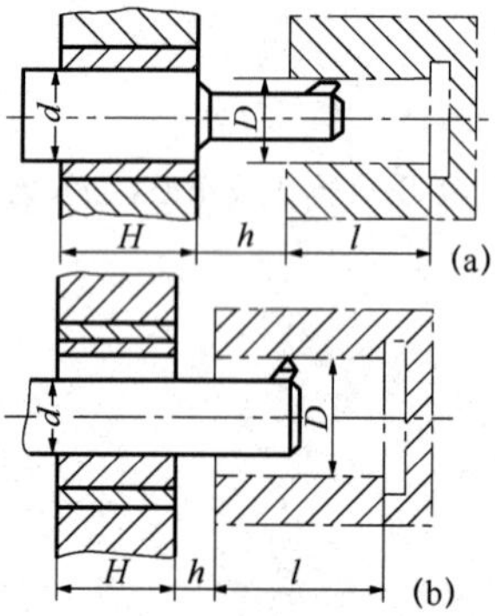 (a) (b) 单面后镗套	1）用于 $D<60\text{mm}$ $L<D$ 通孔、盲孔 2）用于 $D<60\text{mm}$ $L>D$ 通孔、盲孔	刚性连接（莫氏锥度连接）
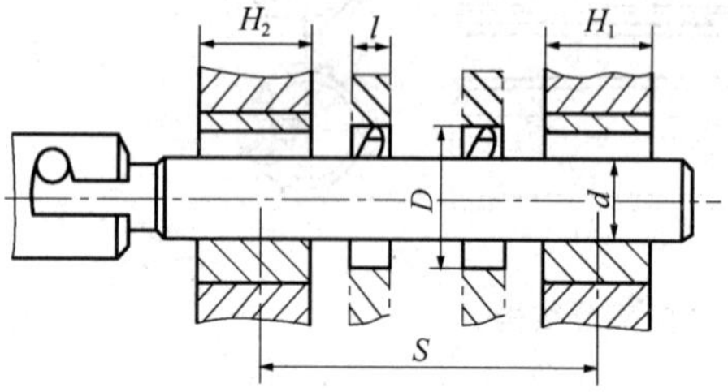 双面单镗套	$L>1.5D$ 的通孔或同轴孔系，当 $S>10d$ 时，应设中间导引套	浮动连接
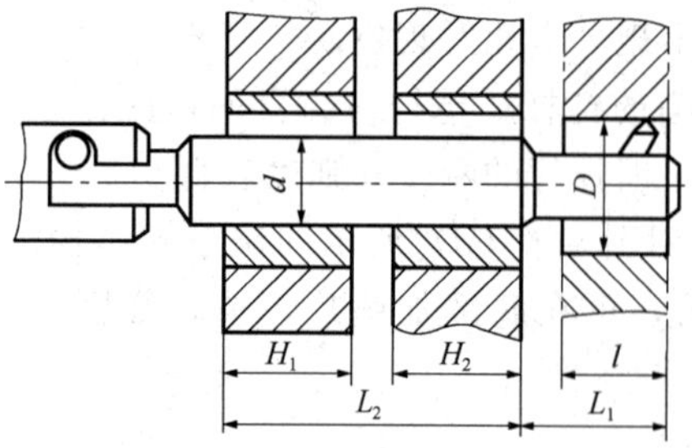 单面双镗套	$L_1<5d$	浮动连接

表 9.3　镗套的尺寸

镗套尺寸及要求	粗镗	精镗
镗套与镗杆的配合	$\frac{H7}{g6}\left(\frac{H7}{h6}\right)$	$\frac{H6}{g5}\left(\frac{H6}{h5}\right)$
镗套与衬套的配合	$\frac{H7}{g6}\left(\frac{H7}{js6}\right)$	$\frac{H6}{g5}\left(\frac{H6}{j5}\right)$
衬套与支架的配合	$\frac{H7}{n6}$	$\frac{H7}{n5}$
镗套内外圆同轴度	ϕ0.01	当镗套外径≥85：ϕ0.01 当镗套外径<85：ϕ0.005

注：括号内参数为回转镗套与镗杆的配合。

5. 镗套的材料

镗套的材料常用 20 钢或 20Cr 钢渗碳，渗碳深度为 0.8～1.2mm，淬火硬度为 55～60HRC。

9.1.3 镗杆

1. 镗杆导向部分结构

图 9.6 所示为固定式镗套的镗杆导向部分结构。

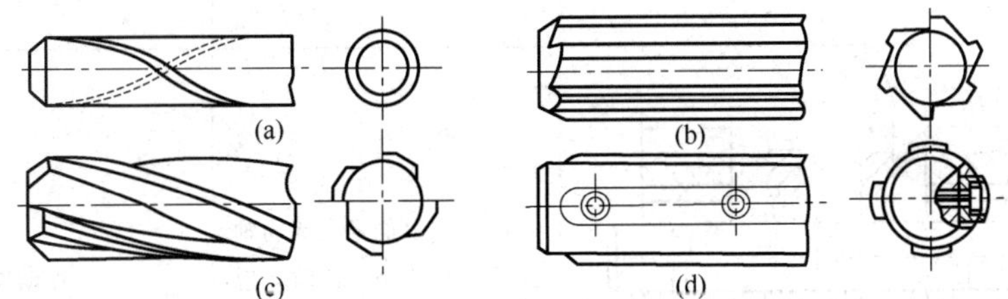

图 9.6　固定式镗套镗杆导向部分结构

当镗杆导向部分直径 d 小于 50mm 时，常采用整体式结构。

图 9.6（a）所示为开油槽的镗杆，镗杆与镗套接触面积大，镗杆的刚度和强度较好，但磨损大，若铁屑从油槽内进入镗套，则易出现“卡死”现象。

图 9.6（b）、（c）所示为开较深直槽和螺旋槽的镗杆，镗杆与镗套的接触面积小，沟槽内有一定的容屑能力，可减少“卡死”现象，但镗杆的刚度和强度较低。

当镗杆导向部分直径 d 大于 50mm 时，常采用图 9.6（d）所示的镶条式结构，镶条应采用摩擦系数小和耐磨的材料，镶条磨损后，可在底部加垫片，重新修磨使用。这种结构磨擦面积小，容屑量大，不易“卡死”。

图 9.7 所示为回转式镗套的镗杆导向部分结构。

图 9.7（a）在镗杆前端设置平键，键下装有压缩弹簧，键的前部有斜面，适用于开有键槽的镗套。无论镗杆以何位置进入镗套，首先是平键受压而压缩弹簧，旋转后，

在弹簧作用下，平键进入键槽。

图 9.7（b）在镗杆上开有键槽，其头部做成小于 45°的螺旋导引结构，可与装有尖头键（图 9.5）的镗套配合使用。

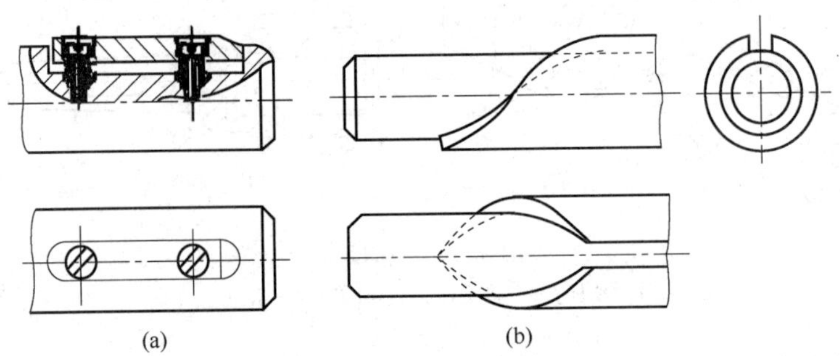

图 9.7　回转式镗套镗杆导向部分结构

2. 镗杆直径和轴向尺寸

镗杆直径：$d=(0.6\sim0.8)D$。

镗孔直径 D、镗杆直径 d、镗刀截面 $B\times B$ 之间的关系为

$$\frac{D-d}{2}=(1\sim1.5)B$$

或参考表 9.4 选取。

表 9.4　参　考　值

D/mm	30～40	45～50	50～70	70～90	90～110
d/mm	20～30	30～40	40～50	50～65	65～90
$B\times B$/(mm×mm)	8×8	10×10	12×12	16×16	16×16 20×20

3. 镗杆的材料及主要技术要求

镗杆要求表面硬度高而内部韧性好，常用 20 钢、20Cr 钢，渗碳淬火硬度为 61～63HRC。

4. 镗杆与浮动接头

当采用双支承镗孔的镗模时，镗杆与主轴只能采用浮动连接。图 9.8 所示为常用的镗杆浮动接头结构。

9.1.4 镗模支架

镗模支架多为铸铁件（HT200），装配时与镗模底座用销钉定位、螺钉紧固连接，

其镗模支架上的销钉孔与镗模底座上的销钉孔配铰加工。

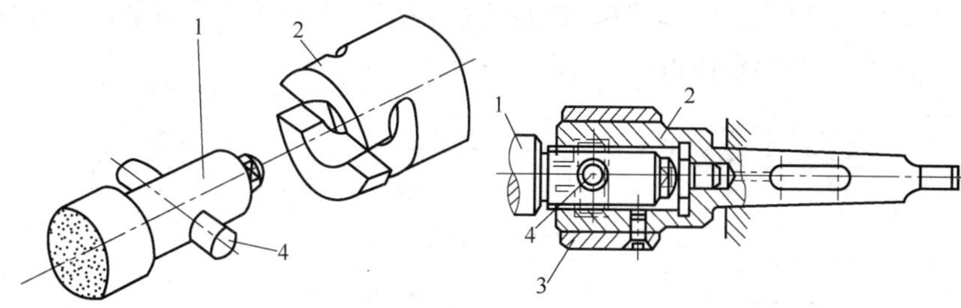

图 9.8 浮动接头

1—镗杆；2—接头体；3—外套；4—拨动销

镗模支架不允许承受夹紧力，其典型结构和尺寸见表 9.5。

表 9.5 镗模支架的典型结构和尺寸 单位：mm

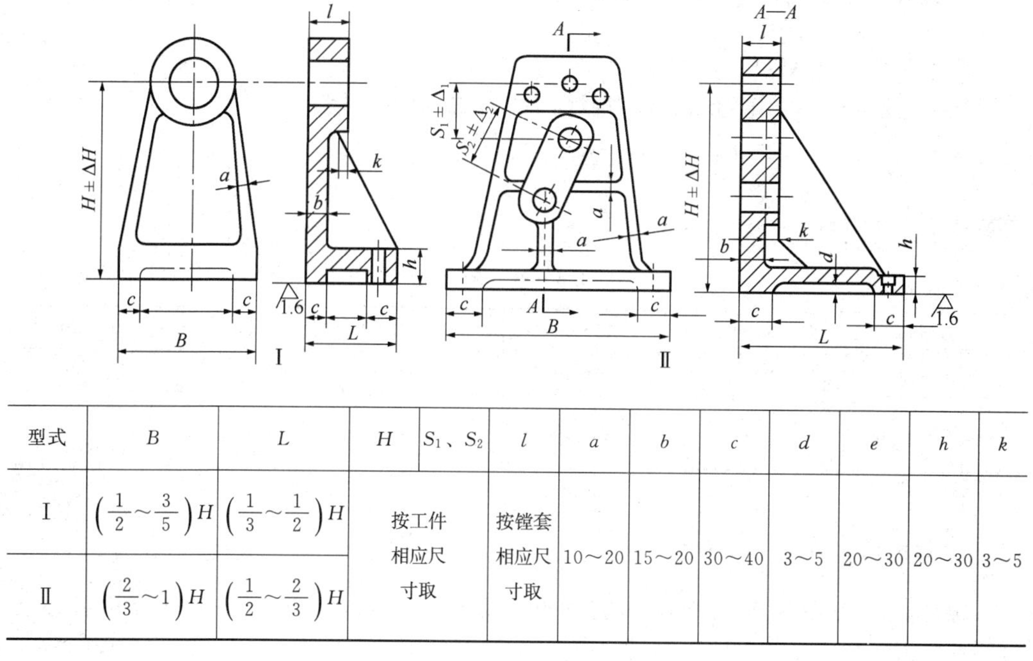

型式	B	L	H	S_1、S_2	l	a	b	c	d	e	h	k
Ⅰ	$\left(\frac{1}{2}\sim\frac{3}{5}\right)H$	$\left(\frac{1}{3}\sim\frac{1}{2}\right)H$	按工件相应尺寸取		按镗套相应尺寸取	10～20	15～20	30～40	3～5	20～30	20～30	3～5
Ⅱ	$\left(\frac{2}{3}\sim1\right)H$	$\left(\frac{1}{2}\sim\frac{2}{3}\right)H$										

9.1.5 镗模底座

镗模底座典型结构和尺寸见表 9.6。

底座侧面一般设有找正基面，供安装找正用；底座上供安装各元件的平面，做出凸台，高 3～5mm，以减少刮研量；底座上供安装各元件的定位销钉孔需配作加工。

表 9.6 镗模底座的典型结构和尺寸 单位：mm

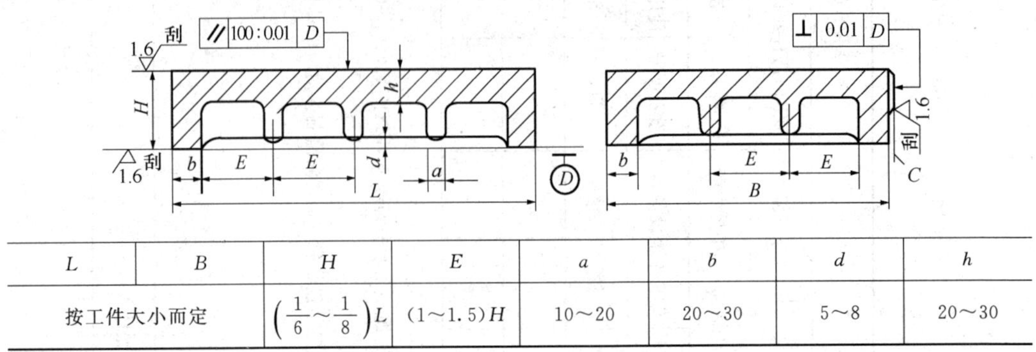

L	B	H	E	a	b	d	h
按工件大小而定		$\left(\frac{1}{6}\sim\frac{1}{8}\right)L$	$(1\sim1.5)H$	10～20	20～30	5～8	20～30

9.2 镗床夹具设计案例

下面以某支架为例，介绍镗床专用夹具的设计过程。

9.2.1 设计任务

夹具设计任务如表 9.7 所示。由表 9.7 所示的设计任务书可知，这里是为第 30 道工序设计 1 套镗床夹具。

9.2.2 设计资料收集

收集零件图（图 9.9）、机械加工、工艺过程卡片（表 9.8）、机械加工工序卡片（表 9.9）；

收集《机械零件设计手册》、《机床夹具设计手册》、《金属机械加工工艺人员手册》等资料；

本工序使用 T68 镗床，有关镗床参数查阅《机床夹具设计手册》；

本工序使用镗刀杆、镗刀的结构、参数可查阅相关设计手册；

设计采用机械行业《机床夹具零件及部件》（JB/T 8004.1—1999）等标准；

根据工件零件图和第 30 道工序的机械加工工序卡片，了解本单位同类零件的镗床专用夹具的制造与使用情况；

收集国内外同类夹具的相关资料，了解同类夹具在国内外的设计、制造和使用情况。

9.2.3 设计

1. 工序分析

1）该零件为连杆状，材料为 HT200，加工性能好，结构简单。

表 9.7　夹具设计任务书

<table>
<tr><td colspan="12" align="center">工装制造任务书</td><td colspan="2" align="right">XJZB-09-005</td></tr>
<tr><td colspan="2">项目编号或通知号</td><td colspan="6">XJZB-GZ-2011-001</td><td colspan="3">共 1 页　第 1 页</td><td colspan="2">任务书编号</td><td>GZXJ-GYB-2011-015</td></tr>
<tr><td colspan="2">产品名称</td><td>变速箱</td><td colspan="2">代号</td><td colspan="2">XJSB-BSX-002</td><td>零件件数</td><td>1000</td><td colspan="2">生产纲领</td><td>中批生产</td><td>类别</td><td>技改</td></tr>
<tr><td>序号</td><td>工装编号</td><td>工装名称</td><td>设计人</td><td>制造数量</td><td>需求日期</td><td>计划完成日期</td><td>零件名称</td><td>零件图号</td><td>工序号</td><td>工序名称</td><td>设备名称</td><td>设备型号</td><td>使用单位</td></tr>
<tr><td>1</td><td>GZ9605</td><td>镗模</td><td></td><td>1</td><td>2010/5/10</td><td>2010/4/20</td><td>支架</td><td>CX625-6-05</td><td>30</td><td>镗</td><td>镗床</td><td>T68</td><td>SCB</td></tr>
<tr><td>2</td><td></td><td></td><td></td><td></td><td></td><td></td><td></td><td></td><td></td><td></td><td></td><td></td><td></td></tr>
<tr><td>3</td><td></td><td></td><td></td><td></td><td></td><td></td><td></td><td></td><td></td><td></td><td></td><td></td><td></td></tr>
<tr><td>备注</td><td colspan="13">1）工装制造任务书的任务书编号由 GZ＋部门代号＋“-”＋年份（4 位）＋“-”＋顺序号（3 位）组成。例如，任务书编号为 GZXJGYB-2010-001，表示工装-西安机床工艺部-2010 年-编制的第 1 份工装制造任务书。
2）工装制造任务书与设计的图纸或工装设计任务书一同提交，工装制造任务书一式两份，生产准备部接收人签字接收后，负责向编制人对应的单位返回一份。
3）工装制造任务书的内容要求填写正确、完整，并与设计的工装图纸或工装任务相一致。
4）在类别栏填写“技改”、“技措”、“新产品”、“复制”字样</td></tr>
<tr><td colspan="14">编制：　　　　校对：　　　　审核：　　　　接收人：</td></tr>
</table>

表 9.8 机械加工工艺过程卡片

国防××工厂	机械加工工艺过程卡片	产品型号	CX625	零件图号	CX625-6-05	
		产品名称		零件名称	端部支架	共 2 页 第 1 页

材料牌号	HT200	毛坯种类	棒料	毛坯外形尺寸		每毛坯件数	1	每台件数	1	备注	

工序号	工名序称	工序内容	车间	工段	设备	工艺装备	工时	
							准终	单件
05	铸造	毛坯	热					
10	铣	粗铣前后大平面保证厚度 $70_{-0.046}^{0}$	机		X62W			
15	铣	铣外形轮廓至尺寸	机		X62W			
17	铣	精细后大平面保证零件厚度 35mm	机		Z550			
19	镗	粗镗、精镗小孔至 $\phi40_{0}^{+0.025}$	机		T68			
21	镗	粗镗大孔至 $\phi39.5\pm0.2$、镗内环槽保证尺寸 $\phi56\times5$	机		T68			
		精镗大孔至尺寸 $\phi50_{0}^{+0.025}$						
23	检	检验						

										设计（日期）	校对（日期）	审核（日期）	标准化（日期）	会签（日期）
标记	处数	更改文件号	签字	日期	标记	处数	更改文件号	签字	日期					
标记	处数	更改文件号	签字	日期	标记	处数	更改文件号	签字	日期					

表 9.9 机械加工工序卡片

国防××工厂	机械加工工序卡片	产品型号		零件图号	CX625-6-05		
		产品名称		零件名称	支架	共 页	第 页

车间	工序号	工序名称	材料牌号
	30	镗孔	HT200
毛坯种类	毛坯外形尺寸	每毛坯可制作数	每台件数
铸件		1	1
设备名称	设备型号	设备编号	同时加工件数
	T68		1

夹具编号	夹具名称	切削液	
专用夹具	GZ9605	冷却液	
工位器具编号	工位器具名称	工序工时（分）	
		准终	单件

工步号	工步内容	工艺装备	主轴转速	切削速度	进给量	切削深度	进给次数	工步工时	
			r/min	m/min	mm/r	mm		机动	辅助
	装夹	专用镗杆 内经千分尺（50～75：0.01）							
1	精镗 $\phi 50H7$（$^{+0.025}_{0}$）孔								

										设计（日期）	校对（日期）	审核（日期）	标准化（日期）	会签（日期）
标记	处数	更改文件号	签字	日期	标记	处数	更改文件号	签字	日期					

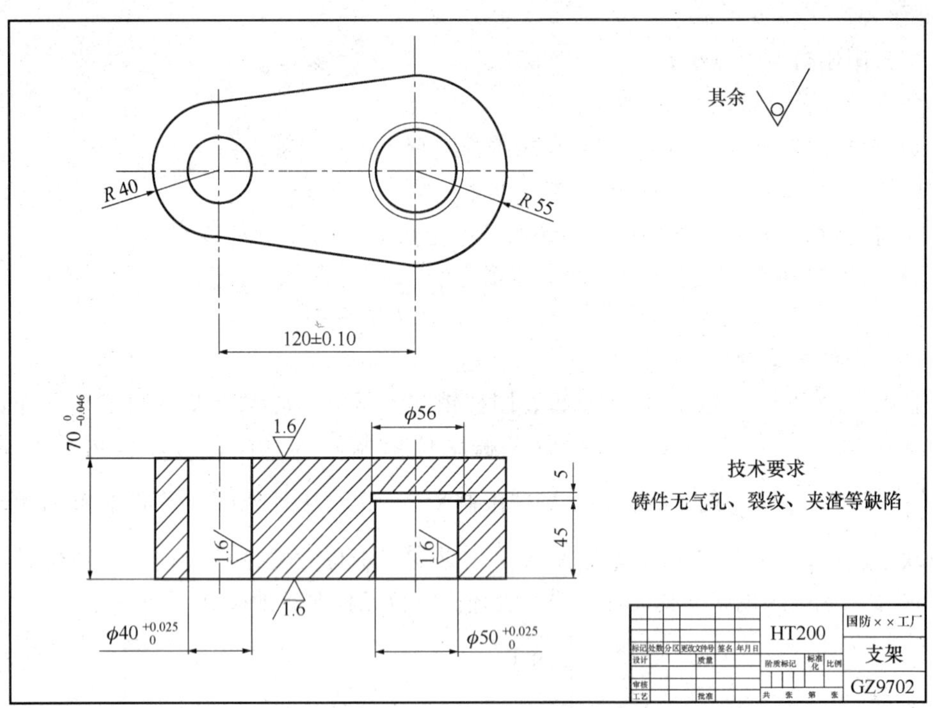

图 9.9　零件图

2）零件外形尺寸大小适中，本工序为精镗内孔，切削力较小，夹紧力要求不高。

3）零件本道工序前期各表面已完成加工，本工序加工精度要求较高，安排在镗床加工能够满足要求，设计夹具时，在满足加工精度要求下，以降低制做成本为出发点。

4）该零件为中批量生产。

2. 定位方案设计

(1) 定位基准和加工要求分析

从表 9.8 和表 9.9 可知：

本工序定位基准为右端面、$\phi40$H7 ($^{+0.025}_{\ 0}$)内孔面、$R55$ 外圆面，即右端面定位限制 3 个自由度、$\phi40$H7 ($^{+0.025}_{\ 0}$) 内孔定位限制 2 个自由度，$R55$ 外圆面定位限制 1 个自由度，遵循基准重合原则。

本工序加工要求有：形状要求 $\phi50$H7 ($^{+0.025}_{\ 0}$)孔；位置尺寸要求为 120±0.10；另外，没有提加工孔对工件外形中线的对称度要求，但不能理解为没有对称度要求，只是对称度要求不高而已，按自由公

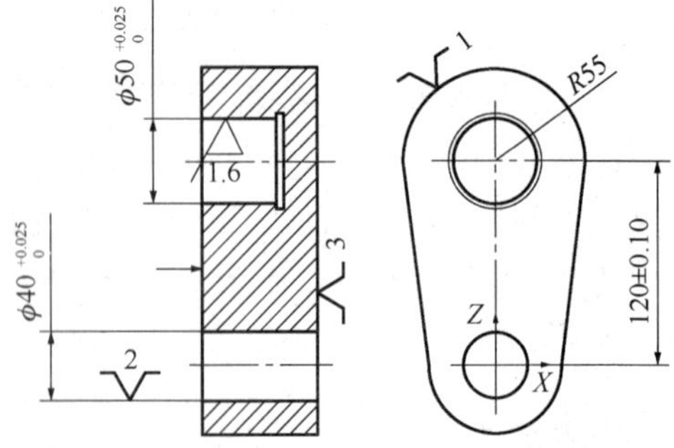

图 9.10　限制自由度分析

差 12 级查取，应为 0.40。

（2）限制自由度分析

建立坐标关系如图 9.10 所示。

1）形状尺寸 $\phi 50\mathrm{H7}\ (^{+0.025}_{0})$，由调整镗刀加工位置保证。

2）保证位置尺寸 120±0.10，需限制$\vec{Z}\ \overset{\frown}{Y}\ \overset{\frown}{X}$。

3）保证加工孔对工件外形中心线的对称度 0.40，需限制$\vec{X}\ \overset{\frown}{Y}\ \overset{\frown}{Z}$。

4）考虑自动走刀和承受切削力，也需限制$\vec{Y}$。

综合结果：应限制$\vec{X}\ \overset{\frown}{X}\ \vec{Y}\ \overset{\frown}{Y}\ \vec{Z}\ \overset{\frown}{Z}$，工序定位方案合理。

（3）定位方案设计

根据工序要求，采用定位支承板、圆柱销与支承钉、活动短 V 形块定位，即选用定位支承板、支承钉与工件右端面接触定位限制$\vec{Y}\ \overset{\frown}{X}\ \overset{\frown}{Z}$，选与工件内孔配合为 $\phi 40\dfrac{\mathrm{H7}}{\mathrm{g6}}\ (^{+0.025}_{0}/^{-0.009}_{-0.025})$的短圆柱销 1 定位限制$\vec{X}\ \vec{Z}$，选与工件外圆 $R55$ 面接触的活动短 V 形块定位限制$\overset{\frown}{Y}$，综合结果限制$\vec{X}\ \overset{\frown}{X}\ \vec{Y}\ \overset{\frown}{Y}\ \vec{Z}\ \overset{\frown}{Z}$，定位方案设计合理。各定位元件结构、尺寸，参照《机床夹具设计手册》设计。定位元件布置如图 9.11 所示。

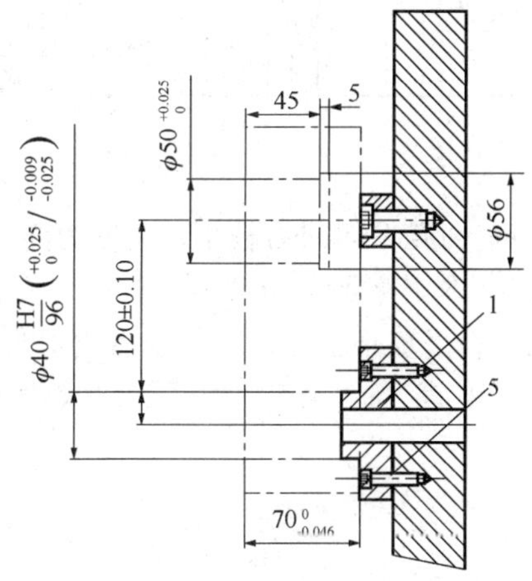

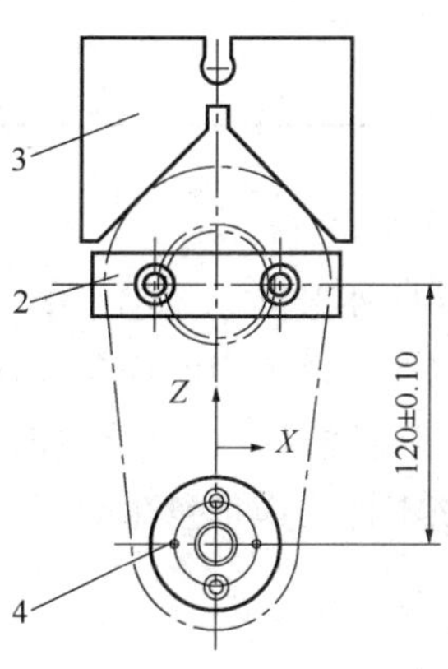

图 9.11　定位元件布置

1—圆柱销与支承钉；2—定位支承板；3—活动短 V 形块

（4）定位误差 Δdw 分析

对于 120±0.10：$\Delta jb_1=0$，$\Delta db_1=1/2(D_{max}-d_{min})=1/2\ (0.025+0.025)=0.025$，$\Delta dw_1=0.025<0.2/3\approx 0.067$，满足该项加工要求。

对于对称度 0.40：$\Delta jb_2=0$，$\Delta db_2=0$，$\Delta dw_2=0$，满足该项加工要求。

结论：该定位方案可行。

3. 夹紧方案设计

根据工序要求，设计的夹紧方案如图 9.12 所示。工件定好位后，转动手柄 10，螺杆 9 推动活动 V 形块 6 下移，从上向下夹紧工件；然后推动螺杆 4 插入开口垫圈 5，转

动夹紧螺母 3 夹紧工件。

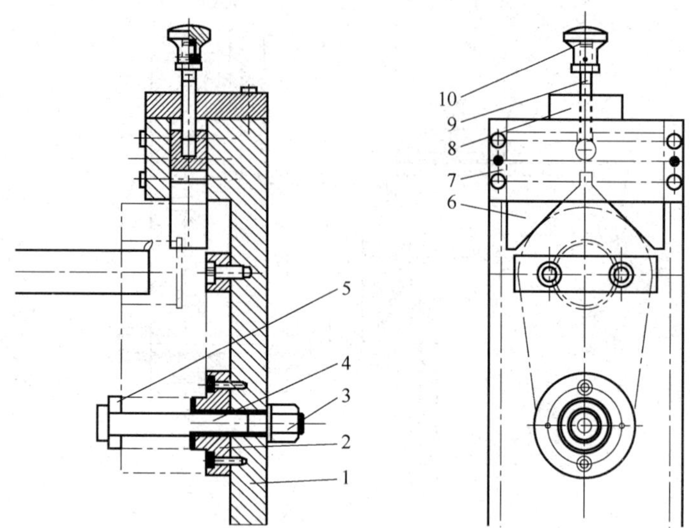

图 9.12　夹紧方案设计

1—支承板；2—圆柱销与支承钉；3—夹紧螺母；4—螺杆；5—开口垫圈；
6—活动 V 形块；7—盖板；8—挡板；9—螺杆；10—手柄

本工序为孔的精镗加工，加工余量小，切削力小，而且主切削力传给了支承板，故需夹紧力较小。经验累比，选用 M16 螺栓螺母夹紧即可。支承板结构、尺寸设计可参照表 9.5。

4. 导引方案设计

(1) 结构设计

由于加工盲孔，且孔径不大于 60mm，根据表 9.2，应采用单面前镗套的导引方式。由于为中批量生产，孔加工精度较高，故选用滑动镗套，镗套与镗杆的配合参照表 9.3 选取，即选$\frac{H7}{g6}$，具体导引结构如图 9.13 所示，镗模支架结构、尺寸设计参照表 9.5。

上下方向对刀基准为圆柱销中心线，上下方向对刀尺寸为镗套中心线到对刀基准的尺寸，直接与工件尺寸 120±0.10 相关，取 $J=120\pm0.10\times1/5=120\pm0.02$。

左右方向对刀基准为圆柱销中心和 V 形块中心连线，左右方向对刀尺寸为镗套中心线对对刀基准的对称度，取 $0.40\times1/5=0.08$。

(2) 对刀误差 Δjd 计算

对于位置尺寸 120±0.10：

刀具位置主要受对刀尺寸 120±0.02、镗杆与镗套配合 $\phi50\ \frac{H7}{g6}\ \left({}^{+0.025}_{\ 0}/{}^{-0.009}_{-0.025}\right)$ 间

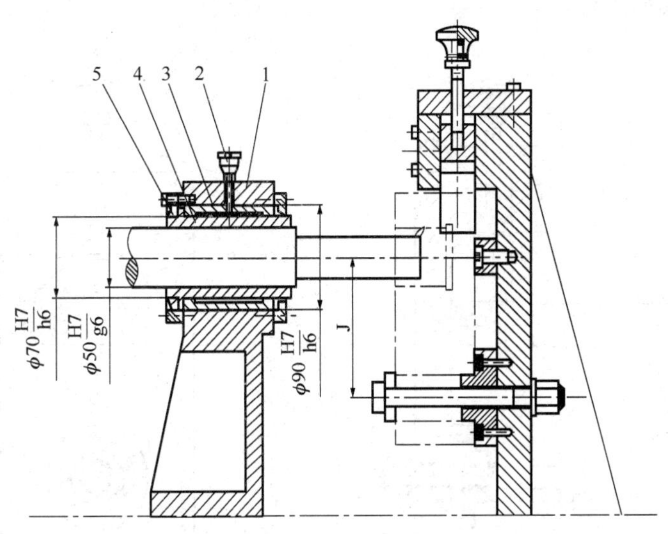

图 9.13 导引方案设计

1—镗模支架；2—油杯；3—滑动轴承；4—镗套；5—端盖

隙、镗套内外圆同轴度 $e_1=0.005$、镗套与滑动轴承的配合 $\phi70\ \frac{H7}{h6}$ ($^{+0.030}_{0}/^{-0.010}_{-0.029}$) 间隙、滑动轴承内外圆同轴度 $e_2=0.005$、滑动轴承与镗模支架孔的配合 $\phi90\ \frac{H7}{n6}$ ($^{+0.035}_{0}/^{+0.045}_{+0.023}$) 间隙等诸多因素的影响，按概率法：

$$\Delta jd_1 = \sqrt{0.04^2+0.05^2+0.005^2+0.059^2+0.005^2+0} \approx 0.087$$

对于对称度 0.40：

刀具位置除受对刀尺寸 0±0.04 影响外，其他影响因素同上，按概率法：

$$\Delta jd_2 = \sqrt{0.08^2+0.05^2+0.005^2+0.059^2+0.005^2+0} \approx 0.111$$

5. 夹具与机床的连接设计

镗床夹具属于精密夹具，通常以镗模底座装夹在镗床工作台面上，同时在镗模底座上设置找正平台，以确保镗床夹具在镗床工作台上的准确位置。如图 9.14 所示，镗模底座结构、尺寸设计参照表 9.6，U 形耳座设计查阅《机床设计手册》。镗模支架、支承板与镗模底座的连接，采用销钉定位、螺钉紧固。此时夹具定位面为镗模底座底平面、找正基面。

(1) 元件定位面对夹具定位面的位置要求

1) 支承板、支承钉所在平面对镗模底座底平面的垂直度≯0.02∶100mm。

2) 支承板、支承钉所在平面对镗模底座找正基面的垂直度≯0.02∶100mm。

3) 圆柱销与 V 形块中心所在平面对镗模底座底平面的垂直度≯0.02∶100mm。

4) 圆柱销与 V 形块中心所在平面对镗模底座找正基面的平行度≯0.02∶100mm。

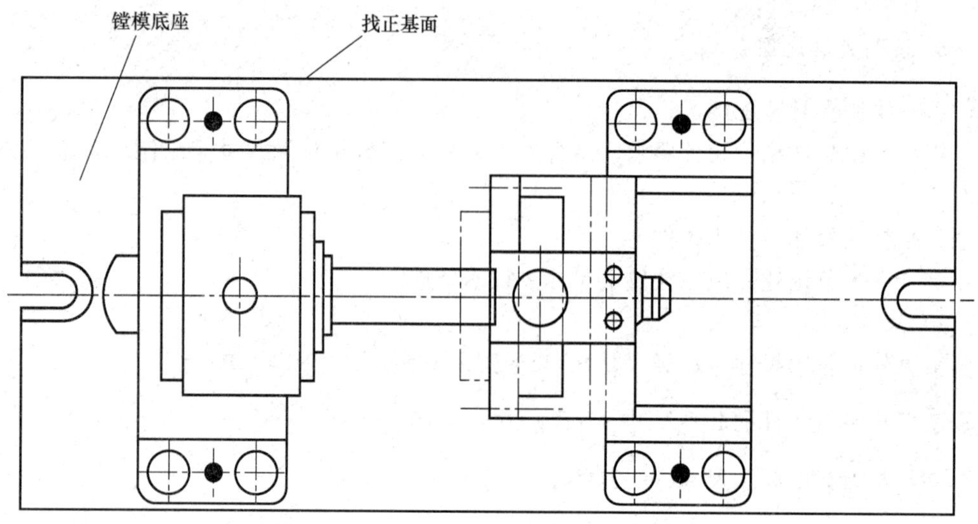

图 9.14　镗模底座

（2）夹具位置误差 Δjw 计算

对于镗床夹具来讲，夹具位置误差主要取决于元件定位面对夹具定位面的位置误差。

对于位置尺寸 120±0.10：支承板、支承钉所在平面对镗模底座底平面的垂直度≯0.02∶100，影响 120±0.10，换算到镗孔深度 45mm 的影响：

$$\Delta jw_1 = 45 \times \frac{0.02}{100} = 0.009$$

对于对称度 0.40：圆柱销与 V 形块中心面对镗模底座找正基面的平行度≯0.02∶100，影响对称度 0.40，换算到孔心距 120mm 的影响：

$$\Delta jw_2 = 120 \times \frac{0.02}{100} = 0.024$$

（3）夹具精度分析

对于位置尺寸 120±0.10：

$$\Delta dw_1 = 0.025, \Delta jw_1 = 0.014, \Delta jd_1 = 0.087$$

$$\begin{aligned}\Delta_1 &= \sqrt{\Delta dw_1^2 + \Delta jw_1^2 + \Delta jd_1^2} \\ &= \sqrt{0.025^2 + 0.009^2 + 0.087^2} \approx 0.091 < 0.20 \times 2/3 \approx 0.133\end{aligned}$$

满足加工要求。

对于对称度 0.40：

$$\Delta dw_1 = 0, \Delta jw_1 = 0.024, \Delta jd_1 = 0.111$$

$$\begin{aligned}\Delta_2 &= \sqrt{\Delta dw_2^2 + \Delta jw_2^2 + \Delta jd_2^2} \\ &= \sqrt{0 + 0.024^2 + 0.111^2} \approx 0.114 < 0.4 \times 2/3 \approx 0.267\end{aligned}$$

满足加工要求。

结论：设计夹具满足加工精度要求，方案可行。

6. 绘制夹具总图

（1）绘制夹具装配图

根据镗模总体结构设计要求，结合镗床夹具各部分结构及尺寸，绘制夹具总装图，如图 9.15 所示。

（2）标注尺寸、技术条件

结合 5.3 节论述，应标注以下尺寸、技术条件。

1）尺寸。

最大外形轮廓尺寸（A 类尺寸）：长×宽×高＝635、284、522mm。

工件与定位元件的联系尺寸（B 类尺寸）：$\phi 40\frac{H7}{g6}$。

夹具与刀具的联系尺寸（C 类尺寸）：120±0.02。

其他装配尺寸（E 类尺寸）：$\phi 50\frac{H7}{g6}$、$\phi 70\frac{H7}{h6}$、$\phi 90\frac{H7}{n6}$、$\phi 110\frac{H7}{r6}$、$130\frac{H7}{g6}$。

2）技术条件。

支承板、支承钉所在平面对镗模底座底平面的垂直度≯0.02∶100。

支承板、支承钉所在平面对镗模底座找正基面的垂直度≯0.02∶100。

圆柱销与 V 形块中心所在平面对镗模底座底平面的垂直度≯0.02∶100。

圆柱销与 V 形块中心所在平面对镗模底座找正基面的平行度≯0.02∶100。

镗套中心线对镗模底座找正基面的平行度≯0.02∶100。

镗套中心线对镗模底座底平面的平行度≯0.02∶100。

镗套中心线对圆柱销与 V 形块中心所在平面的对称度≯0.02∶100。

镗模支架、支承板在装配过程中采用调整法、修配法，保证相关尺寸、技术条件要求。

尺寸、技术条件标注如图 9.15 所示。

（3）编写零件明细表

按照国家机械制图标准的规定，需对夹具总装图中的各个零件进行编号，在标题栏上方画出零件明细表，并填写具体信息，如图 9.15 所示。

（4）绘制非标准夹具零件图

根据夹具装配图，拆画非标准夹具零件图。由图 9.15 知，夹具体 1、支承板 2、圆柱销 3 与支承钉、镗模支架 18 属于非标准零件，应拆画其零件图。本例只拆画下面两个非标准零件图。

镗模底座上的 4 个销钉孔、8 个螺钉孔的位置与镗模支架、支承板上的孔位对应，应调整好镗套、定位元件、夹具定位面之间的相互位置，配作制造销孔，必要时采用修配法、调整法。镗模底座上平面对下平面的平行度取装配图中镗套中心线对镗模底座平行度的 1/2，即 0.01∶100。

镗模支架上孔 $\phi 90^{+0.032}_{0}$，由装配图配合 $\phi 90\frac{H7}{n6}$ 拆画而来。其孔 $\phi 90^{+0.032}_{0}$ 中心线对镗模支架底平面的平行度取装配图中镗套中心线对镗模底座平行度的 1/2，

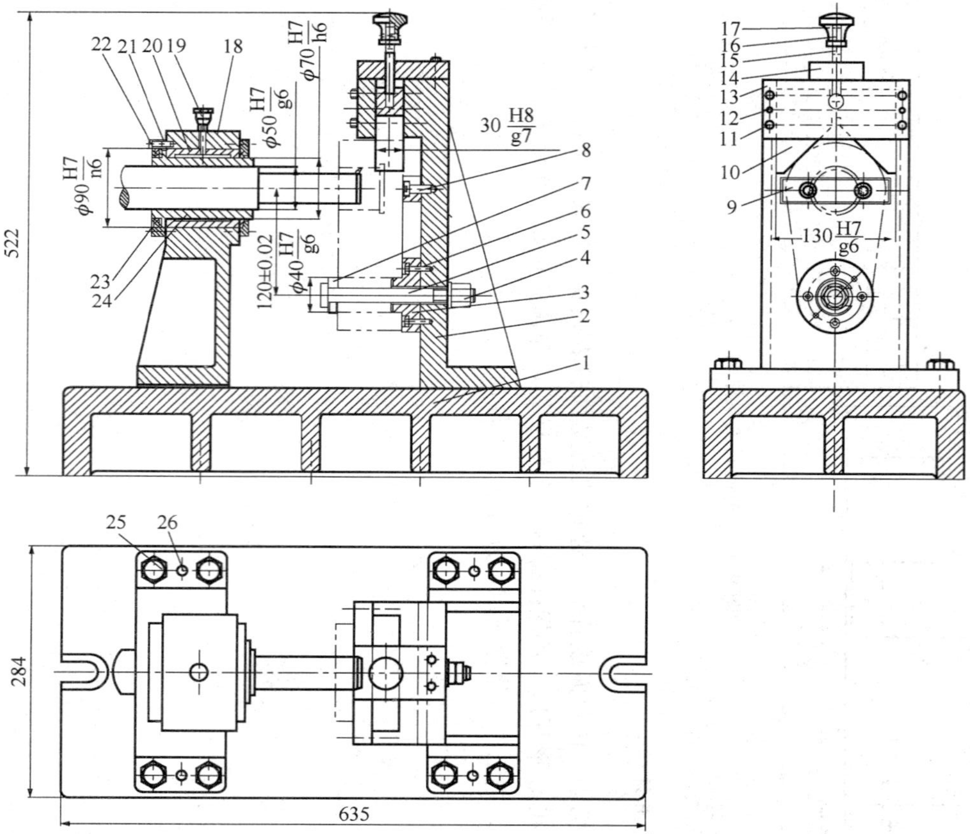

技术要求

1.支承板、支承钉所在平面对镗模底座底平面的垂直度≯0.02:100。
2.支承板、支承钉所在平面对镗模底座找正基面的垂直度≯0.02:100。
3.圆柱销与V形块中心所在平面对镗模底座底平面的垂直度≯0.02:100。
4.圆柱销与V形块中心所在平面对镗模底座找正基面的平行度≯0.02:100。
5.镗套中心线对镗模底座找正基面的平行度≯0.02:100。
6.镗套中心线对镗模底座底平面的平行度≯0.02:100。
7.镗套中心线对圆柱销与V形块中心所在平面的对称度≯0.02:100。
8.镗模支架、支承板在装配过程中采用调整法，保证相关尺寸、技术条件要求。

序号	代号	名称	规格	材料	单件	总计	备注
26	GB 119—1976	圆柱销	$\phi3$	45钢	1	2	
25	GB/T 5782—2000	六角头螺栓	M10	45钢	1	8	
24		镗套	$\phi50$	20Cr	1	1	
23	JB/ZQ 65—2000	毡封圈	$\phi70$	粗羊毛毡	1	1	
22		端盖		HT200-400	1	4	
21	GB 70—1976	六角头螺钉	M5	45钢	1	1	
20	JB/T 256—1991	滑动轴承	$\phi70$	CuAL10Fe5Ni5	1	1	
19	GB/T 7940—1995	旋盖式油杯	1.5		1	1	
18		镗模支架		HT200-400	1	1	
17	GB 2152—1980	手柄		45钢	1	1	
16	GB 119—1976	圆柱销	$\phi3$	45钢	1	1	
15	GB 2160—1980	螺栓	M12	45钢	1	1	
14	GB 2237—1980	夹紧支承板		45钢	1	1	
13	GB 2212—1980	盖板		45钢	1	1	
12	GB 119—1976	圆柱销	$\phi3$	45钢	1	2	
11	GB 70—1976	六角头螺钉	M5	45钢	1	4	
10	GB 2211—1980	活动V形块		45钢	1	2	
9	GB 2236—1980	支承板		45钢	1	1	
8	GB/T 5782—2000	六角头螺栓	M10	45钢	1	2	
7	GB/T 5782—2000	开口垫圈	M5	45钢	1	1	
6	GB/T 5782—2000	六角头螺栓	M5	45钢	1	4	
5	GB 2164—1980	螺栓拉杆	M16	45钢	1	1	
4	GB/T 2148—1980	带肩六角头螺母	M16	45钢	1	1	
3		圆柱销与支承钉		45钢	1	1	
2		支承板		HT200-400	1	2	
1		镗模底座		HT200-400	1	1	

标记 处数 分区 更改文件号 签名 年月日
设计 标准化
审核
工艺 批准

××× 1

阶段标记 质量 比例

共 张 第 张

国防××工厂

支架镗模装配图

GZ9605-00

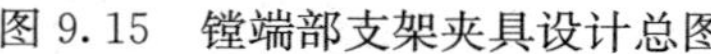

图 9.15 镗端部支架夹具设计总图

即 0.01∶100。

拆画的非标准零件图如图 9.16 和图 9.17 所示。

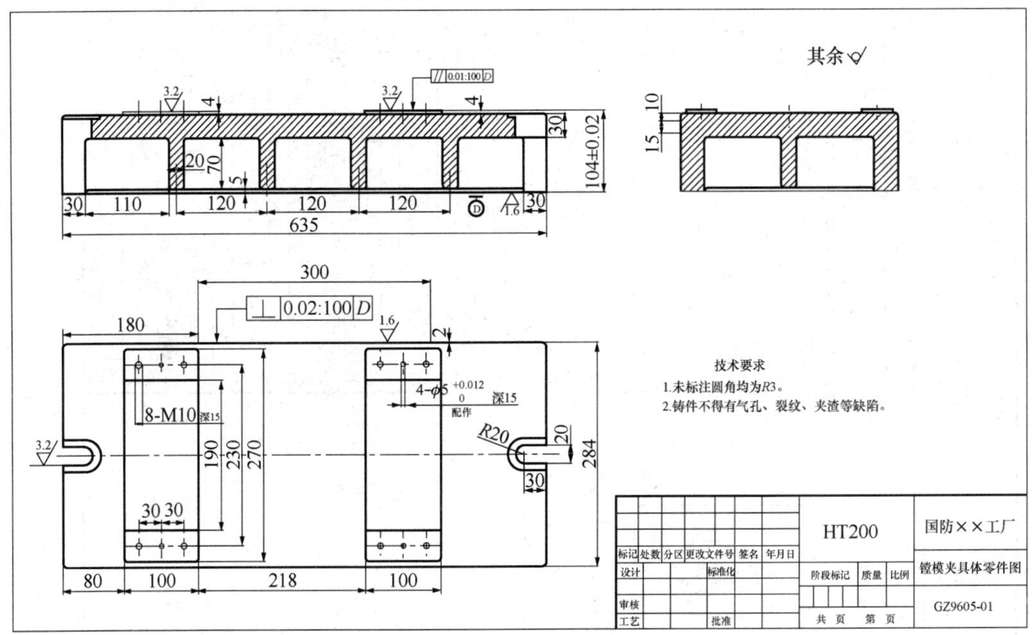

图 9.16 镗模底座零件图

7. 夹具使用说明

本夹具在机床工作台面放置后，通过找正基面打表找正，使找正基面与工作台进给方向平行，在 U 形耳座上用螺栓螺母固定好夹具，并调整机床工作台位置，让镗杆顺利伸入镗套，把工作台位置固定，方可进行工件加工。

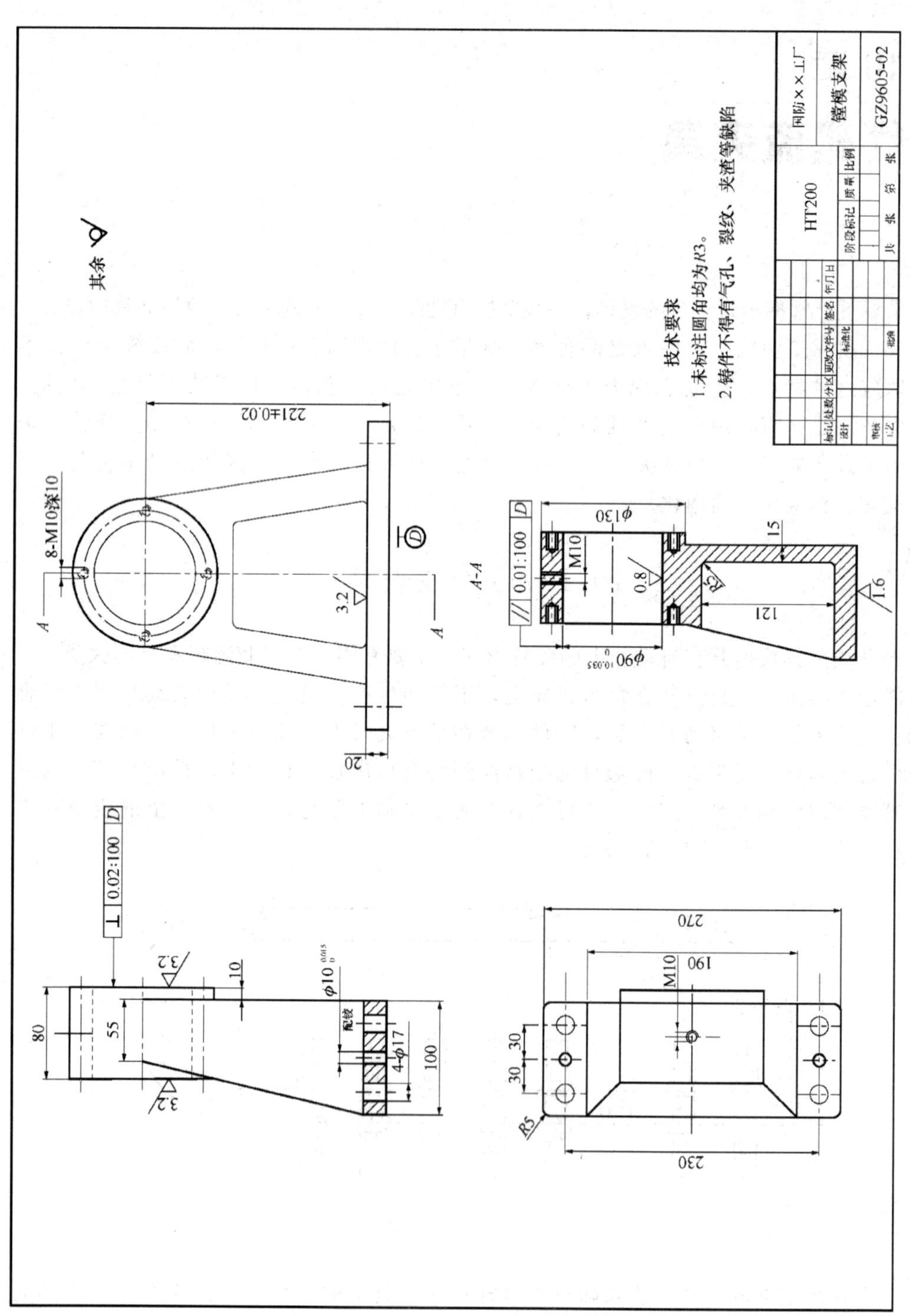

图 9.17　镗模支架零件图

第 10 章 现代机床夹具

本章重点掌握组合夹具的设计，一般掌握自动线夹具、可调夹具、数控夹具的设计。

现代机械工业的生产特点是品种多、批量小、精度高、更新快，而传统生产技术不能适应这种特点，主要表现为小批量生产采用先进工艺、专用工装不经济，但高、精、尖产品是必需；现行生产准备周期长，不能满足产品更新需要；产品更新快，采用专用夹具造成积压。为解决这一矛盾，产生了现代机床夹具，其特点是精密化、高效自动化、标准化、通用化。

10.1 自动线夹具

自动线夹具根据其在自动线上的配置形式，主要有固定夹具和随行夹具两大类。

固定夹具是把夹具安装在每台机床上，工件随生产线输送。随行夹具是用于组合机床自动线上的一种移动式夹具，工件安装在随行夹具上，随行夹具除了完成对工件的定位、夹紧外，还带着工件随自动线移动到每台机床加工台面上，再由机床上的夹具对其整体定位和夹紧，工件在随行夹具上的定位和夹紧与在一般夹具上的定位和夹紧一样。图 10.1 所示为自动线夹具。

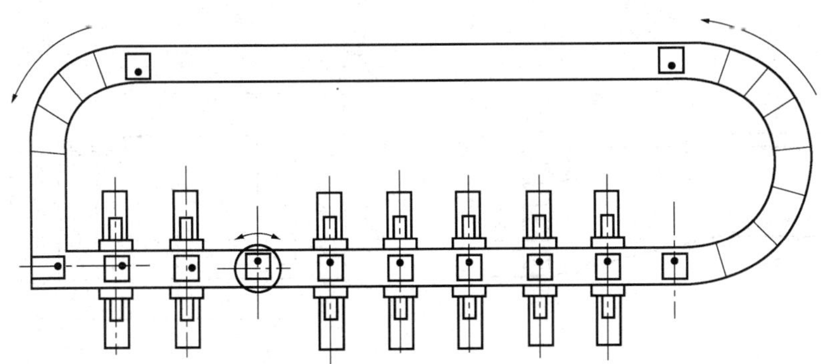

图 10.1　自动线夹具

工件在固定夹具上的定位和随行夹具在机床夹具上的定位要求：要有利于夹具的敞开性，有利于工件和随行夹具定位时基准统一，有利于工件和随行夹具在各台机床上定位和夹紧的自动化。为此，一般采用一面两孔定位、气动夹紧。

10.2 组合夹具

10.2.1 什么是组合夹具

组合夹具是由一套预先制造好的各种不同形状、不同规格尺寸，而且具有完全互换性及极高耐磨性（可使用 15 年以上）的标准元件所组装成的专用夹具。根据组合夹具元件上是 T 形槽还是圆孔，组合夹具分为槽系（图 10.2）和孔系（图 10.3）。槽系根据 T 形槽宽度分大（16mm）、中（12mm）、小（8mm）3 种系列，孔系根据孔径分 4 种系列（d=10mm、12mm、16mm、24mm）。

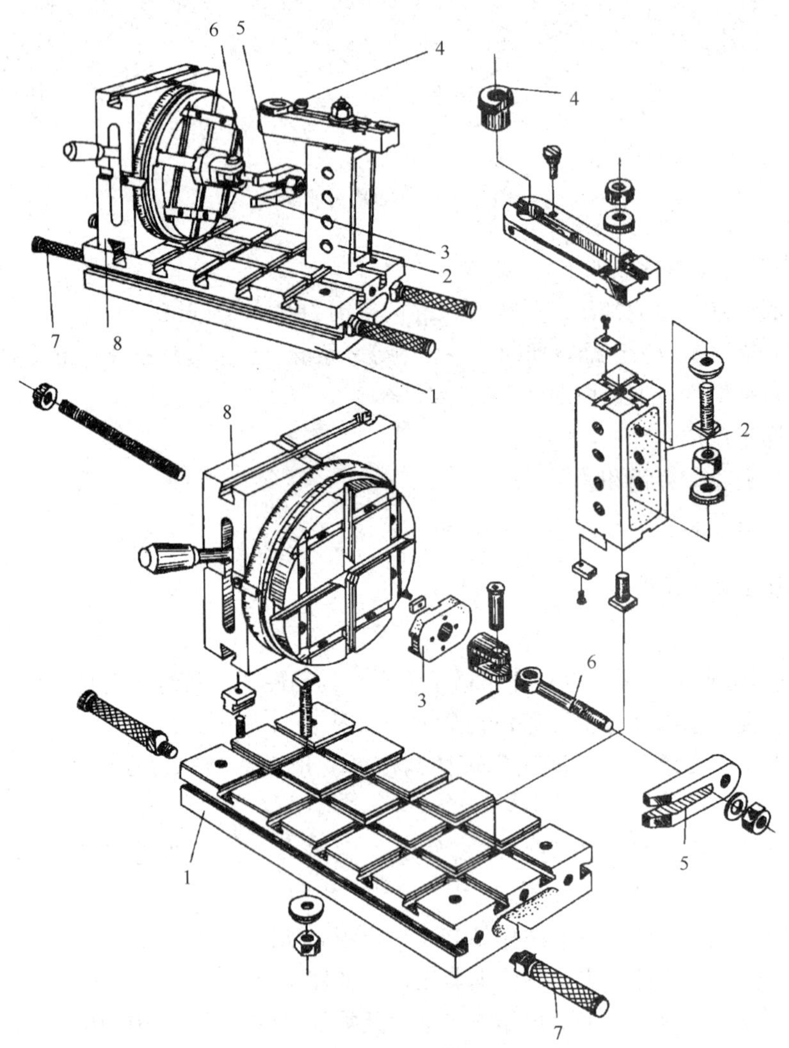

图 10.2 槽系组合夹具

—基础件；2—支承件；3—定位件；4—导向件；5—夹紧件；6—紧固件；7—其他件；8—合件

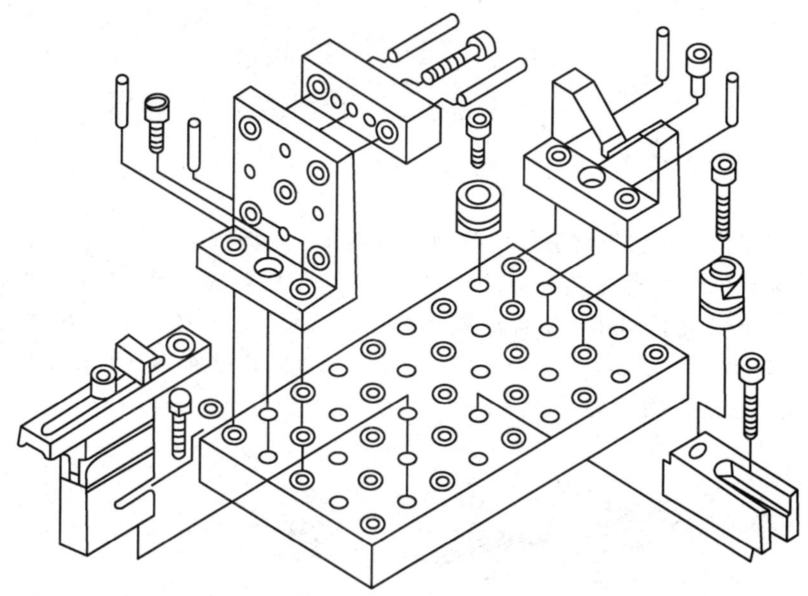

图 10.3 孔系组合夹具

组合夹具的基本特点如下。

1）万能性好，适应加工工件外形尺寸的范围为 20～600mm。

2）可大幅度缩短生产准备周期，一套中等复杂的组合夹具从设计到组装完毕需 50～150 小时，可缩短生产准备周期 90%。

3）降低生产成本。

4）减少夹具库存面积。

5）刚性较差。

10.2.2 组合夹具元件

因槽系用得较多，下面重点介绍槽系组合夹具元件。槽系组合夹具元件共分 8 类。

1）第一类：基础件，主要用作夹具体，如图 10.4 所示。

2）第二类：支承件，主要用作不同高度的支承和各种定位支承平面，如图 10.5 所示。

3）第三类：定位件，主要用作工件定位和组合夹具元件连接定位，如图 10.6 所示。

4）第四类：导向件，主要用作钻套、钻模板，如图 10.7 所示。

5）第五类：压紧件，主要用作夹紧工件，如图 10.8 所示。

6）第六类：紧固件，主要用作连接紧固及被加工件紧固，如图 10.9 所示。

7）第七类：其他件，主要起辅助作用，如图 10.10 所示。

8）第八类：合件，不可拆卸，有定位合件、导向合件、分度合件、支承合件、夹

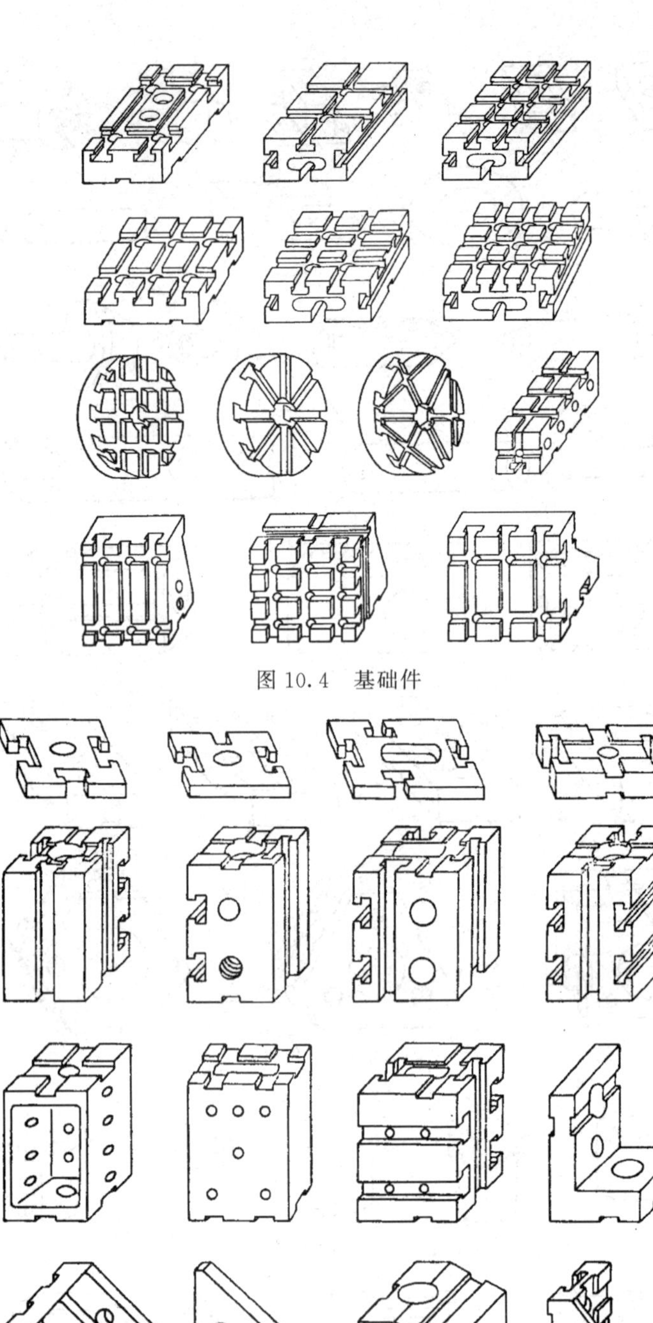

图 10.4　基础件

图 10.5　支承件

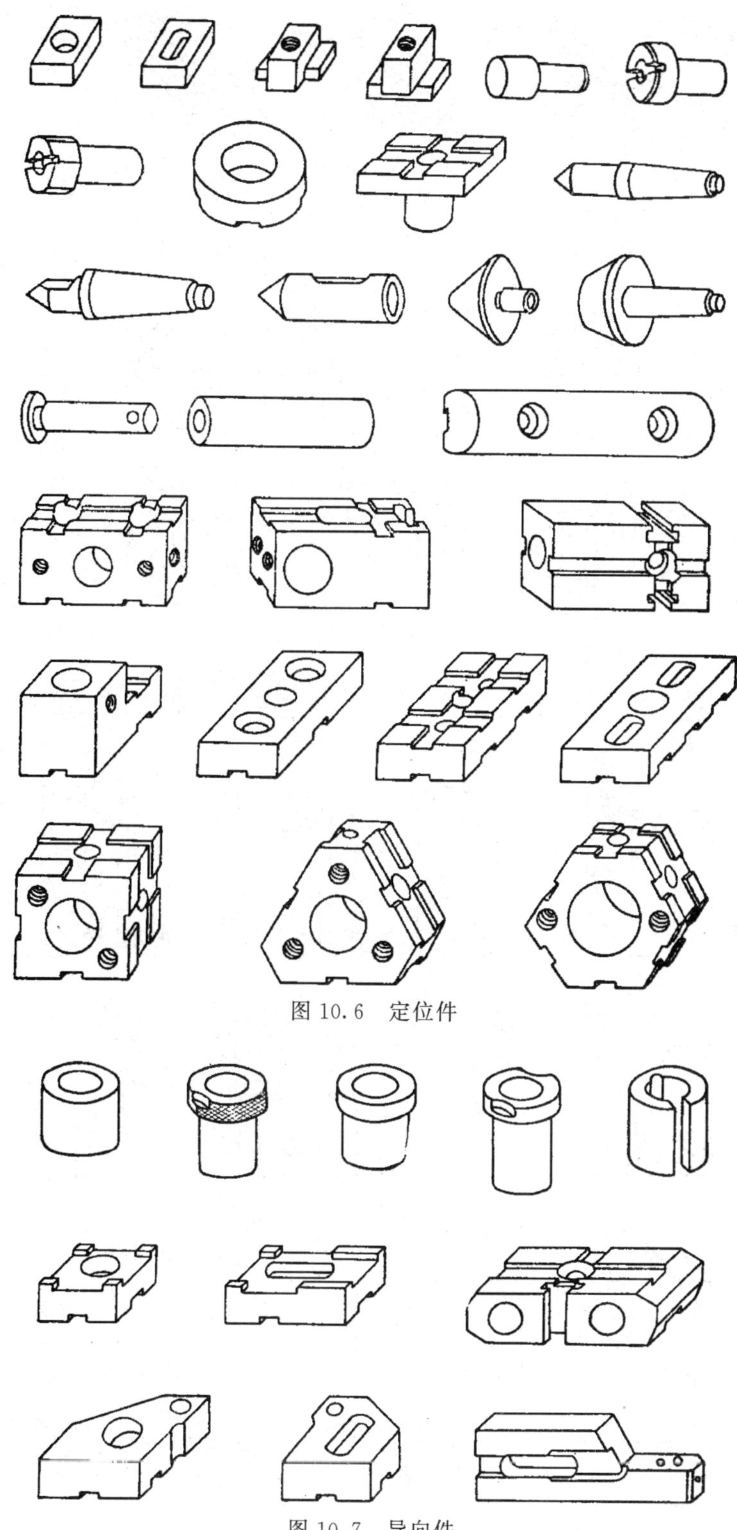

图 10.6　定位件

图 10.7　导向件

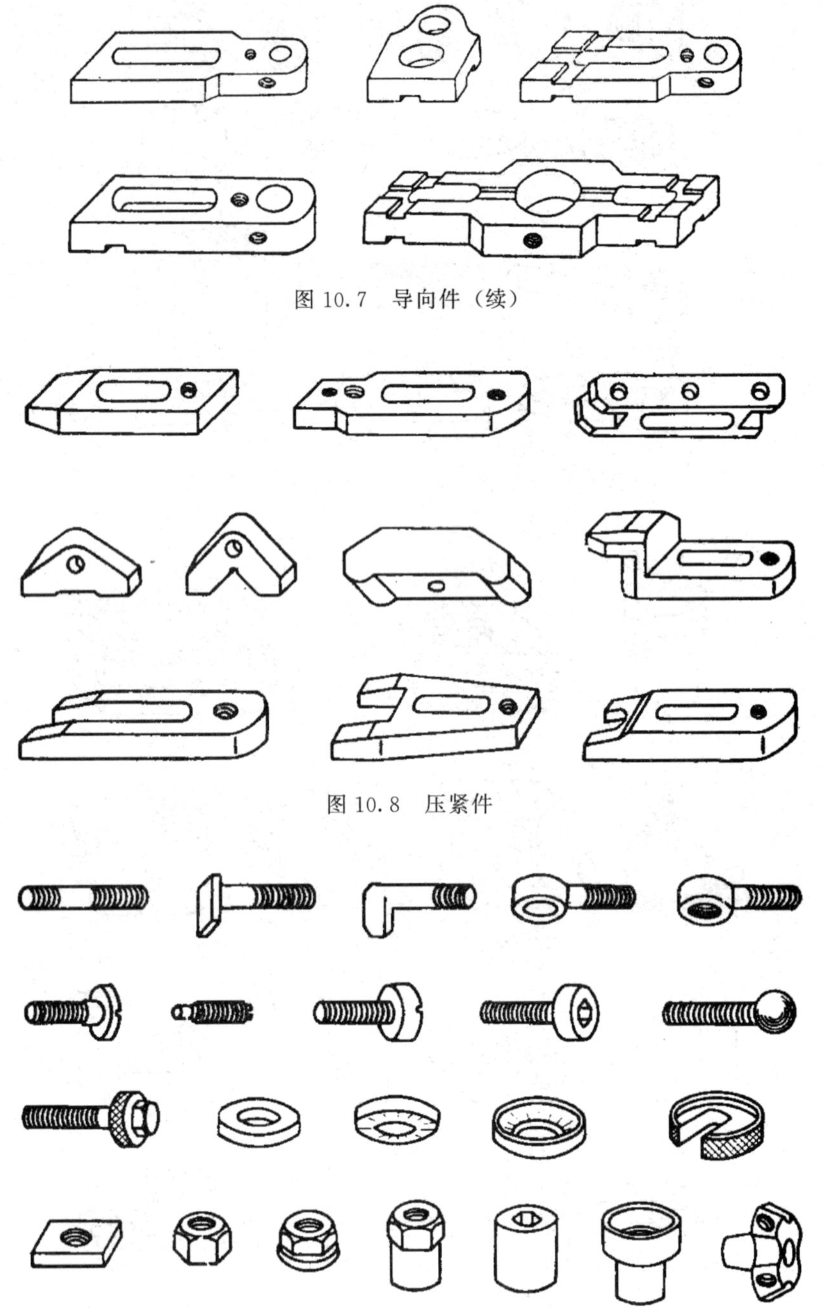
图 10.7　导向件（续）

图 10.8　压紧件

图 10.9　紧固件

紧合件等，如图 10.11 所示。

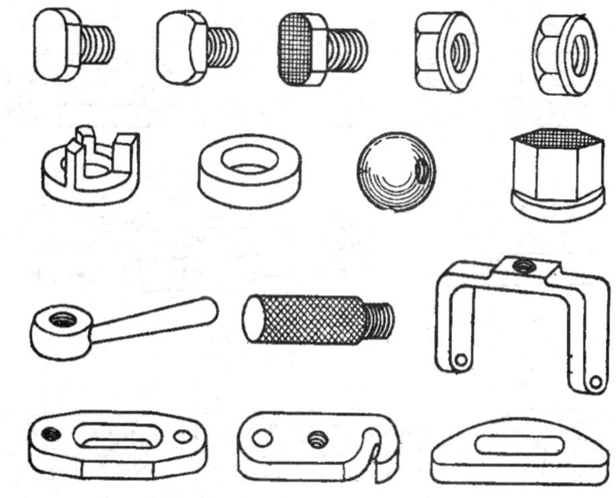

图 10.10　其他件

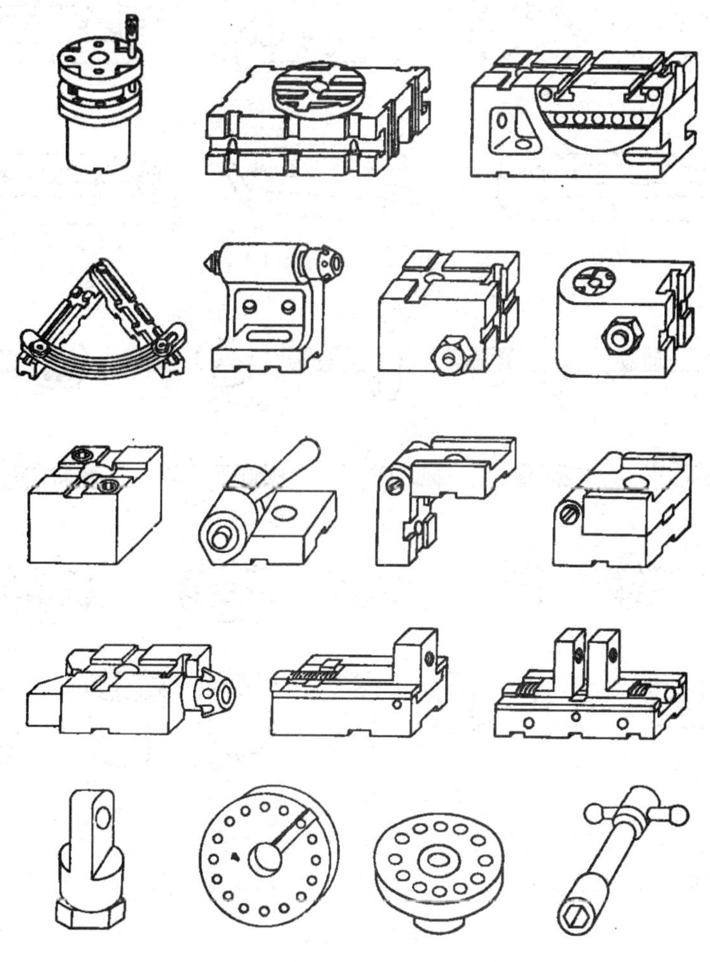

图 10.11　合件

10.2.3 组合夹具的组装

组合夹具的组装过程如图 10.12 所示。

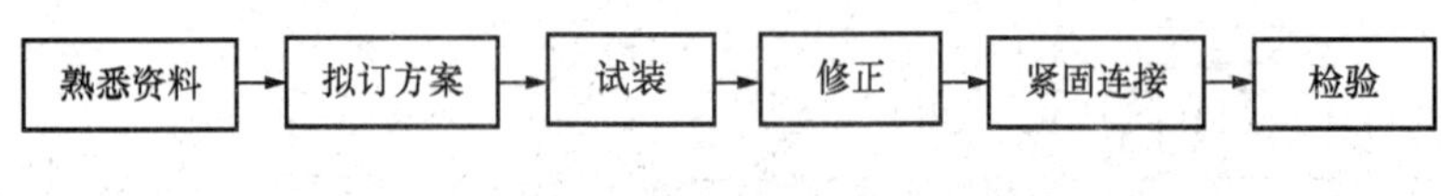

图 10.12 组合夹具的组装过程

10.2.4 设立厂级或地区级组合夹具（出租）站

为最大发挥组合夹具的经济效益，一般都设有厂级或地区级组合夹具（出租）站，方便使用部门租借。

10.3 通用可调夹具与成组夹具

针对机械产品多品种、小批量的发展方向，出现了专用夹具由专用性向通用性的发展，这就是通用可调夹具和成组夹具。

10.3.1 组成与工作原理

1）组成：通用可调夹具与成组夹具由通用部件和可调、换部件组成。设计时先设计好通用部件，再考虑设计可调、换部件。

2）工作原理：通过对可调、换部件的调整或更换，可适应不同零件的加工。调整的方法通常有连续调节、分段调节、更换调节、综合调节 4 种。

10.3.2 设计原理

通用可调夹具与成组夹具是针对一组工件的工艺、形状、尺寸、精度等相似性而专门设计的夹具。通用可调夹具在调节范围内的服务对象不明确，可无限调节，如图 10.13所示；成组夹具只是针对成组工艺的组内零件有级调节，如图 10.14 所示。成组夹具设计的方法与专用夹具相似，首先确定一个“合成零件”，该零件能代表组内零件的主要特征，然后针对“合成零件”设计夹具，并根据组内零件加工范围，设计可调整件和可更换件。

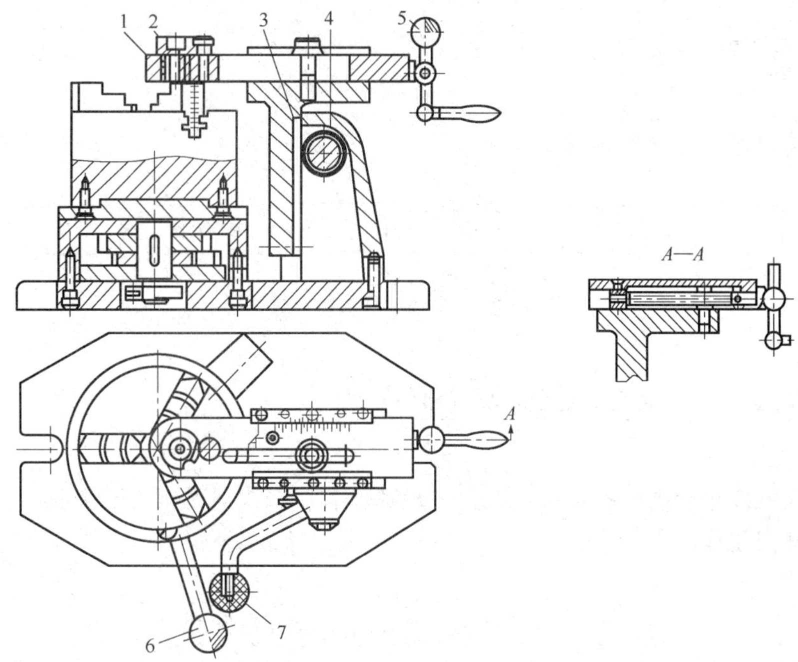

图 10.13　钻圆盘类零件圆周上等分孔的通用可调夹具

1—可移动钻模板；2—快换钻套；3—齿条；4—齿轮；5—移动操纵手柄；6—分度操纵手柄；7—升降操纵手柄

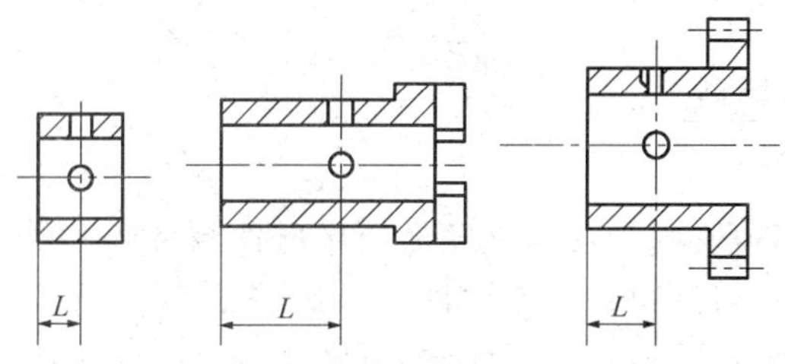

套筒类钻孔加工的典型零件

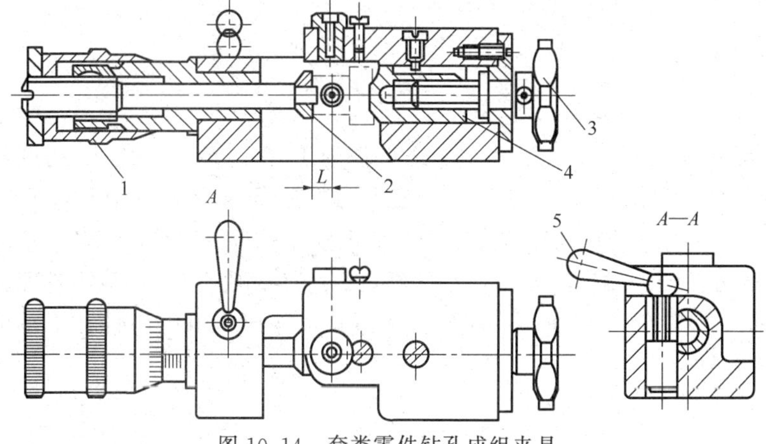

图 10.14　套类零件钻孔成组夹具

1—调节手柄；2—定位支承；3—夹紧手轮；4—定位夹紧元件；5—锁紧手柄

10.4 数控夹具

数控夹具是指在数控机床上使用的夹具。前面各章节介绍的通用夹具、通用可调夹具、成组夹具、专用夹具等，在数控机床上都可以使用。但是数控机床夹具的设计应结合数控机床的特点，设计时体现小型化、自动化、系列化和柔性化的特点。

10.4.1 设计要求

1）优先采用夹紧动力装置，使装夹快速省力。
2）可采用通用可调夹具、成组夹具等，体现夹具结构设计的柔性化。
3）以多功能、系列化夹具结构代替单一功能夹具元件，使夹具可实现重复使用。
4）在夹具上设置编程零点，以满足数控机床编程要求。
5）夹具和夹具元件应具有较高的精度和刚度。
6）刀具在运动时，应防止刀具与夹具发生碰撞。

10.4.2 设计特点

数控机床按编制的程序完成工件的加工。在加工过程中，机床、刀具、夹具和工件之间应有严格的相对坐标位置。所以数控机床夹具在数控机床上相对机床的坐标原点应具有严格的坐标位置，以保证所装夹的工件处于所规定的坐标位置上。为此，数控机床夹具常采用网格状的固定基础板，如图 10.15 所示。它长期固定在数控机床工作台上，板上已加工出准确的孔心距位置的一组定位孔和一组紧固螺孔（也有定位孔与螺孔同轴布置形式），它们呈网格分布。网格状基础板预先调整好相对数控机床的坐标位置。利用基础板上的定位孔可装夹各种夹具，如图 10.15（a）所示的角铁支架式夹具。角铁支架上也有相应的网格状分布的定位孔和紧固螺孔，以便安装有关可换定位元件和其他各类元件和组件，以适应相似零件的加工。当加工对象变换品种时，

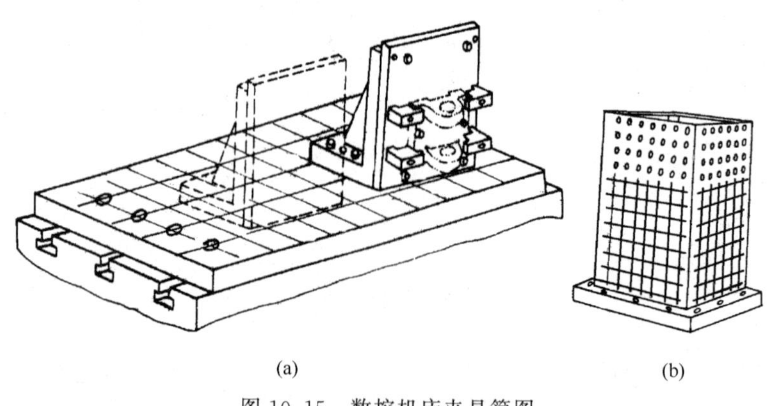

(a) (b)

图 10.15 数控机床夹具简图

只需更换相应的角铁式夹具便可迅速转换为新零件的加工，不致使机床长期等工。图 10.15 (b) 所示为立方固定基础板。它安装在数控机床工作台的转台上，其四面都有网格分布的定位孔和紧固螺孔，上面可装夹各类夹具的底板。当加工对象变换时，只需转台转位，便可迅速转换成加工新零件用的夹具，十分方便。

从上面所述的夹具构成原理可以看到，数控机床夹具实质上是通用可调夹具和组合夹具的结合与发展。它的固定基础板部分与可换部分的组合是通用可调夹具组成原理的应用。而它的元件和组件高度标准化与组合化，又是组合夹具标准元件的演变与发展。

附 录

附表 1 定位夹紧符号

分类 \ 标注位置		独立		联动	
		标注在视图轮廓线上	标注在视图正面上	标注在视图轮廓线上	标注在视图正面上
定位点	固定式				
	活动式				
辅助支承					
机械夹紧					
液压夹紧		Y	Y	Y	Y
气动夹紧		Q	Q	Q	Q

示例（阿拉伯数字表示所限制的自由度数，为 1 时可不标）：

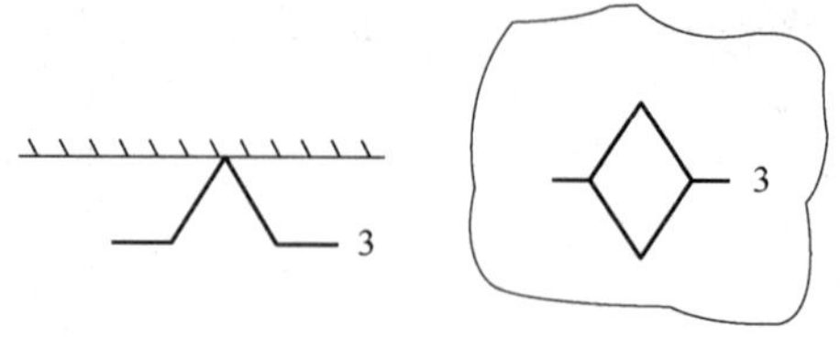

附表 2　普通车床与铣床联系尺寸　　单位：mm

车床联系尺寸

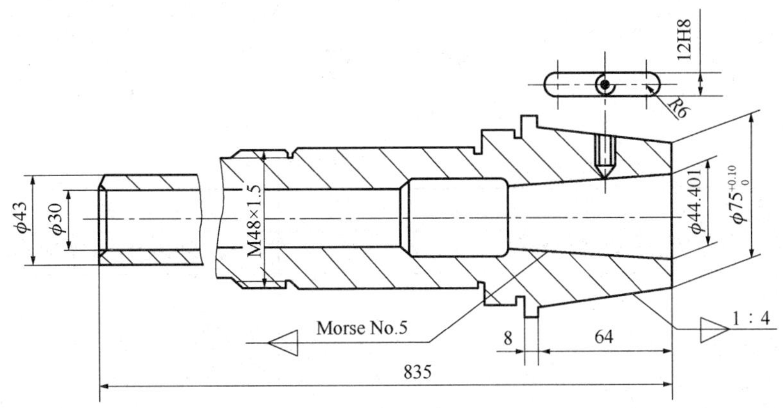

C616、C616A 主轴尺寸

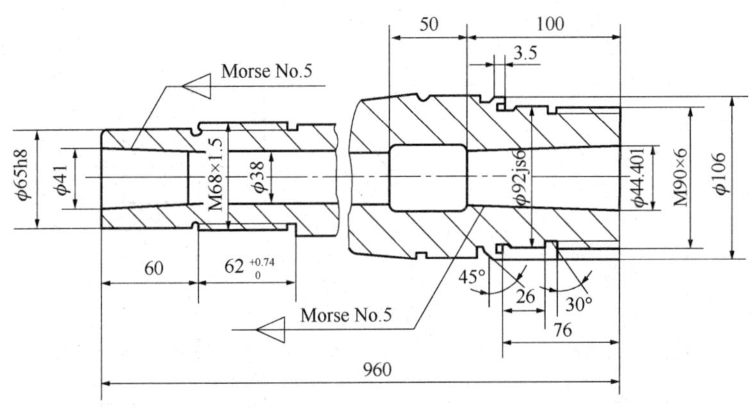

C620 主轴尺寸

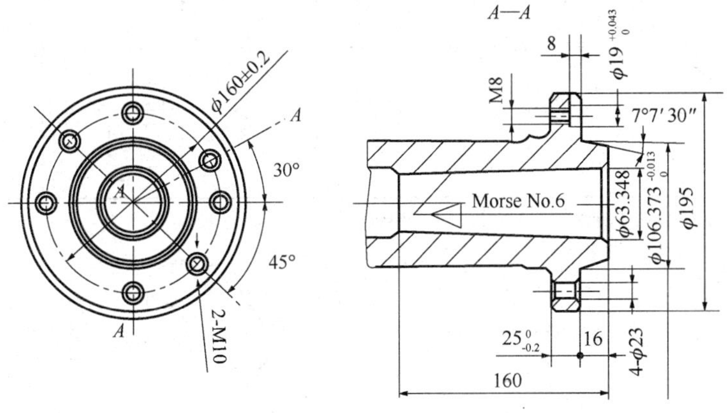

CA6140、CA6150、CA6240、CA6250 主轴尺寸

续表

铣床联系尺寸

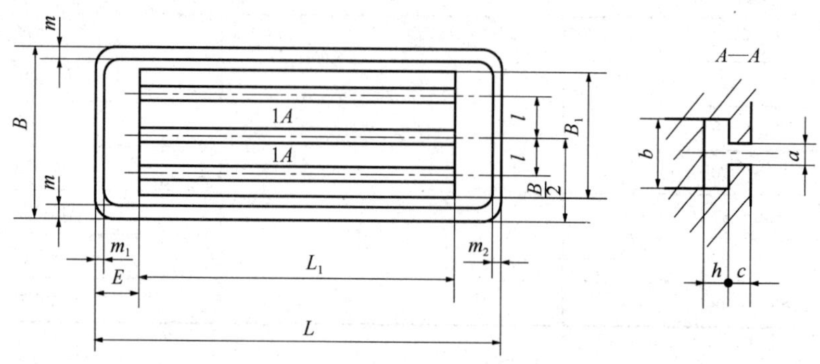

型号	B	B_1	t	m	L	L_1	E	m_1	m_2	a	b	h	c
X50	200	135	45	10	870	715	70	25	40	14	25	11	12
X51	250	170	50	10	1000	815	95		45	14	24	11	12
X5025A	250		50		1120					14	24	11	14
X5028	280		60		1120					14	24	11	18
X5030	300	222	60		1120	900		40	40	14	24	11	16
X52	320	255	70	15	1325	1130	75	25	50	18	32	14	18
X52K	320	255	70	17	1250	1130	75	25	45	18	30	14	18
X53	400	285	90	15	1700	1480	100	30	50	18	32	14	18
X53K	400	290	90	12	1600	1475	110	30	45	18	30	14	18
X53T	425									18	30	14	18
X60	200	140	45	10	870	710	75	30	40	14	25	11	14
X61	250	175	50	10	1000	815	95	50	60	14	25	11	14
X6030	300	222	60		1120	900		40	40	14	24	11	18
X62	320	220	70	16	1250	1055	75	25	50	18	30	14	18
X63	400	290	90	15	1600	1385	100	30	40	18	30	14	18
X60W	200	140	45	10	870	710	75	30	40	14	23	11	12
X61W	250	175	50	10	1000	815	95	50	60	14	25	11	14
X6130	300	222	60	11	1120	900		40	40	14	24	11	16
X62W	320	220	70	16	1250	1055	75	25	50	18	30	14	18
X63W	400	290	90	15	1600	1385	100	30	40	18	30	14	18

附表 3 高速钢麻花钻、扩孔钻的直径公差（h8） 单位：mm

钻头直径	上偏差	下偏差
>3～6	0	−0.018
>6～10		−0.022
>10～18		−0.027
>18～30		−0.033
>30～50		−0.039
>50～80		−0.046
>80～100		−0.054

附表 4 高速钢机用铰刀的直径公差（GB 1133—1984） 单位：mm

铰刀直径	直径的极限偏差		
	H7 级精度铰刀	H8 级精度铰刀	H9 级精度铰刀
>5.3～6	+0.010 +0.005	+0.015 +0.008	+0.025 +0.014
>6～10	+0.012 +0.006	+0.018 +0.010	+0.030 +0.017
>10～18	+0.015 +0.008	+0.022 +0.012	+0.036 +0.020
>18～30	+0.017 +0.009	+0.028 +0.016	+0.044 +0.025
>30～50	+0.021 +0.012	+0.033 +0.019	+0.052 +0.030
>50～80	+0.025 +0.014	+0.039 +0.022	+0.062 +0.036
>80～1000	+0.029 +0.016	+0.045 +0.026	+0.073 +0.042

附表 5 硬质合金机用铰刀的直径公差 单位：mm

铰刀直径	直径的极限偏差		
	H7 级精度铰刀	H8 级精度铰刀	H9 级精度铰刀
>5.3～6	+0.012 +0.007	+0.018 +0.001	+0.030 +0.019
>6～10	+0.015 +0.009	+0.022 +0.014	+0.036 +0.023
>10～18	+0.018 +0.011	+0.027 +0.017	+0.043 +0.027
>18～30	+0.021 +0.013	+0.033 +0.021	+0.052 +0.033
>30～40	+0.025 +0.016	+0.039 +0.025	+0.062 +0.040

附表 6　定位键尺寸　　单位：mm

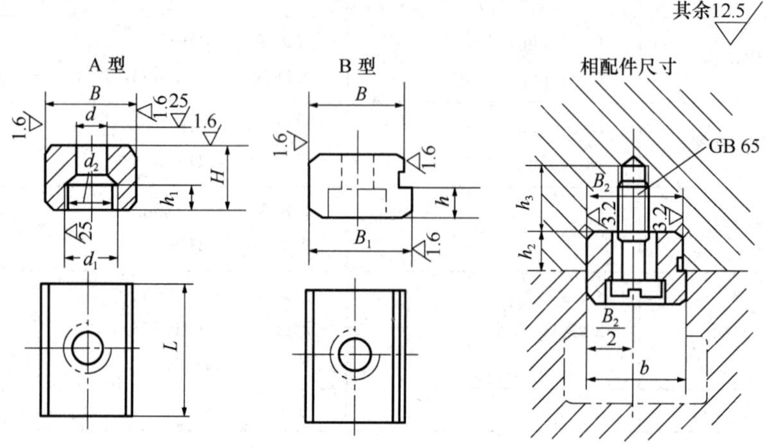

<table>
<tr><th colspan="3">B</th><th rowspan="3">B_1</th><th rowspan="3">L</th><th rowspan="3">H</th><th rowspan="3">h</th><th rowspan="3">h_1</th><th rowspan="3">d</th><th rowspan="3">d_1</th><th rowspan="3">d_2</th><th colspan="7">相　配　件</th></tr>
<tr><th rowspan="2">基本尺寸</th><th rowspan="2">极限偏差 h6</th><th rowspan="2">极限偏差 h8</th><th>T 形槽宽度</th><th colspan="3">B_2</th><th rowspan="2">h_2</th><th rowspan="2">h_3</th><th rowspan="2">螺钉 GB 65</th></tr>
<tr><th>b</th><th>基本尺寸</th><th>极限偏差 H7</th><th>极限偏差 JS6</th></tr>
<tr><td>8</td><td rowspan="2">0
−0.009</td><td rowspan="2">0
−0.022</td><td>8</td><td>14</td><td rowspan="4">8</td><td rowspan="4">3</td><td>3.4</td><td>3.4</td><td>6</td><td rowspan="10">—</td><td>8</td><td>8</td><td rowspan="2">+0.015
0</td><td rowspan="2">±0.0045</td><td rowspan="4">4</td><td rowspan="2">8</td><td>M3×10</td></tr>
<tr><td>10</td><td>10</td><td>16</td><td>4.6</td><td>4.5</td><td>8</td><td>10</td><td>10</td><td>M4×10</td></tr>
<tr><td>12</td><td rowspan="4">0
−0.011</td><td rowspan="4">0
−0.027</td><td>12</td><td rowspan="2">20</td><td rowspan="2">5.7</td><td rowspan="2">5.5</td><td rowspan="2">10</td><td>12</td><td>12</td><td rowspan="4">+0.018
0</td><td rowspan="4">±0.0055</td><td rowspan="2">10</td><td rowspan="2">M5×12</td></tr>
<tr><td>14</td><td>14</td><td>14</td><td>14</td></tr>
<tr><td>16</td><td>16</td><td rowspan="2">25</td><td>10</td><td>4</td><td rowspan="4">6.8</td><td rowspan="4">6.6</td><td rowspan="4">11</td><td>(16)</td><td>16</td><td>5</td><td rowspan="4">13</td><td rowspan="4">M6×16</td></tr>
<tr><td>18</td><td>18</td><td rowspan="3">12</td><td rowspan="3">5</td><td>18</td><td>18</td><td rowspan="3">6</td></tr>
<tr><td>20</td><td rowspan="4">0
−0.013</td><td rowspan="4">0
−0.033</td><td>20</td><td rowspan="2">32</td><td>(20)</td><td>20</td><td rowspan="4">+0.021
0</td><td rowspan="4">±0.0065</td></tr>
<tr><td>22</td><td>22</td><td>22</td><td>22</td></tr>
<tr><td>24</td><td>24</td><td rowspan="2">40</td><td>14</td><td>6</td><td rowspan="2">9</td><td rowspan="2">9</td><td rowspan="2">15</td><td>(24)</td><td>24</td><td>7</td><td rowspan="2">15</td><td rowspan="2">M8×20</td></tr>
<tr><td>28</td><td>28</td><td>16</td><td>7</td><td>28</td><td>28</td><td>8</td></tr>
</table>

注：1）尺寸 B_1：留磨量 0.5mm，按机床 T 形槽宽度配作，公差带为 h6 或 h8。

2）括号内尺寸尽量不用。

附表 7　常用夹具元件的材料及热处理

<table>
<tr><th colspan="2">名　　称</th><th>推荐材料</th><th>热处理要求</th></tr>
<tr><td rowspan="3">定位元件</td><td>支承钉</td><td>$D \leqslant 12$mm，T7A
$D > 12$mm，20 钢</td><td>淬火 60～64HRC
渗碳深 0.8～1.2mm；淬水 60～64HRC</td></tr>
<tr><td>支承板</td><td>20 钢</td><td>渗碳深 0.8～1.2mm
淬火 60～64HRC</td></tr>
<tr><td>可调支承螺钉</td><td>45 钢</td><td>头部淬火 38～42HRC
$L < 50$mm，整体淬火 33～38HRC</td></tr>
</table>

续表

名　　称		推荐材料	热处理要求
定位元件	定位销	D≤16mm，T7A D>16mm，20 钢	淬火 53～58HRC 渗碳深 0.8～1.2mm，淬火 53～58HRC
	定位心轴	D≤35mm，T8A D>35mm，45 钢	淬火 55～60HRC 淬火 43～48HRC
	V 形块	20 钢	渗碳深 0.8～1.2mm 淬火 60～64HRC
夹紧元件	斜楔	20 钢或 45 钢	渗碳深 0.8～1.2mm 淬火 58～62RHC 淬火 43～48HRC
	压紧螺钉	45 钢	淬火 38～42HRC
	螺母	45 钢	淬火 33～38HRC
	摆动压块	45 钢	淬火 43～48HRC
	普通螺钉压板	45 钢	淬火 38～42HRC
	钩形压板	45 钢	淬火 38～42HRC
	圆偏心轮	20 钢或优质工具钢	渗碳深 0.8～1.2m 淬火 60～64HRC 淬火 50～55HRC
其他专用元件	对刀块	20 钢	渗碳深 0.8～1.2mm 淬火 60～64HRC
	塞尺	T7A	淬火 60～64HRC
	定向键	45 钢	淬火 43～48HRC
	钻套	内径≤26mm，T10A 内径<25mm，20 钢	淬火 60～64HRC 渗碳深 0.8～1.2mm 淬火 60～64HRC
	衬套	内径≤25mm，T10A 内径<25mm，20 钢	淬火 60～64HRC 渗碳深 0.8～1.2mm 淬火 60～64HRC
	固定式镗套	20 钢	渗碳深 0.8～1.2mm 淬火 55～60HRC
夹具体		HT150 或 HT200 Q195，Q215，Q235	时效处理 退火处理

附表 8　机床夹具零件及部件应用图例

本附录所列各个应用图例供设计者合理地选择本零部件标准时参考之用。图例中图形按规定投影，但采用本标准的零部件以及与本标准配用的相关标准件用粗实线表示，并注以标准编号；其余零部件用细实线表示；被加工件及刀具用双点划线表示。

续表

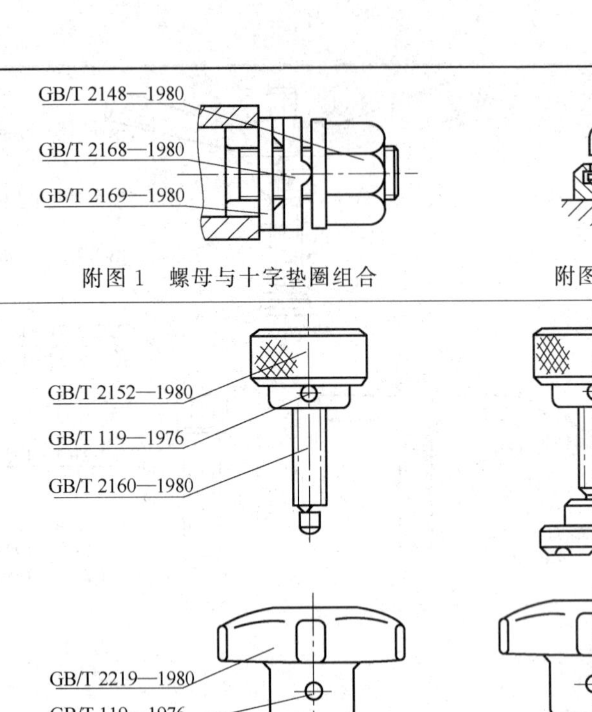

附图 1　螺母与十字垫圈组合

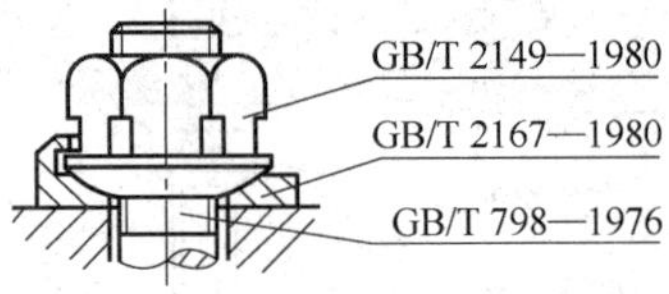

GB/T 2149—1980
GB/T 2167—1980
GB/T 798—1976

附图 2　球面螺母与悬式垫圈组合

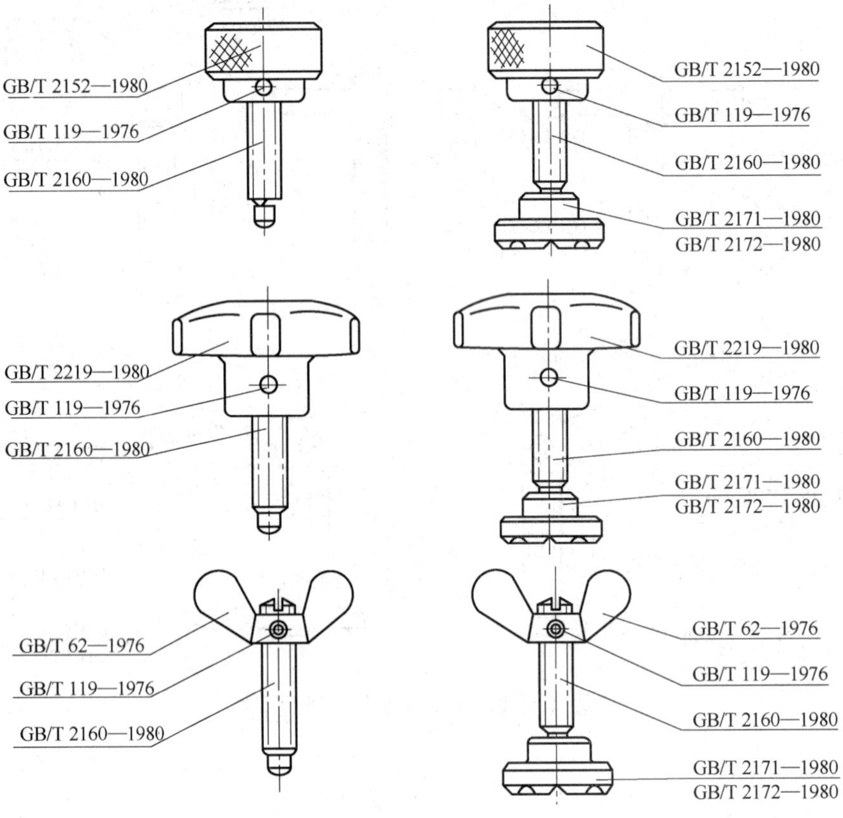

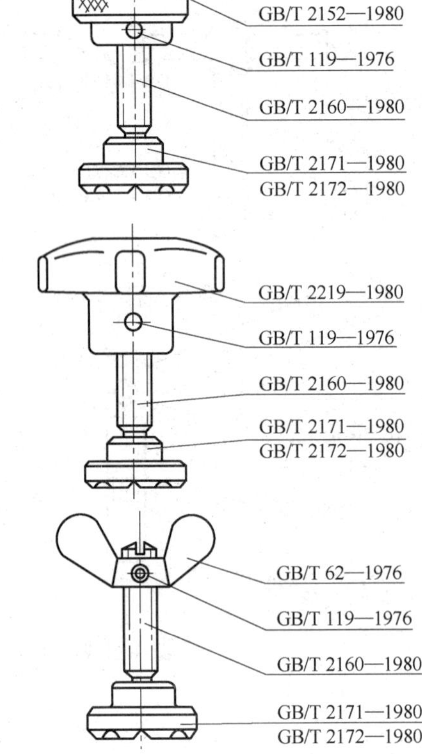

附图 3　螺母与压紧螺钉组合

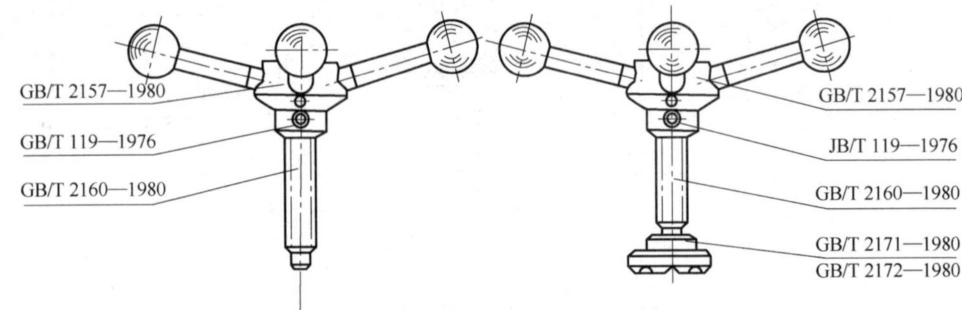

附图 4　手柄与压紧螺钉压块组合

续表

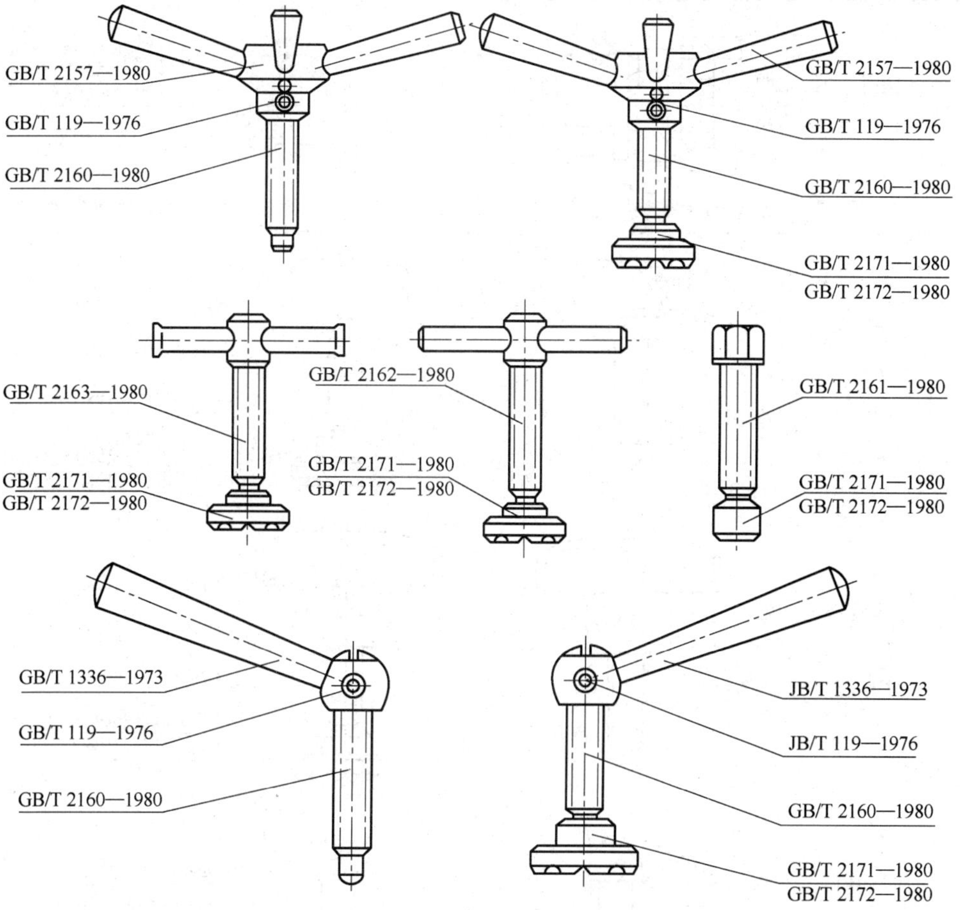

GB/T 2157—1980
GB/T 119—1976
GB/T 2160—1980
GB/T 2157—1980
GB/T 119—1976
GB/T 2160—1980
GB/T 2171—1980
GB/T 2172—1980
GB/T 2163—1980
GB/T 2171—1980
GB/T 2172—1980
GB/T 2162—1980
GB/T 2171—1980
GB/T 2172—1980
GB/T 2161—1980
GB/T 2171—1980
GB/T 2172—1980
GB/T 1336—1973
GB/T 119—1976
GB/T 2160—1980
JB/T 1336—1973
JB/T 119—1976
GB/T 2160—1980
GB/T 2171—1980
GB/T 2172—1980

附图 4　手柄与压紧螺钉压块组合（续）

GB/T 2262—1980
GB/T 2264—1980
GB/T 2268—1980
GB/T 2263—1980
GB/T 830—1976

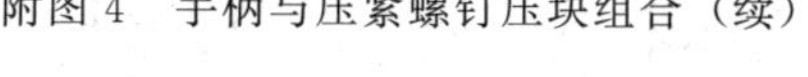

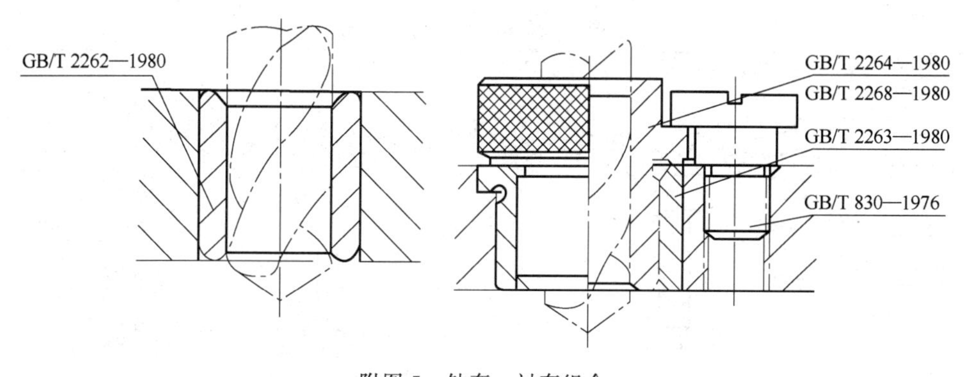

附图 5　钻套　衬套组合

续表

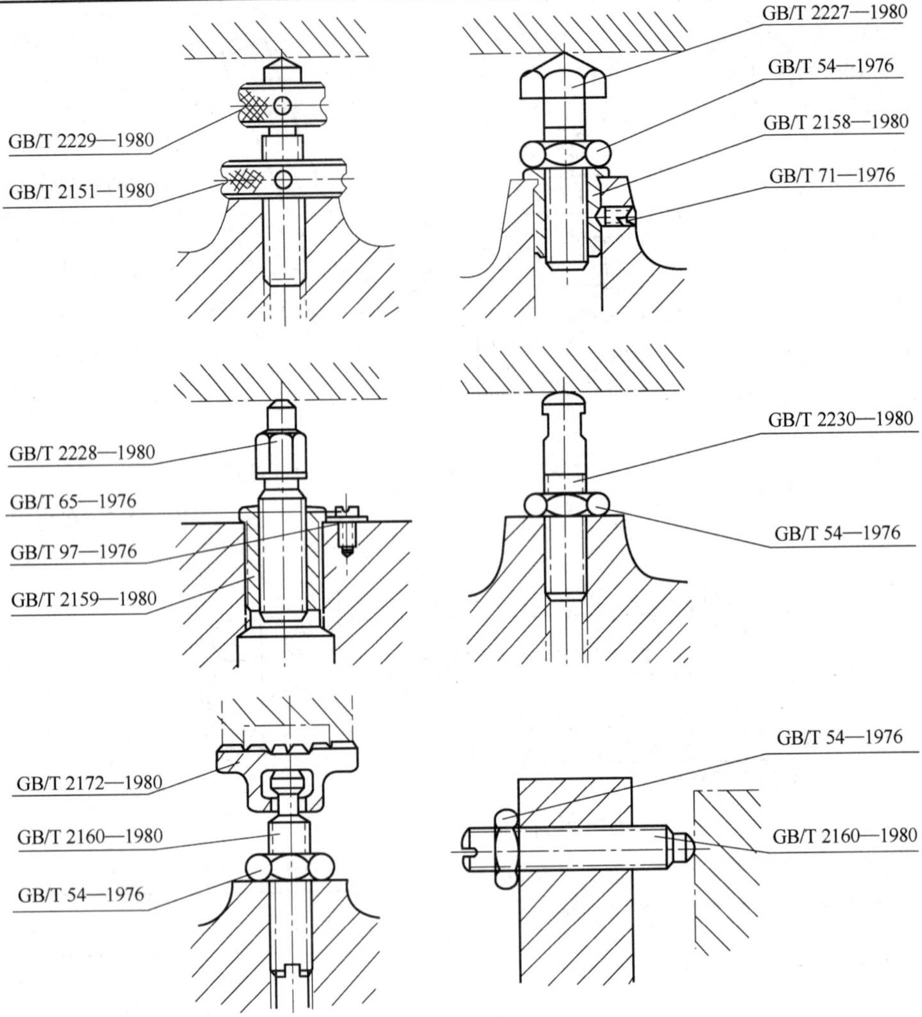

GB/T 2229—1980
GB/T 2151—1980
GB/T 2227—1980
GB/T 54—1976
GB/T 2158—1980
GB/T 71—1976
GB/T 2228—1980
GB/T 65—1976
GB/T 97—1976
GB/T 2159—1980
GB/T 2230—1980
GB/T 54—1976
GB/T 2172—1980
GB/T 2160—1980
GB/T 54—1976
GB/T 54—1976
GB/T 2160—1980

附图 6　调节支承组合

GB/T 2238—1980
GB/T 2159—1980
GB/T 2160—1980
JB/T 1336—1973
GB/T 119—1976
GB/T 65—1976
GB/T 97—1976

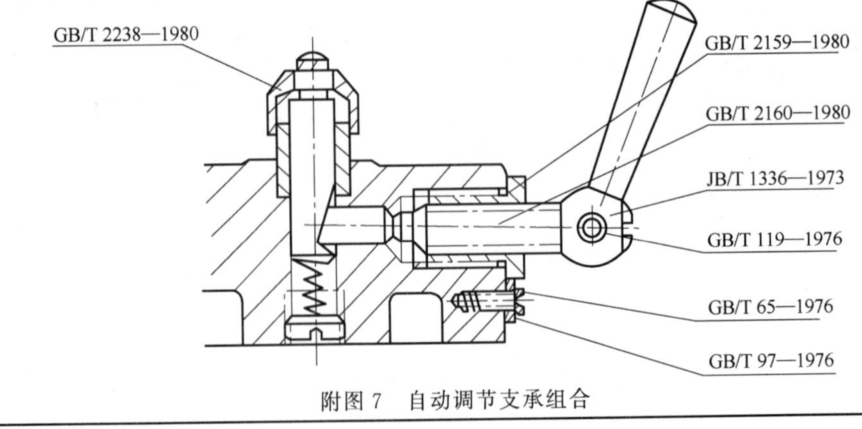

附图 7　自动调节支承组合

续表

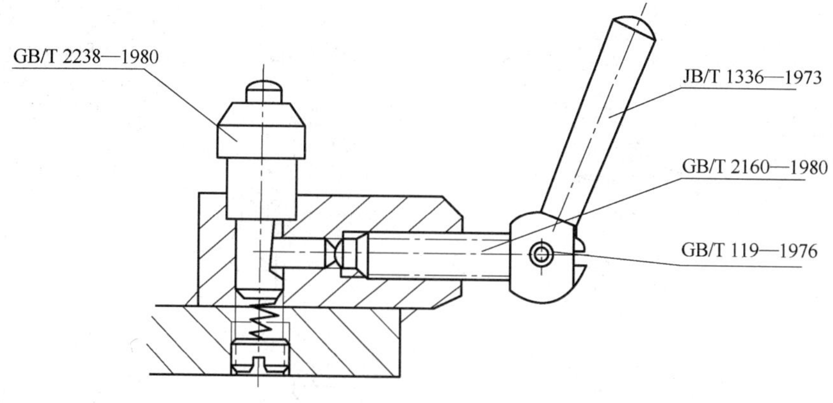

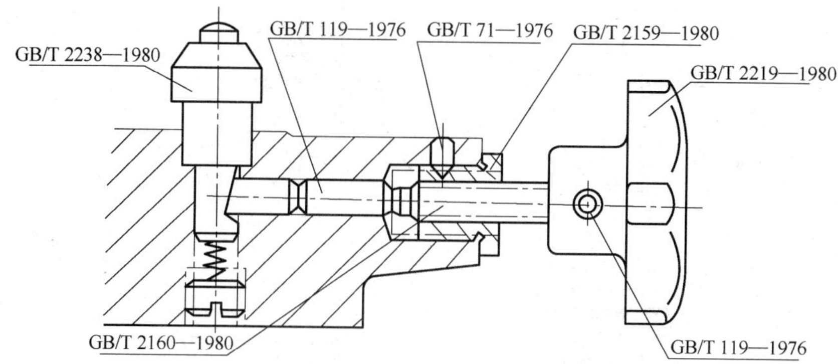

附图 7　自动调节支承组合（续）

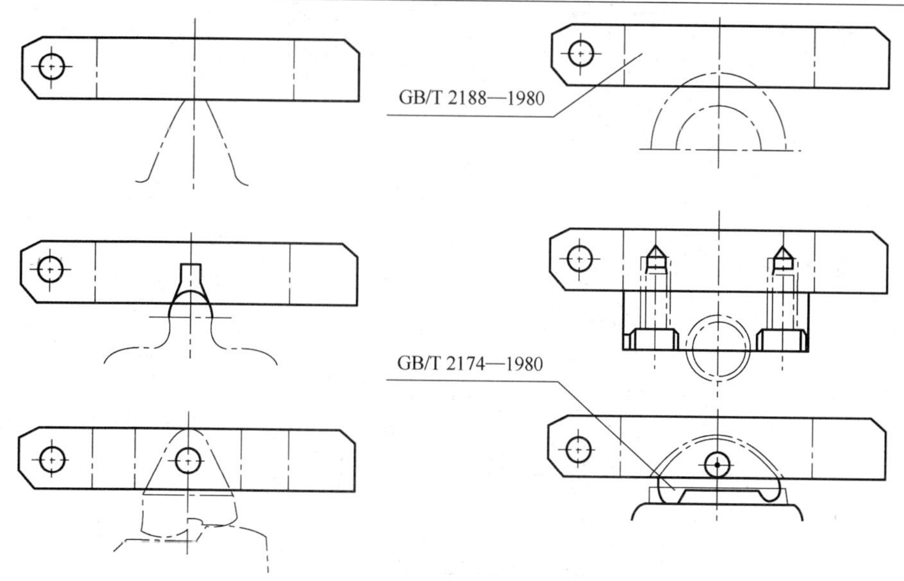

附图 8　铰链压板与压块组合

续表

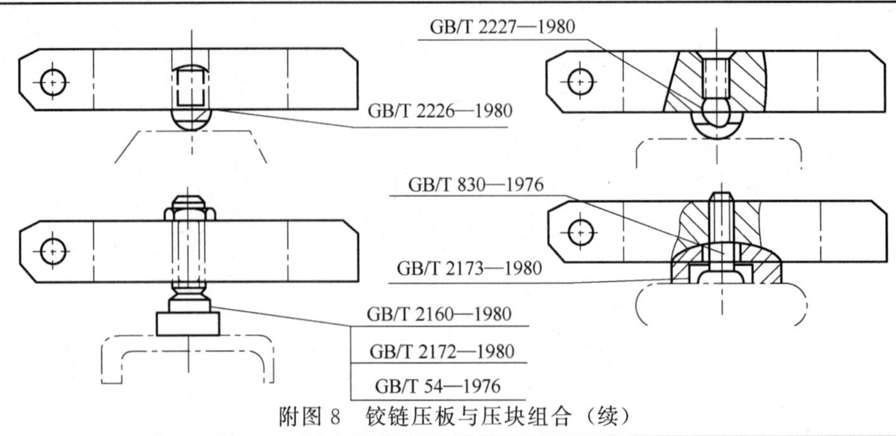

附图 8 铰链压板与压块组合（续）

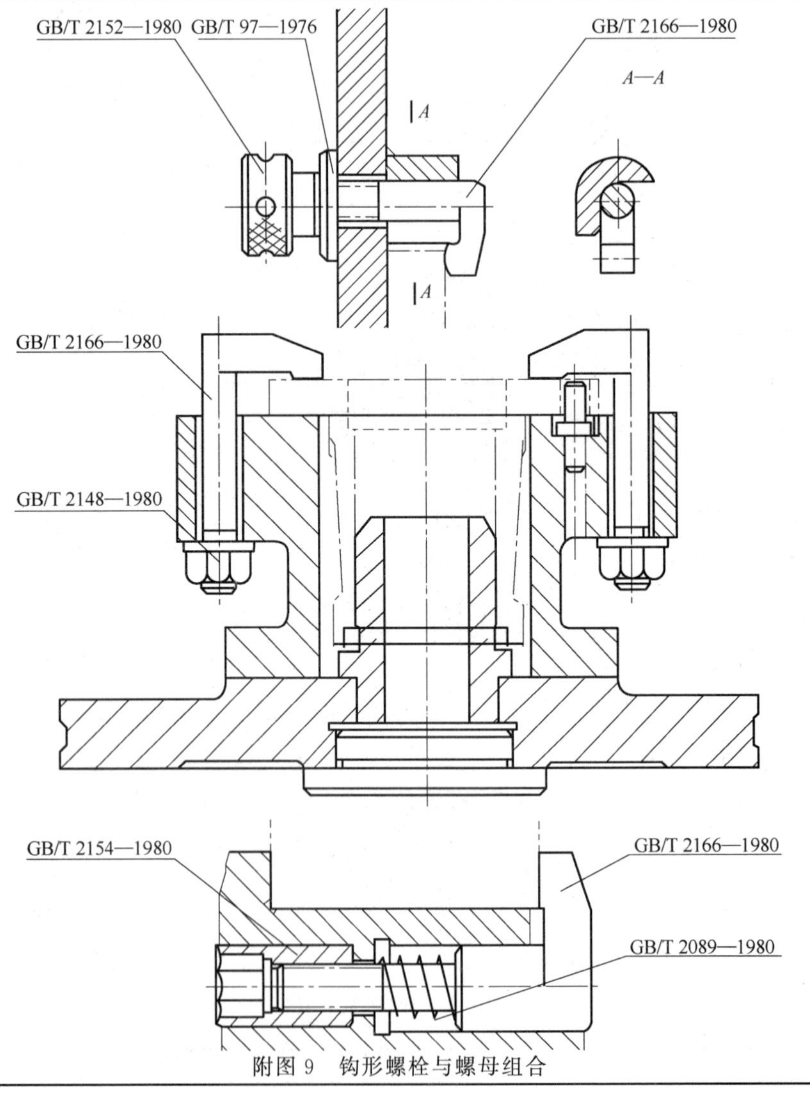

附图 9 钩形螺栓与螺母组合

续表

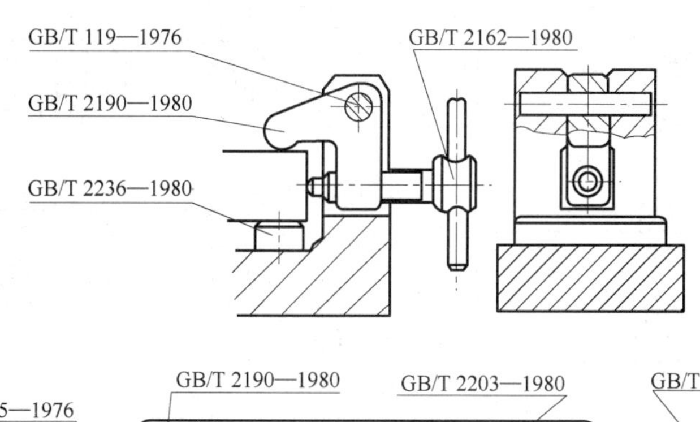

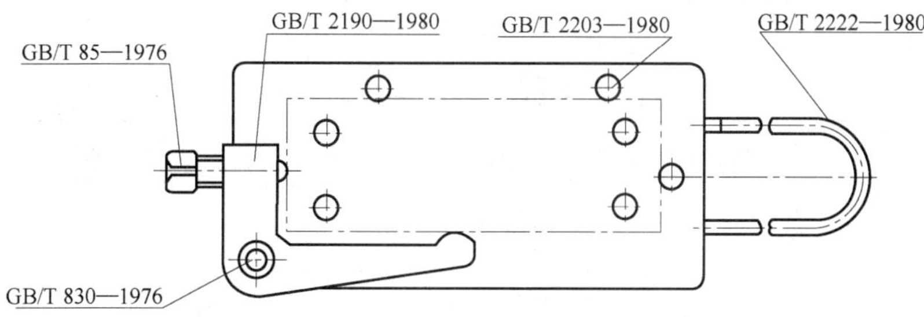

附图 10　双向压板与压紧螺钉组合

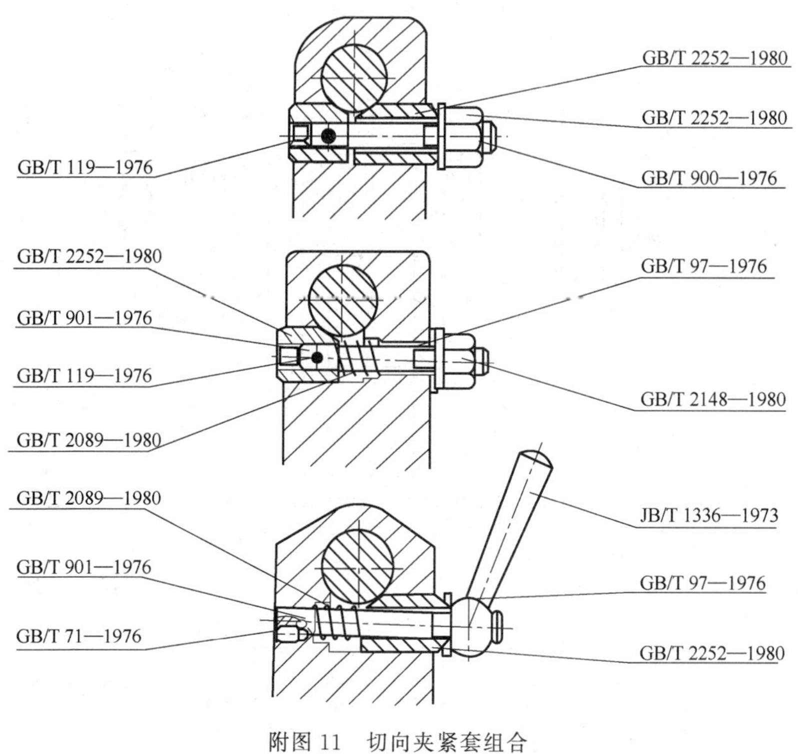

附图 11　切向夹紧套组合

续表

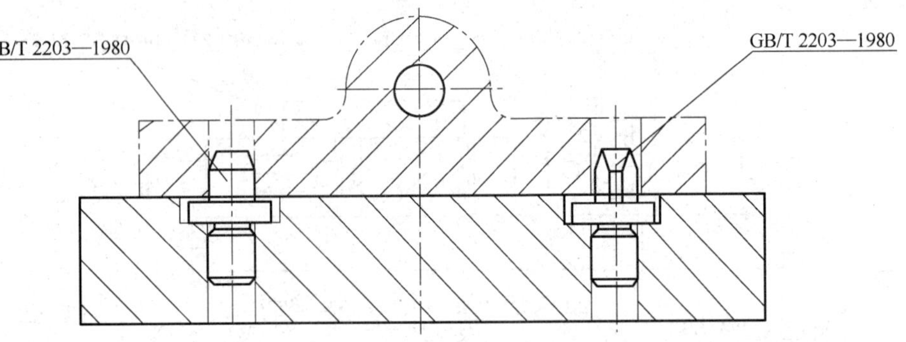

附图 12　固定式定位销组合

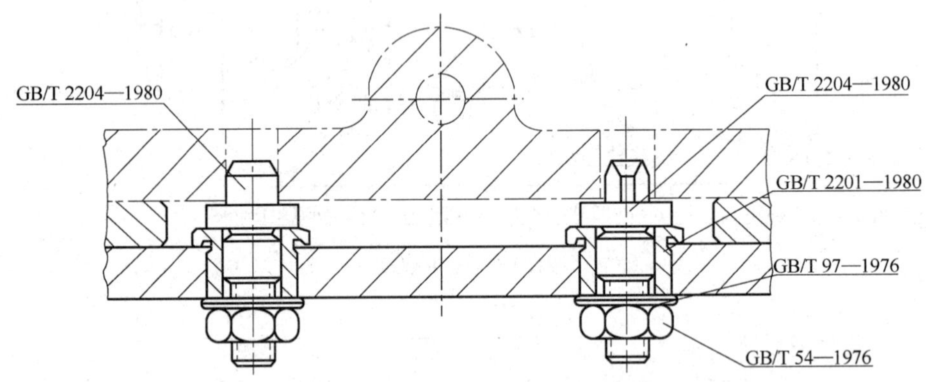

附图 13　可换定位销与定位衬套组合

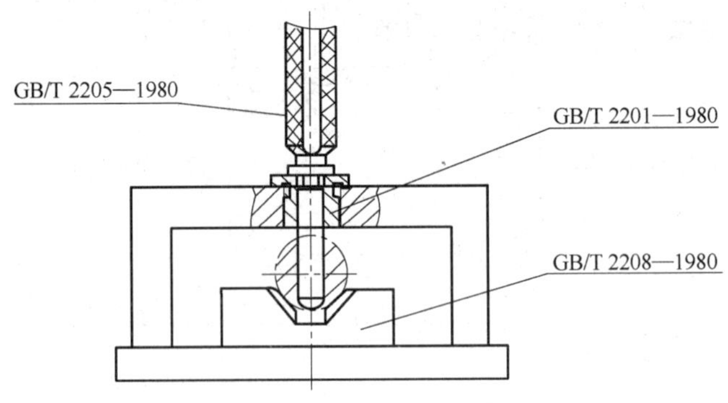

附图 14　定位插销与定位衬套组合

续表

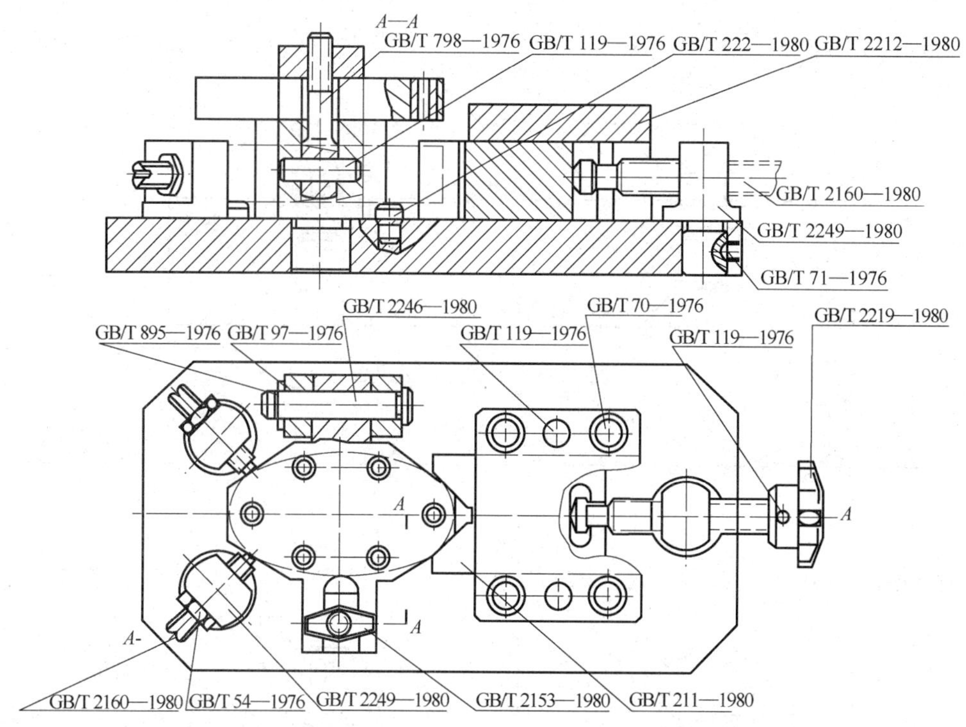

附图 15　菱形螺母

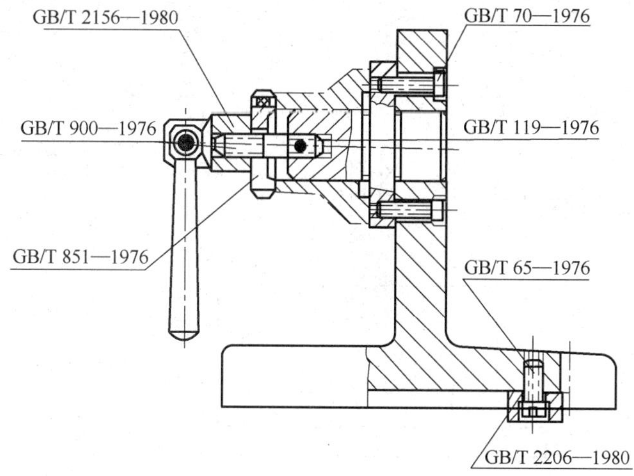

附图 16　回转手柄螺母

续表

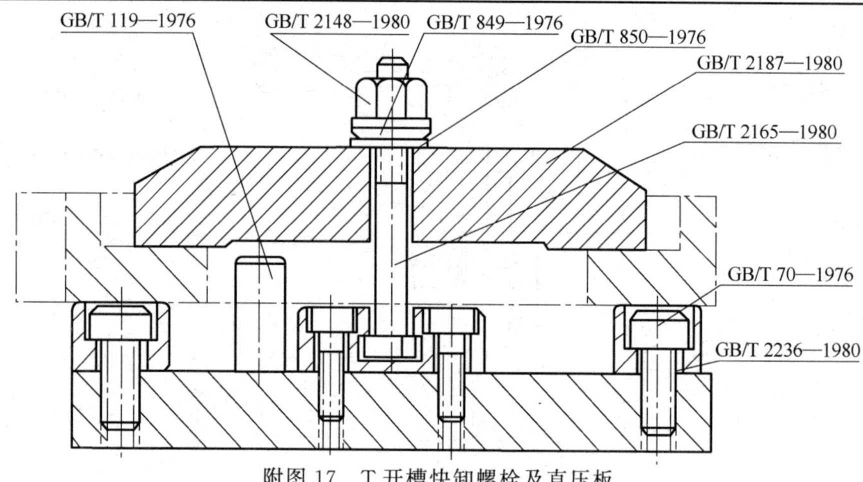

附图 17　T 开槽快卸螺栓及直压板

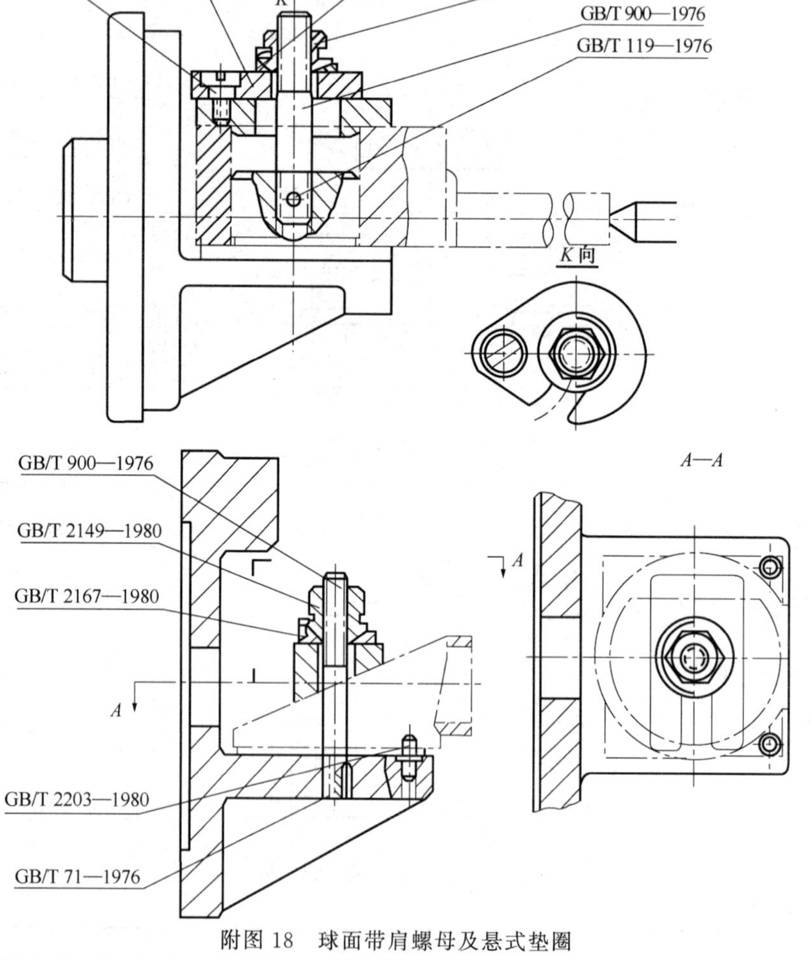

附图 18　球面带肩螺母及悬式垫圈

续表

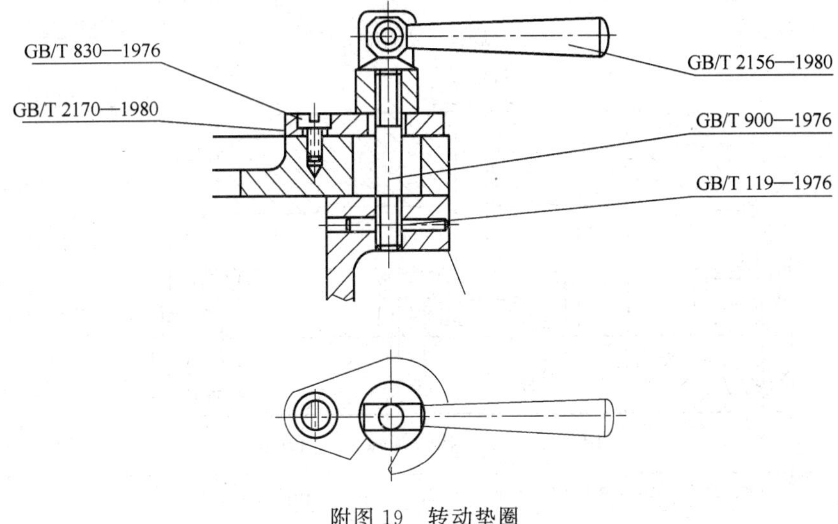

附图 19　转动垫圈

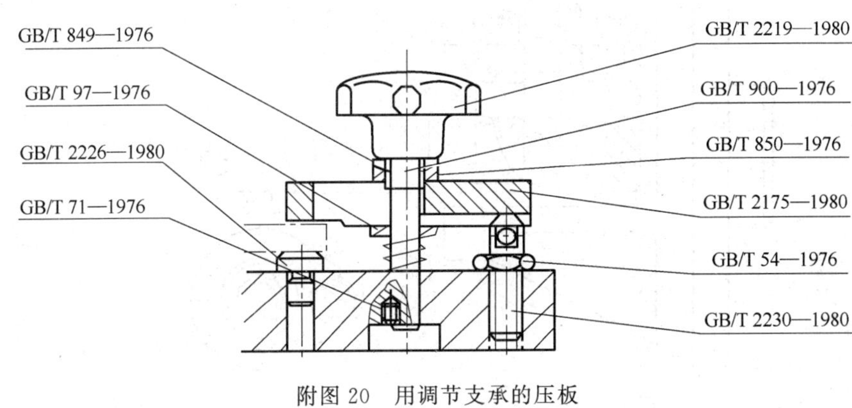

附图 20　用调节支承的压板

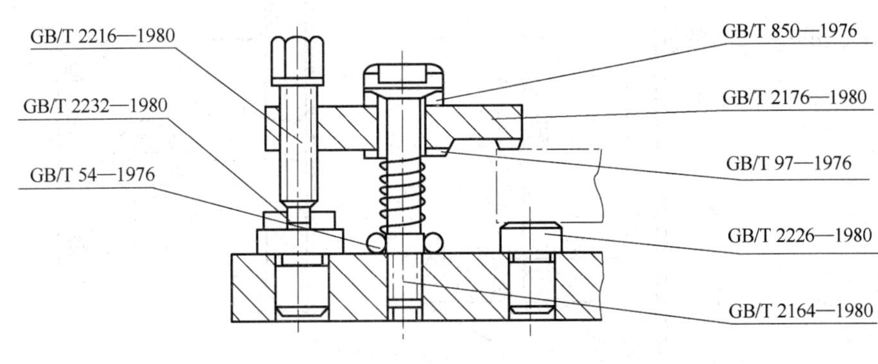

附图 21　用压紧螺钉的压板

续表

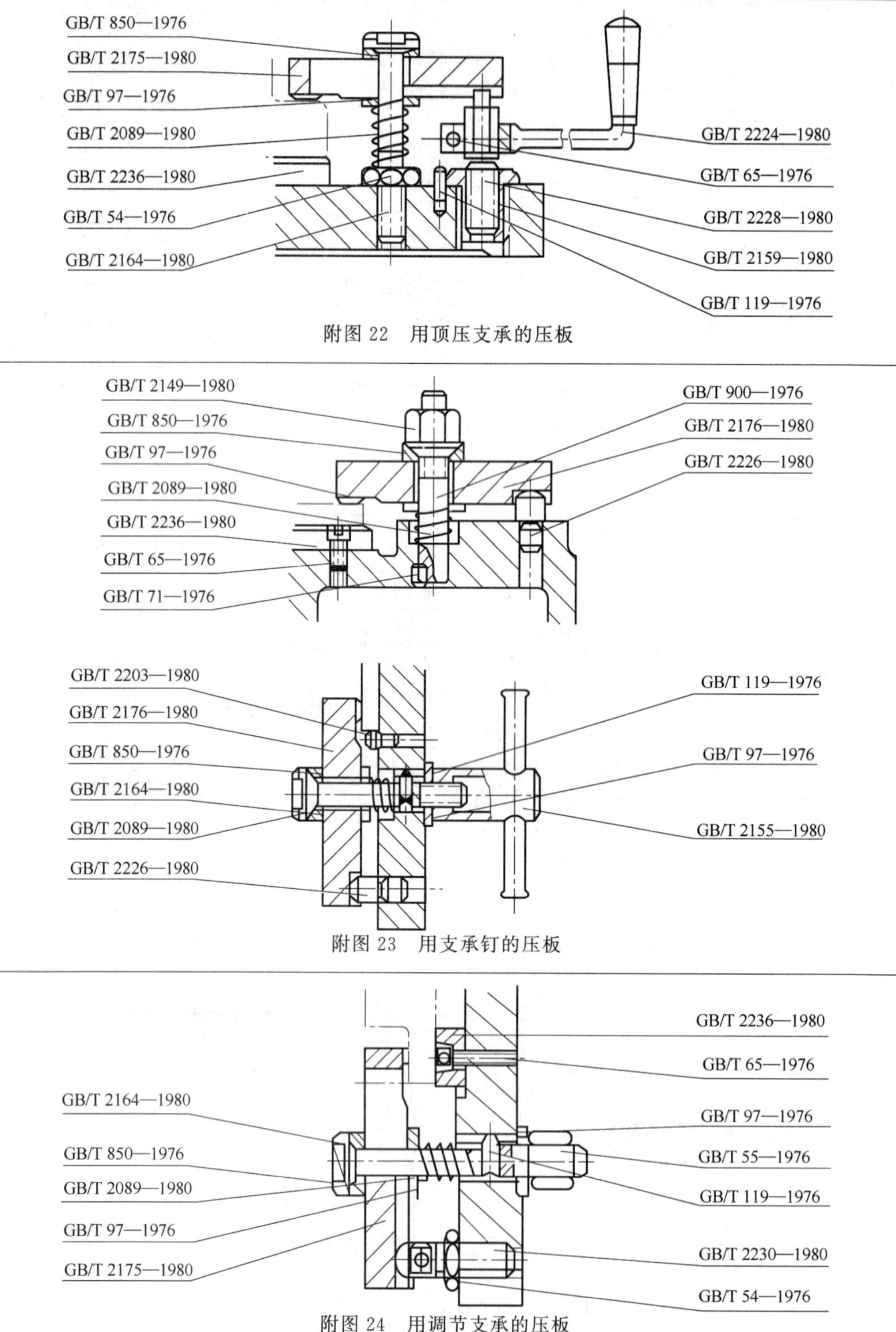

附图 22 用顶压支承的压板

附图 23 用支承钉的压板

附图 24 用调节支承的压板

续表

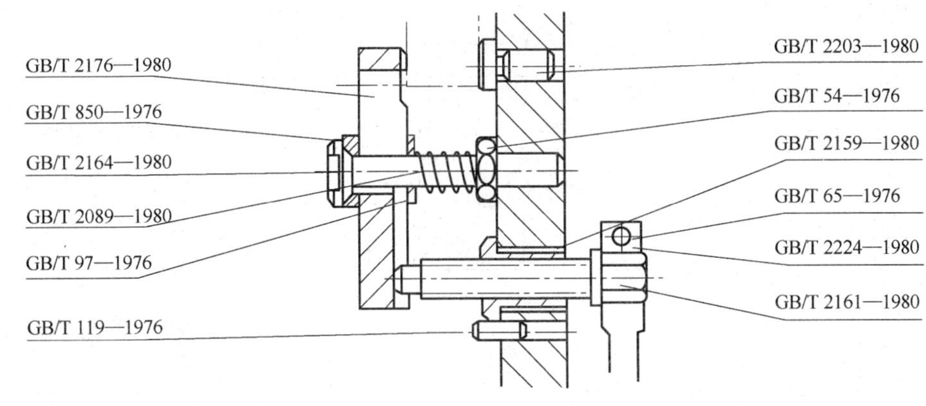

附图 25 用压紧螺钉的压板

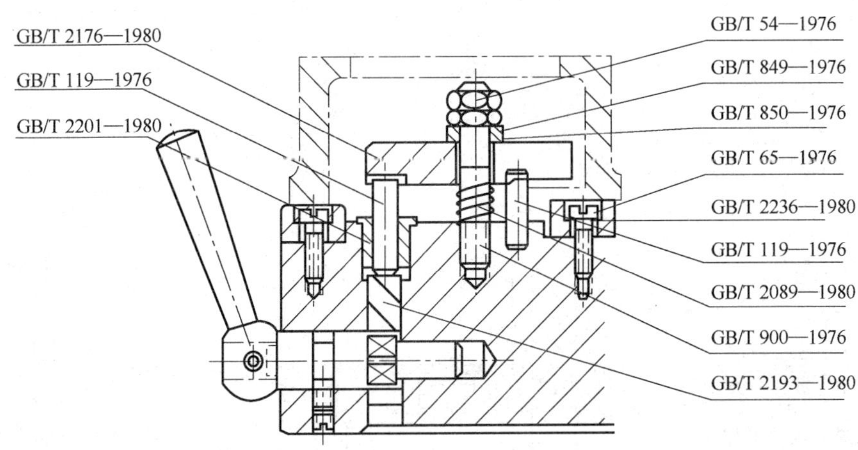

附图 26 用单面偏心轮压紧的压板

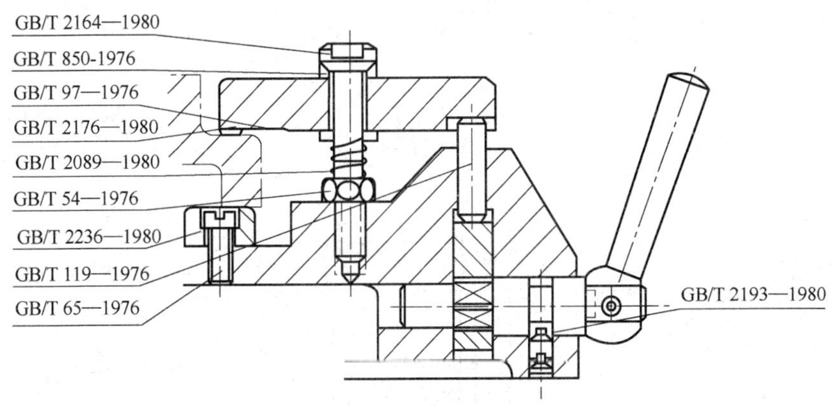

附图 27 用单面偏心轮压紧的压板

续表

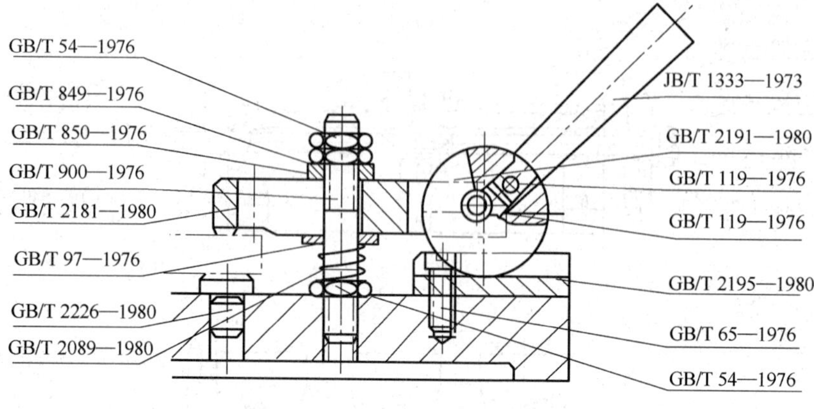

附图 28 用偏心轮的铰链压板

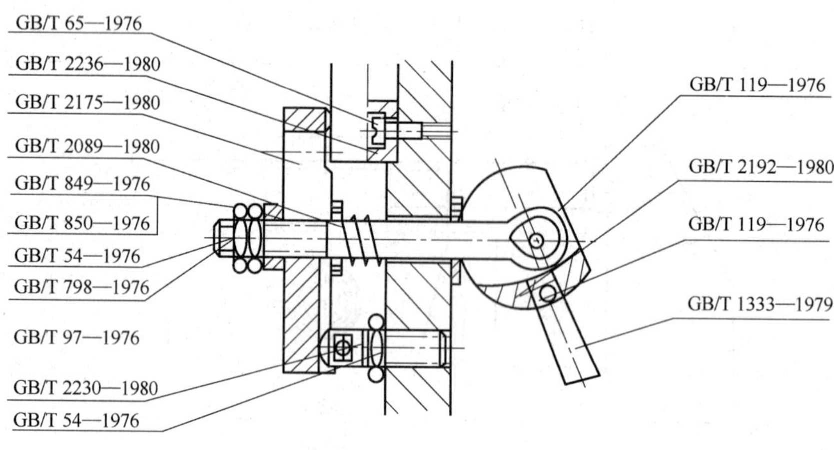

附图 29 用叉形偏心轮的压板

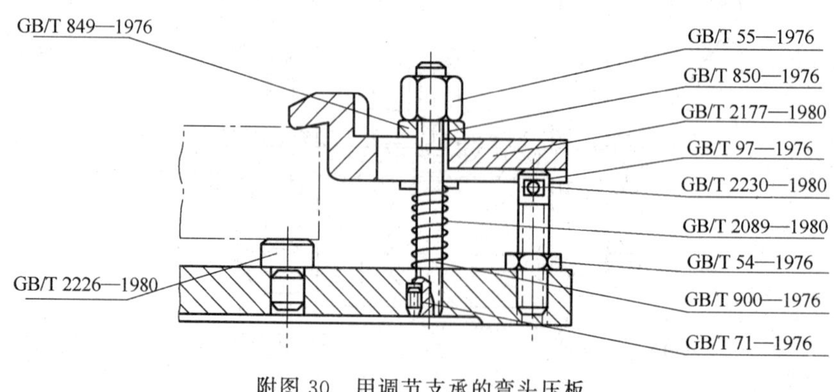

附图 30 用调节支承的弯头压板

续表

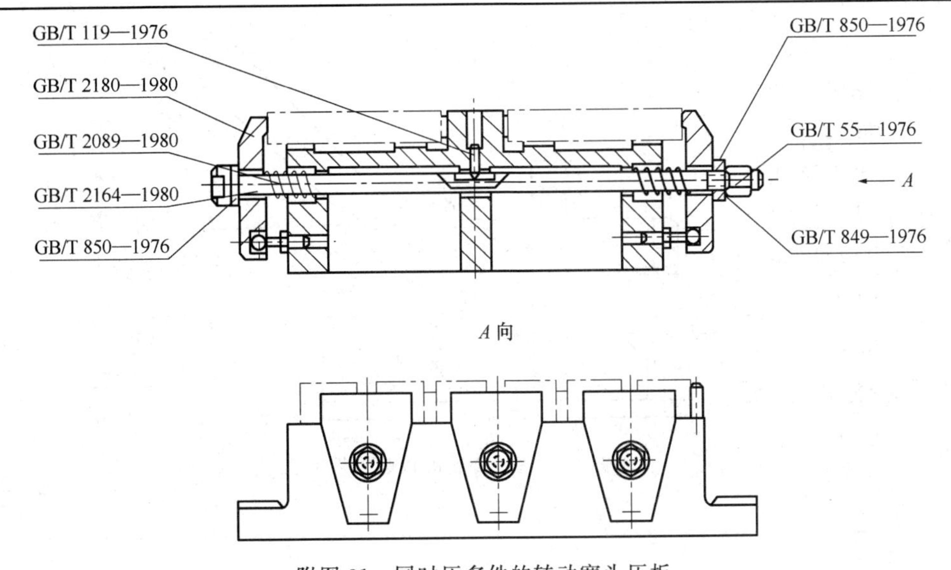

附图 31　同时压多件的转动宽头压板

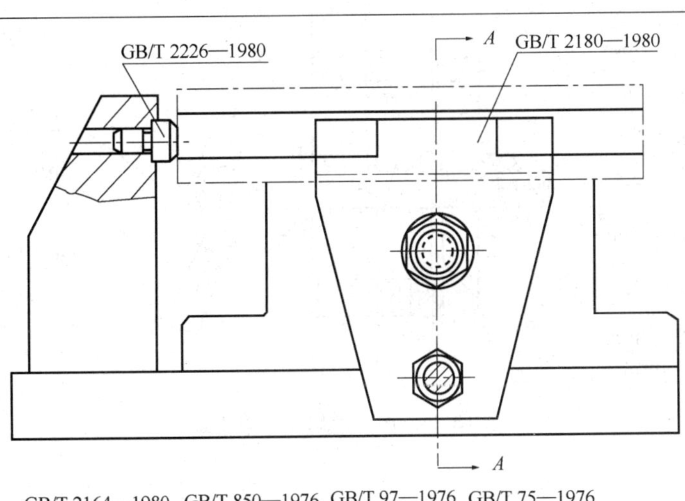

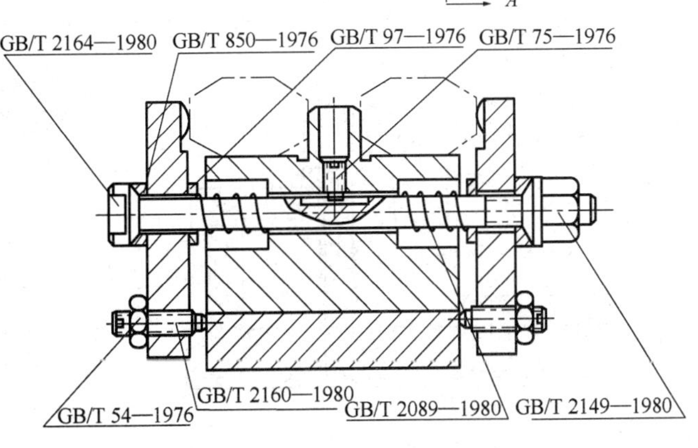

附图 32　转动宽头压压

续表

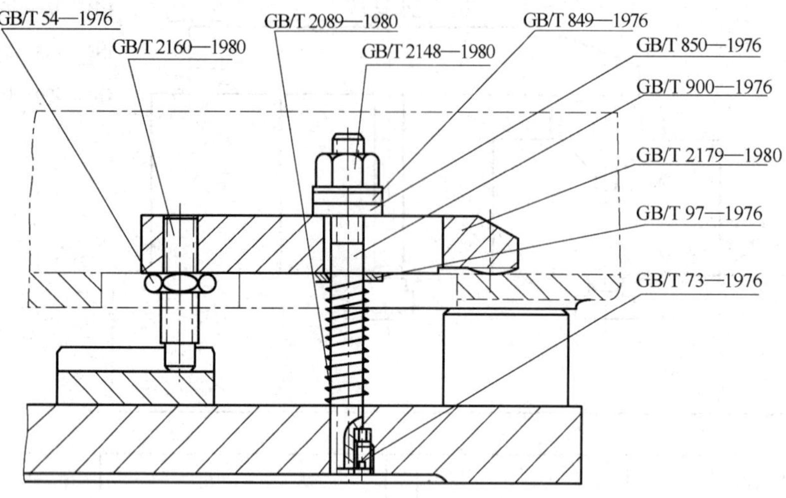

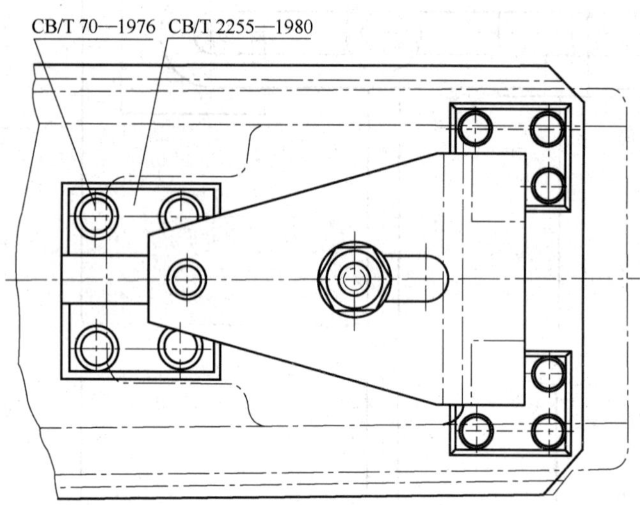

附图 33　带垫块的移动宽头压板

续表

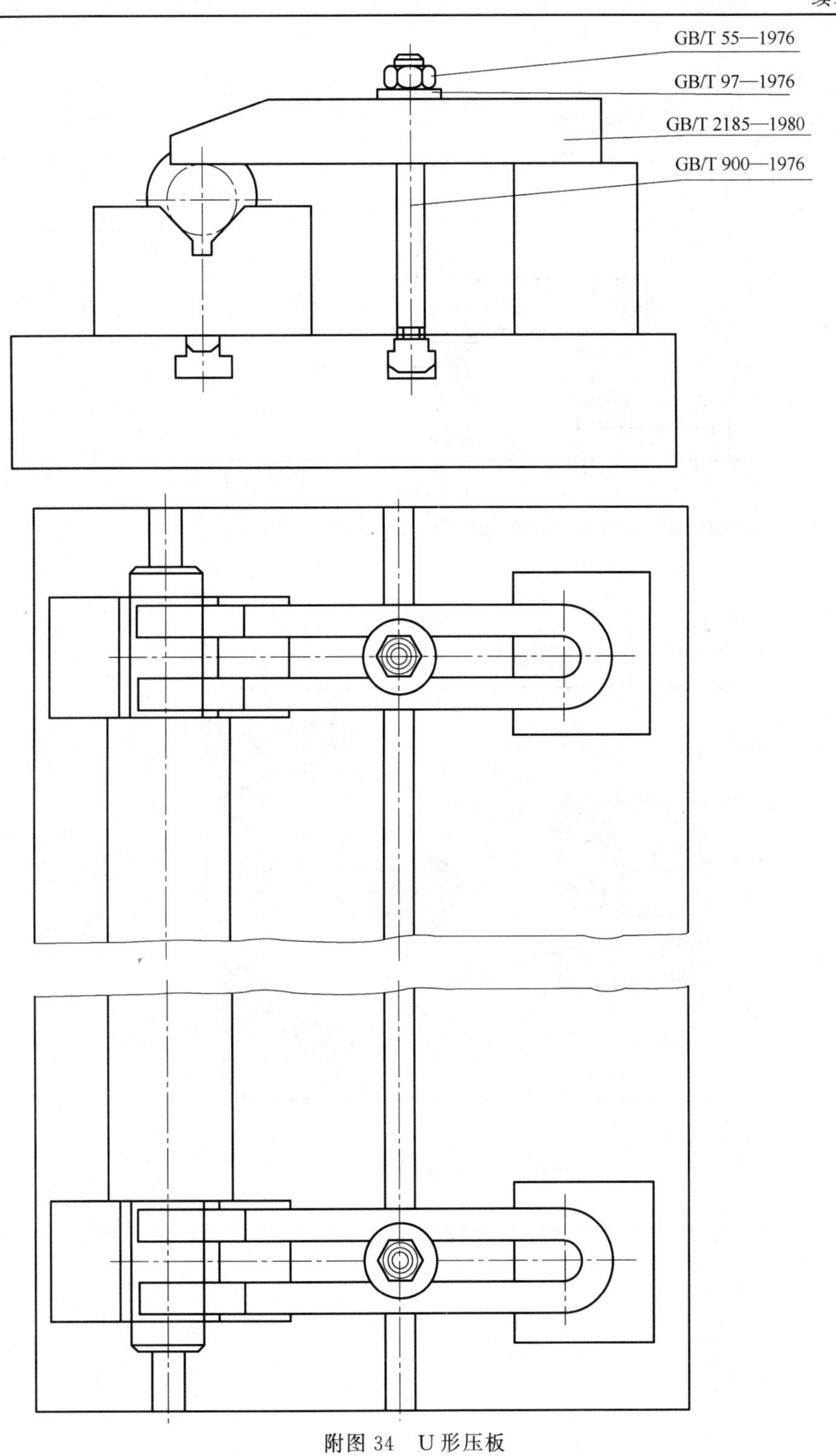

附图 34　U 形压板

续表

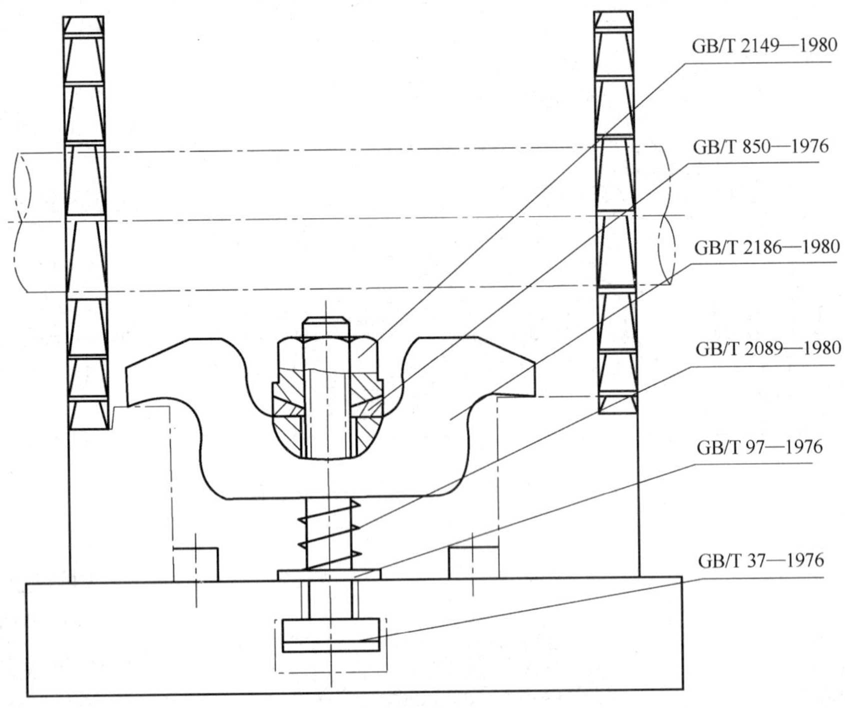

附图 35 鞍形压板

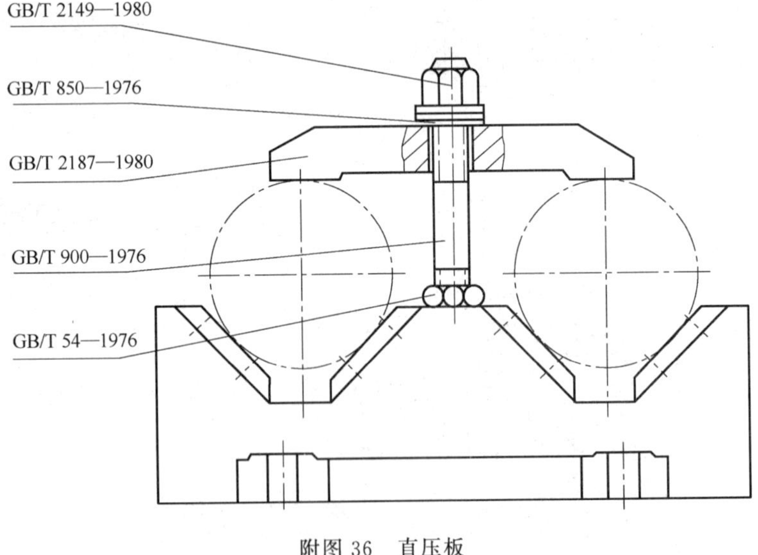

附图 36 直压板

续表

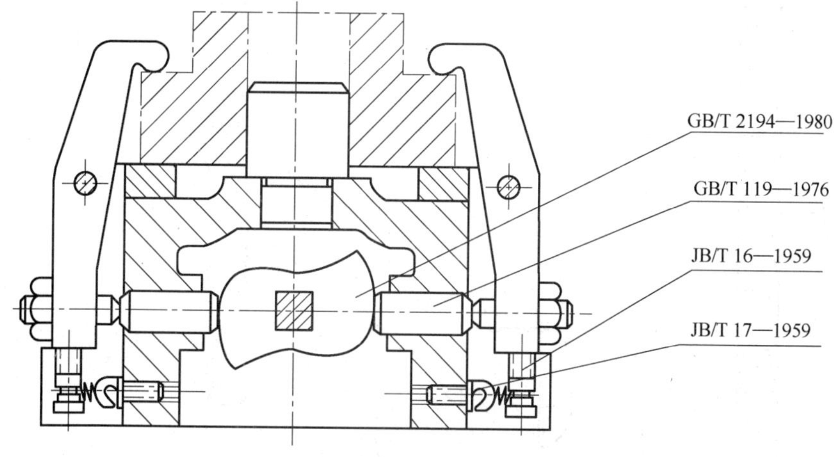

附图 37 用双面偏心轮的压板装置

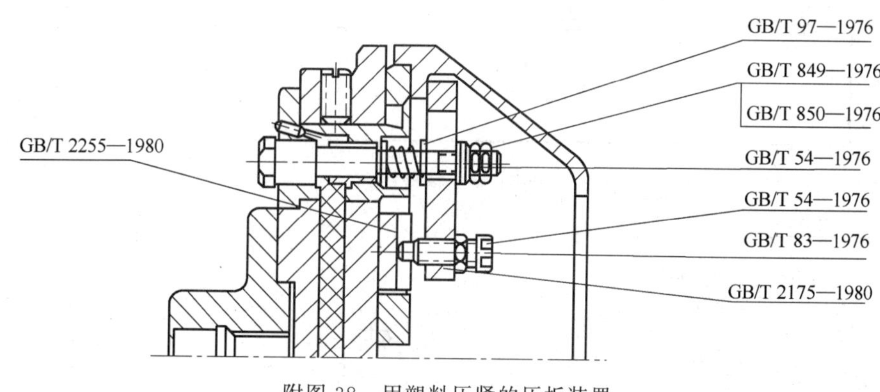

附图 38 用塑料压紧的压板装置

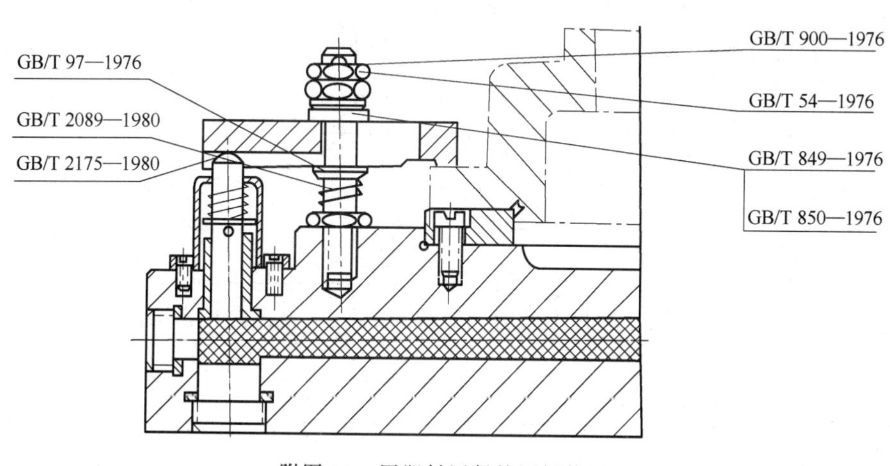

附图 39 用塑料压紧的压板装置

续表

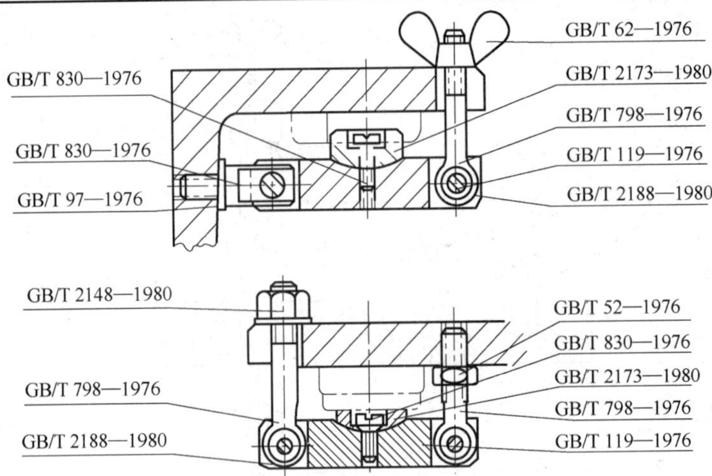

附图 40　带压板的铰链压板压紧装置

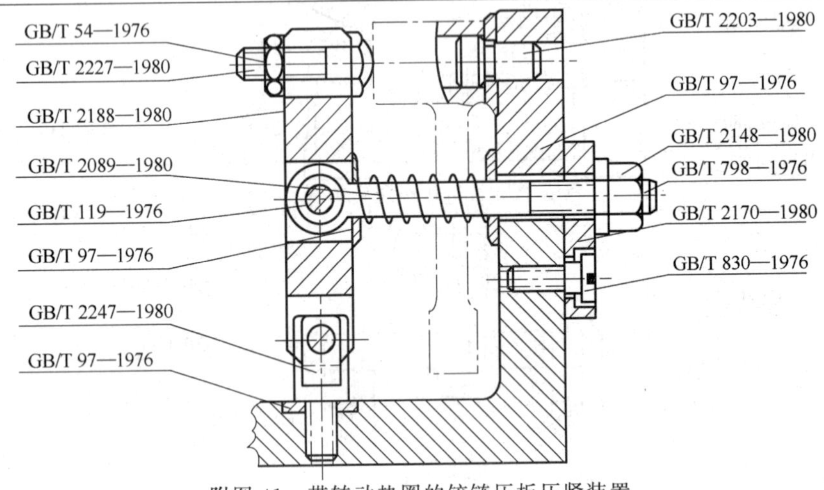

附图 41　带转动垫圈的铰链压板压紧装置

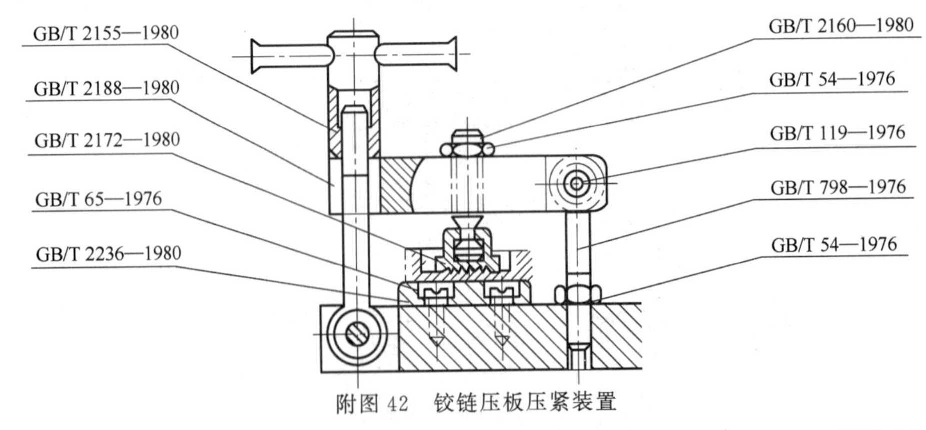

附图 42　铰链压板压紧装置

续表

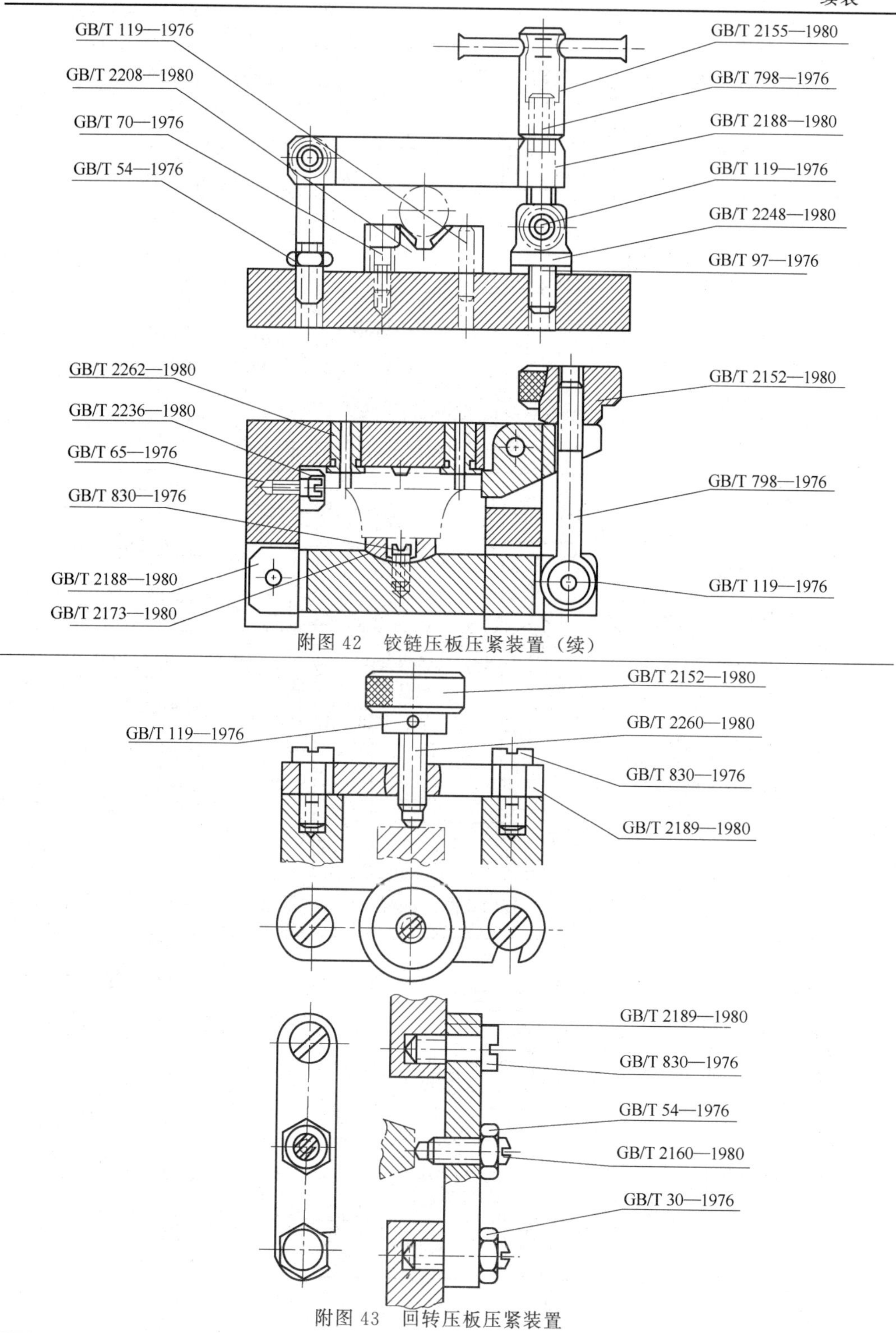

附图 42　铰链压板压紧装置（续）

附图 43　回转压板压紧装置

续表

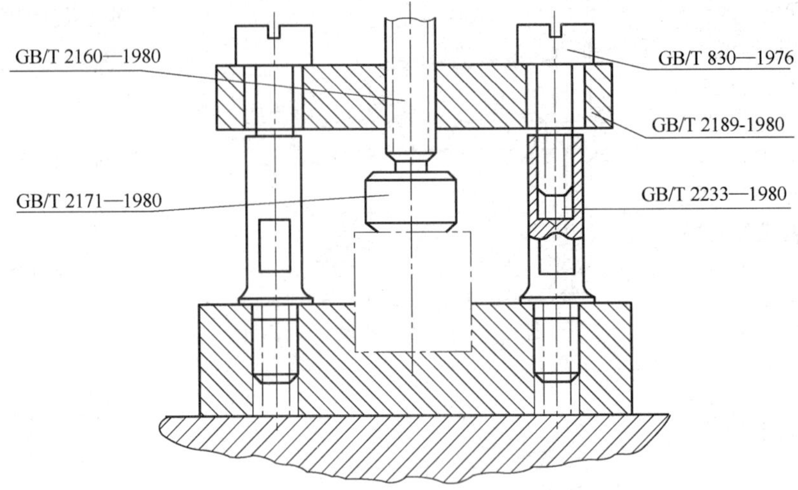

附图 44　带支柱的回转压板压紧装置

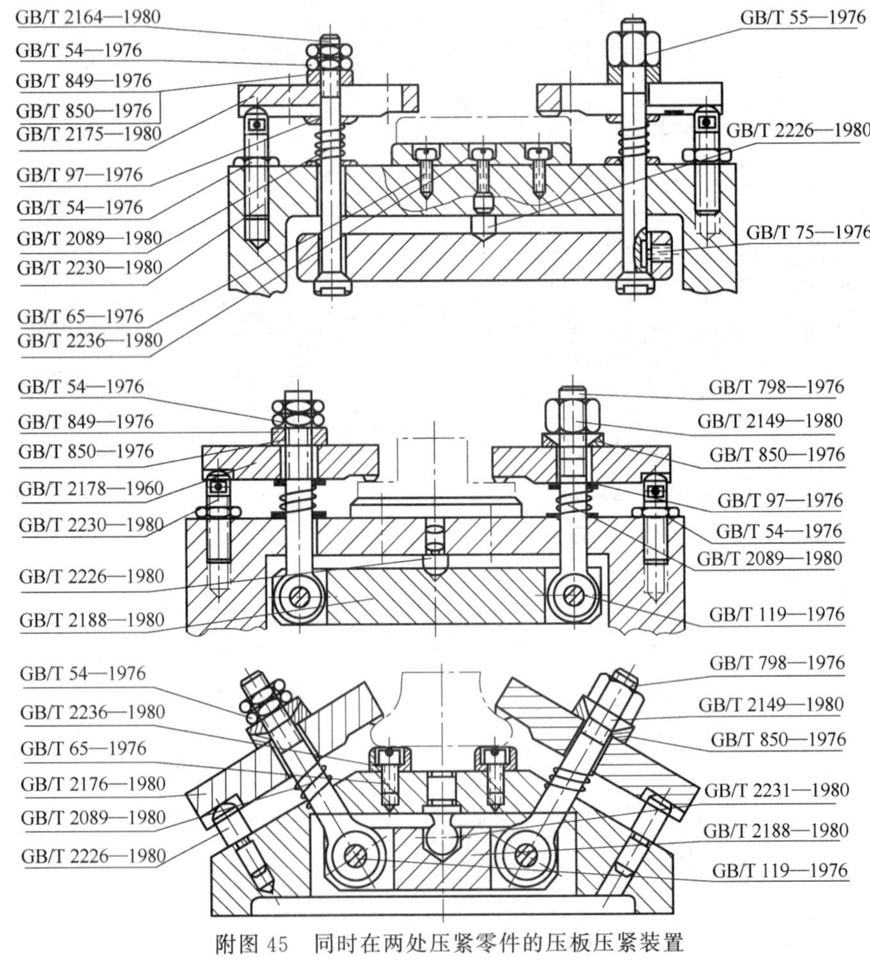

附图 45　同时在两处压紧零件的压板压紧装置

续表

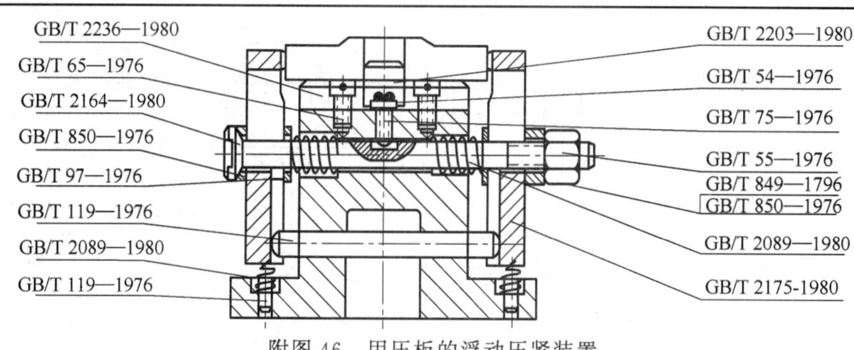

附图 46　用压板的浮动压紧装置

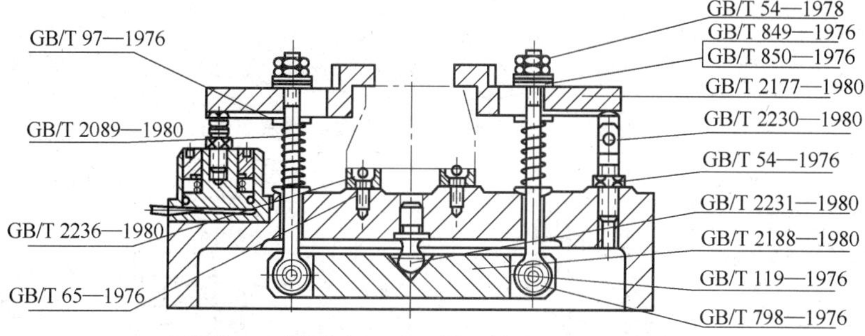

附图 47　同时在两处压紧零件的液压压紧装置

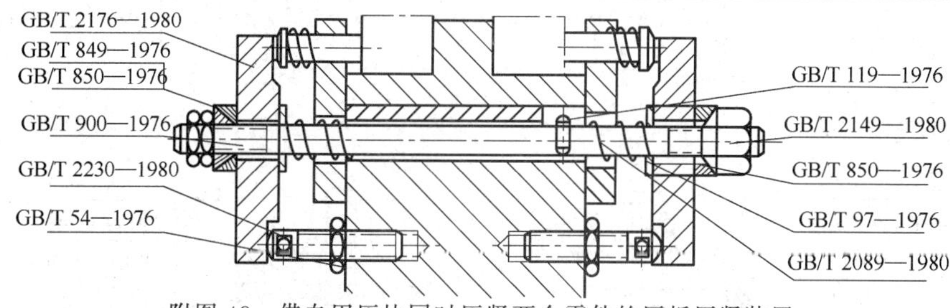

附图 48　借专用压块同时压紧两个零件的压板压紧装置

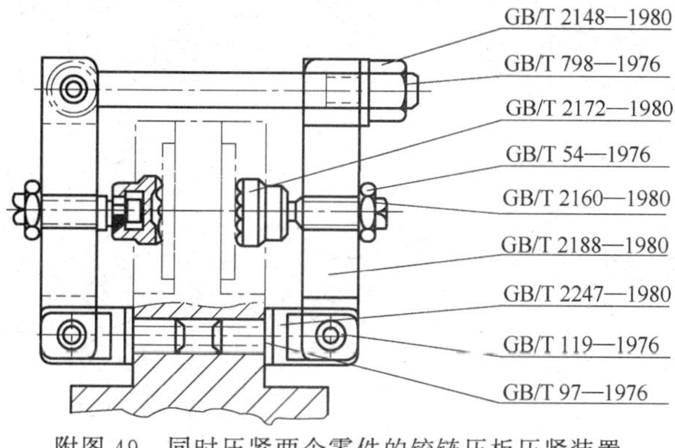

附图 49　同时压紧两个零件的铰链压板压紧装置

续表

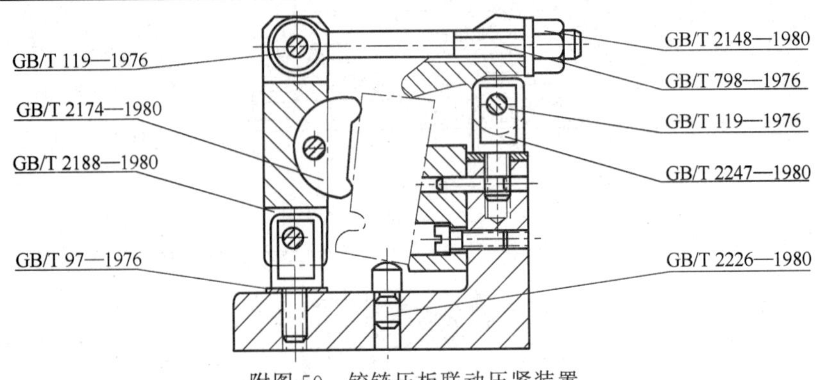

附图 50　铰链压板联动压紧装置

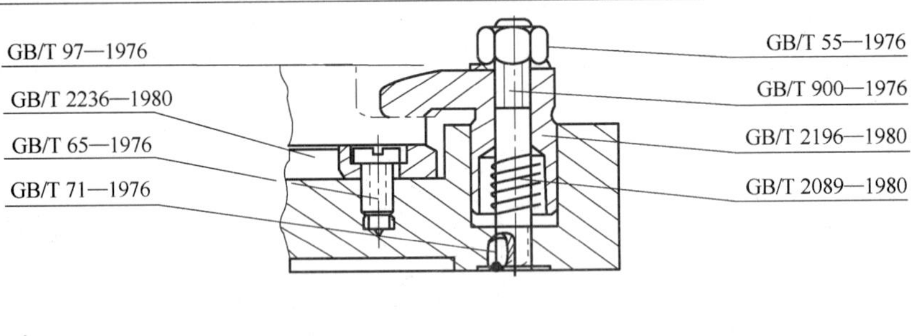

附图 51　同时压紧两个零件的压板压紧装置

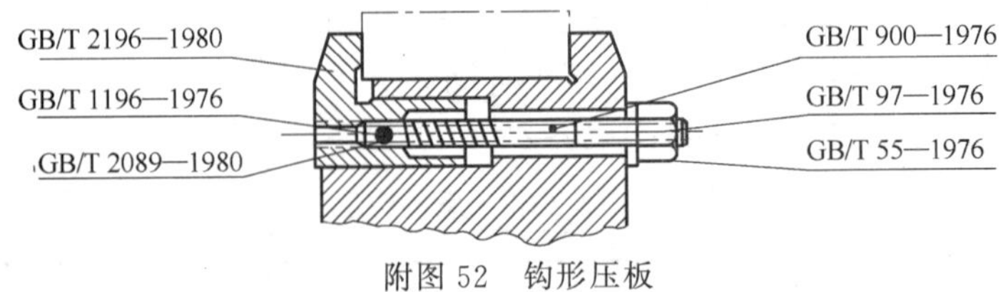

附图 52　钩形压板

续表

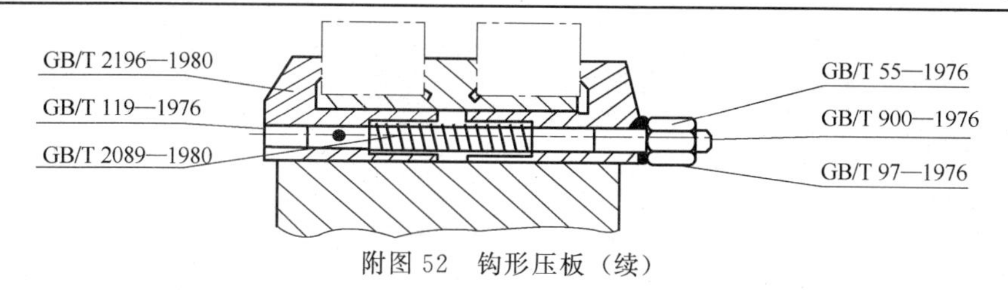

附图 52 钩形压板（续）

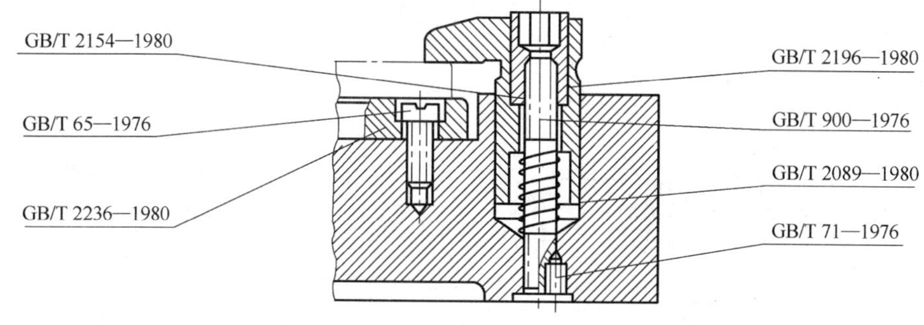

附图 53 用内六角螺母的钩形压板

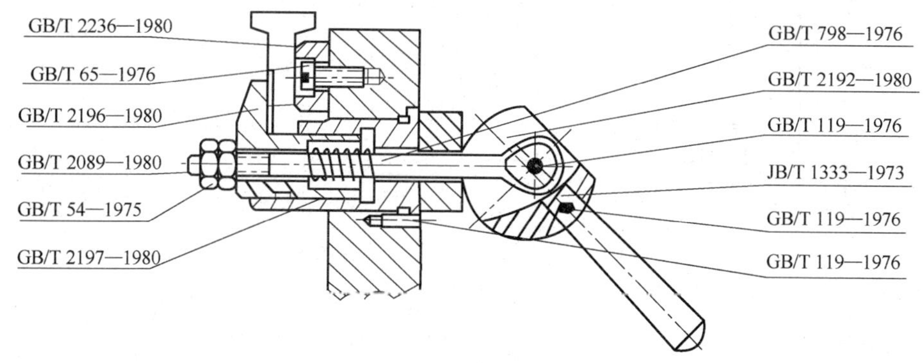

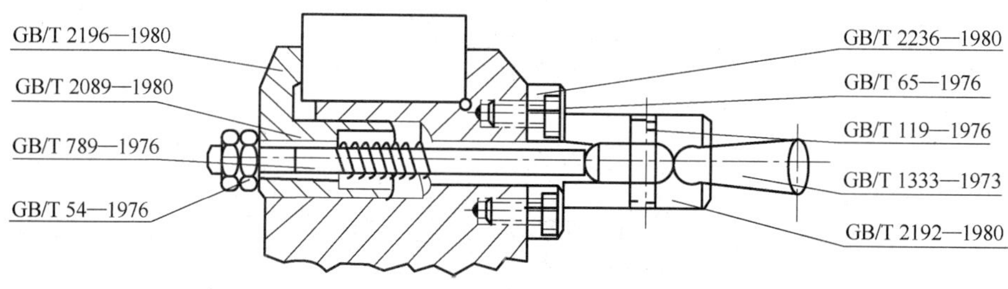

附图 54 用偏心轮压紧的钩形压板

GB/T 54—1976
GB/T 65—1970
GB/T 2196—1980
GB/T 2231—1980
GB/T 2188—1980
GB/T 119—1976
GB/T 2148—1980
GB/T 798—1976
GB/T 2203—1980
GB/T 2236—1980
GB/T 2089—1980

GB/T 2154—1980
GB/T 71—1976
GB/T 2196—1980
GB/T 119—1976
GB/T 798—1976
GB/T 119—1976
GB/T 2196—1980
GB/T 119—1976
GB/T 798—1976
GB/T 2226—1980
GB/T 2089—1980
GB/T 2148—1980

GB/T 2148—1980
GB/T 2196—1980
GB/T 68—1976
GB/T 2158—1980
GB/T 85—1976
GB/T 2188—1980
GB/T 54—1976
GB/T 798—1976
GB/T 2197—1980
GB/T 2089—1980
GB/T 119—1976
GB/T 119—1976

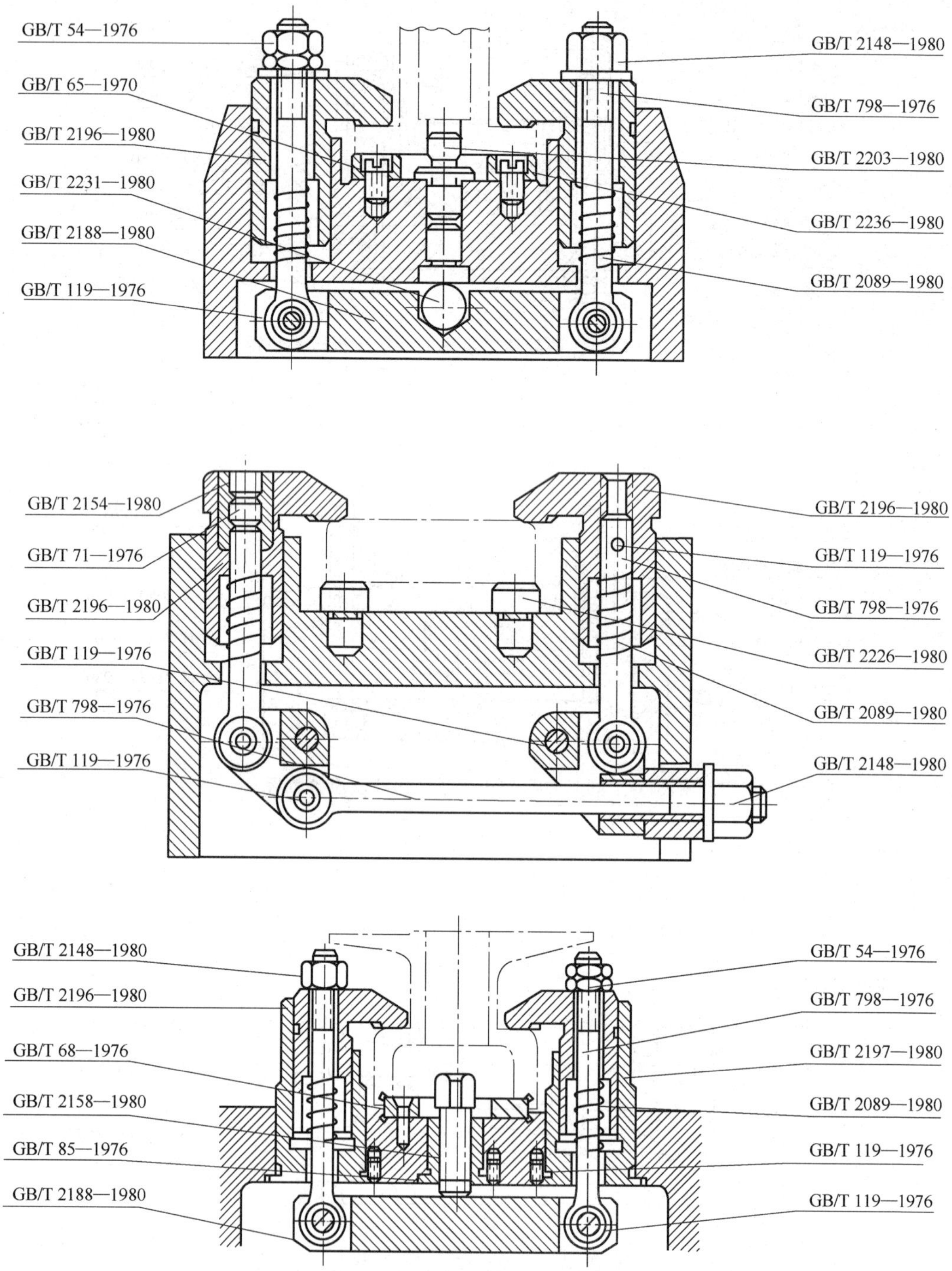

附图 55　同时在两处压紧零件的钩形压板压紧装置

续表

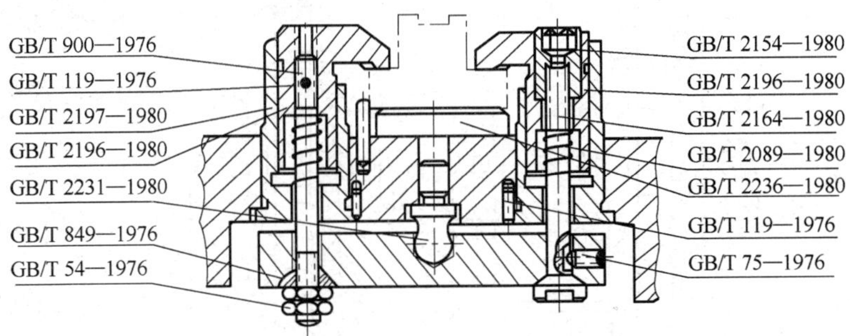

附图 56　同时在两处压紧零件的钩形压板压紧装置

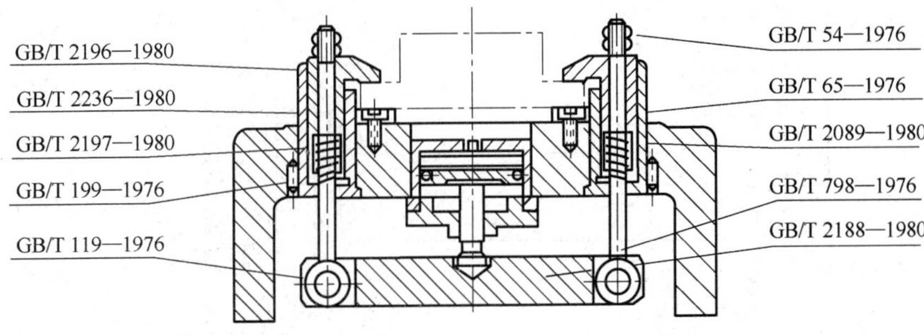

附图 57　同时在两处压紧零件的液压压紧装置

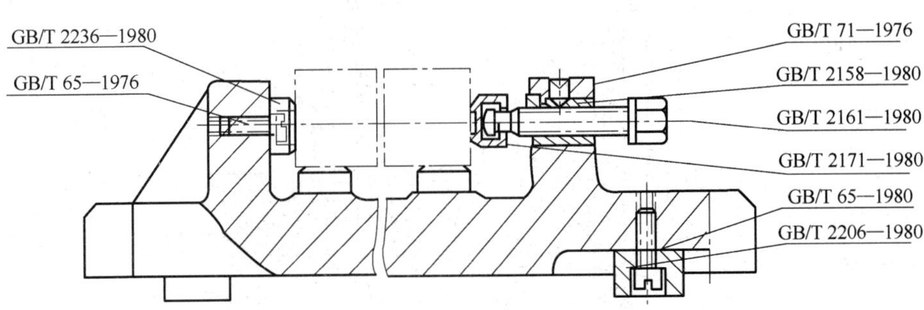

附图 58　带光面压块的压紧螺钉

续表

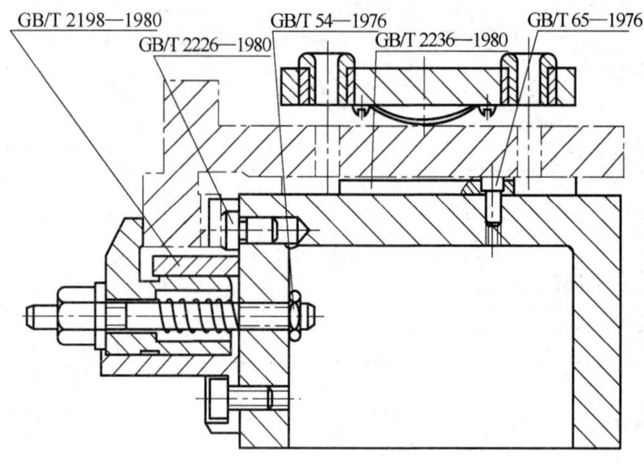

附图 59　立式钩形压板

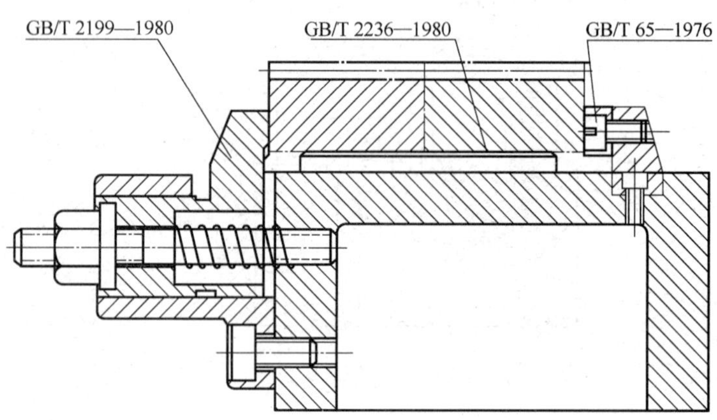

附图 60　端面钩形压板

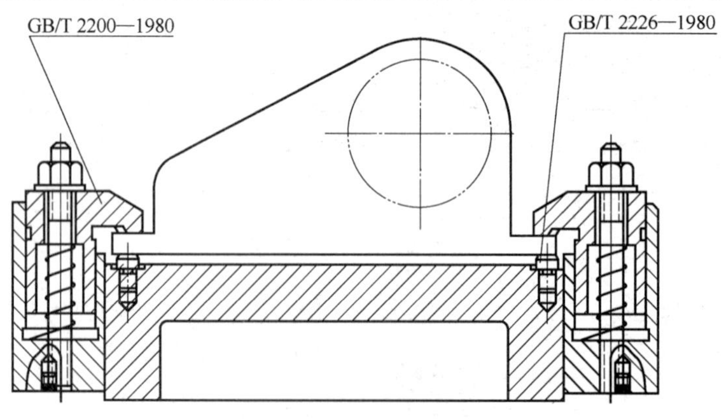

附图 61　侧面钩形压板

续表

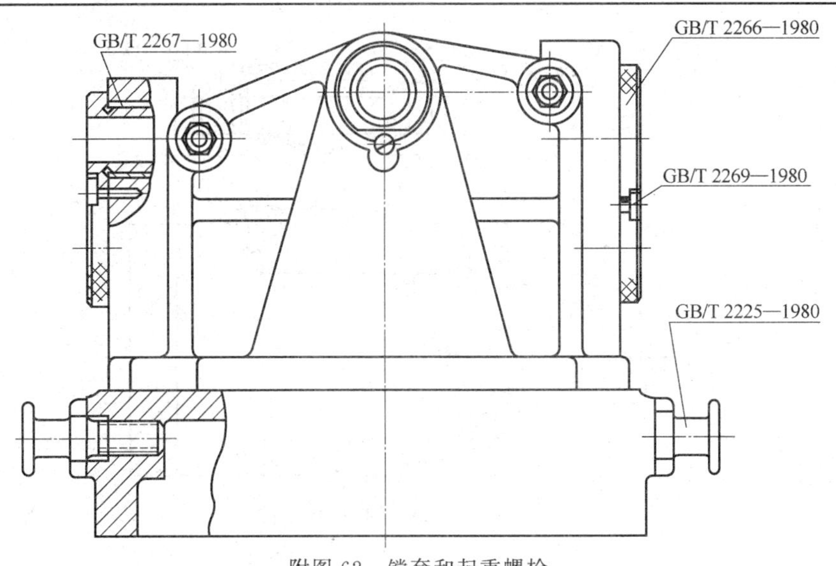

附图 62　镗套和起重螺栓

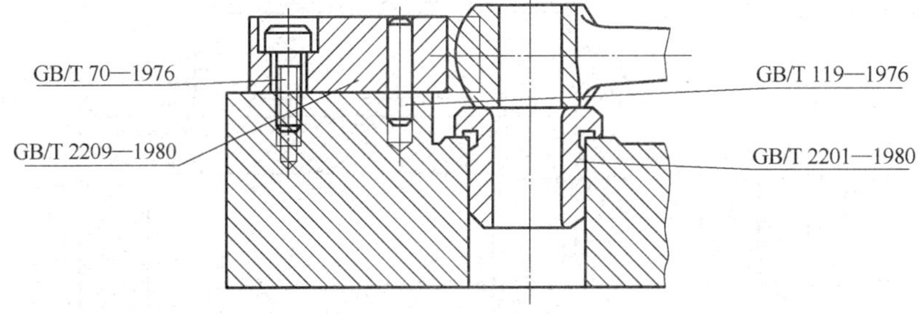

附图 63　固定 V 形块

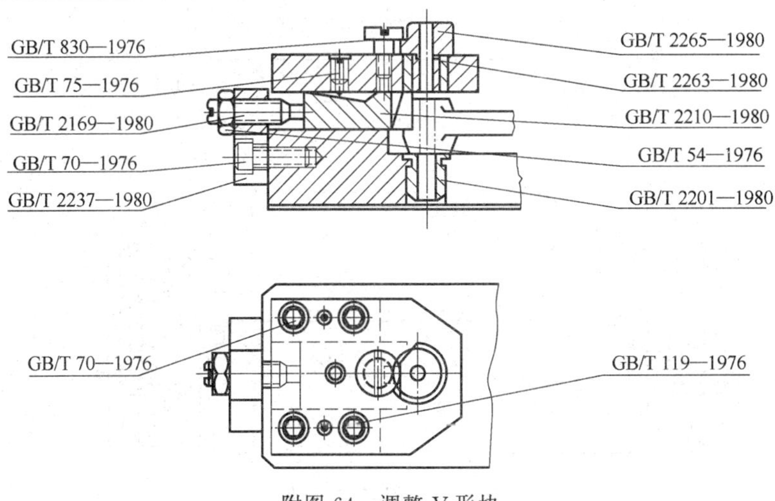

附图 64　调整 V 形块

续表

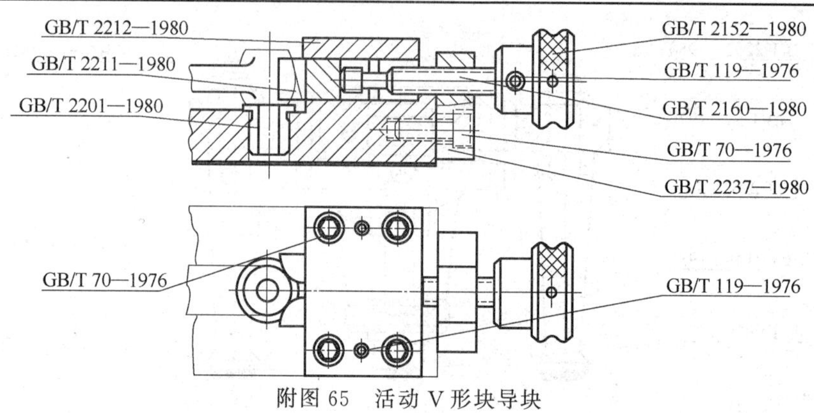

附图 65 活动 V 形块导块

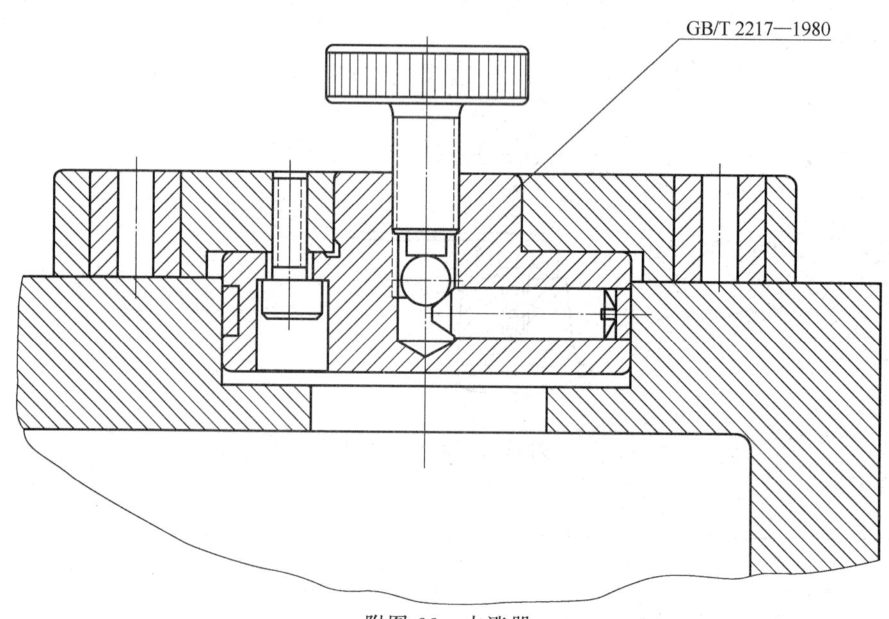

附图 66 内涨器

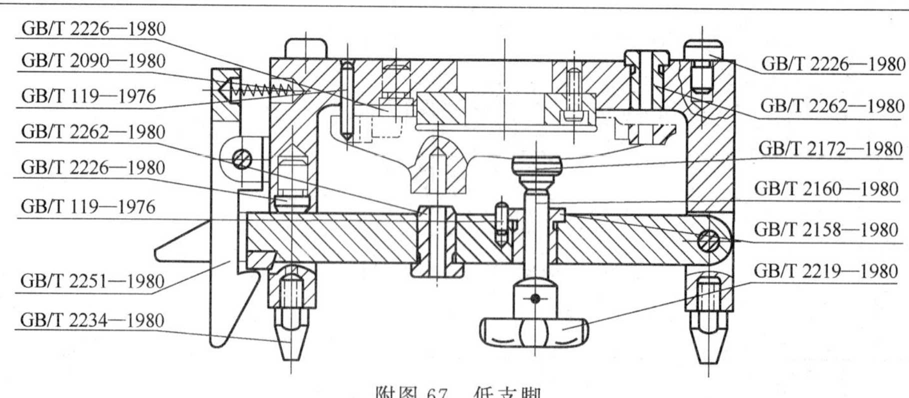

附图 67 低支脚

续表

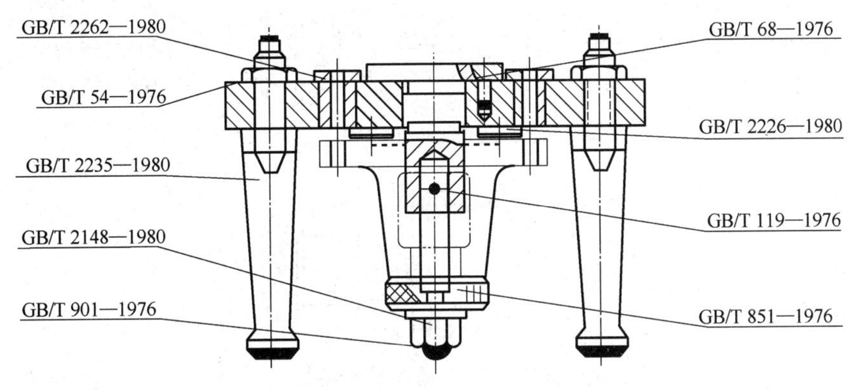

附图 68　高支脚

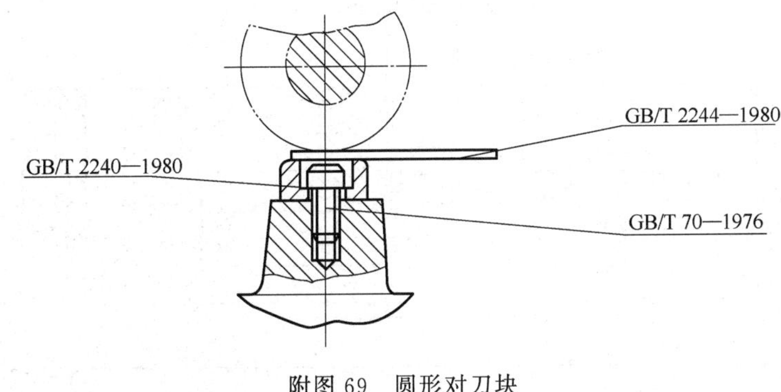

附图 69　圆形对刀块

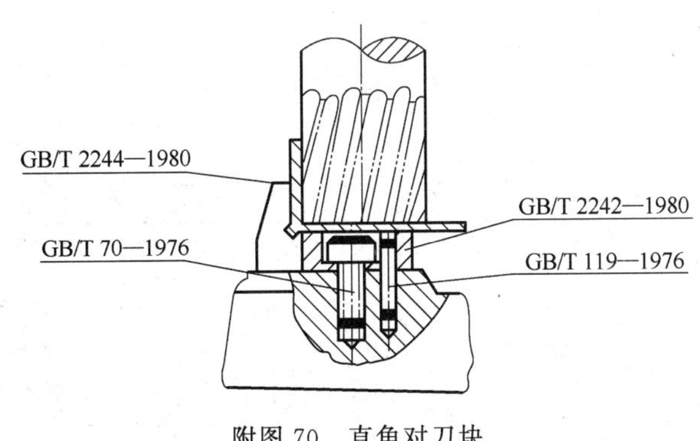

附图 70　直角对刀块

续表

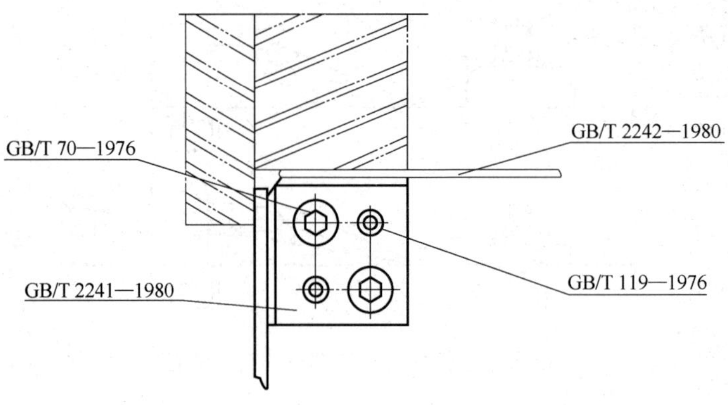

附图 71　方形对刀块

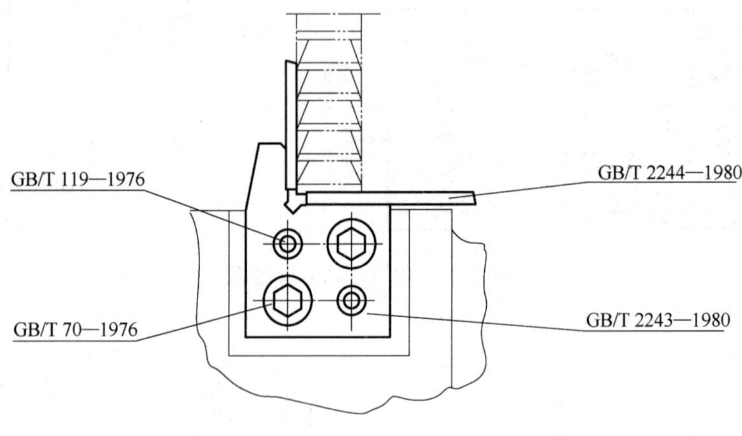

附图 72　侧装对刀块

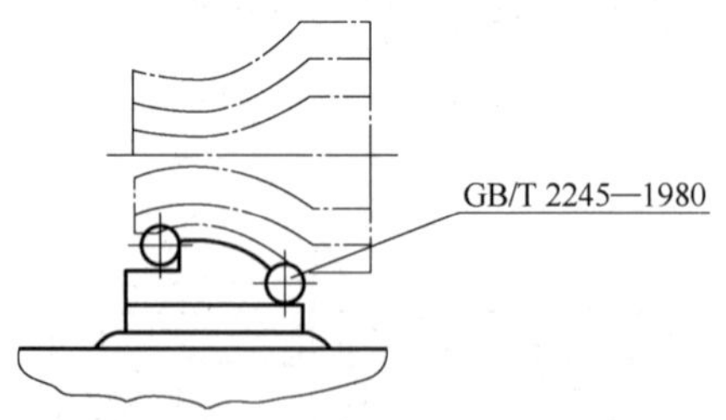

附图 73　对刀圆柱塞尺

续表

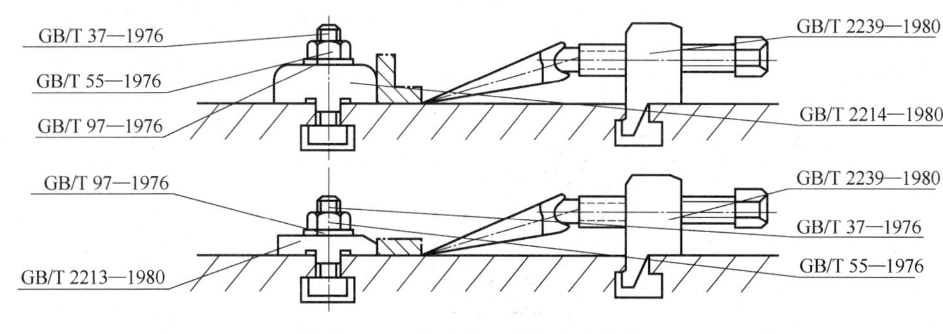

附图 74　万能支柱和挡块的夹紧装置

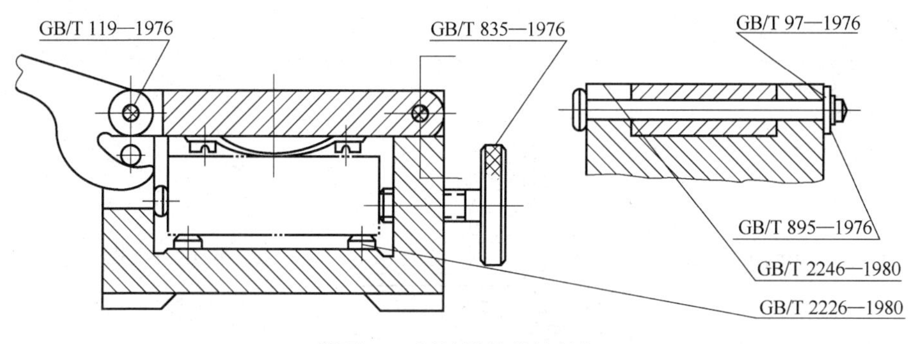

附图 75　用铰链轴的铰链板

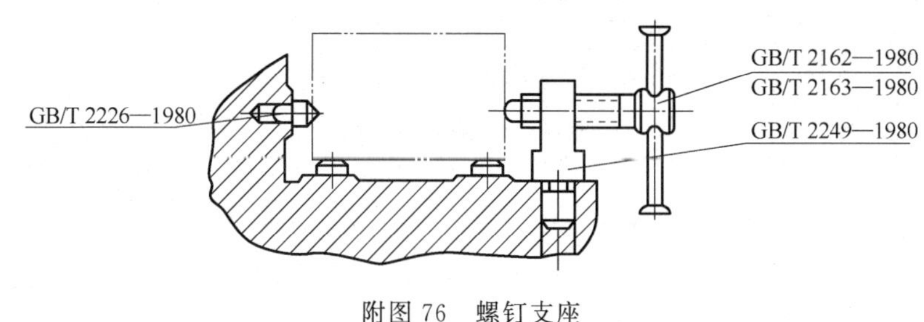

附图 76　螺钉支座

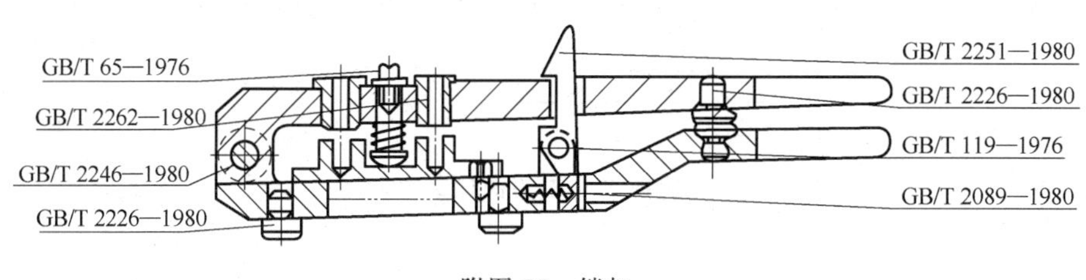

附图 77　锁扣

续表

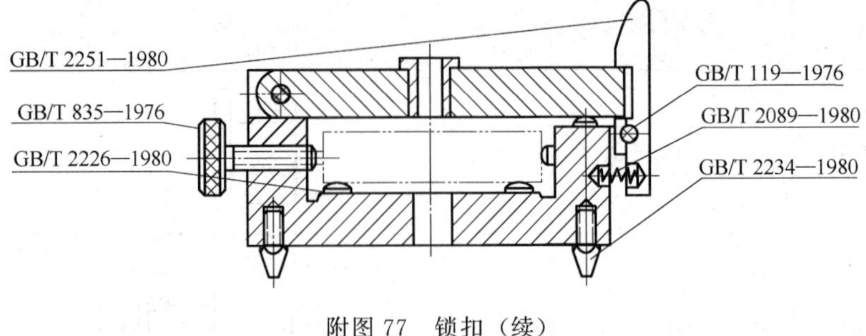

附图 77　锁扣（续）

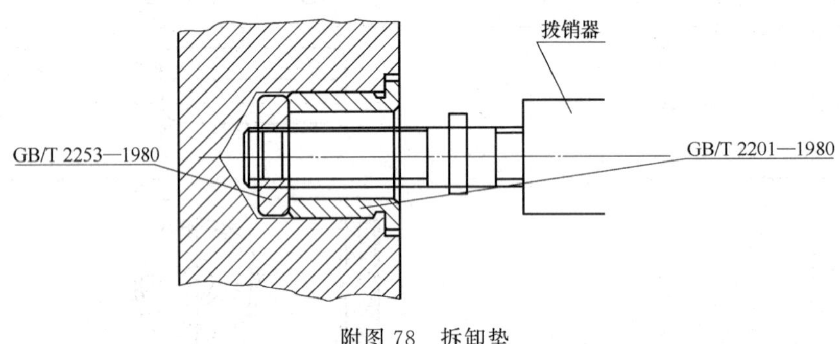

附图 78　拆卸垫

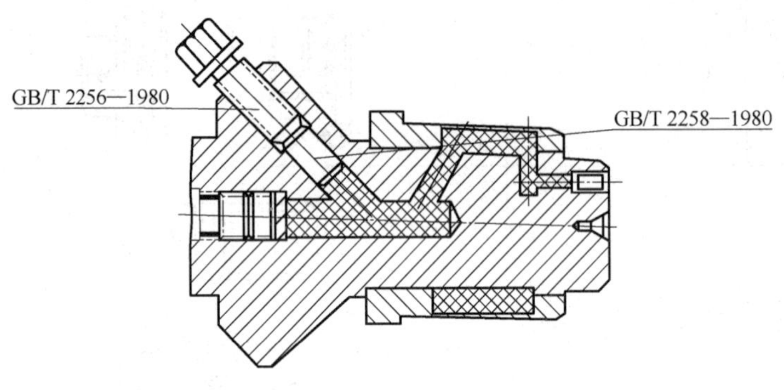

附图 79　用六角头螺钉的塑料夹具

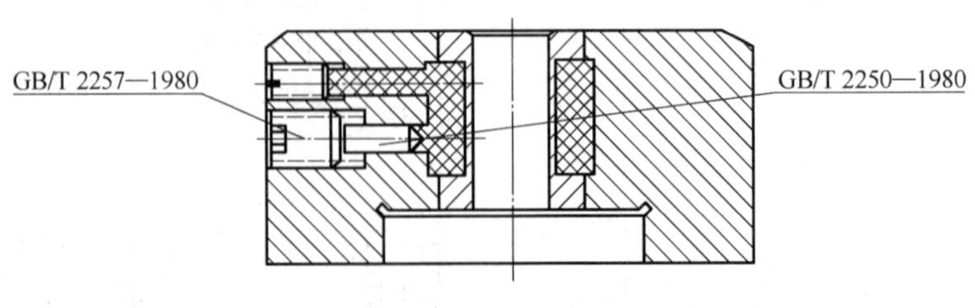

附图 80　用内六角螺钉的塑料夹具

附表 9 机械行业标准《机床夹具零件及部件》标准汇编目录

名称	标准代码	简　图	标准汇编页码
带肩六角螺母	JB/T 8004.1—1999	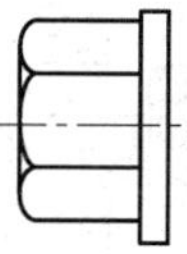	1
球面带肩螺母	JB/T 8004.2—1999	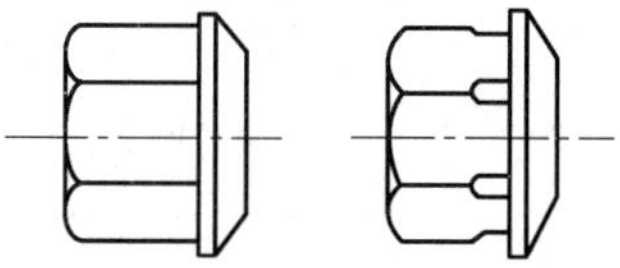	3
连接螺母	JB/T 8004.3—1999	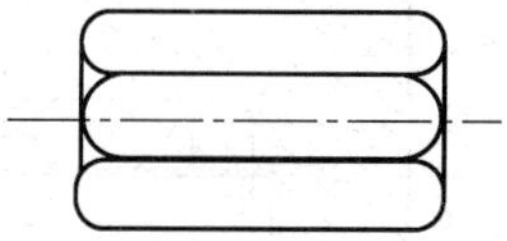	5
调节螺母	JB/T 8004.4—1999	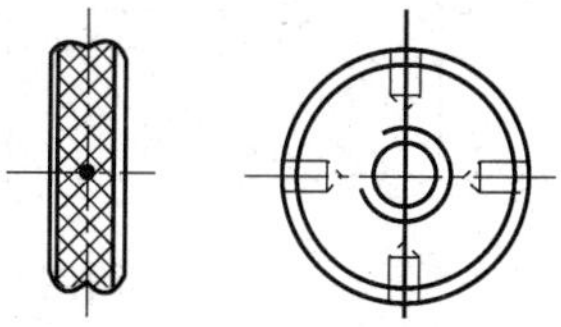	7
带孔滚花螺母	JB/T 8004.5—1999	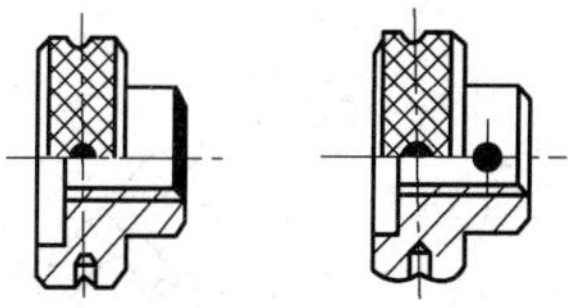	9
菱形螺母	JB/T 8004.6—1999	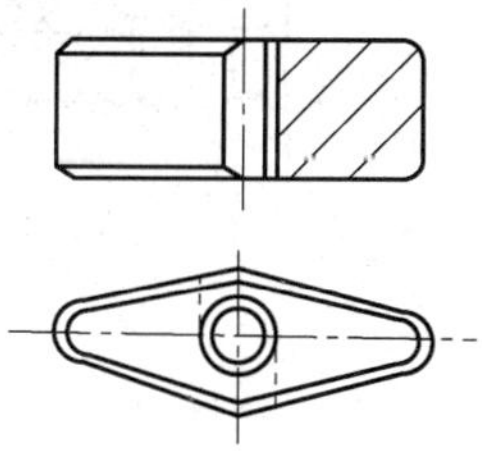	11
内六角螺母	JB/T 8004.7—1999	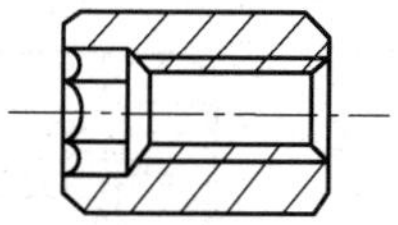	13
手柄螺母	JB/T 8004.8—1999	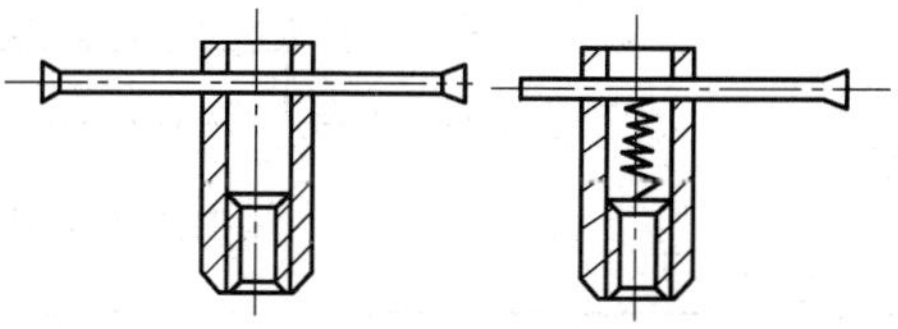	15

续表

名称	标准代码	简　　图	标准汇编页码
回转手柄螺母	JB/T 8004. 9—1999	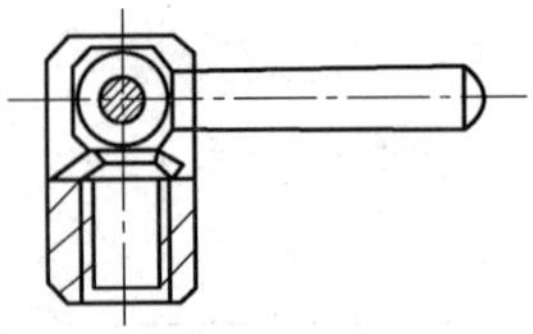	17
多手柄螺母	JB/T 8004. 10—1999	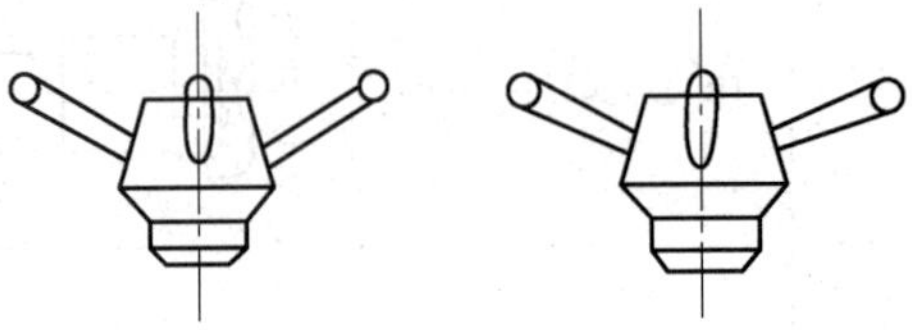	18
T 形槽用螺母	JB/T 8004. 11—1999	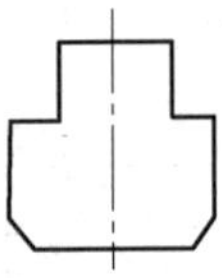	20
压入式螺纹衬套	JB/T 8005. 1—1999	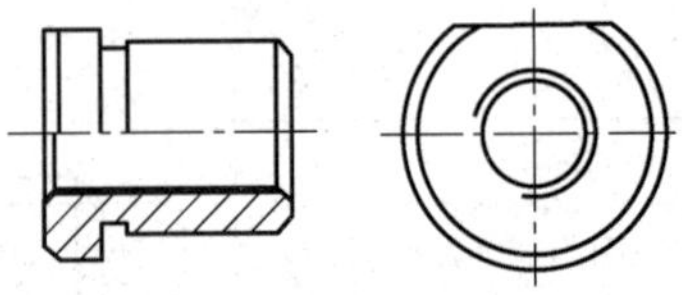	22
旋入式螺纹衬套	JB/T8005. 2—1999	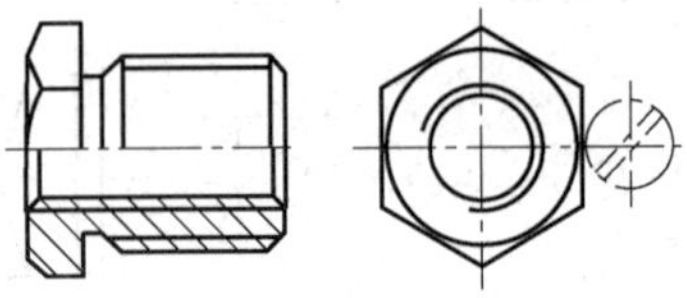	24
压紧螺钉	JB/T 8006. 1—1999	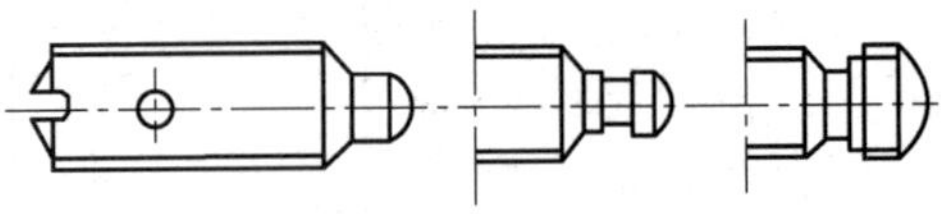	26
六角头压紧螺钉	JB/T 8006. 2—1999	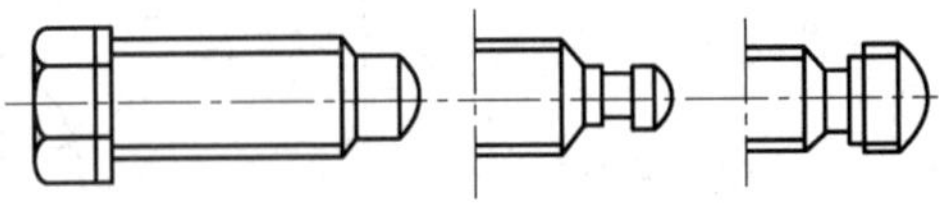	29
固定手柄压紧螺钉	JB/T 8006. 3—1999	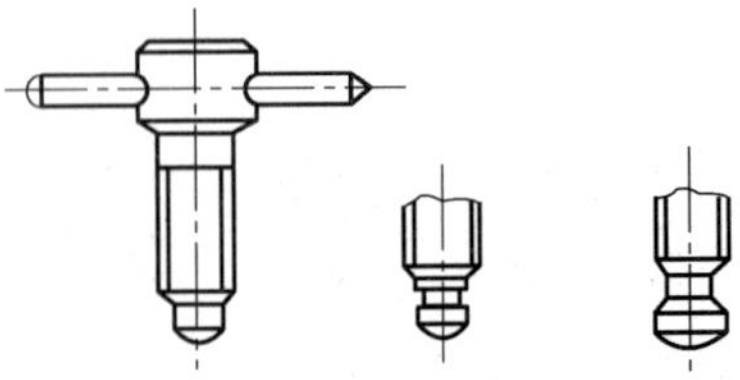	32

续表

名称	标准代码	简　　图	标准汇编页码
活动手柄压紧螺钉	JB/T 8006.4—1999	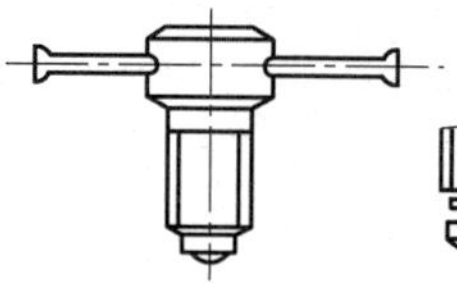	34
球头螺栓	JB/T 8007.1—1999	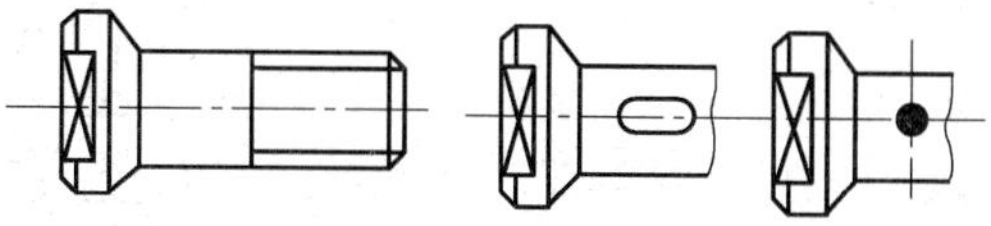	36
T形槽快卸螺栓	JB/T 8007.2—1999	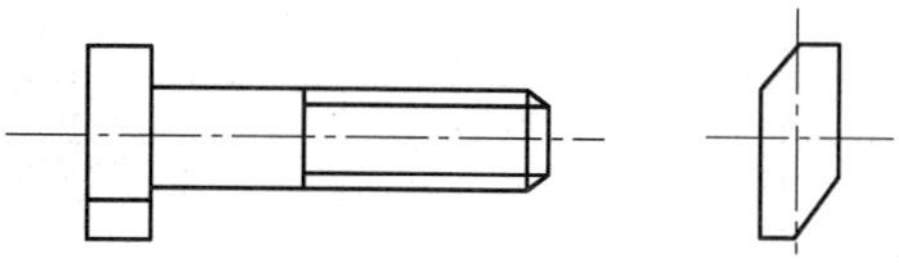	39
钩形螺栓	JB/T 8007.3—1999	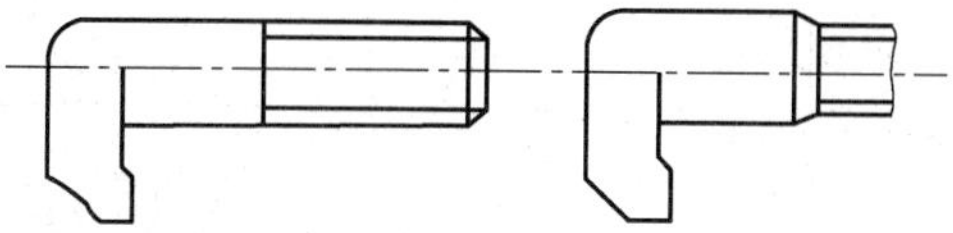	41
双头螺栓	JB/T 8007.4—1999	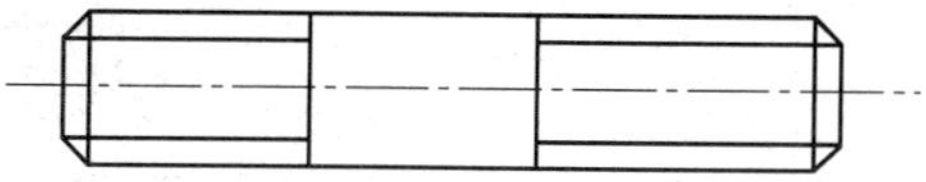	44
槽用螺栓	JB/T 8007.5—1999	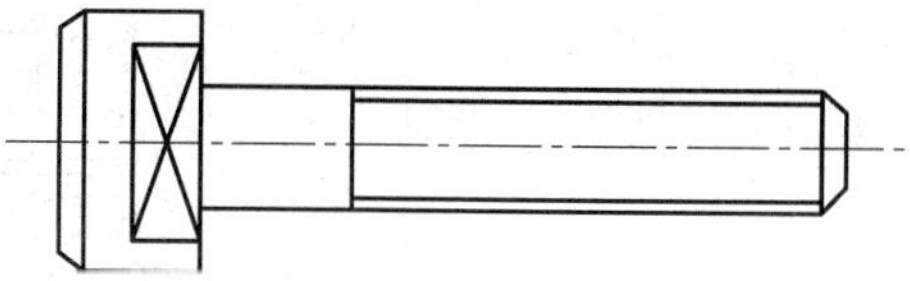	46
悬式垫圈	JB/T 8008.1—1999	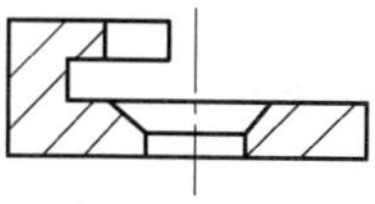	48
十字垫圈	JB/T 8008.2—1999	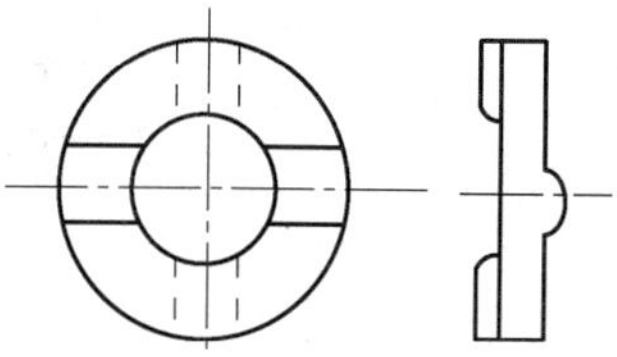	50
十字垫圈用垫圈	JB/T 8008.3—1999		52

续表

名称	标准代码	简　　图	标准汇编页码
转动垫圈	JB/T 8008.4—1999	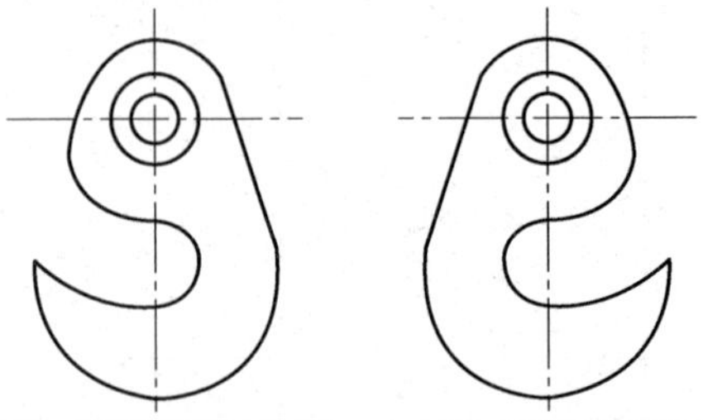	54
快换垫圈	JB/T 8008.5—1999	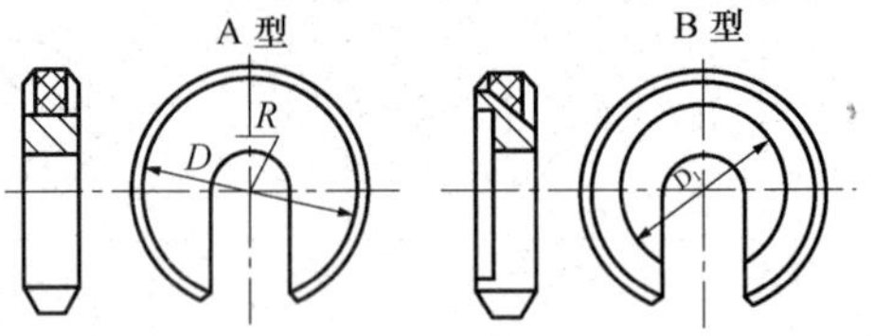 A型　B型　R　D	56
光面压块	JB/T 8009.1—1999	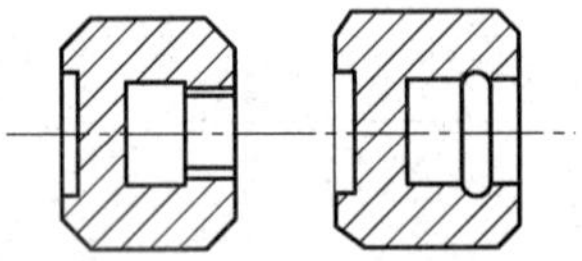	58
槽面压块	JB/T 8009.2—1999	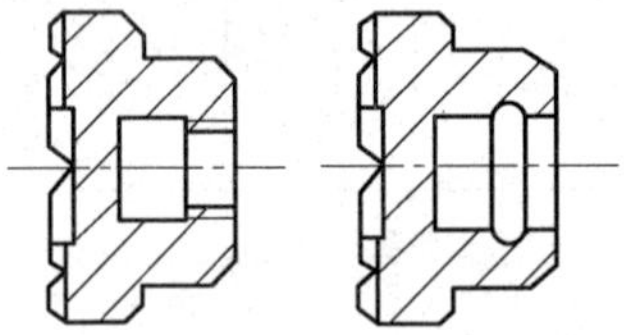	60
圆压块	JB/T 8009.3—1999	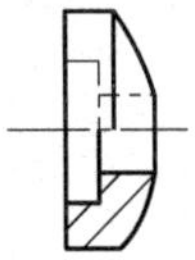	62
弧形压块	JB/T 8009.4—1999	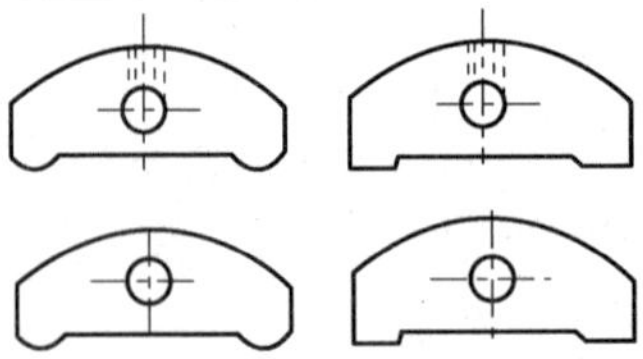	64
移动压板	JB/T 8010.1—1999	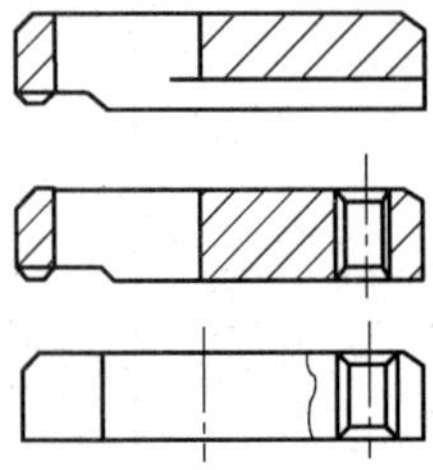	67

续表

名称	标准代码	简　图	标准汇编页码
转动压板	JB/T 8010.2—1999	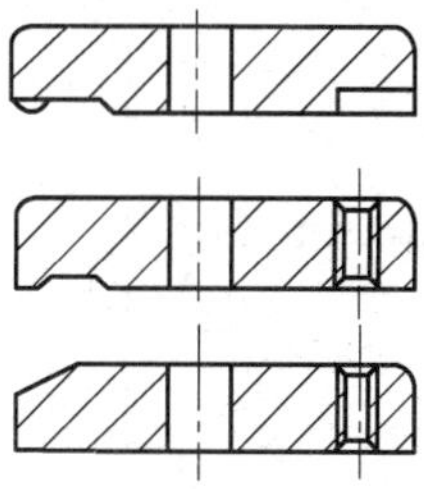	70
移动弯压板	JB/T 8010.3—1999	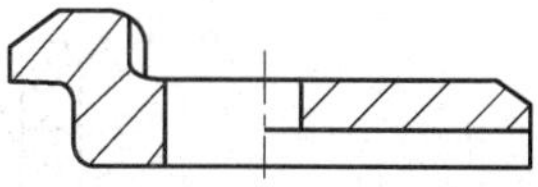	73
转动弯压板	JB/T 8010.4—1999	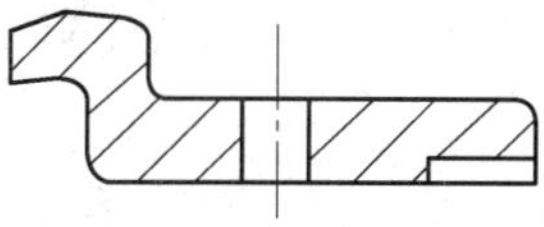	75
移动宽头压板	JB/T 8010.5—1999	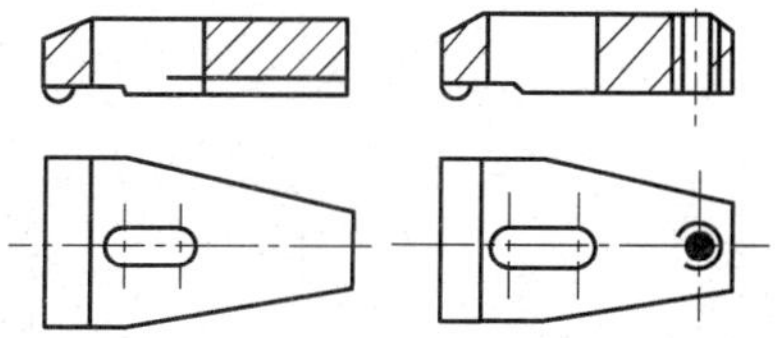	77
转动宽头压板	JB/T 8010.6—1999	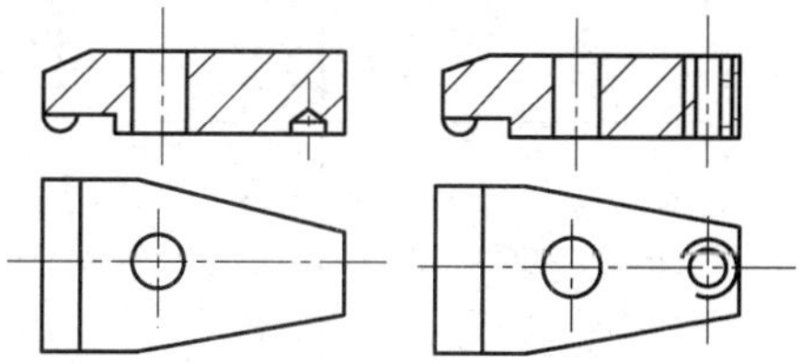	79
偏心轮用压板	JB/T 8010.7—1999	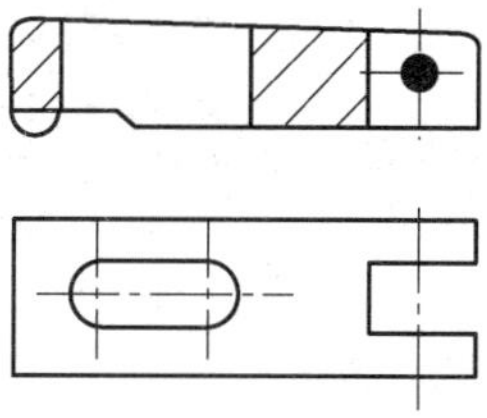	81
偏心轮用宽头压板	JB/T 8010.8—1999	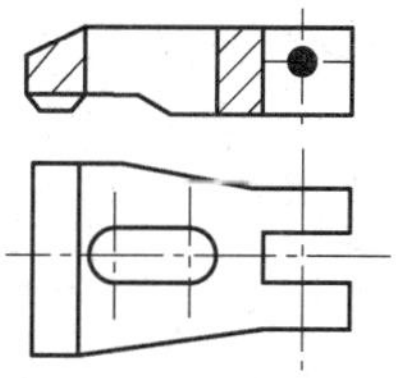	83

续表

名称	标准代码	简　图	标准汇编页码
平压板	JB/T 8010.9—1999	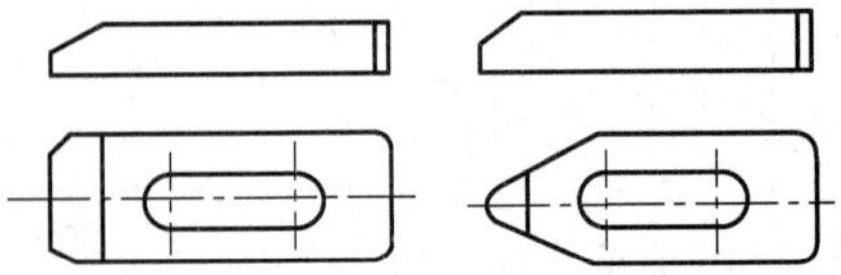	85
弯头压板	JB/T 8010.10—1999	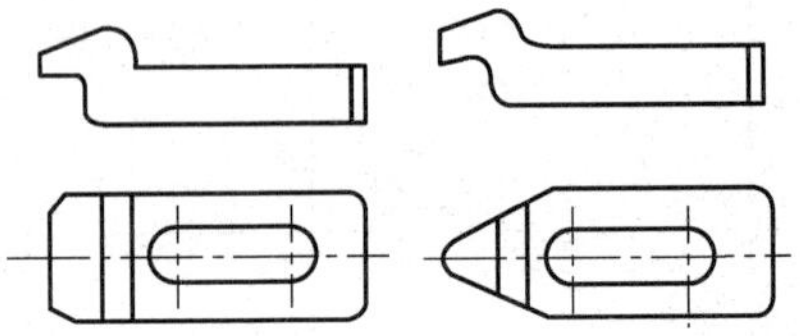	87
U形压板	JB/T 8010.11—1999	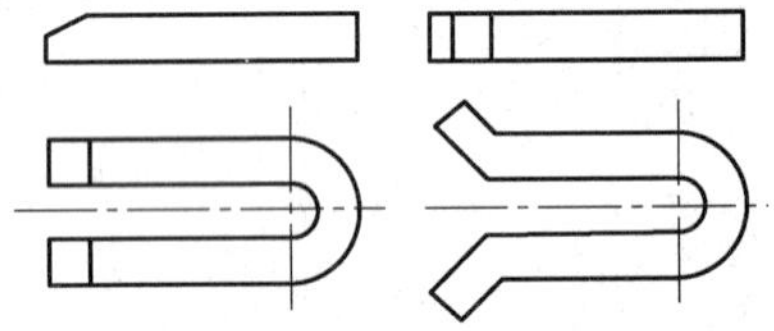	89
鞍形压板	JB/T 8010.12—1999	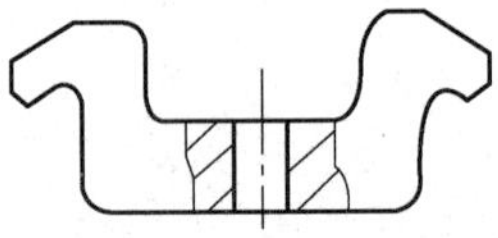	91
直压板	JB/T 8010.13—1999	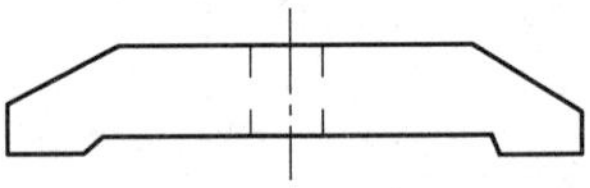	93
铰链压板	JB/T 8010.14—1999	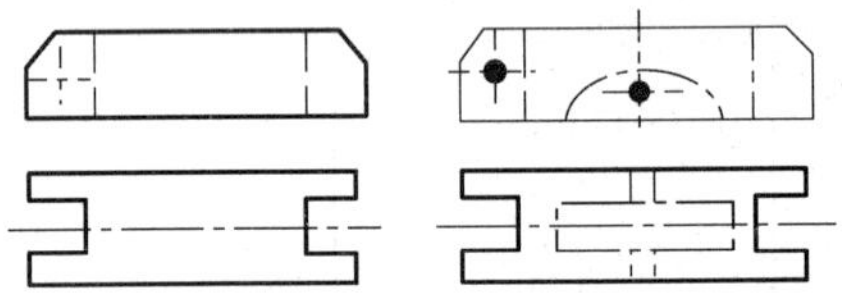	95
回转压板	JB/T 8010.15—1999	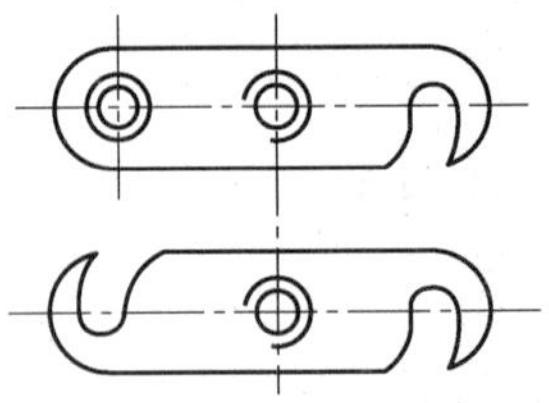	98
双向压板	JB/T 8010.16—1999	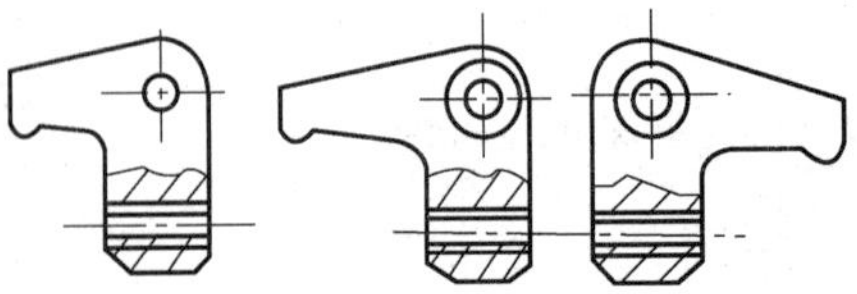	101

续表

名称	标准代码	简　　图	标准汇编页码
自调式压板	JB/T 8010.17—1999	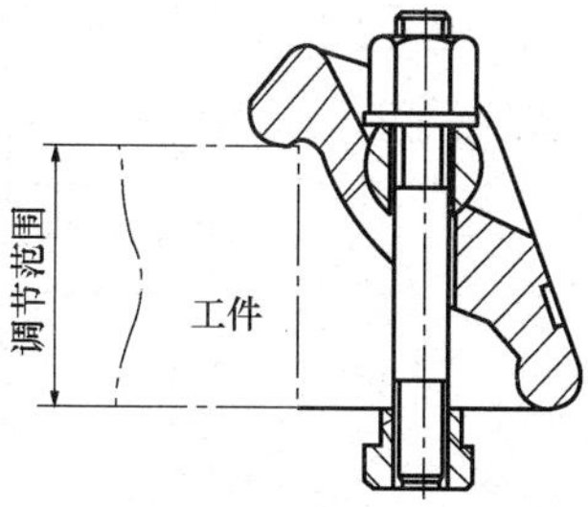 调节范围 工件	103
圆偏心轮	JB/T 8011.1—1999	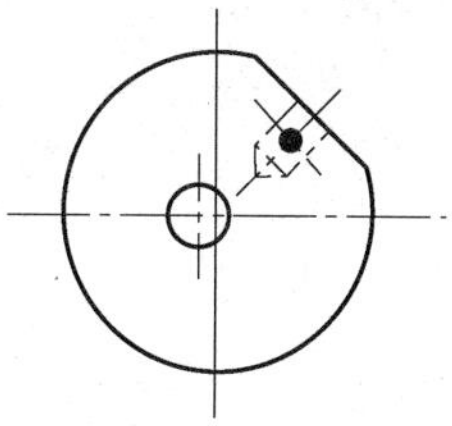	105
叉形偏心轮	JB/T 8011.2—1999	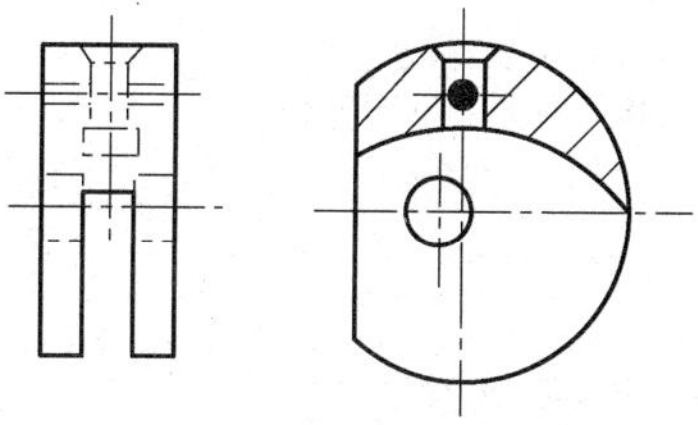	107
单面偏心轮	JB/T 8011.3—1999	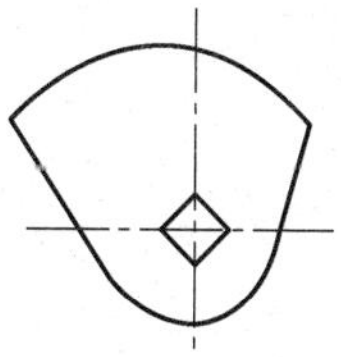	109
双面偏心轮	JB/T 8011.4—1999	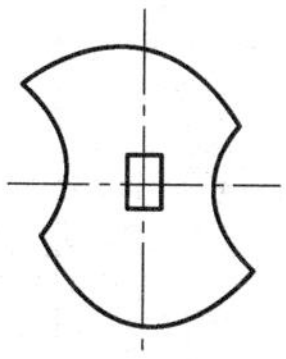	111
偏心轮用垫板	JB/T 8011.5—1999	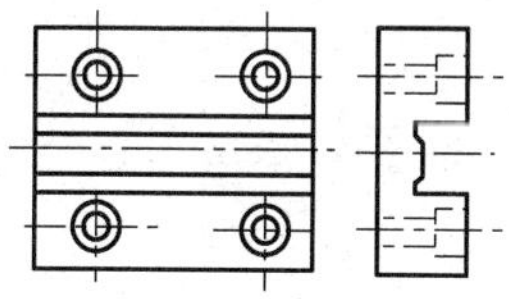	113

续表

名称	标准代码	简图	标准汇编页码
钩形压板	JB/T 8012.1—1999	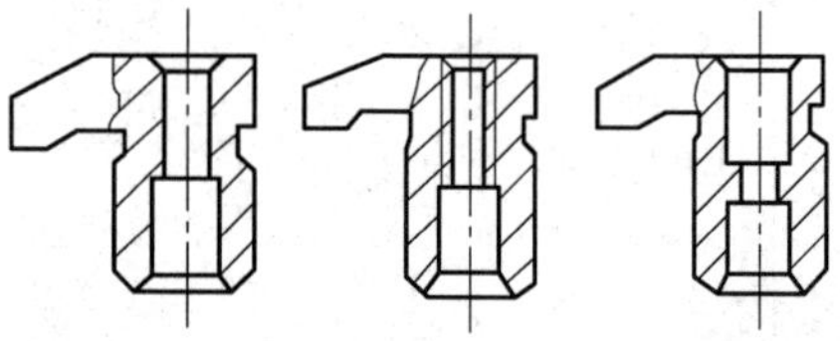	115
钩形压板（组合）	JB/T 8012.2—1999	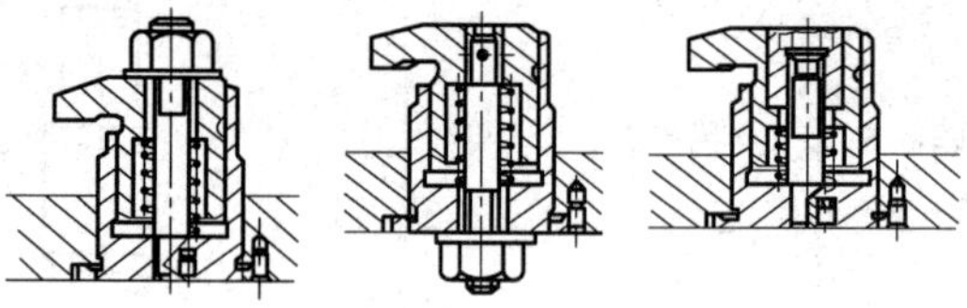	117
立式钩形压板（组合）	JB/T 8012.3—1999	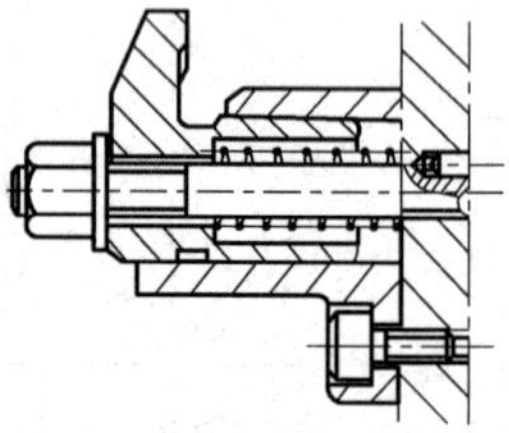	119
端面钩形压板（组合）	JB/T 8012.4—1999	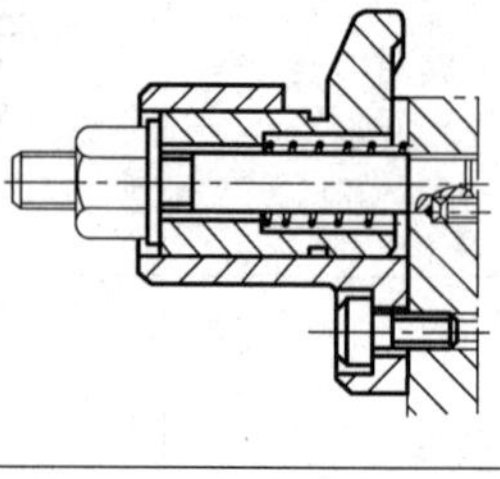	121
侧面钩形压板（组合）	JB/T 8012.5—1999	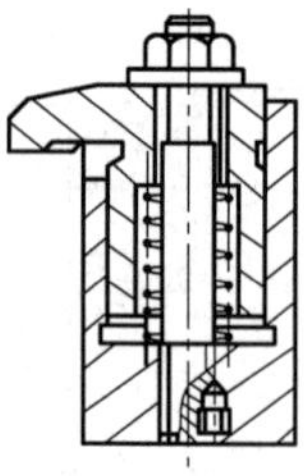	123
定位衬套	JB/T 8013.1—1999	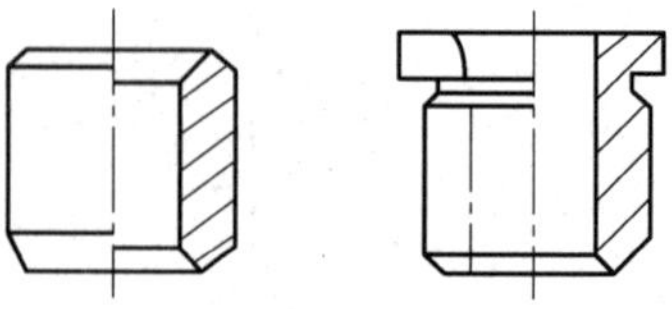	125

续表

名称	标准代码	简　图	标准汇编页码
薄壁钻套	JB/T 8013.2—1999	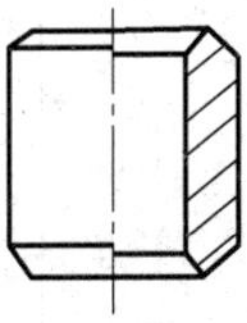	128
小定位销	JB/T 8014.1—1999	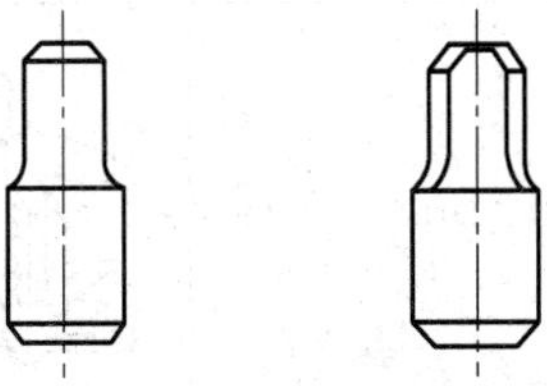	130
固定式定位销	JB/T 8014.2—1999	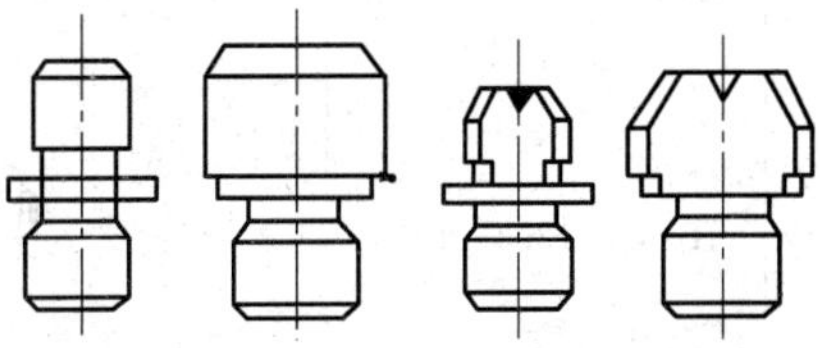	132
可换定位销	JB/T 8014.3—1999	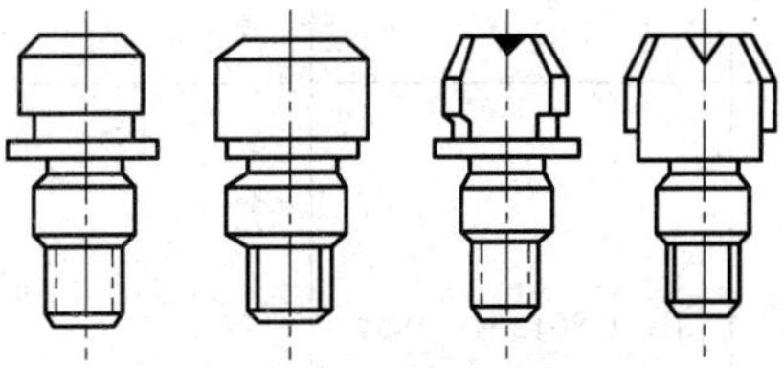	135
定位插销	JB/T 8015—1999	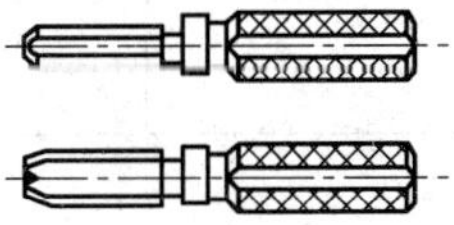	138
定位键	JB/T 8016—1999	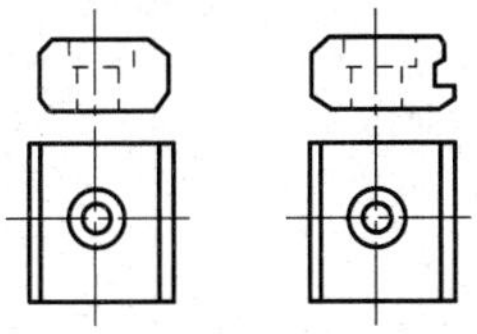	141
定向键	JB/T 8017—1999	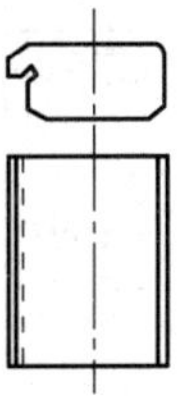	143

续表

名称	标准代码	简　图	标准汇编页码
V形块	JB/T 8018.1—1999	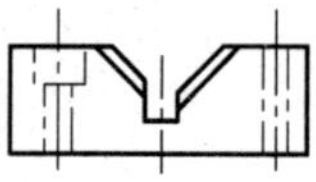	145
固定V形块	JB/T 8018.2—1999	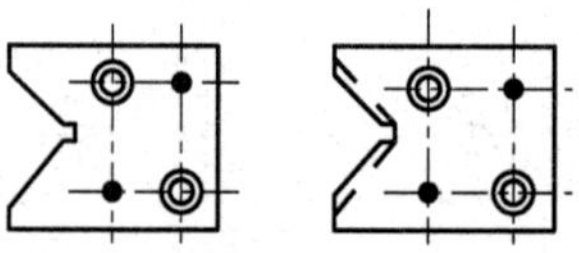	147
调整V形块	JB/T 8018.3—1999	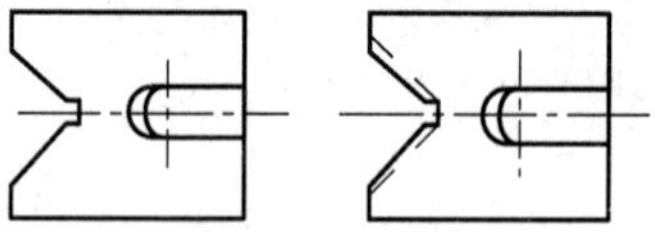	149
活动V形块	JB/T 8018.4—1999	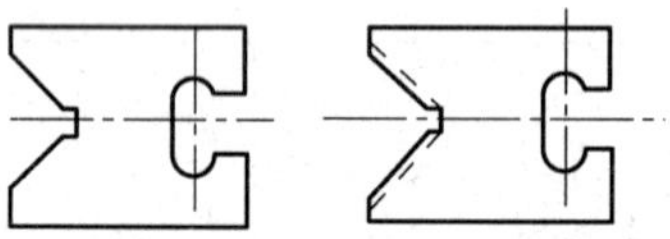	151
导板	JB/T 8019—1999	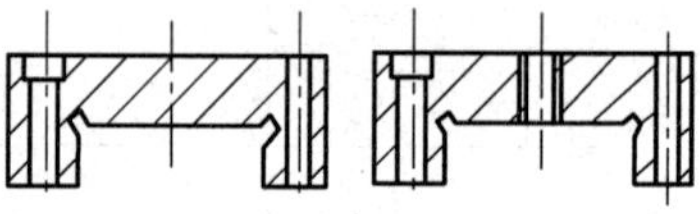	153
薄挡块	JB/T 8020.1—1999	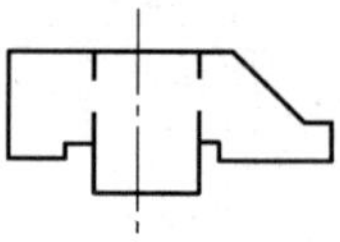	155
厚挡块	JB/T 8020.2—1999	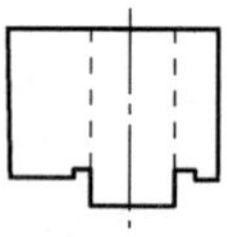	157
手拉式定位器	JB/T 8021.1—1999	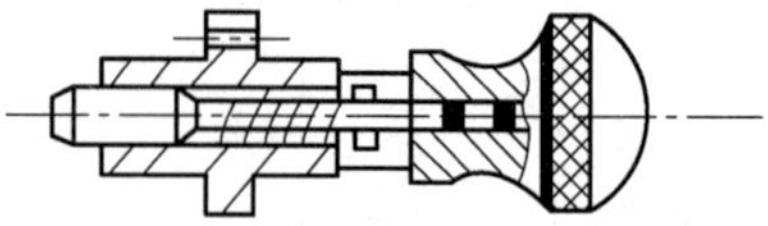	159
枪栓式定位器	JB/T 8021.2—1999	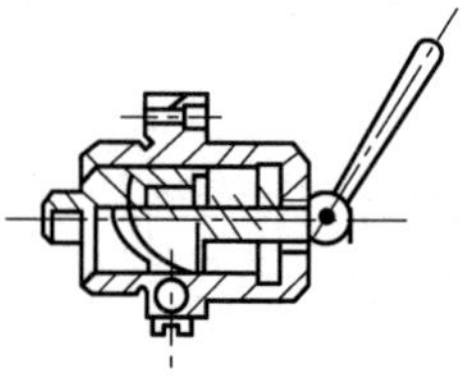	161

续表

名称	标准代码	简图	标准汇编页码
内涨器	JB/T 8022.1—1999	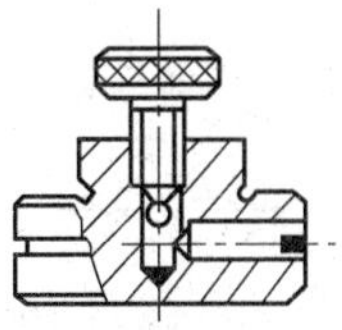	163
可调定心内涨器	JB/T 8022.2—1999	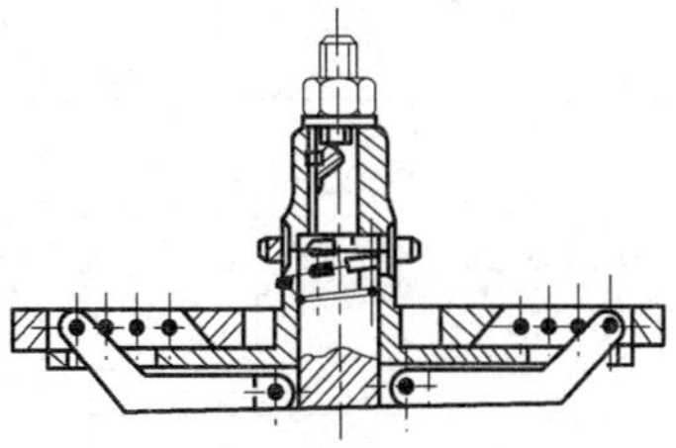	165
滚花把手	JB/T 8023.1—1999	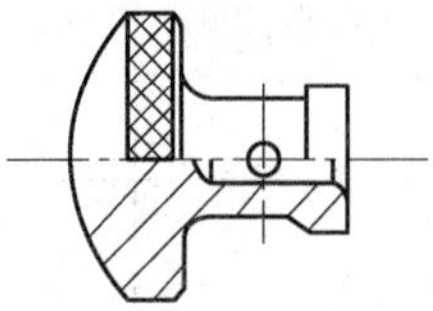	167
星形把手	JB/T 8023.2—1999	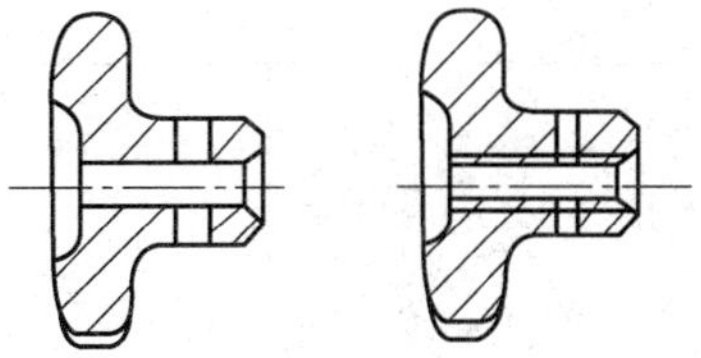	169
活动手柄	JB/T 8024.1—1999	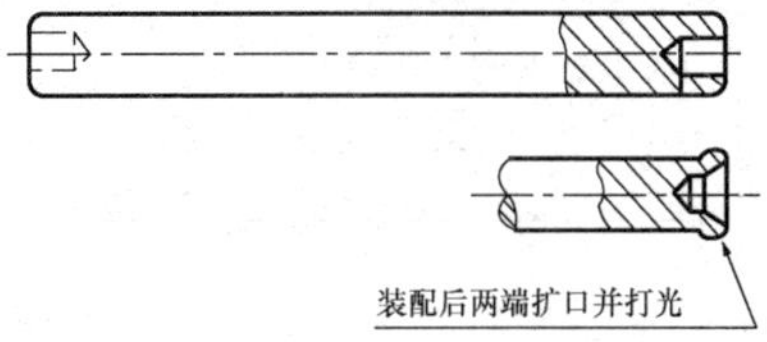 装配后两端扩口并打光	171
固定手柄	JB/T 8024.2—1999	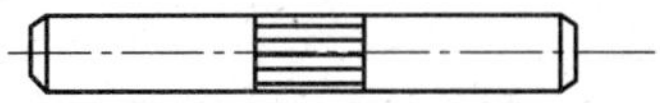	173
握柄	JB/T 8024.3—1999	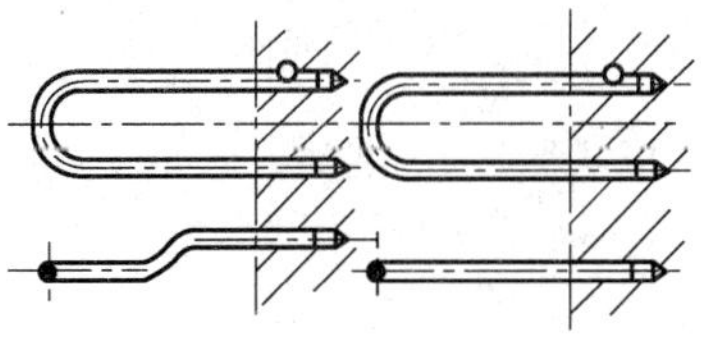	175

续表

名称	标准代码	简　图	标准汇编页码
焊接手柄	JB/T 8024.4—1999	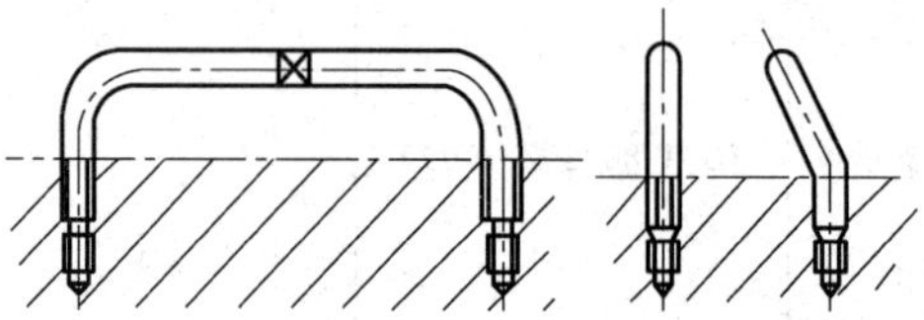	177
杠杆式手柄	JB/T 8024.5—1999	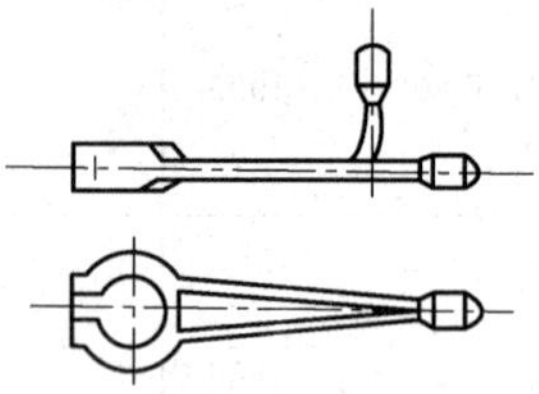	179
起重螺栓	JB/T 8025—1999	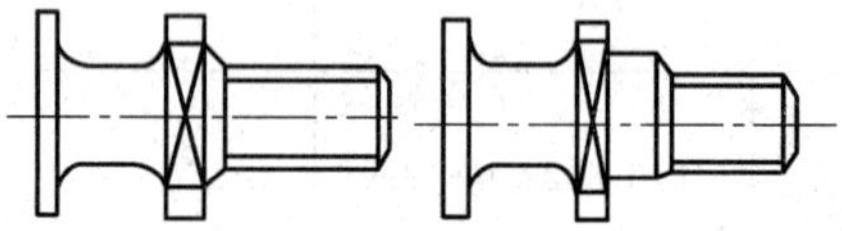	182
六角头支承	JB/T 8026.1—1999	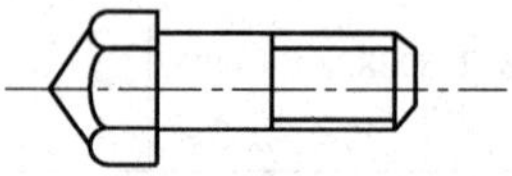	184
顶压支承	JB/T 8026.2—1999	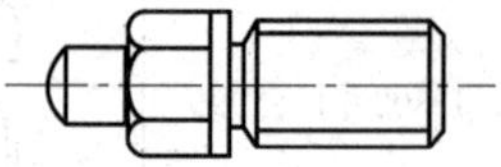	186
圆柱头调节支承	JB/T 8026.3—1999	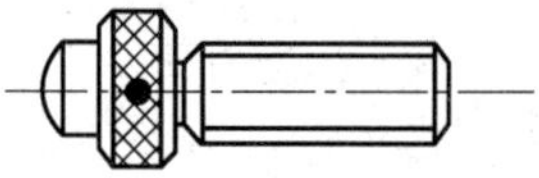	188
调节支承	JB/T 8026.4—1999	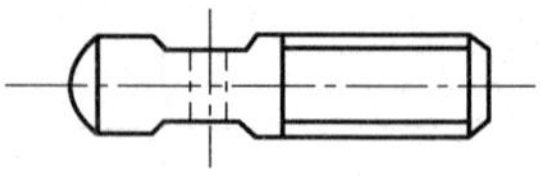	190
球头支承	JB/T 8026.5—1999	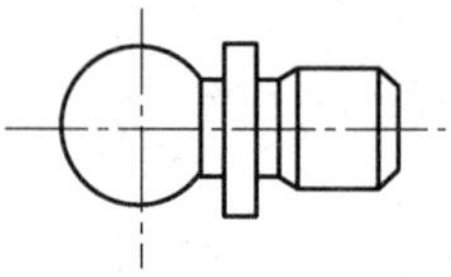	193
螺钉支承	JB/T 8026.6—1999	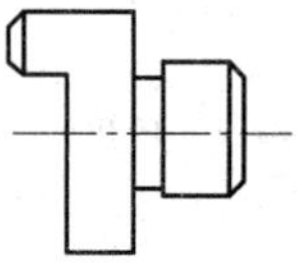	195

续表

名称	标准代码	简　　图	标准汇编页码
自动调节支承	JB/T 8026.7—1999	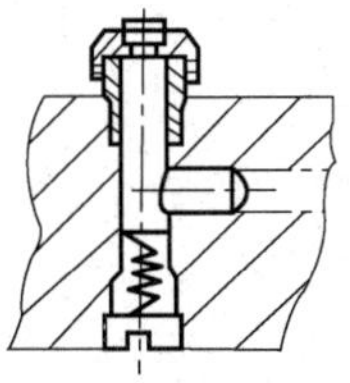	197
支柱	JB/T 8027.1—1999	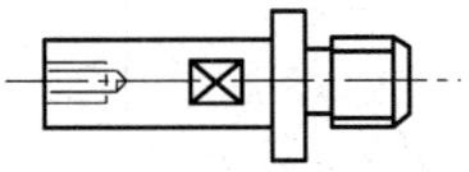	199
万能支柱	JB/T 8027.2—1999	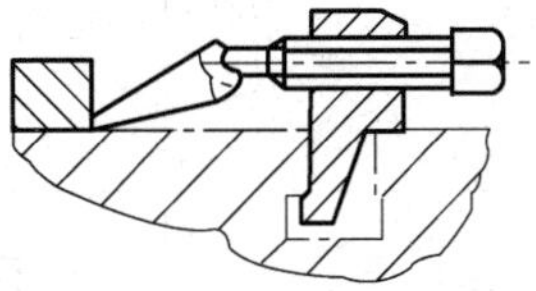	201
低支脚	JB/T 8028.1—1999	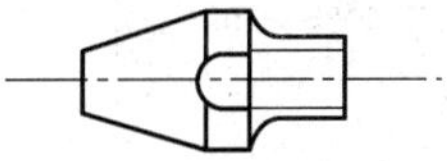	202
高支脚	JB/T 8028.2—1999	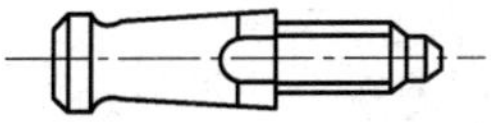	204
支承板	JB/T 8029.1—1999	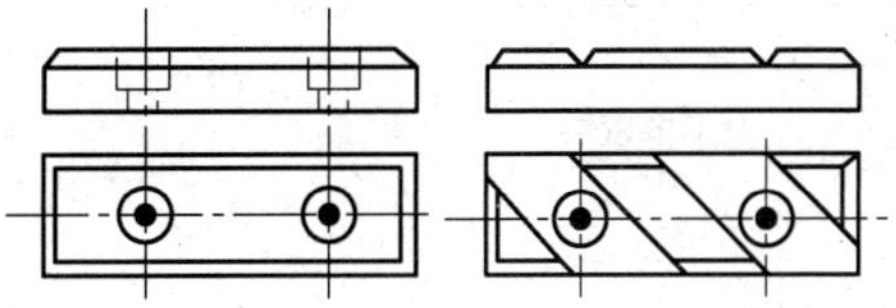	206
支承钉	JB/T 8029.2—1999	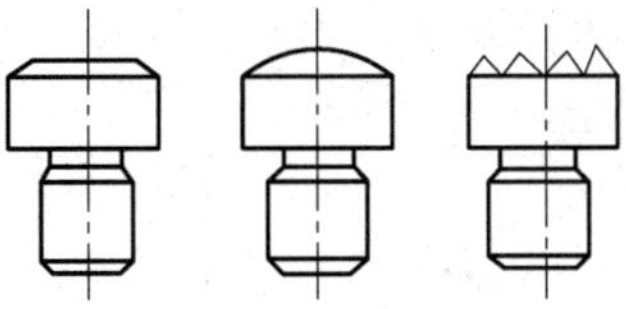	208
支板	JB/T 8030—1999	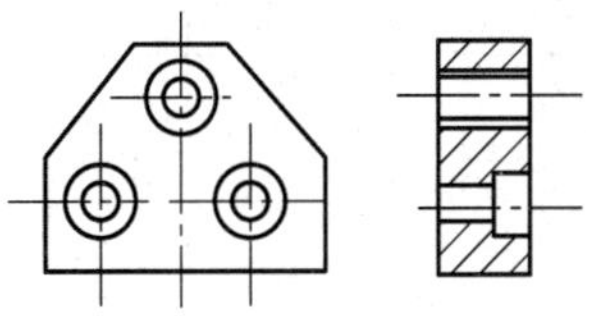	210
圆形对刀块	JB/T 8031.1—1999	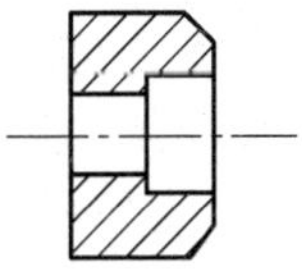	212

续表

名称	标准代码	简　　图	标准汇编页码
方形对刀块	JB/T 8031.2—1999	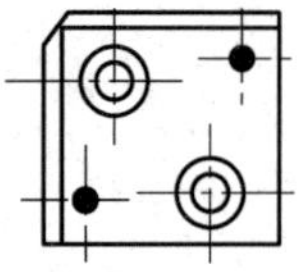	214
直角对刀块	JB/T 8031.3—1999	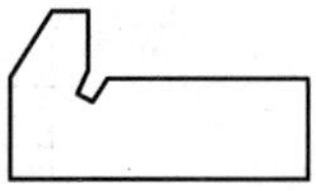	216
侧装对刀块	JB/T 8031.4—1999	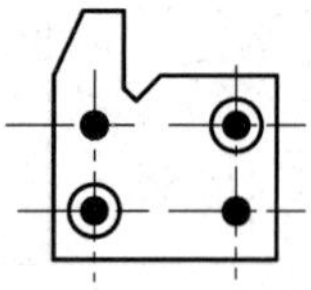	218
对刀平塞尺	JB/T 8032.1—1999	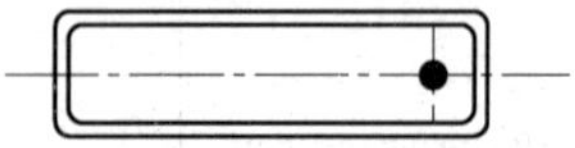	220
对刀圆柱塞尺	JB/T 8032.2—1999	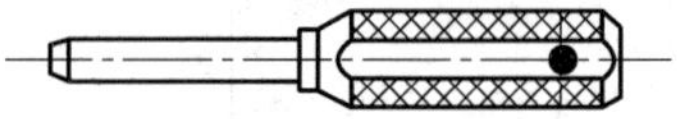	222
铰链轴	JB/T 8033—1999	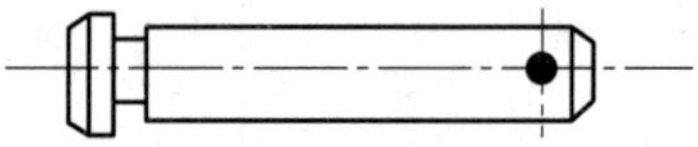	224
铰链支座	JB/T 8034—1999	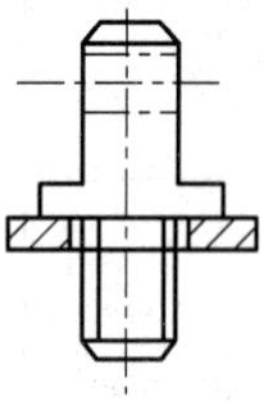	227
铰链叉座	JB/T 8035—1999	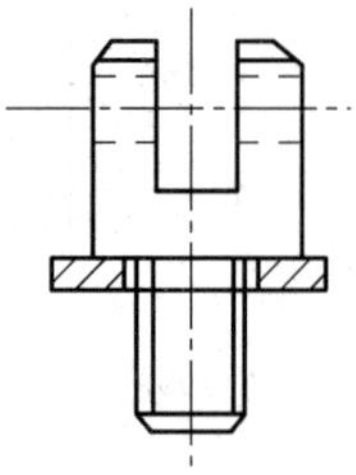	229
螺钉支座	JB/T 8036.1—1999	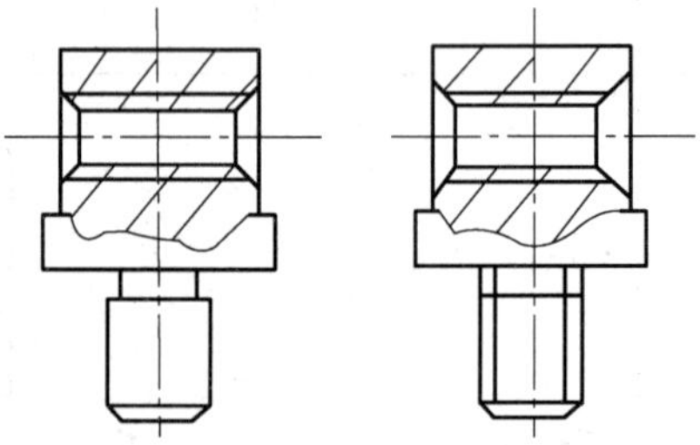	231

续表

名称	标准代码	简　图	标准汇编页码
可调支座	JB/T 8036.2—1999	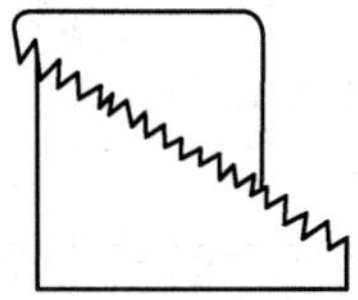	233
螺塞	JB/T 8037—1999	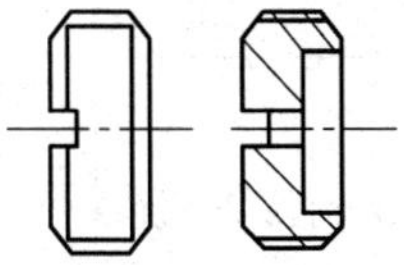	235
锁扣	JB/T 8038—1999	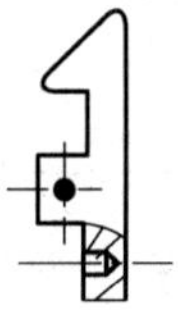	237
切向夹紧套	JB/T 8039—1999	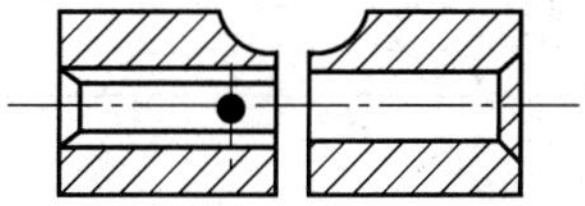	239
拆卸垫	JB/T 8040—1999	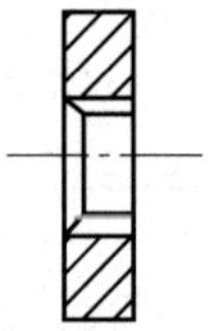	241
堵片	JB/T 8041—1999	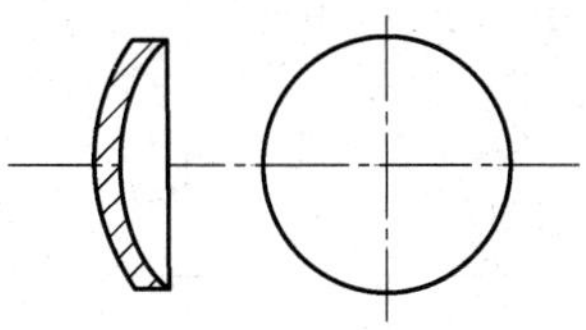	243
螺钉用垫板	JB/T 8042—1999	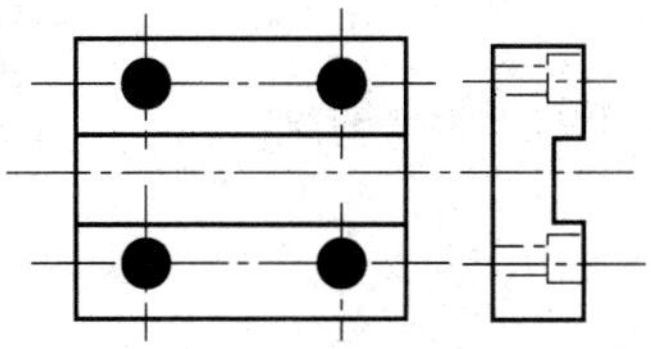	245

续表

名称	标准代码	简图	标准汇编页码
塑料夹具用六角头螺钉	JB/T 8043.1—1999	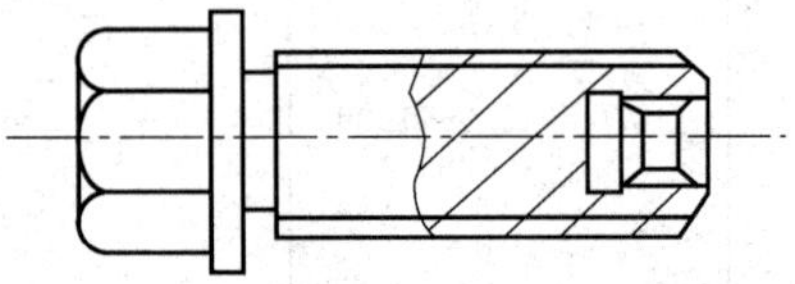	247
塑料夹具用内六角螺钉	JB/T 8043.2—1999	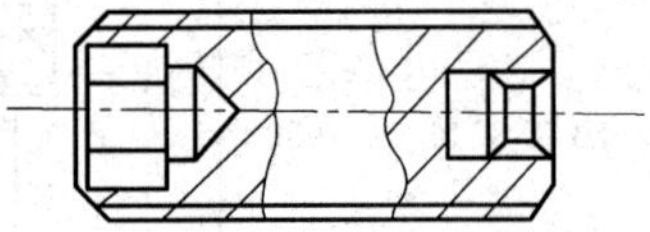	249
塑料夹具用柱塞	JB/T 8043.3—1999	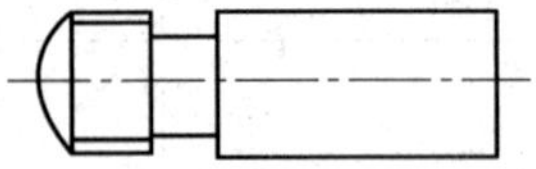	251
技术要求	JB/T 8044—1999		253
固定钻套	JB/T 8045.1—1999	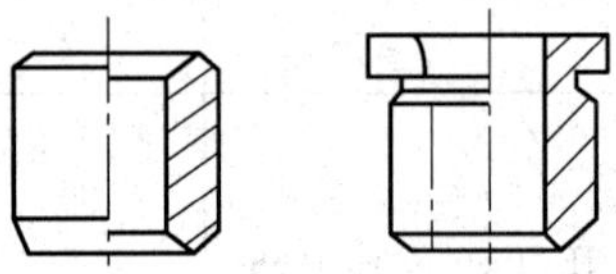	256
可换钻套	JB/T 8045.2—1999	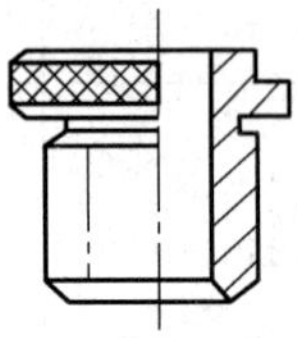	258
快换钻套	JB/T 8045.3—1999	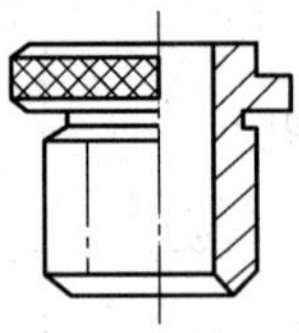	261
钻套用衬套	JB/T 8045.4—1999	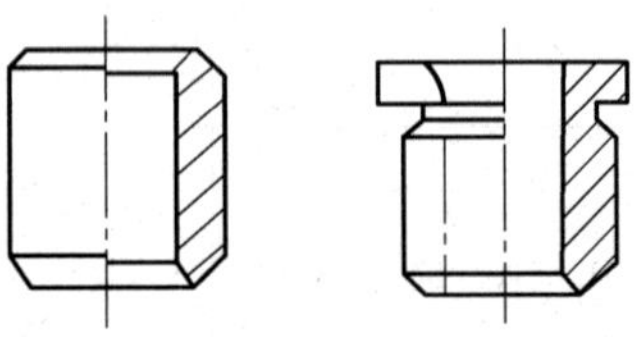	264

续表

名称	标准代码	简　　图	标准汇编页码
钻套螺钉	JB/T 8045.5—1999	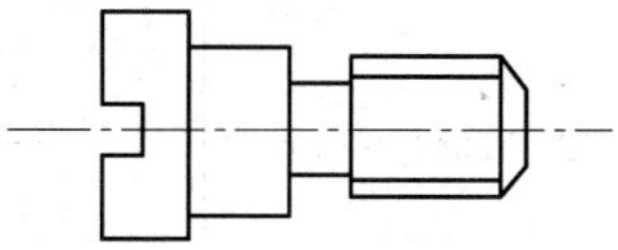	266
镗套	JB/T 8046.1—1999	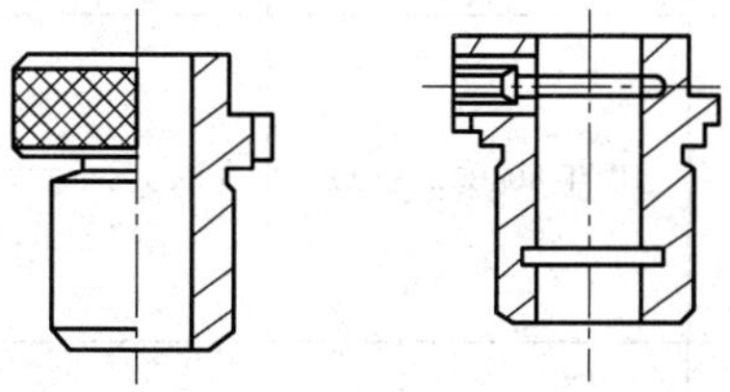	268
镗套用衬套	JB/T 8046.2—1999	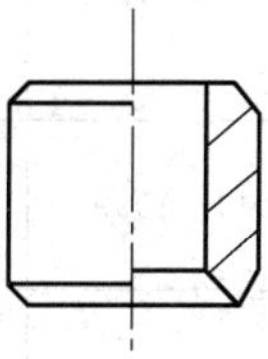	271
镗套螺钉	JB/T 8046.3—1999	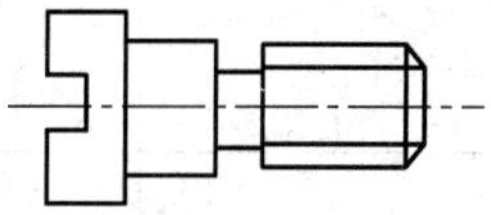	273
车床用定位轴	JB/T 10115—1999	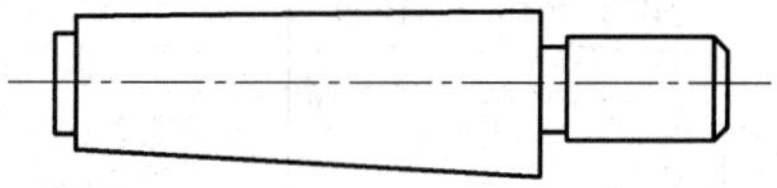	275
锥度心轴	JB/T 10116—1999	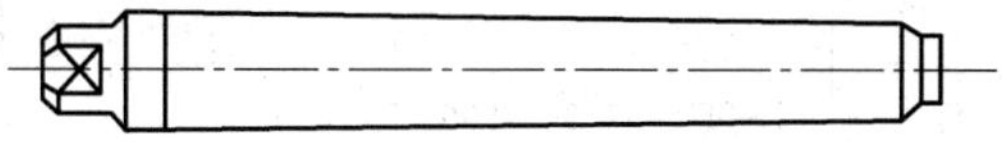	277
内拨顶尖	JB/T 10117.1—1999	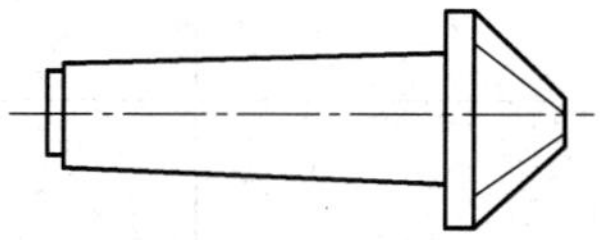	296
夹持式内拨顶尖	JB/T 10117.2—1999	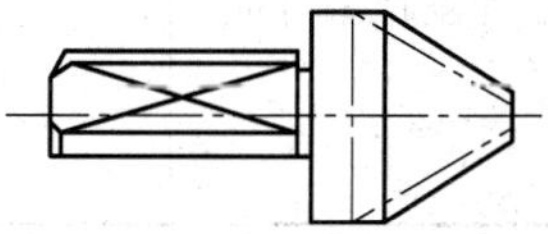	298

续表

名称	标准代码	简图	标准汇编页码
外拨顶尖	JB/T 10117.3—1999	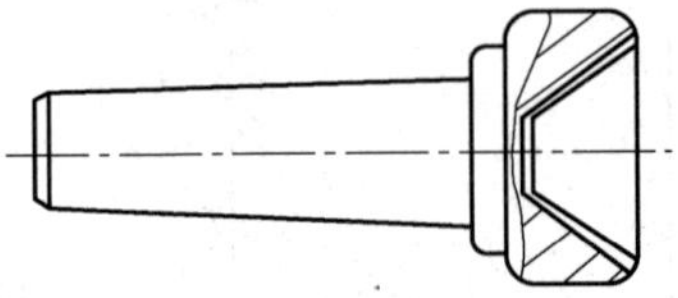	300
内锥孔顶尖	JB/T 10117.4—1999	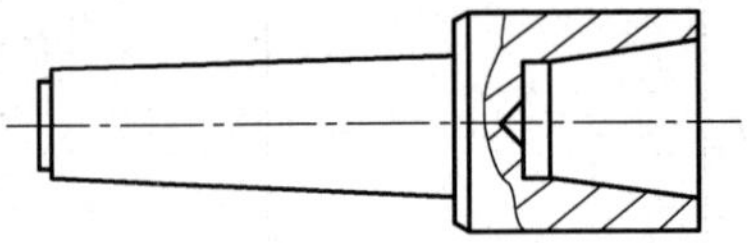	302
夹持式内锥孔顶尖	JB/T 10117.5—1999	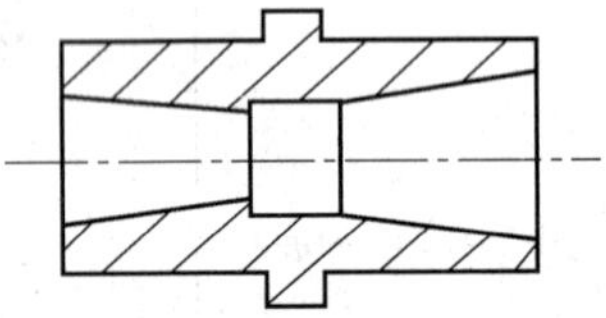	304
鸡心卡头	JB/T 10118—1999	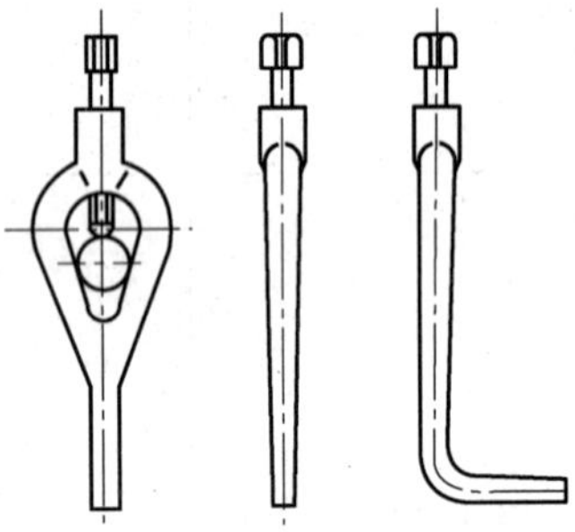	306
卡环	JB/T 10119—1999	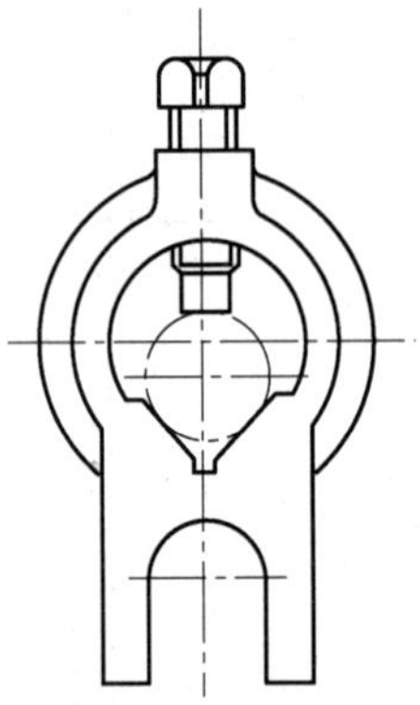	308

续表

名称	标准代码	简　　图	标准汇编页码
夹板	JB/T 10120—1999	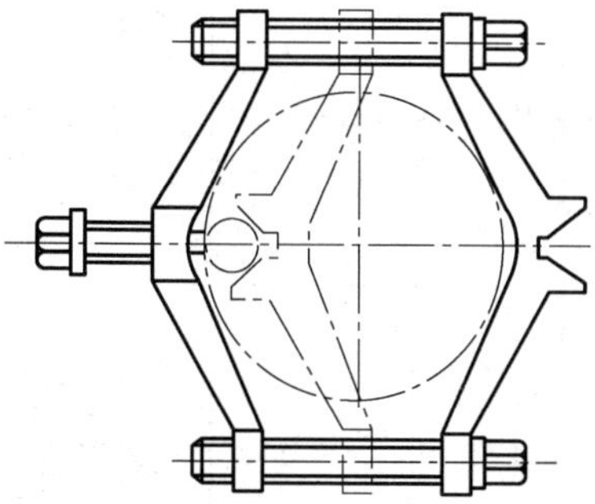	310
车床用快换卡头	JB/T 10121—1999	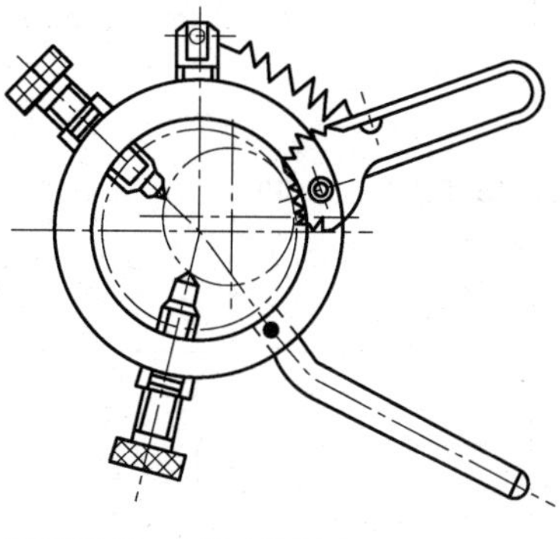	312
磨床用快换卡头	JB/T 10122—1999	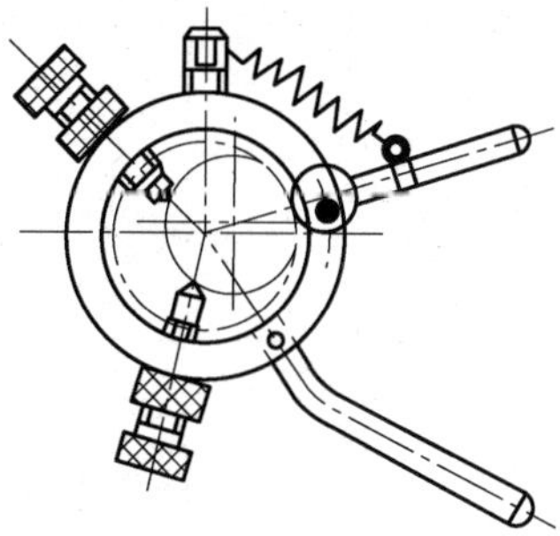	314
活铁爪	JB/T 10123—1999	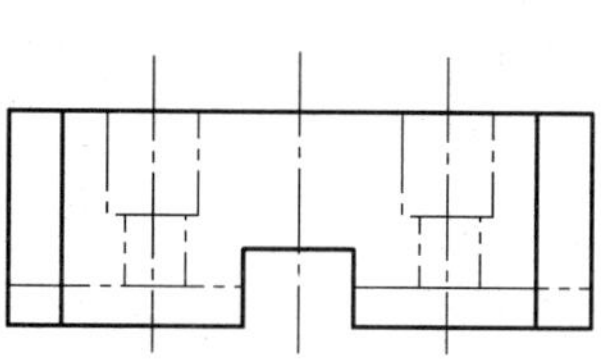	316

续表

名称	标准代码	简　　图	标准汇编页码
拨盘	JB/T 10124—1999	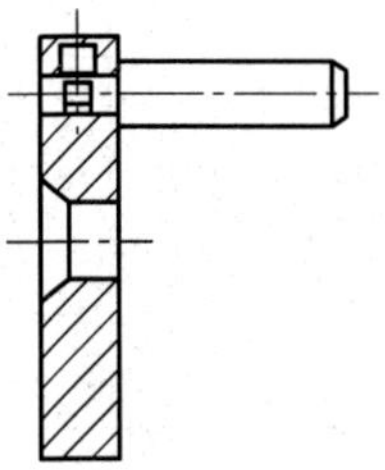	318
花盘	JB/T 10125—1999	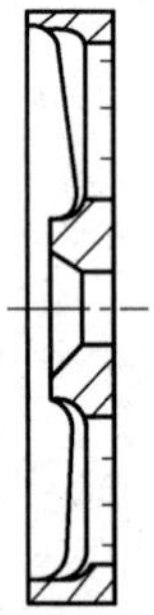	321
三爪卡盘用过渡盘	JB/T 10126.1—1999	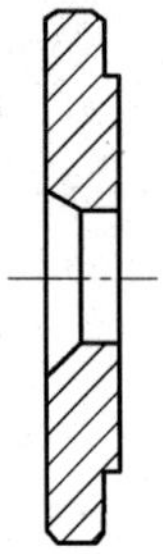	323
四爪卡盘用过渡盘	JB/T 10126.2—1999	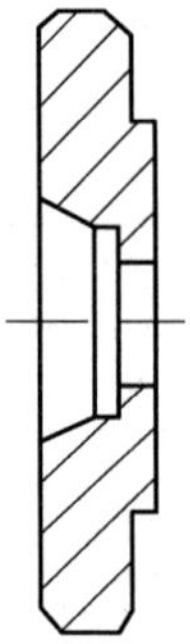	326

续表

名称	标准代码	简　　图	标准汇编页码
等边角铁	JB/T 10127.1—1999	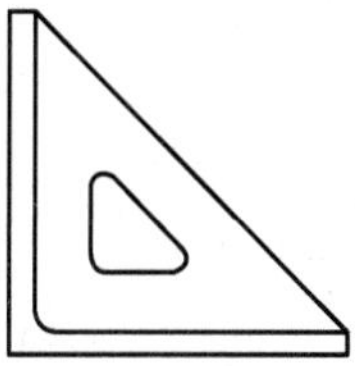	329
等腰角铁	JB/T 10127.2—1999	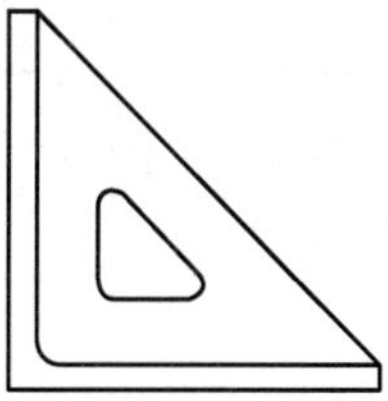	331
不等边角铁	JB/T 10127.3—1999		333
挡柱	JB/T 10128—1999	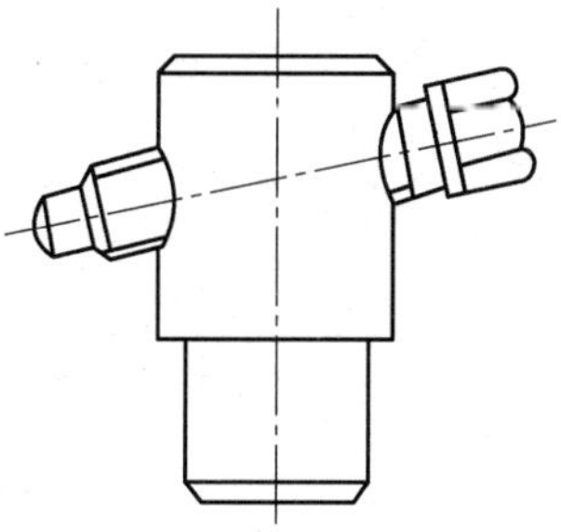	335